苑囿哲思.003

# 园　道

刘庭风　著

中国建材工业出版社

图书在版编目（CIP）数据

园道 / 刘庭风著 . -- 北京：中国建材工业出版社，
2020.8
（苑囿哲思）
ISBN 978-7-5160-3012-7

Ⅰ . ①园… Ⅱ . ①刘… Ⅲ . ①古典园林－园林设计－
研究－中国 Ⅳ . ① TU986.62

中国版本图书馆 CIP 数据核字（2020）第 135613 号

园道
Yuandao
刘庭风 著

出版发行：中国建材工业出版社
地　　址：北京市海淀区三里河路 1 号
邮政编码：100044
经　　销：全国各地新华书店
印　　刷：北京中科印刷有限公司
开　　本：787mm×1092mm　1/32
印　　张：20.875
字　　数：380 千字
版　　次：2020 年 9 月第 1 版
印　　次：2020 年 9 月第 1 次
定　　价：85.00 元

# 思哲园苑

孟兆祯先生题字

中国工程院院士、北京林业大学教授

# 内容摘要

　　本书梳理了道家形成发展的神仙崇拜、道家、道教三个阶段相互关联和依存的源流。龙凤、龟蛇、花草的崇拜，分别表现在皇家园林、岭南园林和各地园林之中，合理地解释了园林中的龙王庙、花神庙、龟蛇雕塑等现象。这些以动植物为灵物的崇拜，从本体崇拜的写实表达，到多位一体的综合表达，或故事情结的文学表达，成为中国园林文化的重要成分。道家对园林的影响，更多反映于道家自然观，把自然山水、动植物当成审美对象，追求天、地、人三才合一的和谐性。道家观照自然的方式如澄怀观道、坐驰坐忘、心斋持戒、梦蝶放飞、见素抱朴、阴阳合气、尚阴图虚、隐逸逍遥，阐述了园林景物如澄观堂、忘归亭、书斋、梦蝶园、草堂、紫阳书院、残粒园、逍遥津等的源流。道教理论的壶中天地、仙人长生、昆仑神话、蓬莱神话，分别发展了壶中天地、洞天福地、悬圃、一池三山等特色景观。

# 序　言

　　哲学思想是园林文化的最高层面。我们常说的儒、道、佛三家是中国哲学的"三驾马车"。儒家、道家、佛家是中国古代社会三教九流系统的三教大类，各有理想的社会组织形式和家居环境图式。

　　儒家以统治者自居，讲究如何教化民众，构建和谐的天下大同的局面。于是，仁德、礼制、孝道、后乐等经典教义，反映在园林点景题名上，起教化作用。道家自然观使得园林成为澄怀观道、坐忘凡尘、虚静逍遥的场所。在濠梁观鱼，在苑囿见心，成为超凡脱俗的修行方法。佛家理念在园林中也表现突出。在皇家苑囿里，佛教建筑成为园林的视觉中心。为了调和民族矛盾，藏传佛教成为最富特色的建筑景观，与汉传佛教并驾齐驱，甚至超越了汉传佛教。各派园林对世界图式的不同解读，形成了"天下名山僧占多"的风景寺院二元结构。

　　具有创新特色的是，作者把易学单独列出，独显《易经》对中国园林的影响程度。《易经》作为三家共同遵从的法则，以其独特的世界图式，与户外环境空间的山水、植物、建筑结合，反映了中国先人的世界观与传统的空间论。这种空间文化超越了宗教，直击世界本原，反映了中国先人独特的观照和体认方式。

　　文化自信，就包括园林文化的自信。中国园林一直被认为是世界园林之母。在这种语境之下，作者以宏大的视野，把儒道佛三足体系发展为包括易学的四足体系，真实反映了中国风景园林的多义性、综合性、时空性、源流性，是对中国传统文化认识的更上一层楼。

中国科学院院士、天津大学教授

2019 年 6 月 6 日

# 目　录

## 第1篇　园林道学

# 第 2 篇　园林道教

# 第 3 篇　神仙文化

# 第 1 篇　园林道学

# 第 *1* 章　自然观与园林

## 第 1 节　自然观

　　《广雅·释诂》道:"然，成也。"自然指自成而言。自然，自己如此，不加以干涉，而让万物顺任自然。《辞源》中对"自然"的解释为:"一，天然，非人为；二，不造作，非勉强；三，当然，即自当如此。"《现代汉语词典》对自然的解释是: 一指自然界；二指自由发展，不经人力干预；三指理所当然。此为西方之自然观。到底哪些是老庄的自然观？哪些是儒家的自然观？哪些是佛家的自然观呢？

### 老子的自然观

　　"自然"一词老子最早使用，在《老子》中出现了 5 次，在《庄子》中出现了 8 次，在王弼的《老子注》中出现了 27 次，在郭象的《庄子注》中更是出现频率最高的词。老庄的自然观是自然而然，主张"物顺自然"以治天下，而不是当今所说的源于西方的自然，"不是我们说的自然界的山水景物，而是指天地万物形成的自然本质及其天然形态。"（张文勋.《儒道佛美学思想源流》[M]. 昆明：云南人民出版社，2016年，第262页）

《老子》第十七章道："功成事遂，百姓皆谓我自然。"该处自然指自然而然，本来如此，本性使然，自在发生。《老子》第二十三章道："希言自然。故飘风不终朝，骤雨不终日，孰为此者？天地。天地尚不能久，而况于人乎！"自然是自然运行无须多言，风雨天地皆在运动和变化之中。《老子》第二十五章道："有物混成，先天地生，寂兮廖兮，独立而不改，周行而不殆，可以为天下母。吾不知其名，强字之曰'道'，强为之名曰'大'……人法地，地法天，天法道，道法自然。"人、地、天、道、自然是五个层次，最低为人，最高为自然，递次取法和天地人统一于共同的"法自然"之道（冯春田，老庄自然观的实证分析，东岳论坛，1998年第5期）。老子之道实可谓"自然之道"，自然是道的主体，也是道的本性（张俊.《道法自然与绿色黑色》，《求索》，2006年1期，第156页）。老子道的哲学观就是以自然为中心的哲学观（谭俐莎，自然之道与存在之思：生态视野中的道家自然观——以老庄自然哲学为例，《求索》，2008年第3期）《老子》第五十一章道："道生之，德蓄之，物形之，势成之，是以万物莫不尊道而贵德，道之尊，德之贵，夫莫之命而常自然。"道与德的尊贵地位不是由人赐与的，而是顺其自然的。

《老子》第六十四章道："是以圣人欲不欲，不贵难得之货；学不学，复众人之所过，以辅万物之自然而不敢为。""万物之自然"就是万物之自身如此或自己而然，即事物自身之生成、存在或变化。老子又道："天地相合，以降甘露，人莫之令而自均"；"道常无为而无不为，侯王若能守，万物将自化"，"不欲以静，天下将自正"。老子还借圣人之口说："我无为，人自化；我好静，人自正；我无事，人自富；我无欲，人自朴。"外在"莫令""无为"下的"自均""自化"是"自然"的具体体现。老子"自然"的含义即"事物自身生成变化"，是非可或非由命为的事物自身生化或运动，解答了事物生成和变化本因的哲学命题。

《老子》第六十四章道："是以圣人无为故无败，……以辅万物之自然而不敢为。"所谓万物之自然就是自然而然。在老子看来，为是指人的为，无为是指人的无为。老子之为，应理解为干预或干扰。人的无为就可让万物（除人之外）得以自然，故无为而无不为。在无为之论下，老子主张"处无为之事，行不言之教"，"绝圣弃智""绝民弃义""绝巧弃利"，而"使民复结绳而用之"，"至老死不相往来"。

总结老子之自然，是人地天道自然系统的终极地位，天地人统一于"法自然"的道。谓"法自然"的"道"，即"自然之道","道"的特性是"自然"。所以,老子的"守一""守道"说,实即任随"自然"。老子认为天地万物生成变化,莫不由乎"道","道"即万物生化"自己而然"之"所由",从"自然"角度而言,是天地万物的自生自化,由此而观,即"道"之"无为"。"道"乃天地万物与人类生化之统一法则,所以人类亦不能有主观上的作为、即应"无为",否则即违背"自然之道"。因而,老子主张"处无为之事,行不言之教","绝圣弃智""绝民弃义""绝巧弃利",而"使民复结绳而用之","至老死不相往来"。

冯春田认为,老子自然观本身也存在矛盾。以自然为基据,其"道常无为而无不为"的唯理命题是正确的,但是,无为观泯灭人类"有心之器"的自然改造能力,混同物与我、主体与客体。《老子》第七十七章道:"天之道,其犹张弓欤?高者抑之,下者举之,有余者损之,不足者与之。天之道,损有余而补不足。人之道,则不然,损不足以奉有余。"即天道抑高举下,损余补缺;人道损缺奉余。于是,第八十一章推断出:"天之道,利而不害;圣人之道,为而不争。"老子赞美天"利而不害"的德,提倡圣人"为而不争"的度,鄙视"损不足以奉有余"的为。老子的"无为"论亦具合理成分,然非其核心思想。首先混同人与物"自然"、又以物(天、地)之法为主,主张人类应如物般"无为",认识不到人类之有为乃其"自然",故理论上难辨人类因"自然"而为与违背"自然"而为的界限。所以，其建立在"自然"观基础上的人类"无为"说在认识论上是消极和不足的。

## 庄子的自然观

《庄子》中多处讲自然。《庄子·德充符》道："是非吾所谓情也。吾所谓无情者，言人之不以好恶内伤其身，常因自然而不益生也。""因自然而不益生"就是不另外生而自身演化。《庄子·应帝王》道："汝游心于淡，合气于漠，顺物自然而无容私焉，而天下治焉。""吾又奏之以无怠之声，调之以自然之命。""顺物自然"和"自然之命"就是顺应事物自然而然的规律，而不应有个人的意志。《庄子·天运》道："夫至乐者，先应之以人事，顺之以天理，行之以五德，应之以自然。"庄子的"至乐"来源于应人事，顺天理，行五德和应自然。此自然亦是自然的状态和自然的规律。《庄子·缮性》："当是时也，莫之为而常自然。"此处自然是无为的结果。《庄子·秋水》："知尧、桀之自然而相非，则趣操睹矣。"《庄子·田子方》借老聃之口道："夫水之于汋也，无为而才自然矣；至人之于德也，不修而物不能离焉。"此义同上。《庄子·渔父》也借孔子之口道"礼者，世俗之所为也；真者，所以受于天也，自然不可易也。故圣人法天贵真，不拘于俗。愚者反此。不能法天而恤于人，不知贵真，禄禄而受变于俗，故不足。惜哉，子

之盍湛于伪而晚闻大道也。""真""受于天"之"自然"性
是不容改变的。

第一，庄子自然观基本与老子一致，但他明确事物
"各有所然"和"物各自然"，认为"物固有所然，物固有
所可，无物不然，无物不可"(《庄子·秋水》)，较老子
机械的天地人自然观前进了一步。庄子认为"牛马四足，
是谓天；落(络)马首，穿牛鼻，是谓人。"(《庄子·秋
水》)，并认为有"天之所为"、"人之所为"(《庄子·大宗
师》)。天有然(道)，人亦有然(道)。《在宥》中说："何
谓道？有天道，有人道，无为而尊者天道也，有为而累者
人道也"，"天道之与人道也，相去远矣，不可不察也"。庄
子认为"无为"是"天道"之"自然"，否定"有为"是
"人道"之"自然"。

第二，庄子又突出或强调存在即"自然"，把事物的
"自然"，视为一种"常然"。他说："天下有常然，常然者，
曲者不以钩，直者不以绳，圆者不以规，方者不以矩，附
离不以胶漆，约束不以缠索。故天下诱然皆生而不知其所
以生，同焉皆得而不知其所以得。故古今不二，不可亏也。"
所谓"常然"即"恒常之自然"，亦即曲者自曲、直者自
直、圆者自圆、方者自方之类，均为事物"自己而然"，并
且恒常如此。因此，这就突出了"自然"的法则性或非可
为性。

第三，庄子还提出物物无别论，即齐物论。虽然"物

各自然"，但是又从"视同"的角度提出"万物皆一"的命题；"万物皆一"，即物物无别。庄子引述孔子的话说："自其异者视之，肝胆楚越也；自其同者视之，万物皆一也"。"同者"即万物皆"自然"而已！万物皆"自然"，故"万物皆一"。庄子指摘公孙龙子"物莫非指，而指非指"之说时道："物无非彼，物无非是"、"天地一指也，万物一马也"，"天地与我并生，而万物与我为一"；"万物一府，死生同状。"庄子认为万物皆"自然"，由此共同点视之，则物物无别。

第四，庄子还认为人、物为一，生、死均同。庄子甚至认为：事物无彼无此、无是无非、无善无恶、无成无败，存在即"自然"；如有所识辨、分争，即皆属"有为"而逆物"自然"，旨在物"自然"或客体"自然"的非可为性及法则性，甚至批评人类有意识的主动行为是违背物"自然"的；所以，人类均应同于物之"自然"，而不应"有为"。成玄英称庄子这种"自然"观念为"泯合人天，混同物我"、"冥真合道，忘我遗物"、"玄同万物而与化为体"。其实，庄子是以"人道"法于"天道"，以人类齐于物"自然"，标榜"真人"那样的不悦不恶、无喜无拒的"与化为体"，主张"不以心捐道，不以人助天"。否则，即"乱天之经，逆物之情，玄天弗成"。

庄子的"自然"观外表为"混同物我"，实以物"自然"主，否定人类"司职有为"的"自己而然"之特性。

庄子与老子皆由其"自然"导出人类"无为"之论，但是"混同物我"或以物"自然"为主而否定人类的"有为"，就与"自然"范畴的意蕴严重矛盾，抹煞了人类之"自然"，故庄子在论其"忘我遗物"、"与化为体"的"自然"观念时，也时而表露出因应"自然"的思想。《庄子·养生主》论庖丁解牛的"因物固然"之理；《庄子·应帝王》的"顺物自然而无容私焉，而天下治矣"。又强调："吾所谓无情者，言人之不以好恶内伤其身，常任自然而不益生也。"虽然因物"自然"而为带有消极性，但启示人类的行为切不容忽视事物之"自然"。

总体看来，庄子的自然是天然率真、自然而然、淡然朴素、淡泊无为之意。性真是人性观，顺势是处世观，朴素是美学观，无为是事业观。庄子的自然包括三层意义：天然率真万物本性、超然物外的自由境界、"淡然无极"的朴素审美。老庄自然观内在本性是基础：不假人为和自然而然。自然观的精神境界是上层：朴素而无为。朴素而天下莫能与之争，无为而无不为，这是从精神上的理想状态和自然陶醉。从此，后世道家以此发展解读。

### 韩非自然和王充自然

谈自然者不止老庄。与老庄同时或之后也有人谈自然。韩非子（公元前280—前233年）是法家代表，也大谈自然："丰年大禾，臧获不能恶也。""随自然，则臧获有余。

故曰：'恃万物之自然而不敢为'也。""故得天时，则不务而自生；得人心，则不趣而自劝；因技能，则不急而自疾；得势位，则不进而名成。若水之流，若船之浮。守自然之道，行毋穷之令，故曰明主。""守成理，因自然；祸福生乎道法，而不出乎爱恶，荣辱之责关乎己，而不在乎人。"韩非子之"随自然"和"因自然"即顺随事物之"自然所然"，与老子"自然"无异。"不令"与老子之"莫令"一样。"恃万物之自然而不敢为"即"无为"。"自然之道"和"自然之势"之自然亦表示"自然如此"或"自己而然"。

西汉王充（公元 27—约公元 79 年）是思想家，在《论衡》中以"问孔""刺孟"和"非韩"中谈及自然："当汉祖斩大蛇之时，谁使斩者？岂有天道先至，而乃敢斩之哉？勇气奋发，性自然也。""性自然"即天性自然。"夫人之施气也，非欲以生子，气施而子自生矣，天动不欲以生物，而物自生；此则自然也；施气不欲为物，而物自为：此则无为也。""自生"和"非欲生物而物"皆是老庄之自然。"春观万物之生，秋观其成，天地为之乎？物自然也。"春花秋实也是"物自然"。

魏晋玄学以《老子》《庄子》和《周易》为思想武器进行自然山水的审美。其自然转化为山水也是来源于这三部书。王弼（公元 226—249 年）对《老子》进行注解："自然已足，为则败也。""智慧自备，为则伪也。道不违自然，乃得其性，法自然也。法自然者，在方而法方，在圆而法圆，于自然无所违也。""万物以自然为性，故可因而不可为也，可通而不可执也。物有常性，而造为之，故必败也；物有往来，而执之，故必失矣。"（王弼《老子道德经注》，据楼宇烈.《王弼集校释》，北京：中华书局，1980.）"自然已足"是老子满足万物个体本身生存的足。"法自然"在形态上是"方而法方"、"圆而法圆"。形态法自然是园林设计模山范水的思想来源。"自然为性"也是万物本性。"万物自相治理"亦是万物"自然而然"之意。

郭象（公元251—312年）对《庄子》进行注解："皆不知其所以然而然耳。自然耳，不为也。""然则生生者谁哉？块然而自生耳。自生耳，非我生也。我既不能生物，物亦不能生我，则我自然矣。自己而然，则谓之天然。天然耳，非为也，故以天言之，所以明其自然也。岂苍苍之谓哉！"郭象明确说明"自然"是"自生"和"不为"，相当于老庄之"自然"和"无为"。"我既不能生物，物亦不能生我"表明"自己而然"。

另外，郭象还用换词法以"自尔"名"自然"。《庄子·齐物论》注："任之而自尔，则非伪也"，"莫若置之勿言，委之自尔也"。《庄子·人间世》注："付之自尔，而理自生成。"《庄子·在宥》注："不任其自尔而欲官之，故残也。"《庄子·知北游》注："皆在自尔中来，故不知也。""然"者，"尔"也，指代事物动为、性状的代词。郭象之"任之自尔""付之自尔"就是"任自然"。

## 自然与道之别

道与自然有何关系？在自然、道、天、地、人五级系统中，自然为最高一级，道之位次之，道以自然为本为法。故老子之道是自然之道，道的性质是自然。"自然"对"道"有界定内涵或规定特性之用，特指自然之道，非其他之道；道是事物"自身如此"或"自己而然"之道，是自身生成变化之道。

庄子之道是无所不在之道。因万物各"自然"，"道恶乎往而不存"，故道"在蝼蚁""在稊""在瓦甓"，甚至于"在屎溺"。庄子在《齐物论》中道："已而不知其然，谓之道"，则无别乎径谓"自然之道"了。

韩非子之道，也以"自然"为特征，标明"自然之道"。王充也把道与自然相结合，在《论衡》中的"天道自然"六例、"自然之道"或"自然道"五例皆是说明自然和道的案例。"夫东风至，酒湛溢，鲸鱼死，彗星出，天道自然，非人事也"；"善则逢吉，恶则遇凶，天道自然，非为人也"；"命，吉凶之主也，自然之道"，"适偶之数，非有他气旁物厌胜感动使之然也。"其"天道自然"和"自然之道"都指向道的自身演化而非他物所为。

王弼依然把"道"指向"自然之道"："夫晦以理，物则得明；浊以静，物则得清；安以动，物则得生：此自然之道也"；把"道"的理义换词为"由"："言道则有所由，有所由，然后谓之道"；"夫道也者，取乎万物之所由也"；

"故涉之乎无物而不由，则称之曰道"；"凡物之所以生，功之所以成，皆有所由，有所由焉，则莫不由乎道也。"可见，王弼认为"自然之道"就是万物生成变化所由之"道"。郭象则强调物皆"自然"或万物各"自然"，"道"即"自然之道"，故"无所不在"。

纵观老、庄、韩、王、郭之道与自然的关系，"自然"对"道"具有确定内涵的重要作用，"道"的特性是"自然"，以此而别于其他所谓"道"。

### 理解"自然"的两大误区

冯春田认为，自老庄之后，多种哲学思想的汇流，对自然观的理解出现两大误区。

其一，把哲学范畴的自然理解为副词的自然而然。"自然"乃事物"自身如此"，郭象正确地解释为"自己而然"或"自尔"，所谓"自生""自化"及"自为"之类，即"自然"之具体化。但是，梁启雄《韩子浅解·喻老》解老子"恃万物之自然"为"依靠万物的自然而然"；《中国哲学史教学资料选辑》则把老子"希言自然""夫莫之命而常自然"、王充《论衡》中《自然》篇"不合自然"、郭象《庄子注》"而万物以自然为正""乃天理自然"等"自然"，均解释为"自然而然"。《中国哲学史教学资料选辑》既把"自然"解释成"自然而然"，却又把王充《自然》"万物自生"之"自生"解释为"自然而生"、把郭象之"自尔"解释为"自然如此"，则是又把"自然"范畴中表示事物自身或自己之词的"自"理解成了形容词的"自然"。

其二，把自然理解为西方的自然界。汤一介在《论中国传统哲学中的真、善、美》一文中说："魏晋玄学讨论的中心课题是自然与名教的关系问题，实际上是天人关系问题。"张岱年在论庄子和荀子时道："天之所为是自然而然，人之所为是有意为之"，"天就是自然状态，人就是自然的改造"；"荀子反对因任自然，主张改造自然。"丁守和在《"天"、"人"关系的思考》中也说："道家的天人合一则重视自然，顺应自然。"洪修平则说："在玄学家看来，人既是自然的人，又是社会的人，人从自然中来，又将回到自然中去，却必须生活在现实的社会之中。因此，人生来就陷入了自然与社会的矛盾之中。作为自然的一部分，人应该顺从自然本性而过一种适性的逍遥生活；作为社会的一分子，人又必须在社会关系中才能真正地实现自己。为了从理论上协调自然之性与社会之性的关系，以老子自然之道来会通儒家名教就成了玄学的最佳选择。"

另外，唐君毅从字源上把"自然"分释为"自然之能生""自己所然悦"与"由自而然"三义。《中国大百科全书》哲学卷对"自然"范畴的解释为"自然而然"、自然界之"自然"等数说混合，皆是以老庄自然观的曲解。（冯春田 . 老庄"自然"观的实证分析 [J]. 东岳论丛，1998 年第 5 期）

### 老子之道与庄子之道有何差异？

崇尚自然，追求自然，是中国传统园林的特征，并不在于对自然形式的模仿本身，而在于潜在自然之中的道与理的探求。陈鼓应认为，老子之道是指规律或真实存在，或是人生准则和指标，而庄子则认为道虽是实存，却超乎名相和时空。实存和天地万物的关系上，两人的表述接近，可概括为"道法自然"。老的"道法自然，自然无为"指向合人生和政治需求，较少涉及美与自然关系探讨。但在"道"法"自然"、"道之无为而无不为"的逻辑体现了符合自然规律去追求与目的统一的原则，力主只有顺应自然规律，自己的目的才会自然而然地实现。

老子之道侧重于对本体论和宇宙论的探讨，庄子之道侧重于将自然道转化为心灵的境界，即精神层面。庄子的道创新在人的自由性和自在性。庄子认为，"道"使世间万物产生和存在，按照规律发展，一切是无意识的，自然而然地发生的，又是合规律的，人悟道和得道就是达到无限和自由。"道"是无为而无不为，只要顺应自然，消除人的异化意念、私心即可实现无限自由之境。

老子之道是对本体的解剖和"道"形的拷问，而庄子之道，是建立在顺应自然之后达到自由与无限的境界之上，超越于利害得失的情感、心理感受和态度，进而对美进行解剖。庄子之美，"美在天地之间"，通过对天和地的观察可以得到美。"夫天地者，古之所以大也，而黄帝尧舜之所

共美也", "天地有大美而不言, 四时有明法而不议, 万物
有成理而不说。圣人者, 原天地之美也达万物之理, 是故
至人无为, 大圣不作, 观于天地之谓也。"庄子的论述是
天地之美, 是圣人共赞的逻辑, 虽然有些霸道, 但是, 圣
人是超越凡人之智, 假其代表性和卓越性而任用之。天地
"有大美而不言"的论断也是庄子的霸道论断。虽然霸道却
言之有理。圣人对美和理的兼容并至表述为"原天地之美
也达万物之理", "原"是先, "达"在后, 可知, 只有悟天
地之美, 方可达万物之理。

《庄子·天道》道: "夫虚静恬淡, 寂莫无为者, 万物
之本也……静而圣, 动而王, 无为也而尊, 素朴而天下莫
能与之争美。"万物的本性是虚静至恬淡, 寂寞至无为, 显
然是庄子重静否动的理论。他的静不是本体论的静, 而是
精神境界心灵的静, 是人类观察自然的心态的静, 这种静
能经圣, "无为而尊", 同时, 他把万物与天地等同, 方得
成为天地有大美之因。静的对立面是动, "动而王", 王而
损而耗, 不成为尊, 不被庄子所倡。何泽汇道: "自然无为,
游心于天地万物发端的道, 体验道的自然无为的本性, 也
就'备于天地之美了'。"(何泽汇.道家自然观对中国园林
造园艺术的影响 [J]. 云南社会科学, 2003)。庄子的悟道
是建立在"齐物"的理论之上, 即人与自然是平等与亲和
的关系。因为"齐物"人愿意投入自然怀抱, 因为"齐物"
人可以消融于自然而获得自由, 即"逍遥"和物我两忘。

由此可见，庄子更重得道之法、之心、之路、之境，而老子是之因、之本、之序和之位。庄子对于美的论述在于审，这一点，对于中国山水园的审美意义重大。

# 第 2 节 "万物不相离"的生态整体联系观

《老子》第二十五章道："道大，天大，地大，人亦大，域中有四大，而人居其一焉。"道、天、地、人被称为"域中四大"。在老子的眼里，整个世界就是由此四个要素构成。四者本身就存在着天然的不可分割的联系。"道"是世界万物的来源："道生一，一生二，二生三，三生万物"（《老子》第四十二章），同时，"道""衣养万物，可以为天下母"（《老子》第三十四章）。可见，在道家的范畴中，道是"天下母"和"天地根"，是万物本源。道可生养万物，运化万物，是万物发展、生生不息的内在动力。

道所创生的世间万物都具有天然的亲缘关系，同时以道作为自身发展的动力，以"道法自然"的规则作为自身的规范。故以人、地、天、道构成的世界系统中，各要素具有共同的宗祖和推动力，相互牵制而又有机联系。四大之间的有位有序、有法有理、有生有养就是生态系统的岩石圈、土壤圈、水圈、动植物圈、大气圈之间的相互依存关系，也是动植物之间的金字塔关系。

道家认为任何事物都是有关联的，《列子·天瑞》道："天地万物不相离也。"任何事物也是有本有末，有基础有发展的，《老子》第三十九章道："贵以贱为本，高以下为基。"由此可见，道家的自然是一种位态，也是一种发展逻辑，而不是源于西方的今日之自然观中的与人相对立的实体。作为道本源的道，本身内在于个体之自身，内在于整体之自然，绝非孤立存在的万物主宰。道与自然同在，"法自然"而行，即"自然，道也"。自然是世界的规律，也是世界的本质，同时也是道的法则，同样内在于宇宙的发生、发展、变化之中。

道在运动中生成万物，《老子》第二十五章道："周行而不殆"，"运量万物而不匮"。万物也处于运动和变化之中，任何时刻的空间位态都是相对的，《庄子·秋水》道："道无始终，物有死生。"运动变化的状态令万物生生不息，故道家理论不是构成论而是生成论，宇宙万物永远在生成和演化之中，不是一成不变的。万物生成发展论在生物界表现更为明显，在地球上的可见的生命体都以年为寿命单位，不可见的微生物以日月为寿命单位，而岩石的形成以亿年计，土壤的形成以万年计。总之，万物都有产生发展和灭亡的过程。

万物互涵互联的整体和合观与生态理论的整体观、系统观、控制观和信息观是一致的。

# 第3节 "法自然""为无为"的
# 天人关系论

　　天人关系是传统哲学的基础，也是道家自然观的核心，其由两方面构成：首先是人在自然中的地位，其次是人与物的关系。显然第一个地位问题，老子说得很清楚，"域中有四大，而人居其一"。"人亦大"。一个"亦"字，表明它与前三者相比，它虽小，而与万物比，它"亦"大。

　　从位置来说，四位虽然一体，但是道存乎天地人中，空有其位而无其形，只有天地人才有位有形，有体有色，故后世把天地人三者称为合一，或简称天人合一。要说明几点，首先，天人合一不能绕开地；其次，天人合一不代表人与天和地的地位平等；最后，天地人合一的合一是合为一体，而非人与天一样地位高，或人意就是天意，抑或天意就是人意。从"人法地，地法天"来分析，人不仅要取法学习地，更要取法学习天，道尚要"法自然"，故天人合一的理念有人类妄自称大的嫌疑。自然作为最高的境界，自然也是人法学的榜样，决不是借"天人合一"之名，而凌驾于自然之上。任何破坏自然法则、自然生态的观点都是错误的，故为了金山银山，而不顾绿水青山，肆意开发自然，从自然中攫取，而不给自然修复的时间，放任自然的破碎是不可取的。

在很长一段时间内，我们对待自然的态度就是认为人定胜天，人有多大胆，地有多大产，与道家"生之畜之，生而不有，为而不恃，长而不宰，是谓玄德"（《老子》第十一章）相违。按道家理论，自然界的四大中无所谓主宰，天道生养万物而不主宰万物，只是让万物自然生长，在自我生长的过程中，达到和谐。"不自见，故明；不自足，故彰；不自伐，故有功；不自矜，故长"（《老子》第二十二章），才能达到天人的真正融合。

在人与物的关系上，道家的态度明确：无为！遵循自然法则，善待世间万物，顺应各自本性，不以己意施于他物。李约瑟认为，"无为的意思就是不做违反自然的活动，亦即不固执地要违反事物的本性"（刘清：《道法自然：人与自然和谐的基础》，《求索》，2006 年 1 期，第 156 页）。《老子》第三十七章道："道常无为，而无不为。侯王若能守之，万物将自化"。自然本身就具有自己的道，称为自然之道，能自我化生，自我修复，人只要做到无为，则"万物将自然"。我们过去开山采矿藏军工，现在开山修高速修高铁，对人类来说，是大有作为，对自然来说也是大有作为，只不过这种作为，是按人的意志，不是自然生态结构的"自化"。

《老子》第八十章道："圣人之道，为而不争"，"以辅万物之自然，而不敢为"，也就说圣人之圣，第一不与自然争，第二不与人争，不争而圣。不仅不争，而具有辅，不仅辅一物，而且辅万物。故圣人之不为，是不为自己为，是为万物为，可能也不是为他人为，毕竟老子和庄子都不尚人为。与谁争？与同类争，与异类争。按庄子自然观，超越本分的争是不合理之争。

自党的十八大之后，全国掀起了生态运动，这一生态运动表现在"美丽中国"理论，"绿水青山就是金山银山"理论，环保一票否决制，园林局并入林业局，生态修复，湿地恢复。无一不是对中华人民共和国成立后过度强调人为的反思和回归，是陶渊明"复得返自然"的真正体现。无为之治是辅自然万物回归本位，不是开山取石，山崩地裂；不是深挖矿产，田舍沉陷；不是露天开采，污及池鱼；不是裁弯取直，截流堵坝；不是风声鹤唳，鸡犬不宁；不是无限种养，拔苗助长；不是农药漫天，毒害天敌；不是克隆人类，逃避生育；不是转移基因，扰乱食链。圣人之法，无自为而"辅万物"。

# 第4节　"物无贵贱""万物齐一"的生态平等观

《老子》道："天地相合，以降甘露，民莫之令自均。"天地相合才降雨露，人与万物平等均享雨露，没有什么可以超越其他而优先或独享或多享。故又道："天之道，损有余而补不足"。庄子把老子的"均"的思想发展成为"万物齐一"的平等思想："以道观之，物无贵贱；以物观之，自贵而相贱"，"万物一齐，孰短孰长？"(《庄子·秋水》)所谓的贵与贱，是人类凭着名、利、用而采取的区别心，是"以物观之"的利益观、名利观，不是"以道观之"的平等观和齐物观。观点、观角、观度、观法、观线、动观、静观、时间观、空间观都在于观，在于心，在于标准、框架、原点、终点。

道家生态平等观源于两点。道生万生，蓄万物，道养万物，世间万物都是道的作品，不管是产品还是作品，是良品还是次品，都具有与道相承的基因——道性。这种道性就是平等的。《庄子·知北游》道：东郭子问于庄子曰："所谓道，恶乎在？"庄子曰："无所不在"。东郭子曰："期而后可"。庄子曰："在蝼蚁"。曰："何其愈下邪？"曰："在稊稗"。曰："何其下邪？"曰："在瓦甓"。曰："何其愈甚邪？"曰："在屎溺"。

东郭子问道在何处，庄子说，无所不在。再下则于蝼蚁之中，再下就是在稊稗之中，再往下，则在瓦甓之中，再往下，则在屎溺之中。大物其形显，其用大，其坏亦大，道亦明；而小物其形小，其用小，其坏亦不小，故道亦可明；微物其形微，其用微，其坏亦不小，故其道亦可明。常人注意超越人体尺度的宏观，而忽视肉眼不能见的微观，其实，生态系统的微生物，不仅存在于山、水、石、屋、木，以及动物的毛发、皮肤、七窍以及五脏六腑，尤以肠胃为微生物滋生之所。若人体大量服用抗生素，微生物死亡，肠胃生态平衡就被打破。只有平等地看待微生物的作用，才能达到生态的最高境界——平衡。

道生万物，万物以其道而成万物，同时在演化中实现道的整体价值，故万物都有存在的内在价值，从此意义上看，万物皆演化，万物皆平等。价值是相对的，角度是决定价值的根本原因。物不同，价值不同。道生万物，彼此价值不可替代，偶有替代者，生态系统将被打破，重新建构。故万物没有高低贵贱之分。庄子说"民食刍豢，麋鹿食荐，蝍蛆甘带，鸱鸦嗜鼠，四者孰知正味，猿猵狙以为雌，麋与鹿交，鳅与鱼游，毛嫱、西施，人之所美也，鱼见之深入，鸟见之高飞，麋鹿见之决骤，四者孰知天下之正色哉？"世人美食非动物美食，腐朽粪便亦是苍蝇蛆虫大餐。万物都有自己的价值，但这一价值非万物统一价值。

《庄子·人间世》道："人皆知有用之用，而不知无用之用也。"任何东西都有其用处，但是，用于时间和空间也是对应的。在此处有用，在别处无用；在别处无用，在此处有大用。此时无用，不可弃之，留以备不时之需。工业时代的棕地和弃物的重新利用就是典型一例。1973 年，英国成立了考古学会，主要关注工业遗产。在成立不久之后就召开了第一届关于工业遗产纪念物保护的会议，三次会议之后，在瑞典成立了国际遗产联合保护会（1978 年）。到了 20 世纪 90 年代，人们对于工业遗产的认识逐渐上升到文化层面。我国虽然工业化进程起步相对较西方国家晚，但由于赶超速度又相对较快，经过半个多世纪，原来解放初的大型重工业产业也已逐渐从东南沿海长三角城市向内陆转移，到了 2006 年《无锡会议》上，我国亦同样把工业遗产上升到文化遗产的高度。

在世界上最成功的工业遗产棕地利用成功案例是德国重要工业基地鲁尔区的杜伊斯堡公园。1985 年，随着钢铁厂的倒闭，无数老厂房遭废弃，场地野草丛生。通过景观改造后，原有的工业建构筑物基本得以保留，并被赋予新的功能。高炉被用来攀登和远眺；高架铁路成为高空步道；金属构架成为藤本廊架；高耸残缺的混凝土墙成为攀岩场地；上下水加上收集雨水和污水处理，在冷却槽和沉淀池过滤后流入埃姆舍河中；标识用以区别景物，如蓝色表示开放区，灰色和褐色表示禁入区。

北京首钢源于 20 世纪 20 年代的官商合营的龙烟铁矿公司，1949 年改名为石景山钢铁厂，1958 年改名为首钢集团，而随着首都功能区划的调整，原址将建设成为首钢滨水工业遗址公园。北京 798 也是在工业遗址上改造的。广东中山岐江公园也是在 20 世纪 90 年代末停产的粤中造船厂上改造成功的作品。原来的厂房、码头、仓库、龙门吊都保留在原地，而且成为公园的一道风景线。这也是

《园冶》巧于因借之因景做法。弃之为废，用之为利，添之为景，化腐朽为神奇。若以功利之心拆迁改造为房子，用者仅为一小部分人，利者就是开发商，政府也是收一时之利，结果将伴随原址及址上历史和文化而消失。保留以成景，既可造福百姓，又可保存历史文化，善莫大焉。

《园冶》中用了八处自然：在兴造论中道："半间一广，自然雅称，斯所谓主人之七分也。"在相地中道："旧园妙于翻造，自然古木繁花。"在书房基中说："内构斋馆房室，借外景，自然幽雅，深得山林之趣。""如另筑，先相基形：方圆、长扁、广阔、曲狭，势如前厅堂基余半间中，自然深奥。或楼或屋，或廊或榭，按基形式，临机应变而立。"在廊房基中道："蹑山腰，落水面，任高低曲折，自然断续蜿蜒，园林中不可少斯一断境界。"在白粉墙中道："今用江湖中黄沙，并上好石灰少许打底，再加少许石灰盖面，以麻帚轻擦，自然明亮鉴人。"在掇山中道："未山先麓，自然地势之嶙嶒；构土成冈，不在石形之巧拙。"在六合石子中道："或置涧壑急流水处，自然清目。"自然雅称、自然幽雅、自然深奥、自然继续蜿蜒、自然地势之嶙嶒，都有自然环境、天地空间之意。

# 第 5 节　老子之水与庄子山林

在山水园的要素中，老子对水的论述最多，庄子对山林的描述最多。水受到老子推崇是因为水具有容，又可变，还在于随他。《老子》说："渊兮似万物之宗；譬道之在天下也，犹川谷之于江海也；上善若水。水善利万物而不争，处众人之所恶。故几于道。"渊被老子当成"万物之宗"，渊的品性如"道之在天下""川谷之于江海"。水善于利用，利用地形的低下，利用容器的形状，利用气候的冷暖变化，利用别人废弃的东西，而且甘当溶剂和载体，运载别人而不言，能利万物，用万物，顺万物，应万物，不争不夺，宁退甘远，故水被老子盛赞为"几于道"。《老子》第六十六章道："江海之所以能为百谷王者，以其善下之，故能为百谷王。"

老子专注于水，而庄子则关注自然山林，以对山林的体味而观照人生的道理。山林一词在《庄子》中出现九次。《逍遥游》道："而独不闻之翏翏乎，山林之畏佳，大木百围之窍穴，似鼻，似口，似耳，似枅，似圈，似臼，似洼者，似污者。"《天地》道："执留之狗成思，猿狙之便自山林来。"《天道》曰："以此退居而闲游，江海山林之士服；以此进为而抚世，则功大名显而天下一也。"《缮性》曰："道无以兴乎世，世无以兴乎道，虽圣人不在山林之中，其德隐矣。隐故不自隐。"《至乐》曰："夫丰狐文豹，栖于山林，伏于岩穴，静也；夜行昼居，戒也；虽饥渴隐约，犹且胥疏于江湖之上而求食焉，定也。"《知北游》曰："山林与，皋壤与，使我欣欣然而乐与。乐未毕也，哀又继之。

哀乐之来，吾不能御，其去弗能止。"《徐无鬼》曰："徐无鬼因女商见魏武侯，武侯劳之曰：'先生病矣，苦于山林之劳，故乃肯见于寡人。'""徐无鬼见武侯，武侯曰：'先生居山林，食芋栗，厌葱韭，以宾寡人，久矣夫。今老邪，其欲干酒肉之味邪，其寡人亦有社稷之福邪？'"《达生》曰："其巧专而外骨消，然后入山林，观天性形躯，至矣，然后成，然后加手焉，不然则已。""大林丘山之善于人也，亦神者不胜"。庄子心中的自然，是没有经过人工干预的自然，称为天然，率性的自然。对这种自然的观照，才是真正"道法自然"的自然，而非人工或人化的自然。

自然的载体是天地，故庄子对天地进行了多方面的阐述。庄子《天地》说"天地虽大，其化均也；万物虽多，其治一也。""天道运而无所积，故万物成。"《天道》说："夫虚静恬淡寂寞无为者，天地之本，而道德之至故，圣人休焉。""夫天地者，古之所大也，而黄帝尧舜之所共美也。故古之王天下者，奚为哉？天地而已矣。"《天运》道："天其运乎，地其处乎？日月其争于所乎？孰主张是，孰维纲是？孰居无事而推行是？意者其有机缄而不得已邪？意者其运转而不能自止邪？云者为雨乎？雨者为云乎？孰隆施是？孰居无事淫乐而劝是？风起北方，一西一东，在上彷徨，孰嘘吸是？孰居无事而披拂是？"《刻意》道："夫恬淡寂寞虚无无为，此天地之本而道之质也。故圣人休焉，休则平易矣，平易则恬淡矣。平易恬淡，则忧患不能入，邪气不能袭，故其德全而神不亏。"

无论老子和庄子，都不是以美作为阐释对象，而是在谈到核心词道时，把它作为最高境界的概念讨论时，"其对道的体验和境界与艺术的审美经验和境界不谋而合。由于这种相合，后世很自然地把这些带有审美色彩的哲学问题移植到对艺术的审美特征的理解中"（蒋述卓，刘绍瑾.20世纪中国古代文学论学术研究史 [M]. 北京：北京大学出版社，2005.）。老庄自然之道和艺术的形而上，使得它对于文学、艺术的理论和实践产生了深远的影响。

袁行霈道："把握住崇尚自然的思想和崇尚自然之美的文学观念，就可以比较深入地理解中国人和中国文学。"魏晋风流的山水诗或称田园诗，就是不自觉地践行道家的自然观。东晋陶渊明的《归田园居》之"羁鸟恋旧林"，"复得返自然"，把自然当成最后的乐土。"尚自然"和"任自然"成为山水文学的审美路径，于是衍生出平淡、古朴、纯真、冲淡等美学范畴。唐李白一生旅游于自然山水和城市山林（宅园），对于山水自然的描写，看似不修边幅，实是通体光华，充分体现了自然之美。晚唐诗歌品鉴大师司空图，承钟嵘的"自然英旨"，在其《二十四诗品》中，无不指向原始的"自然"二字，贯彻"妙造自然"。每品以一首诗概括要旨，大部分字句源于老庄。如雄浑品的"持之匪强，来之无穷"，冲淡之"素处以默"，沉着之"绿杉野屋，落日气清"，高古之"畸人乘真"，洗炼之"体素储洁，乘月返真"，劲健之"天地与立，神化攸同，期之以实，御之以终"，豪放之"吞吐大荒"，"由道返气，处得以狂"，含蓄之"是有真宰，与之沉浮"，精神之"生气远出"，"妙造自然"，缜密之"是有真迹""造化已奇"，疏野之"惟性所宅，真取不羁"，清奇之"淡不可收"，委曲之"道不自器，与之圆方"，实境之"如见道心""遇之自天，泠然希音"，形容之"绝伫灵素，少回清真"，超诣之"少有道契，终与俗违"，飘逸之"御风蓬叶，泛彼无垠"，流动一品，全自老庄："若纳水輨，如转丸珠。夫岂可道，假体如愚。荒荒坤轴，悠悠天枢。载要其端，载同其符。超超神明，返返冥无。来往千载，是之谓乎。"还专辟自然品，道："俯拾即是，不取诸邻。俱道适往，着手成春。如逢花开，如瞻岁新。真与不夺，强得易贫。幽人空山，过雨采苹。薄言情悟，悠悠天均。"这一以道家自然观为主旨的诗品表述，使得后世之诗更以老庄自居。（陈海艳，论老庄自然观及其影响，思想战线，人文科学专辑，2008 年第 34 卷）

庄子进而把朴素观发展为天放、天食、天鬻。《庄子·马蹄》："一而不党，命曰天放。"一个人独立于天地自然，而不与他人结成党派。《庄子·德充符》："圣人不谋，恶用知（智）？不斲，恶用胶？无丧，恶用德？不货，恶用商？四者，天鬻也。天鬻者，天食也。"即禀受于自然之食。

对于景观美，《庄子·马蹄》提出："山无蹊隧，泽无舟梁；万物群生，连属其乡；禽兽成群，草木遂长。"这俨然一幅荒郊野岭，未开发而自然其美。对于人文美，《老子》第八十章提出小国寡民的理论："使民复结绳而用之。至治之极，甘其食，美其服，乐其俗。安其居，邻国相望，鸡犬之声相闻，民至老死，不相往来。"这俨然一幅农村风貌，未开发而自得其乐。

禀受于自然，放任自然，不事工巧，是为不凿之美。例如，康熙年间常州人张愚亭购得万历年间的青山庄，重筑后就更名为天放居，山水崇尚自然，被时人称为常州第一园。清代常熟的水壶园建有天放楼；民国二十一年（1932年），吴江的金松岑在苏州建韬园，筑天放楼，自号天翮、天羽，号壮游，以合庄子之意。李鄂楼也在苏州筑园，亦构楼名天放，在园中著有《天放楼诗集》。

# 第 6 节　自然观与园林

中国园林的自然式布局源于对自然的模仿，是否源于道家思想？从历史上看，道家思想产生于春秋战国时代，同时代的秦上林苑也是自然式，而道家思想引发的山水审美意识源自魏晋（徐复观. 中国艺术精神 [M]. 上海：华东师范大学出版社，2001.），而周文王自然式灵沼、灵圃等园林雏形在周初就有了，创作型的人工山水在汉代已经非常流行，如《西京杂记》之兔园和《后汉书·梁统列传》之梁冀之园，远在魏晋之前（乔永强、陈元欣、周曦，中国园林与道家思想，北京林业大学学报（社会科学版）2004年9月，第3卷第3期）。但是，笔者认为，象天法地思想是园林创作共同的做法，它本身就是道家自然观的表现。先期践行于皇家园林，之后发展到私家园林。从阶段上看，经历了周至汉的事物认识和养生体验，到六朝才被文人群体性认识并践行于自然山水和行田（在农田中旅行）之田园，到了唐代，老庄自然观进一步与园林山水相结合，方才成为山水园的立论依据。

风景，这里狭义地指自然风景区，园林狭义地指聚落区域人工构筑的绿化工程。在自然风景区，自然观的态度就是保留地球进化的原始痕迹，不破坏自然生态的平衡，包括山水平衡和生物平衡；不干预自然演化，不提倡截流导水，不人工植被森林，荒者任其荒，生者任其生，茂者任其茂，利用自然要素的生克原理，让要素之间自然调节以建构平衡。原生自然自有其美，因为"天地有大美而不言"，"大地以自然为运，圣人以自然为用，自然也。"而作为非圣人的游客，只需用眼睛去观道，用脚步去量道，学会在原生自然中顺应自然性，体味自然之美。

山水在人工园林，有三个原则。第一是巧于因借。就是利用原来的山形水势，点缀合人意的景点。原有景，只因借；多植栽，少构筑；多自然，少人工；多透水，少铺装。第二是模山范水。在堆山理水之时，不任意营造，而是模仿某座山和某条河。如承德避暑山庄的小金山仿的是镇江的金山，故此景既有登临之趣，也有水岛之美；点缀的只是上帝阁。第三是妙造自然。妙在于造第二自然，也就是人工自然。此自然所以称为自然，是因为虽不以一山一水为模本，但以山水的自然属性为原则，"虽由人作，宛自天开"。历代匠人总结出了造园务曲的原则，力图展示天开画卷。路必三步曲，界无三尺直。曲池、池桥、曲水、曲廊、曲径、曲坛，而且把寻幽和探胜当成园林的两大趣事。幽境在于深处，故园林虽小而藏景至深，深而至幽。胜境在于名，名人、名画、名诗、名文、名书、名典、名山、名水、名楼、名亭、名居。胜为显景，幽为隐景。幽境是道家所尚，胜境是儒家所尚。

主次分明，是从自然山水中得出的规律。水系山系称为山脉和水脉。山有主脉和支脉，水有主流和支流。中国三条山龙最后归于昆仑一山，中国长江水系和黄河水系皆出自于三江之源的青藏高原。因此，造园的堆山和理水，都是从主支的系统出发的延伸性营造。

高低错落，是形态规划的原则。高低的自然现象来源于山和林。自然山岳有高低现象，植物品种也有高低现象。本身高低是内在属性，借势高低是外在因随。错落说明了万物之间因就高下地形的择址和落位。

四季分明是时间的自然性。一年四季的变化，不仅是源于地球与太阳的自然关系，整个地球的圈层结构，也因此有了四季的分别。植物有春华、夏绿、秋实、冬落，水有春融、夏雨、秋霜、冬雪。因时变化的农业、工业、建筑业都显出各自的季节特点。一旦突出，则用交替错落之法，用空间错位和时间接续以顺自然之性。

植物多样性是保证植物群落稳定性的基石。没有多样的植物，只有一两种植物，难以有效利用光线，难以有效利用空间，难以发挥植物的优势互补和劣势相济，只有把握好生克原理，才能让所有植物在园林中和谐地生长。

张家骥在《中国造园论》中从园林空间结构的角度说明了道家思想在园林中的应用。园林空间的流动性和变化性，使自然空间自由贯通，以达到宇宙的道。玛丽安娜·鲍谢蒂在《中国园林》一书中，将"道法自然"作为中国园林反映道家思想的证据。乔永强、陈元欣、周曦等人则认为，《园冶》《一家言》等书原文并未将空间的过渡承转等技巧与道家联系起来。空间之开合、过渡，以及虚实转换，是古人辩证思维的体现，并非道家所独有。但是，笔者认为，道家的辩证观、虚实观、自然观、山林观，无不指向无为休闲的目的性，无不指向山水林泉的要素构成，无不指向天、地、人、道四大，无不指向顺应自然演化的格局、规律。缮性是自然观人工化的代名词。至于《园冶》等造园书属于专业论著，其对技法的把握传承于自然观，也发展了自然观。观，道也，理也；园，艺也，技也。若不是发展，何为技？空间是西方现代建筑理论输入中国之后的新语汇。而老子之空虚有用论和尚阴图虚论恰是空间源头，至于《园冶》在明末出现，虽无空间一词，但有十四处"空"字和十六处"虚"字，早已进入空间运用的层面。

同时乔、陈、周认为《庄子》和《世说新语》的道家效法自然的核心在于追求精神自在，在于人格成就。通过"物化"，以虚静之心而来的主客合一，人与自然的合一，将人格与人生境界升华融入超越当时社会上人格与人生境界评判标准的自然之大美中，是效法自然的主要内涵。笔者认为，作为一个哲学家的庄子，他解决的是社会的精神和物质之间的本质问题，而对于像计成、李渔、文震亨等造园家或园林评论家来说，是把"道法自然"四个字，落实在园林的格局和景点之中。或多或少的错位和推论难免，但主旨的延续是有目共睹的。魏晋玄学思想发展中，士人或隐或逸，寄情山水，寄情园林，以标新立异，藐视等级，破坏礼教，其生活观中对现实的否定，与审美对象对山水的寄情，是人格中物质与精神的统一，外表行为与内心观念的统一。以山水诗、山水画、山水园的三位一体，自然观、自然养、自然居、自然行的四位一体构筑士人（后称文人）的意与境合一的文人园林，不可否认其意的源流之一就是老庄的自然观。甚至在《庄子》中，历代的大隐事迹、缮性寓言和法自然故事，也成为其立论的依据。由此可见，老庄自然观也是历史长河中华夏民族集体思想的

总结，后世理学和园学是其发展和应用。一脉相承，并无
滞涩。

# 第7节　儒道释诸家山水

徐复观在《中国艺术精神》中提出了魏晋山水审美与
先秦山水比兴的差异。《诗经》把草、木、鸟兽比兴为人间
的悲欢离合，《离骚》把兰、蕙、芷、蘅比兴为君子的志洁
行芳，孔子把山、水比兴仁智，把玉比兴君子。孔子第一
次把山水作为哲学范畴与社会人进行比兴，使山水有了人
性。老庄则用齐物，把自己的情感移至动物、植物或山水
之中。庄周梦蝶、濠梁观鱼都是如此。比兴与齐物是一对
审美主体与审美客体往复的审美路径。故徐复观说："庄子
的物化精神，可赋予自然以人格化，亦可赋予人格以自然
化……同时，魏晋之前，山水与人的情绪相融，不一定是
出于以山水为美的对象，也不一定是为了满足美的需求。
但到了魏晋时代，则主要是以山水为美的对象，追寻山水，
主要是为了满足追寻者美的要求。"徐氏鉴别了先秦诸家山
水的审美目的、方式和角度的差异，证明了由山水比兴发
展为人情物化再到山水审美的历程。

另外，任小红《神与中国园林》在对照谢灵运《山居
赋》与白居易《草堂记》、王维《辋川图诗》的景观尺度
后，提出魏晋以道家思想为主的山水审美情趣，倾向于以

宏观的方式在无限的山水空间中极目游赏，而唐宋以后以禅学思想为主的山水审美情趣，"倾向于以微观的方式近观静赏"。根源上还是道家与佛家观照世界的方式不同。庄子鲲鹏的万里之行和藐姑射山神人的吸风吮露，更接近于游天地。谢灵运的《山居赋》继承了此种观照方式。佛家立足于否定现世生命，以悟为主要观照方式，以渡劫渡厄。悟式观照法的坐观和参悟，决定了其对象的观看尺度为中观和微观世界。芥子纳须弥式的庭院园林成为佛家园林的主要审美对象。白居易《草堂记》和《辋川图诗》正是继承了释家的审美方式。（乔永强，陈元欣，周曦.中国园林与道家思想 [J].北京林业大学学报（社会科学版），2004年9月第3卷第3期）

道家以发现自然山水的无言大美来体味道，在山水营造方面则以模山范水，通过园路的无所不及，体现"逍遥游"高低上下之趣，千岩万壑之险，千山万水之远。以至于北宋郭熙在画论中总结为四可：可行、可望、可居、可游。四可中，行和游都与路和景有关，望与远有关，居与藐姑射山的神人之居有关。通过山水画论对山水画创作和审美的影响进而对园林创作和审美进行影响。虽然道家的山水观与园林有直接的通道，无论如何，山水画家参与造园也促进了道家山水观照法落实于园林的本体可行性和空间艺术性。南朝宗炳的"山水以形媚道"的论断，从画家眼中，指出山水从本质上接近道的内源性和形态上接近道的最宜性。山水本身是自然形成，且千变万化的，一个"媚"字说出了主客观系。谢赫六法的"气韵生动"正是把自然之气与山水之气画上等号，又把创作主体和审美主体的人体之气与山水之气进行知行合一的匹配和关联。于是，道的雄浑大气、自然的雄浑大气、山水的雄浑大气与人的雄浑大气有机统一于绘画和造园之中。

无论道家著作是哲学范畴还是文学范畴，其天、地、人、道的四大文本还是要通过山水空间抵达园林作品或绘画作品，实现其由在野到进城的美学重构。同时，人工园林的自然解读，还是需要通过文学文本，才能更加准确地传达道家自然思想到山水构架的逻辑关系。文学文本的准确性是在园或在野经游与悟之后的提炼达到的，它更胜于绘画的直观生动而不准确，语言的即兴而缺乏逻辑。园记、园诗、园赋观照园中道学，游记观照自然山水的道学，田园诗观照农业景观的道学，见仁见智，或深或浅。

苏州耦园的水池南端，建有一个水榭，名山水间（图1-1）。山水到山水间，有几种解法，一是表明山水的儒家仁智观，二是表明道家的山水自然观，三是表明山水之间的模糊观。历代对山水间诸多本来之意和生发之意的模糊上升为朦胧美。唐沈佺期《自昌乐郡溯流至白石岭下行入郴州》有"我行山水间"，唐张说《别潍湖》有"莫言山水间"，韩愈《同冠峡》有"维舟山水间"，宋代汪莘《春怀十首》有"寓意山水间"，白玉蟾的《病起》有"揭来山水

图 1-1 耦园山水间

间"，张九成《拟归田园》有"志在山水间"，王安石《张
氏静居院》有"侯于山水间"，邹浩《咏路》有"出没山
水间"，王洋《和李希言仙书事》有"放意山水间"，曾巩
《之南丰道上寄介甫》有"驱驰山水间"，张耒《西山寒溪》
有"聊此山水间"，五迈《试石鼓墨得月字韵》有"我居山
水间"，俞琬《孙氏池亭》有"壁介山水间"，苏轼《次韵
韶倅李通直二首》有"行山水间数日"，罗知古《玉笋山
邓仙》有"更著危亭山水间"，洪迈《信州禅月台上》有
"颇闻山水间"，陈师道《平翠阁》有"我家山水间"，强
至《题婺源胡氏翛然堂》有"之子山水间"，王炎《送朱大
卿归龙舒》有"婆娑山水间"，吕同老《题高房山夜山图》

有"朝光正落山水间",王应麟《望春山》有"神仙寓迹山水间",曾几《寻春次曾宏甫韵》有"幽寻山水间",顿起《元符二年二月七日按部过邛州火井县三友堂小》有"乘兴山水间",苏颂《效范景仁侍郎次韵和君实端明长句奉呈龙舒杨》有"百二十坊山水间",叶茵《槃礴》有"盘旋山水间",黄庶《和百塔寺四首·芳亭》有"独自结茅山水间",李廌《习凿齿宅》有"著书山水间"。

明代刘溥《题昆山沈愚通理诗集》有"何人秀发山水间",郏经《为张藻仲题高文璧画抱琴图》有"为写抱琴山水间",王守仁《重游开元寺戏题壁》有"未妨适意山水间",吴林旸《辛丑冬曹能始过客孝若斋中因遍游吴兴诸山歌》有"萧萧肃肃山水间"。

颐和园万寿山南面的湖山真意轩,原为乾隆建的山清音山馆。清音典出魏晋时左思的《招隐诗》:

> 杖策招隐士,荒涂横古今。
> 岩穴无结构,丘中有鸣琴。
> 白云停阴冈,丹葩曜阳林。
> 石泉漱琼瑶,纤鳞或浮沉。
> 非必丝与竹,山水有清音。
> 何事待啸歌,灌木自悲吟。
> 秋菊兼馔粮,幽兰间重襟。
> 踌躇足力烦,聊欲投吾簪。

1860年清漪园被英法联军焚毁后,光绪年间重建时改为湖山真意轩。湖即水，表明此处既得水又得山（图1-2）。

图 1-2　颐和园湖山真意轩

# 第 2 章　游览观与园林

## 第 1 节　濠梁观鱼与濠濮间

《庄子集释》卷六下《外篇·秋水》载：庄子与惠子游于濠梁之上。庄子曰："儵鱼出游从容，是鱼之乐也？"惠子曰："子非鱼，安知鱼之乐？"庄子曰："子非我，安知我不知鱼之乐？"惠子曰："我非子，固不知子矣；子固非鱼也，子之不知鱼之乐，全矣。"庄子曰："请循其本。子曰'汝安知鱼乐'云者，既已知吾知之而问我。我知之濠上也。"

庄子与惠子（惠施）在濠梁之上玩，庄子说："白鲦鱼游得多么悠闲自在。这就是鱼儿的快乐。"惠子说："你不是鱼，怎么知道鱼的快乐？"庄子说："你不是我，怎么知道我不知道鱼儿的快乐呢？"惠子说："我不是你，固然不知道你；你也不是鱼，你不知道鱼的快乐，也是完全可以肯定的。"庄子说："还是让我们顺着先前的话来说。你刚才所说的'你哪里知道鱼的快乐'的话，就是已经知道了我知道鱼儿的快乐而问我，而我则是在濠水的桥上知道鱼儿快乐的。"

　　这段历史名辩既辩乐，也辩鱼，更辩思。从中可见两个人的哲学认识论的基本差异，恰恰认识的对象是审美的"乐"。庄子的审美是直觉式的，惠子的审美是逻辑式的（孙宗美，道家思想与中国古典园林审美心理，武汉理工大学学报（社会科学版），2015 年 7 月第 28 卷第 4 期）。庄子是以我之心推及鱼（物）之心，故认为"出游从容，是鱼之乐"。朱光潜在《文艺心理学》中说："于是我的生命和物的生命往复交流，在无意之中我以我的性格灌输到物，同时也把物的姿态吸收于我。"俄罗斯美学家车尔尼雪夫斯基也说："在鱼的活动中却包含有许多美：游鱼的动作是多么轻快、从容。人的动作的轻快、从容也是令人神往的，……因为动作轻快优雅，这是一个人正常平衡发展的标志，这是到处都使我们喜欢的……"按西方美学和心理学的理论就称为艺术欣赏的移情，即"把在我的知觉或情感外射到物的身上，使它们变成在物的"。（朱光潜语）

　　能够移情，说明观者与与被观者存在同一性。其一，人与鱼都具有动物性，能生活与思考，但是人之思与动物之思，人之乐与鱼之乐，差异性有多大，庄子并未予以考虑。其二，同样生存于同一个自然环境之中，但鱼的环境与人的环境，其尺度之别和食物链的位置之别，庄子亦未予以细察。庄子的审美观是物我同一。这种同一性带有主观性，也让惠子找到了破绽。惠子认为庄子仅凭外表的"出游从容"就判断"鱼乐"，显得太苍白，因为他认为物与我是两分的。但惠子的两分论回答仅是从逻辑上进行了反驳，并未在科学上进行反击，故显得苍白无力。

鱼乐之辩在后世产生了极大的影响（表2-1），于是形成了众多的关键词：子知鱼、子非我、安知我、安见我非鱼、惠子鱼、我知鱼、游儵、濠上、濠上之意、濠上知鱼、濠上观鱼、濠上鱼、濠梁、濠梁招、濠梁遗意、濠梁鱼、为儵鱼、知我知鱼、知鱼、知鱼乐、窥鱼、临濠、观乐 观濠、观鱼、观鱼惠子、观鱼濠上、非鱼濠上、鱼乐、鱼游濠上、儵鱼、儵鱼乐。

表 2-1　历代鱼乐诗句摘要

| 作者 | 诗题 | 诗句 |
| --- | --- | --- |
| 储光羲 | 贻王侍御出台掾丹阳 | 南华在濠上，谁辩魏王瓠。 |
| 吴融 | 绵竹山西四十韵 | 但乐濠梁鱼，岂怨钟山鹄。 |
| 奚贾 | 严陵滩下寄常建 | 已息汉阴诮，且同濠上观。 |
| 张文琮 | 咏水 | 独有蒙园吏，栖偃玩濠梁。 |
| 李白 | 书情题蔡舍人雄 | 投汨笑古人，临濠得天和。 |
| 李群玉 | 昼寐 | 正作庄生蝶，谁知惠子鱼。 |
| 杜甫 | 白露 | 凭几看鱼乐，回鞭急鸟栖。 |
| 杜甫 | 陪郑广文游何将军山林十首之一 | 谷口旧相得，濠梁同见招。 |

续表

| 作者 | 诗题 | 诗句 |
|---|---|---|
| 柳宗元 | 游南亭夜还叙志七十韵 | 鹿鸣验食野，鱼乐知观濠。 |
| 权德舆 | 奉和李大夫题郑评事江楼 | 入鸟不乱行，观鱼还自乐。 |
| 独孤及 | 垂花坞醉后戏题 | 归时自负花前醉，笑向鲦鱼问乐无。 |
| 白居易 | 池上寓兴二绝之一 | 濠梁庄惠谩相争，未必人情知物情。 |
| 皇甫冉 | 和郑少尹祭中岳寺北访萧居士越上方 | 海边曾狎鸟，濠上正观鱼。 |
| 贾岛 | 寄令狐绹相公 | 不无濠上思，唯食圃中蔬。 |
| 钱起 | 山斋读书寄时校书杜叟 | 濠梁时一访，庄叟亦吾徒。 |
| 钱起 | 蓝溪休沐寄赵八给事 | 肯想观鱼处，寒泉照发斑。 |
| 韩翃 | 赠张五諲归濠州别业 | 故山期采菊，秋水忆观鱼。 |
| 吴长元 | 《宸垣识略》载祝家园诗 | 藻动知鱼乐，花飞入客愁。 |
| 陶浚宣 | 《东湖秦桥》诗 | 闻木樨香乎？知游鱼乐否？ |

　　《园冶》在"亭榭基"中道："或借濠濮之上，入想观鱼。"至于是观鱼有乐还是无乐，还是物我同一，抑或是物我两分，计成并未说明，仅就此作为园林创作的文化主题。在"借景"篇中，又道："在看竹溪湾，观鱼濠上。"借景指借园外之景，而他把溪湾和濠上当成两个借景的载体，载体上的竹和鱼才是审美的对象。园林通过鱼乐主题，按照庄惠所在的场所进行环境创作，于是有河水，名濠、濮，养鱼，同时建造各种观点，如桥、亭、榭、舫等（表 2-2）。

表 2-2　濠梁鱼乐景观一览表

| 时间、地点 | 园名 | 景点 | 备注 |
|---|---|---|---|
| 北宋安徽芜湖 | 长春园 | 鱼乐涧 | |
| 北宋广东阳江 | 西园 | 莲花濠 | |
| 南宋浙江杭州 | 卢元升卢园 | 含花港观鱼 | |
| 南宋江西波阳 | 洪适盘洲 | 濠上桥 | |
| 元江苏吴江 | 罗星洲 | 鱼乐池 | |
| 明江苏常州 | 钱岱小辋川 | 风景濠梁轩 | |
| 明江苏昆山 | 许承周肯获堂 | 小濠梁亭 | |
| 明江苏昆山 | 叶国华茧园 | 濠上 | |
| 明江苏苏州 | 范允临天平山庄 | 鱼乐国 | |
| 明江苏吴中区 | 王铨且适园 | 观鱼亭 | |
| 明江苏吴县 | 郑景行南园 | 观鱼槛 | |
| 明江苏苏州 | 王心一归田园居 | 濠水 | |
| 清北京 | 载沣醇亲王府花园 | 濠梁乐趣 | |
| 清广东广州 | 深柳堂 | 枕濠阁 | |
| 清江苏苏州 | 盛康留园 | 濠濮想（今濠濮亭） | 冠云台上题："安知我不知鱼之乐" |
| 清江苏苏州 | 自耕园 | 知鱼轩 | |
| 清江苏苏州 | 陆锦涉园 | 观鱼槛 | |
| 清江苏苏州 | 蒯子范惠荫园 | 荷岸观鱼 | |
| 清江苏苏州 | 巴光诰朴园 | 鱼乐溪 | |
| 清江苏苏州 | 王咸中石坞山房 | 鱼乐轩 | |
| 清北京 | 允礼果亲王自得园 | 观鱼乐小堂 | |
| 清北京 | 奕䜣恭王府花园 | 观鱼台 | 在西部水池中的敞轩 |
| 清湖南长沙 | 岳麓书院 | 碧沼观鱼 | 在后花园中 |

续表

| 时间、地点 | 园名 | 景点 | 备注 |
|---|---|---|---|
| 清广东广州 | 孙继勋岳雪楼 | 濠上观鱼轩 | |
| 清广东广州 | 张维屏听松园 | 观鱼榭（箷） | |
| 清天津 | 石元仕石府花园 | 观鱼台、神鱼观水 | |
| 清上海 | 哈同爱俪园 | 观鱼亭 | |
| 清江苏南京 | 李纫秋继园 | 观鱼堂 | |
| 清福建长汀 | 仙隐观 | 鱼乐亭 | |
| 清安徽安庆 | 菱湖公园 | 观鱼廊 | |
| 清北京 | 乾隆颐和园 | 谐趣园知鱼桥 | |
| 清北京 | 北海 | 濠濮间临水轩 | |
| 清河北承德 | 避暑山庄 | 濠濮间想亭、石矶观鱼 | |
| 清江苏苏州 | 沧浪亭 | 曾名观鱼处，今为观鱼轩 | 林幽泉胜，禽鱼自亲，如在濠上，如临濮滨。康熙巡抚宋荦重建观鱼处 |
| 清江苏无锡 | 秦燿寄畅园 | 知鱼槛 | 园主秦燿《知鱼槛》诗：槛外秋水足，策策复堂堂；焉知我非鱼，此乐思蒙庄 |
| 清上海 | 潘允端豫园 | 鱼乐榭 | |
| 清浙江杭州 | 西湖 | 玉泉院鱼乐园 | 鱼乐人亦乐，泉清心共清 |
| 清浙江嘉兴 | 南湖岛 | 鱼乐国 | 明董其昌手书鱼乐国碑 |

续表

| 时间、地点 | 园名 | 景点 | 备注 |
|---|---|---|---|
| 清浙江海盐 | 冯缵绮园 | 罨画桥 | 桥额题：观濠 |
| 清广东东莞 | 张敬修可园 | 观鱼篓 | |
| 民国江苏无锡 | 虞循卿蠡园 | 八景之一：曲渊观鱼 | |
| 民国重庆 | 石荣廷石家花园 | 玉带观鱼 | 今为水趣池 |
| 民国上海 | 金山公园 | 水榭观鱼 | |
| 民国江苏南通 | 张謇嗇园 | 鱼乐榭、濠上曲桥 | |
| 民国江苏苏州 | 紫罗兰小筑 | 鱼乐园 | |

　　如果说园林重创作，而诗人则重游赏。历代文学家在濠梁之上，必兴濠梁之情。唐卢照邻《宴梓州南亭诗序》："市狱无事，时狎鸟于城隅；邦国不空，旦观鱼于濠上。"唐李绅在安徽凤阳四望亭写下："淮柳初变，濠泉始清，山凝远岚，霞散余绮。"五代宋初文学家徐铉的《乔公亭记》："甲寅岁，前吏部郎中钟君某字某，左官兹郡，来游此。顾瞻徘徊，有怀创造。审曲面势，经之营之。院主僧自新，聿应善言，允符夙契，即日而栽，逾月而毕。不奢不陋，既幽既闲。凭轩俯盼，尽濠梁之乐。"《宸垣识略》载，左都御史祝氏别业有祝家园诗："谁怜濠濮意，酒罢独登楼；藻动知鱼乐，花飞入客愁；无心同止水，何地不虚舟？芳草美人暮，惊风吹未休。"寄畅园的园主秦耀《知鱼槛》诗："槛外秋水足，策策复堂堂；焉知我非鱼，此乐思蒙庄。"清恽寿平在

《瓯香馆集》卷十二写道："壬戌八月客吴门拙政园，……俯视澄明，游鳞可取，使人悠然有濠濮闲趣。"

《世说新语》曾记载："简文帝入华林园，顾谓左右曰：'会心处不必在远，翳然林水，便有濠濮涧想也，觉鸟、兽、禽、鱼，自来亲人。'"东晋简文帝在华林园的濠梁鉴赏，提出"会心"说，"觉鸟、兽、禽、鱼""自来亲人"。刘勰《文心雕龙·物色》中对审美过程中的心物关系有："目既往还，心亦吐纳"，"情往似赠，兴来如答"。简文帝的"会心"就是观赏对象对主体之心的回馈与应答，正因为物会于心，简文帝才会有"觉鸟兽禽鱼，自来亲人"之感。从此可知，庄子的知鱼是主观的知鱼，只限于"情往似赠"，而简文帝同样主观的会心，则是心与物的"往还""吐纳"。

简文帝的会心说，同样引起园林创作和欣赏的乐趣。在苏州留园中的濠濮亭上，匾曰："林幽泉胜，禽鱼自亲，如在濠上，如临濮滨。昔人谓会心处便自有濠濮间想，是也。"豫园也建有会心不远亭。

濠梁之辩只是齐物观和移情观的辩名而已，而到了人与鸟兽会心，则是进入到两者往还境界。两者发生之处皆在水边，故以水为载体，进行园林创作成为传统文人园的定式。此水是否如濠水般为线性河道景观？有如此做者，亦有不如此做者。从发生学上研究，庄惠的濠梁之辩发生于河道，而简文帝的会心之处从记载来看，只说"林水"，并非是河道，故留园池东半岛上构亭名濠濮亭，即有临水兴辩之兴，如图 2-1 所示。康熙建避暑山庄的濠濮间想亭，则是处于如意湖的水口边，既有湖水也有河水，两水相交，故名之濠濮间想。此亭之大，在山庄中首屈一指，人入亭中，常为亭之气势所折服，而忘却亭意之濠濮。在北海东岸有一处园中园，名濠濮间。此处原为嘉靖皇帝所建的凝和殿，以和为主题。乾隆二十二年（1757 年），它被改建成封闭的园中园，称为濠濮间。园林以水池为母题，临水一个水榭。池从园边的河道引水，故可知此水既有濠濮之河形，亦有林水之池形（图 2-2）。

图 2-1　留园濠濮亭

图 2-2　北海濠濮间

　　乾隆的无尽意轩诗:"峰色四时绘,松声二柱弦;意存无尽处,了不系言诠。轩纳湖山景,其意本无尽;四序以时殊,万状更日引。触目会心无尽藏,化机岂止在鱼鸢。"徐贲《和高季迪狮子林池上观鱼》:"微微林景凉,悄悄池鱼出;欲去戏仍恋,乍探警还逸。行循曲岛幽,聚傍新荷密;不有濠梁兴,谁能坐终日。"

　　因为沧浪情结也是发生在水中,故沧浪情结与濠梁之辩往往会错位。如《沧浪亭》:"一迳抱幽山,居然城市间。高轩面曲水,修竹慰愁颜。迹与豺狼远,心随鱼鸟闲。吾甘老此境,无暇事机关。"《沧浪观鱼》:"瑟瑟清波见戏鳞,浮沉追逐巧相亲。我嗟不及群鱼乐,虚作人间半世人。"

# 第2节　虚静观与静心斋

道家之道存在于自然之中，人要悟道或得道，需经过法地、法天两个层次方能达到。《老子》第十章曰："专气致柔，能如婴儿乎？涤除玄鉴，能无疵乎？"《老子》第十六章又曰："致虚极，守静笃，万物并作，吾以观复。"主体之心在空明澄澈时方能看出万物循环往复的运动，即道。

庄子延续老子的静观道法，加入注重个体精神自由理念，在《天道》中说："万物无足以铙心者，故静也。水静则明烛须眉，平中准，大匠取法焉。水静犹明，而况精神！圣人之心静乎！天地之鉴也，万物之镜也。夫虚静恬淡寂漠无为者，天地之平而道德之至，故帝王圣人休焉。休则虚，虚则实，实则备矣。虚则静，静则动，动则得矣。"首先，庄子说明了静源于本心，若本心不重物欲，则"万物无足以铙心"。故他从"休"出发，只有休方能"虚"，只有"虚"方能"静"，只有"静"才能"动"，然后"动"而得道。

庄子在《庚桑楚》又说："彻志之勃，解心之谬，去德之累，达道之塞，贵富显严名利六者，勃志也。容动色理气意六者，谬心也。恶欲喜怒哀乐六者，累德也。去就取与知能六者，塞道也。此四六者，不荡胸中则正，正则静，静则明，明则虚，虚则无为而无不为也。"志勃、心谬、累德和塞道都是因为心的不正，故"荡胸"正心方能"静"，"静则明，明则虚，虚则无为"，最后达到"无不为"。

虚与静是一对姐妹，虽为二，实为一。虚实与动静本来是两对范畴，它们构成先后因果关系。虚实是空间的占有论，动静是运动论。刘绍瑾的《庄子与中国美学》道："虚静的心理状态主要是要人们消除一切世俗的意念，忘记功名利禄等物质欲望和是非观念。把这种超功利的观点运用于艺术的主客体关系之中，就能使人们所观之物不再成为欲念之物，也不是认识的对象，而成为审美的对象了。"

刘勰《文心雕龙·神思》道："陶钧文思，贵在虚静，疏瀹五脏，澡雪精神"，"养气"篇道："水停以鉴，火静而朗，无扰文虑，郁此精爽。"作为文学艺术创作的兴思和构思，受到庄子虚静得道论的启发，而更加注重心的澄澈，把"荡胸"作为一门学问。陆机《文赋》也说："其始也，皆收视反听，耽思傍讯，精骛八极，心游万仞。"只有"心游万仞"之上，才能有发散性思维，到达无极之远。园林创作也是艺术创作，不仅设计之时要澄心观道，而且在游览观赏时，也要虚静。园林景观的宣教意义更多地在于把静观当成人生观，用于观世、观艺、观道。康熙《避暑山庄记》有"静观万物，俯察庶类"；乾隆《静虚斋》诗云："领妙无过虚且静"；钟惺《梅花墅记》："闲者静于观取，慧者灵于部署"；张炎《祝英台近·为自得斋赋》："听云看雨，依旧静中好"。

宗白华把老庄的虚静得道观点称为美学的"静照"："艺术心灵的诞生，在人生忘我的一刹那，即美学上所谓'静照'。静照的起点在于空诸一切，心无挂碍，和世务暂时绝缘。这时一点觉心，静观万象，万象如在镜中，光明莹洁，而各得其所，呈现出它们各自的充实的、内在的、自由的生命，所谓'万物静观皆自得'。这自得的、自由的各个生命在静默里吐露光辉。"

沈宗骞的《芥舟学画编》的"酝酿"道："一切位置：林峦高下，烟云掩映，水泉、道路、篱落、桥梁，俱已停当，且各得势矣，若再以躁急之笔以几速成，不但神韵短浅，亦且暴气将乘，虽有好势而无闲静恬适之意，何足登鉴者之堂？于是停笔静观，澄心抑志，细细斟酌，务使轻重浓淡、疏密虚实之间，无丝毫不惬。更思如何可得深厚？如何可得生动？如何可得古雅堪玩？如何可得意思不尽？如何可得通幅联络？如何可得上下照应？凡此皆当反复推究而非欲速者所得与也。""且同是一人手笔，其出于闲静之时者，自有闲静之致；出于躁急之候者，兴会虽高，而一段轻遽之意不足为观者重矣。"恽格在《南田画跋》中说："川濑氤氲之气，林岚苍翠之色，正须静以求之。"宋代理学家程颐在《秋日偶成》诗中说得更妙："闲来无事不从容，睡觉东窗日已红。万物静观皆自得，四时佳兴与人同。"

虚静能体物之妙，即美。权德舆在《左武卫胄曹许君集序》中道："得之于静，故所趣皆远"，恽格在《南田画跋》中说:"意贵乎远,不静不远也……绝俗故远,天游故静。"苏舜钦《沧浪静吟》道:"独绕虚亭步石矼,静中情味世无双。山蝉带响穿疏户,野蔓盘青入破窗。""世无双"的"情味"就是美。这种情和味不是七情六欲之情欲,正是庄子在《逍遥游》中说的"捐情去欲"。

自然界的动静是通过声音来表达的,无声就是静,有声就是动。所谓"此时无声胜有声"就是指此时的静胜于动。因为自然景物有时是煞,有时是景,听其景而屏其煞也。园林之声有风声、雨声、林声、鸟声、水声,杂乱无章而成煞,韵律节奏而成美,于是,听声景必以静,静方能辨别何声谁发,何声更美。袁中道在《爽籁亭记》道:"其初至也,气浮意嚣,耳与泉不深入,风柯谷鸟,犹得而乱之。及暝而息焉,收吾视,返吾听,万缘俱却,嗒焉丧偶,而后泉之变态百出。初如哀松碎玉,已如鹍弦铁拨,已如疾雷震霆,摇荡山岳。故予神愈静则泉愈喧也。泉之喧者,入吾耳而注吾心,萧然冷然,浣濯肺腑,疏瀹尘垢,洒洒乎忘身世而一死生,故泉愈喧,则吾神愈静也。"

审美主体从"气浮意嚣"到"嗒焉丧偶""忘身世而一死生"的心境,就是"虚静"之心体道而终至"朝彻""见独""不死不生"的境界。"万缘俱却"亦是庄子的"万物无足以铙心","嗒焉丧偶"就是《庄子·齐物论》的"天籁",而"收吾视,返吾听"源自陆机《文赋》"收视反听,耽思傍讯",亦道家"虚静"之说。"神愈静则泉愈喧",

"泉愈喧，则吾神愈静"神静与泉喧相互促进，说明主客体之间的相生关系。

园林中以静为主创作园林的景观如下：苏州留园的静中观之景源于静观。怡园的玉延亭上，石刻联云：静坐参众妙，清潭适我情。网师园楼名集虚斋，桥名引静桥。畅园的船厅名涤我尘襟。南京瞻园的主体建筑名静妙堂，取"静坐观众妙"之意。北京的圆明园中，更是以虚静为题造园，如静虚斋、静鉴斋、静通斋、静香斋、静嘉轩、静悟、静奇、静知春事佳、涤尘心、洗心观妙、洗心室等，亦为虚静之景。香山被乾隆封建为静宜园，玉泉山被封建为静明园，皆取庄子之意。

北海的静心斋，原名镜清斋，是乾隆二十二年（1757年）所建，典出庄子《天道》之"天地之鉴也，万物之镜也"。静心斋也是源于同篇对静的阐述："万物无足以铙心者，故静也。"作为主体建筑，前后左右皆临水，俨然一个水阁。称其斋者，概以水斋戒心之情欲。该处主要建筑有静心斋、韵琴斋、抱素书屋、枕峦亭、叠翠楼及沁泉廊等。（庄岳，王其亨.有人斯有乾坤理，各蕴心中会得无——北海镜清斋的解释学创作意象探析[J].建筑师，2003年第3期）

北京海淀区的圣化寺，是康熙所建的寺院行宫，在畅春园的南宫门外。其西跨院建有虚静斋，斋边堆石为山，高岩峭壁，乾隆最爱盘桓于此，1748年，题有《虚静斋小憩》一诗。

# 第 3 节 逍遥采真之游

孔子提倡方内之游，而庄子提倡方外之游。在《庄子·大宗师》里庄子与孔子对话："彼（指庄子），游方之外者也；而丘（指孔丘），游方之内者也。"这个方，就是打上人类烙印的国与家，或城市与宅邸，可引申为有规矩的红尘之地，方外就是城市之外的乡间野地，或荒无人烟的自然山水，可引申为无人间桎梏的自然之地，可见庄子的方外之游视野更为广阔。

庄子提出逍遥游和采真之游，应若鲲鹏振翼而飞，扶摇直上九万里，纵观四海一瞬间。《庄子·天运》载："古之至人，假道于仁，托宿于义，以游逍遥之虚，食于苟简之田，立于不贷之圃。逍遥，无为也；苟简，易养也；不贷，无出也。古者谓是采真之游。"庄子认为只有真人才能达到逍遥之游。《庄子·大宗师》又说，真人是"其出不訢（通欣，即高兴），其入不距（通拒，意回避）；翛然而往，翛然而来而已矣"。《庄子·在宥》说真人是"入无穷之门，以游无极之野"。真人的旅游是在并非他人施舍且不奢华的园圃之中，穿越无穷之门，游历无极之野，来不欣喜，去不推辞，自由自在，无拘无束。

历代文人对逍遥之游加以阐发。园林以逍遥名园名景者众多，如逍遥谷、逍遥宫、逍遥楼、逍遥殿、逍遥亭、逍遥坞、逍遥室等（表 2-3）。园林活动被文人们标榜为逍遥游，更有被皇帝册封为逍遥公者。李白在《夏日陪司马武公与群贤宴姑熟亭序》中道："若游青山，卧白云，逍遥偃傲，何适不可？"唐明皇李隆基在骊山华清池中建逍遥殿。权臣韦嗣立（唐）也在骊山修别墅，得御赐"清虚原幽栖谷"，封"逍遥公"，既承庄子逍遥之风，又博朝隐之名。王维在《暮春太师左右丞相诸公于韦氏逍遥谷宴集序》中盛赞："逍遥谷天都近者，王官有之，不废大伦，存乎小隐。"无怪乎储光羲曾隐居终南，后发达致仕，道："逍遥沧洲时，乃在长安城。"

表2-3　代逍遥主题景点

| 朝代 | 地点 | 园名 | 景名 | 朝代 | 地点 | 园名 | 景名 |
|---|---|---|---|---|---|---|---|
| 后燕 | 朝阳 | 龙腾苑 | 逍遥宫 | 唐 | 临潼 | 华清宫 | 逍遥殿 |
| 唐 | 桂林 | — | 逍遥楼 | 唐 | 苏州 | 郡圃 | 逍遥阁 |
| 明 | 太原 | 桂子园 | 逍遥亭 | 清 | 苏州 | 慕家花园 | 逍遥室 |
| 清 | 吴县 | 云壑藏舟 | 逍遥坞 | 清 | 番禺 | 宝墨园 | 逍遥区 |
| 清 | 青浦 | 课植园 | 逍遥楼 | 民国 | 常熟 | 逍遥公园 | — |
| 新中国 | 合肥 | 逍遥津公园 | 逍遥桥[1] | — | — | — | — |

　　浪漫主义的逍遥游，主张无拘无束和周游天下。这个天下，既指方内的城池乡村，也包含方外的山川林薮，似

---

[1] 逍遥津：合肥三国渡口战场，《三国演义》有"曹操平定汉中地，张辽威震逍遥津"。明为窦子偁的窦家池，康熙间为王翰林的斗鸭池，光绪间为龚照瑗和龚心钊的豆叶池。1953年改建为逍遥津公园。

乎侧重于后者。皇帝因居帝宫，心驰宫外，其逍遥游既有
方内之游，也有方外之游。如舜帝南巡、秦始皇东巡、隋
炀帝下江南、康熙乾隆南巡，多以巡视公务为由，图周游
天下之实。秦始皇称帝，从统一中国的次年到驾崩共六次
出巡，最后死于旅途之中①。康熙和乾隆祖孙，酷爱旅游，
既有谒陵、巡察，也有封禅、游览和园居，各南巡六次②，
一路行宫接待。行宫之制，无非宅与园。南巡成为乾隆人
生幸事乐事，也是江山社稷的大事实事，由官署编为南巡
盛典图录。

　　历代旅行家有的仿效隐士终生游山玩水，放浪形骸，
有的仿效皇帝虽居城郭，却时常寻访名川大山。六朝文人
隐士徜徉于自然山水，或攀高山，登泰山而小天下；或放
洞庭，漂泊而四海为家。山水旅行家李白、谢灵运、徐霞
客游览之余留下千古名篇；山水造园家王维、柳宗元、陶
渊明更是依托自然，建造庄园，采菊东篱，醉看南山。更
多唐代士人对于纯粹的方外之游持否定态度，称之为小隐，
提倡中隐于城市园林（或称城市山林），而非隐于荒郊野
岭，出处（指出仕和退隐）更加自如。

---

① 秦始皇当政 37 年，称帝 12 年，第五次出巡为公务（公元前 212 年），
　其余多为公务加游历（公元前 220 年、公元前 219 年、公元前 218 年、
　公元前 215 年、公元前 210 年）。

② 康熙南巡：1684 年、1689 年、1699 年、1702 年、1705 年、1707 年；
　乾隆南巡：1751 年、1757 年、1762 年、1765 年、1780 年、1784 年。

# 第 3 章　观道之法

## 第 1 节　澄怀观道与澄观堂

　　自然之中有道，园林之中有道，而如何得道？庄子认为得道相当于采真，必须澄怀味象。澄怀是澄清胸怀、荡涤尘渣，味象是体味客观物象，从中审美得道。关于澄怀的方式，庄子提出有坐驰、坐忘、物化、心斋等。

　　宗白华在《美学散步》中道："人类这种最高的精神活动，艺术境界与哲理境界，是诞生于一个最自由最充沛的深心的自我。这充沛的自我，真力弥满，万象在旁，掉臂游行，超脱自在，需要空间，供他活动。"

　　审美，从主体方面说，是人的本质力量的确证，是心灵（精神）的创造活动，芸芸众生，唯独人能够创造、观照一个美的世界，是因为人有美的心怀。美的心怀，是生成和发展的心怀。澄怀就是挖掘心灵中美的源泉，实现

"最自由最充沛的深心的自我"，胸襟廓然，脱净尘渣，提供审美的主体条件。

宗白华在《美学散步》中道："中国哲学是就'生命本身'体悟'道'的节奏。'道'具象于生活、礼乐制度。'道'尤表象于'艺'。灿烂的'艺'赋予'道'以形象和生命，'道'给予'艺'以深度和灵魂。""中国人对'道'的体验，是'于空寂处见流行，于流行处见空寂'，唯道集虚，体用不二，这构成中国人的生命情调和艺术意境的实相。"

道，是宇宙的灵魂，是生命的源泉，是美的本质所在，可道并非为孤悬无着的实体，也非不可感悟的虚体。作为审美客体的本质所在，道存身于"腾踔万象"的"艺"中，呈现于那"于空寂处见流行，于流行处见空寂"的审美时空中。虚实一源，体用不二，道体虚奥落实于那日用万相，美的本质流诸大千世界。观道就是用审美的眼光、感受，深深领悟客体具象中的灵魂、生命，完成，凸显一个审美客体。你看中国书法，虚空中传动荡，神明里透幽深，超以象外，得其环中。园林一花一鸟、一树一石、一山一水，是形而上的，非写实的宇宙灵气，观园品园即观道。

澄怀方能观道，观道适以澄怀，澄怀与观道是统一的。审美的主体与客体是统一的，心怀的澄彻是审美主体的升华；道体的朗现，是审美客体的升华。在主客体的升华中，便可"以追光蹑影之笔，写通天尽人之怀"，实现最高的审美境界。

澄怀观道，便能在一个美的世界里，在一种审美情味中悠然自足，这是中国人不同于西方人的独特的人生态度。也大概是李泽厚先生提炼概括中国文化为"乐感文化"之由来。对这种人生态度，宗白华先生曾比照着其他文化系统中人所具有的审美心态作了极生动的描绘：中国的兰生幽谷，倒影自照，孤芳自赏，虽然空寂，却有春风微笑相伴，一呼一吸，宇宙息息相关，悦择风神，悠悠自足。

用心灵的俯仰的眼睛来看空间的万象，我们的诗和画中所表现的空间意识不是像那代表希腊空间感觉的有轮廓的立体雕像，不是像那表现埃及空间感的墓中的直线甬道，也不是代表近代欧洲精神的伦勃朗的油画中的渺茫无际追寻无着的深空，而是"俯仰自得"的节奏化的、音乐化了的中国人的宇宙感。(《美学散步》)在"澄怀观道"的净化和谐的审美境界中便可俯仰自得，游心太玄，悠然自是，使深广无穷的宇宙来亲近我、扶持我，毋庸我去争取那无穷的空间，像浮士德那样野心勃勃，彷徨不安。

澄怀观道的审美追求或审美理想，是道家境界，是禅家境界，同时也是儒家境界。子在川上曰："逝者如斯夫！不舍昼夜。"(《论语·子罕》)"知者乐水，仁者乐山。知者动，仁者静。"(《论语·雍也》)，这些感喟或议论被以后的宋明理学家阐释为观"万化流行，上下昭著，莫非此理之用"。这种阐释尽管已涂上了理学色彩，但它也表明，那原儒的感喟、议论实在也是一种"澄怀观道"的审美情思、审美了悟，故能见"万化流行，上下昭著"。宋明理学家中那些没沾酸腐气的大儒，亦不能不在人生境界的追索达于极致时，体味到"澄怀观道"的审美意趣。如张载谈到程颢时说："明道窗前有茂草覆砌，或劝之芟。曰：'不可，欲常见造物生意。'又置盆池蓄小鱼数尾，时时观之。或问其故，曰：'观万物自得意。'"

青草游鱼，真是平凡不过，程颢（明道）却能从中领悟生生之意、自得之情，非"澄怀观道"，何能至此？程颢又有《偶感》诗云："云淡风轻近午天，傍花随柳过前川。时人不识余心乐，将谓偷闲学少年。"同是花柳丛中，明道何以就不同于偷闲少年？盖因其心之乐并非"及时行乐"之"乐"，而是一种灵心澄激。

魏晋之时，虽然山水画已广为流行，但对山水绘画美学的本体体认还没有达到像人物绘画美学那样自觉。六朝四大画论家之首的顾恺之在人物绘画美学上提出了"传神写照""以神写形"，确认"神"是人物（画）的内在生命本体，一幅人物画必须表现对象的内在神韵，而不拘泥于外在形貌，方是一幅成功的美的人物画。据《世说新语·巧艺》记载："顾长康画裴叔则，颊上益三毛。人问其故。顾曰：裴楷俊朗有识具。看画者寻之，定觉益三毛如有神明，殊胜未安时。"顾长康即顾恺之，画人物，并不重形似，而且不惜破坏原始形貌，"益三毛"来表现对象内在的神韵

"识具"，可见，对于人物绘画，其美的来源在"神"而非"形"。但与此同时，对于山水绘画，顾恺之却说："凡画人最难，次山水，次狗马；台榭一定器耳，难成而易好，不待迁想妙得也。此以巧历不能差其品也。"可见，在顾当时看来，人物画需表现内在神韵，而山水却是无生命的存在物，所以只能作为"器"写耳，不必也不能传其神。唐代张彦远在《历代名画记》中解释顾恺之的这段话时也是这样认为的："至于台榭、树石、车舆、器物，无生动之可拟，无气韵之可侔，直要位置向背而已。"但经过哲学美学思想的长期熏染，以及对自然山水的赏会和山水绘画创作的实践，山水绘画逐渐形成了自己的本体论体认，集中就体现在宗炳提出的"澄怀观道"的命题上。

"澄怀观道"是六朝刘宋时画家宗炳对山水（画）美学的本体论建构。据《南史·隐逸传》载：宗炳"好山水，爱远游，西涉荆、巫，南登衡岳，因结宇衡山，欲怀尚平之志，有疾还江陵，叹曰：'老疾将至，名山恐难遍睹，唯澄怀观道，卧以游之。'凡所游履，皆图之于室，谓之"抚琴动操，令山水皆响"。可见，在宗炳当时，山水（画）审美的对象已确定为山水（画）其中的"道"，山水（画）本身只是提供"道"展现的载体，必须进入到山水（画）中的"道"，方才获得巨大的审美感受。所以宗炳又说："夫圣人以神法道，而贤者通，山水以形媚道，而仁者乐。"山水（画）的美就在于其以"形"蕴涵着"道"，而"圣人""贤者""仁者"就是以主体之"神"即审美的主观心理与山水（画）中的"道"融通合一，就能"乐"，即获得审美快感。因此，山水绘画美的本体即在于"道"。

一般认为，确认山水绘画美学的本体在"道"，在哲学观念和思维方法上都受了玄学特别是王弼"贵无"论的影响，这是正确的。王弼玄学以道家哲学为基干，"以无为本""举本统末"。他认为："天下之物，皆以有为生。有之所始，以无为本。将欲全有，必返于无也。""有""无"本是老子着重从宇宙发生论上讲的一对范畴，王弼将其提升到本体论上，以"无"这种超感性、超事象、超分殊的绝对抽象、无限和一般，为"有"即感性、事象、具体的形象、特殊事物的本体论依据。在老子那里，"有""无"皆统于"道"，"道"具有"有""无"不分的混沌境界。而于王弼而言，"道"等同于"无"，而"有"则降低到感性的层次。这样，王弼的"贵无"论使哲学思维形式超越了感性、具体、有限、相对、偶然等现象界，上升到理性、抽象、无限、绝对、必然的本体界。

在王弼"贵无"玄学思维形式的方法论流风下，六朝美学较秦汉美学而言"化实为虚"，侧重于以"无"诠释美的本体。人物品藻重神韵而不重形貌，顾恺之论定人物画也是"传神写照"，重在"无"的精神性的内在神韵，而非"有"的物质性的外在形貌。因此，宗炳为六朝山水画美学奠定本体论依据时，既继承王弼的"贵无"方法论，又祖述王弼道家哲学的基本观念，以"道"作为"澄怀"审美观照的对象。

但如果仅仅认为是玄学影响了宗炳的美学论断，似乎答案又稍嫌简单了些。"道"在王弼那里，是超言绝象的绝对抽象的一般形而上观念，而作为"美"的本体，于宗炳而言则是以全副身心的"以神"可"法"之对象，在它那里，宗炳（审美者）可以获得感性的、情感的把握，可以与之融为一体，获得巨大的审美感受。因此，从绝对抽象的王弼的哲学之"道"到"绝对感性"的宗炳美学之"道"，中间似乎应该有个过渡。

当把曾被古典美学史研究付诸阙如的道教美学思想放入中国古典美学史长河中的应有位置之时，就会发现，作为感性的宗炳美学之"道"便不会显得是无源之水了。作为先秦道家特别是老庄哲学著作中的"道"，本来就具有某些美学的特质，再经过汉末魏晋早期道教经典《老子道德经河上公章句》《老子道德经想尔注》等的改造，老庄之"道"的哲学形而上观念大大淡化，而其中那些朦胧的、神秘的、可感的因素被宗教化、美学化，成为独特的道教美学思想的本体论范畴。在《老子》河上公注那里，"道"乃"自然长生之道"，修道之人就是要使自己的有限生命与"道"合二为一，从而获得长生久视的成仙之乐，即道教最美好的宗教终极目标。在河上公那里，"道"又是"众妙之门"，"妙"，即最美、最好也。

在晋代道教著名学者葛洪那里，"道"等同于"玄""一"，而且他有意识地抹杀"道"的形而上性质，极力铺陈作为"道"之异称的"玄"（玄，本身即有美的意思）"一"的美：其高则冠盖乎九霄，其旷则笼罩乎八隅；光乎日月，迅乎雷电；或倏烁而景逝，或漂毕而星流；或晃漾于渊澄，或纷霏而云浮；因兆类而为有，托潜寂而为无；沦大幽而下沉，凌辰极而上游；金石不能比其刚，湛露不能等其柔；方而不矩，圆而不规；来焉莫见，往焉莫追；乾以之高，坤以之卑；云以之行，雨以之施；胞胎元一，范铸两仪；吐纳大始，鼓冶亿类；徊旋四七，匠成草昧；辔策灵机，吹嘘四气；幽括冲默，舒阐粲尉；抑浊扬清，斟酌河渭；增之不溢，挹之不匮；与之不荣，夺之不瘁；故玄之所在，其乐不穷；玄之所去，器弊神逝，道体朗现所萌生，所诱发之审美愉悦。

北京海淀的澄怀园最早是康熙帝赐给大学士索额图的花园，雍正三年（1725 年）赐予张廷玉、朱轼、蔡珽，吴士玉、蔡世远、励宗万、于振、戴瀚、杨炳九等九位翰林居住，雍正五年（1727 年）以澄怀二字赐园名，世称翰林花园，咸丰年间被英法联军焚毁。民国期间建为达园。其特殊在于从雍正三年一直到咸丰朝，一直是南书房和上书房翰林的值庐，这是清廷对汉族官员的最高礼遇。咸丰皇帝曾有诗云："墙西柳密花繁处，雅集应知有翰林。"园的护卫和管理都由圆明园管园大臣统一负责，规格极高，入住官员皆有诗作，以张廷玉最多。张廷玉居官50年，性情淡泊，自号澄怀主人，除著有《传经堂集》《焚馀集》外，还以澄怀园为名著有《澄怀园诗选》《澄怀园载赓集》《澄怀园文存》《澄怀园语》《澄怀主人自订年谱》等，另有疏稿等若干卷，卒谥文和，配享太庙，清代仅见。

乾隆十一年（1746年），乾隆在北海的北岸山坡上建二进院落，第一进名澄观堂，第二进名浴兰轩，乾隆四十四年（1779年），增建最后一进的快雪堂，以收藏四十八方书法石刻。澄观堂匾额下，还有一幅小额，名："乐意静观"。乾隆题对联："相与明月清风际；只在高山流水间"（图3-1）。颐和园澄怀阁位于迎旭楼北侧，始建于乾隆年间，原名水周堂，光绪时改为澄怀阁，是一处二层小楼。二层题"澄怀阁"，有联："水木清华平分谶润，坐揽风月高处胜寒"。一层有联："歌咏升平觞游曲水，池帘夕敞岫幌宵寒。"谐趣园有一个澄爽斋，乾隆有诗道："斋俯绿琉璃，澄观会尨倪。藻渊潜赤鲤，锦浪泛文鳖。淡月银蟾镜，轻烟丝柳堤。忘怀此小坐，还似对濠溪。"梁溪即指无锡寄畅园，也暗指濠梁之梁。澄爽斋有对联："芝砌春光，兰池夏气。菊含秋馥，桂映冬荣。"乾隆还有一个"澄观"宝印，可见乾隆对庄子澄怀观道的偏好。

明初的徐达西园，后易主为兵部尚书吴用先，重修后名六朝园，内有澄怀堂。明代上海浦东陆深的后乐园中，在山上建澄怀阁。明代苏州寒山别业有澄怀堂。清代学者、官员毕沅（1730—1797 年）在苏州灵岩山的西施洞下购地造园，名灵岩山馆，自号灵岩山人，有景澄怀观。清代山西永济人武举人杨秉钺于乾隆年间在天津建有澄怀堂。

图 3-1 北海澄观堂

在杭州西湖边的澄庐是蒋介石三庐之一，本是清末洋务运动干将盛宣怀四公子的花园别墅，建于民国十七年（1928 年）（图 3-2）。因为盛宣怀是清末大买办、巨商，故他的私人别墅在民国后收归国有，成为蒋宋居所。别墅建筑为三层西式洋楼，二楼走廊贯通南北，南端设大阳台，站在此处，湖光山色尽收眼底。远处可见孤山耸立，苏堤前横，白堤相接，湖滨长廊宛若一条玉带。

图 3-2　澄庐

# 第 2 节　坐驰坐忘与城市山林

## 坐驰

《庄子·人间世》说到坐驰:"瞻彼痊阕者,虚室生白,吉祥止止。夫且不止,是之谓坐驰。"善于痊阕功夫的人,是到达虚室生白时适可而止,不是表面安坐不动而内心依然躁动,造成道物耗损。坐驰指身坐而心动,后世引申为静止而神往,安坐而教化,如张岱在《陶庵梦忆·朱楚生》

中道:"楚生多坐驰,一往情深,摇荡无主。"《旧唐书·穆宗本纪》载:"谓旒冕在躬,可以坐驰九有。"

坐驰有四意。一指表面上安坐不动而内心躁动存有杂念。成玄英疏庄子之语道:"苟不能形同槁木,心若死灰,则虽容仪端拱,而精神驰骛,可谓形坐而心驰者也。"二指向往、神往。唐刘禹锡《汝州上后谢宰相状》道:"印绶所拘,不获拜谢。瞻望德宇,精诚坐驰。"三指心游。刘禹锡之《董氏武陵集记》又道:"片言可以明百意,坐驰可以役万景,工于诗者能之。"其真正把坐驰与景观联系在一起。坐驰所"看"到的"万景",并非是真实之景,而是指心中之景,否则真实中视野内难收"万"景之数。清张岱《陶庵梦忆·朱楚生》:"楚生多坐驰,一往情深,摇荡无主。"四指安坐而行教化。《淮南子·览冥训》:"故却走马以粪,而车轨不接于远方之外,是谓坐驰陆沉,昼冥宵明。"高诱注:"言坐行神化,疾于驰传,沉浮冥明,与道合也。"后指安坐而治。《旧唐书·穆宗纪论》:"观夫孱主,可谓痛心……谓威权在手,可以力制万方;谓旒冕在躬,可以坐驰九有。"九有即九州。坐驰九有就是安坐而心驰九州,治理九州。

## 坐忘

坐忘,源于《庄子·大宗师》。颜回曰:"回益矣。"仲尼曰:"何谓也?"曰:"回忘仁义矣。"曰:"可矣,犹未也。"

他日复见，曰："回益矣。"曰："何谓也？"曰："回忘礼乐矣！"曰："可矣，犹未也。"他日复见，曰："回益矣！"曰："何谓也？"曰："回坐忘矣。"仲尼蹴然曰："何谓坐忘？"颜回曰："堕肢体，黜聪明，离形去知，同于大通，此谓'坐忘'。"仲尼曰："同则无好也，化则无常也。而果其贤乎！丘也请从而后也。"

此段是典型道家引儒家之语，儒道合一。文中是通过孔子与弟子颜回的对话来说明通过坐忘而达到对事物道理的通达。坐忘是一种用身心求正道的实有的生命状态，非自我陶醉或麻醉，更不是忘记，而是已经融入血液里，成为自己的一部分。忘记并不见得是坏事，记得也不见得是好事，适合自己的才是最好的。坐忘者，因存想而得、因存想而忘也。行道而不见其行，"心不动故"，"形都泯故"，以实现心灵之清净；以超越自我、回归生命为寄托来实践身心的超越境界、完美境界。很明显，庄子更喜欢后者，有人说这是艺术境界，也有说这是宗教境界。

## 坐忘的历史演变

《玄宗直指万法同归》称："坐者，止动也。忘者，息念也。非坐则不能止其役，非忘则不能息其思。役不止，则神不静。思不息，则心不宁。非止形息役、静虑忘思，不可得而有此道也。"宋代曾慥在《道枢·坐忘篇》中称："坐忘者，长生之基也。故招真以炼形，形清则合于气；含道以炼气，气清则合于神。体与道冥，斯谓之得道矣。"

《南华真经》（即《庄子》），有"坐忘"一词，语见《大宗师》："仲尼蹴然曰：'何谓坐忘？'颜回曰：'堕肢体，黜聪明，离形去知，同于大通，此谓坐忘。'"大通就是道，因此坐忘就是得道。《南华真经》说到"忘"的还有多处，《天地》中称"有治在人。忘乎物，忘乎天，其名为忘己。忘己之人，是之谓入于天"。能够做到忘物、忘天、忘己的人，也就是做到了"坐忘"。

早期道教太平道与五斗米道的文献中，都没有宣传"坐忘"的记载，但是太平道的《太平经》中的"守一"本质上就是坐忘。守一要居于闲静之处，平床坐卧，使感官和思想"无所属，无所睹"，"谨守其神"，"与一相保"。但是五斗米道对"守一"之法却持批评态度，认为它是伪技。

南北朝时期，"坐忘"和"存思"逐渐兴起，代替了"守一"。上清派以存想、思神、服气为主要修炼方法，主张恬淡无欲，内观于心，存思诸神，乘云飞仙。《黄庭外景玉经》称："作道优游深独居，扶养性命守虚无。恬淡自乐何思虑，羽翼已具正扶骨。"《无上秘要》卷一百有《会兼忘品》，引有出自《洞玄敷斋经》《洞玄安志经》《洞玄九天经》等三段经文，称"倚伏兼忘，忘其所忘，体与玄同"，"灭念归兼忘，倚伏待长泯"，根据经文意思，可以认为，"兼忘"就是"坐忘"。

隋唐时期，"坐忘"逐渐代替了"守一"、"存思"等内修方法。唐代道士王悬河编修的类书《三洞珠囊》卷五有《坐忘精思品》，将"坐忘"和"精思"并列在一起。唐代的《天隐子》称"坐忘者，因存想而忘也。行道而不见其行，非坐之义乎"，指出了"坐忘"和"存想"（存思、精思）的密切关系。

唐代著名道士司马承祯著有《坐忘论》，赞扬坐忘是"信道之要"，自称"恭寻经旨而与心法相应者，略成七条，以为修道阶次"，意思是，坐忘之法要按敬信、断缘、收心、简事、真观、泰定、得道七个互有联系的顺序进行操作。

另一个道士赵坚也写了一篇《坐忘论》，他提出敬信、断缘、收心、简事、真观、泰定、得道等七个修道步骤和层次，集中探索坐忘收心、主静去欲。学道之初，要须安坐，收心离境，不著一物，入于虚无，心于是合道。因为境为心造，只有收心，使其一尘不染，超凡脱俗，才能回归"静"和"虚无"的心体。其主静说对后来宋代理学家影响极大。赵坚继承稷下道家、老庄思想，力倡坐忘，把外丹转向内丹，对后世道教内丹学亦有影响，被收入《正统道藏》太玄部。源于天台宗的赵志坚止观思想，把《德经》的观身发展为有观、空观和真观三观论。有观以河上公为代表，有观得出的结果是修道之身胜过不修道之身。空观以晋代的《定志经》为代表，空观是观身只是空。真观则以《道德经》为代表。真观发现身不是一个单一的东西，并且可以认清道、气、精、神、心、形、识、情这几者发展演变的关联。有、空、真三观不只可观身，亦可观一切。三观也只是将玄学有、无、非有非无三层应用到实践中。赵志坚认为的最高境界就是非有非无，但他并不将非有非无与中道相等同。《德经》第二章"不欲如玉，落落如石"，赵志坚注为"从下从贱"，而非"既不愿如玉，也不愿如石"。

## 坐忘与参禅

庄子借颜回之口说出心声。故《庄子》许多与孔子有关的内容并未在儒家经典的《论语》中出现，相反成为道家思想的核心。儒家重视的现实伦理和政治是修身齐家治国平天下，老子的治国方略是"爱国治民，能无为乎？"而庄子的治国方略是"帝王之业，圣人之余事"。而正事未直接说明，而是散落于他的养生或修身之中，他认为圣人就是神人和真人。在《逍遥游》中提出"至人无己，神人无功，圣人无名"的总体理念，还刻画了藐姑射之山的神人，即"有神人居焉。肌肤若冰雪，淖约若处子，不食五谷，吸风饮露，乘云气，御飞龙，而游乎四海之外；其神凝，使物不疵疠而年谷熟"。在《大宗师》中精彩而玄妙地描述了真人的形象："何谓真人？古之真人不逆寡，不雄成，不谟士。若然者，过而弗悔，当而不自得也。若然者，登高不栗，入水不濡，入火不热。是知之能登假于道者也若此。古之真人，其寝不梦，其觉无忧，其食不甘，其息深深。真人之息以踵，众人之息以喉。屈服者，其嗌言若哇。其耆欲深者，其天机浅。古之真人，不知说生，不知恶死；其出不，其入不距；翛然而往，翛然而来而已矣。不忘其所始，不求其所终；受而喜之，忘而复之，是之谓不以心捐道，不以人助天。是之谓真人。若然者，其心志，其容寂，其颡頯；凄然似秋，暖然似春，喜怒通四时，与物有宜而莫知其极。"

神人和真人就是庄子眼中的道和德兼修的高深圣人、至人。比老子之道更有操作性的是庄子提供了一条通往神人和真人的道路：心斋、坐驰、坐忘、天放等。

在《人间世》中，又借孔子与颜回的对话阐释了心斋的理论。心斋实现了心灵的虚静精纯，而"坐忘"并不仅指坐的姿态和"忘"的状态，应是用身心求证到的实有的生命状态，也非自我陶醉或麻醉。《天隐子·坐忘》说："坐忘者，因存想而得、因存想而忘也。行道而不见其行，非'坐'之义乎？有见而不行其见，非'忘'之义乎？何谓'不行'？曰：'心不动故。'何谓'不见'？曰：'形都泯故。'"

"坐"应该是一种由形式进入实质的途径，而"忘"则是一种超越了世俗现实世界繁缛规范之后心无挂碍的状态。与自我麻醉与逃避的区别在于自我麻醉者无法完全忘却牵挂，而逃避只是一时的解脱，终归要面对现实。故庄子坐忘有两个方法：其一，以超越现实、完成现实进而超越自我，以实现心灵之清净；其二，以超越自我、回归生命为寄托来实践身心的超越境界、完美境界。显然，庄子趋向于后者，它既是艺术境界，也是宗教境界。

坐忘意味着定心和定境。《天隐子·神解》说："斋戒谓之'信解'，安处谓之'闲解'，存想谓之'慧解'，坐忘谓之'定解'，信定闲慧、四门通神谓之'神解'。"坐忘是道教修炼的五个层次中的第四个阶段，即由定心而解的阶段。坐忘成功的标志是神解而悟道。

说到定，就得与佛家参禅比较。参禅与坐忘在各自修炼体系中的地位基本相当，都是得道的必要条件和直接力量，但过程、内容和结果不同。参禅的对象是禅，坐忘的对象是物我；参禅的手段多种多样，坐忘的手段只是默而不答、瞑而不视；参禅可以是渐修也可以是顿悟，坐忘则只能是渐修；参禅的结果是开悟和解脱，坐忘的结果是得道。凡此种种，不一而足。随着三教合一的潮流，"坐忘"被注入新的概念。与佛家融合，被儒家借鉴，被文学运用，被艺术采用。

不逃不麻（指不逃避不麻醉）的定境追求是坐忘对生命的主体性的高度把握，也是对生命本意的体认。庄子最初的意图可能并不是让人完全如此地静，完全地倾心于个体内在的世界，若世道黑暗，难以兼济天下，则追求个人超越现实和自我的生活，更接近于艺术地把握世界或宗教地把握世界。

"坐忘"可以达到的静态圣境，同时也是摆脱责任与使命的借口，"宋明道学家本来反对此种静底圣人。他们的圣人，是要于生活中，即所谓人伦日用中成就者。""则宋明道学家所谓圣人，正是能照生活方法生活者。……照生活方法以生活，有生有熟，生者须要相当底努力，始能照之生活。如此者谓之贤人。熟者不必用力而自然照之生活，如此者谓之圣人。"

宋明理学的"圣人"理论对"坐忘"论的发展具有重要启示，认为人们不可能完全关注于个人的天地，必须还要在外界现实里有所超越，即在现实伦理世界里成为具有一定道德意义的人。

### 坐忘三个层面

"坐忘"理念发展有三个层面：养生、思维方式、哲学。这三者正是造园的目的之一。尽管游览是园林的主要审美方式，但是坐忘于园林亦是其审美方式。这种对美的体认是超越园林环境、超越现实的个人体验。养生层面上，张长安在《习气功之实益》中说："养生，练功唤做天道，曰为逆行；……逆行者，则为练精化气，练气化神，练神还虚，练虚还无，又曰练虚还道。其是说，人从无从虚而来，故应回到虚无以合自然之道。谓此，是曰物的演变、升化的，故虚中存至实，无中存至有。因而，儒家把这种升化结果叫做'超凡入圣'，道家曰此谓'羽化成仙'，释家曰此谓'涅槃成佛',歧黄曰此谓'真人'。"

养生为人类生存的天道,又称为逆行。逆行是否会违反顺其自然的审美与修道原则?《庄子》中说:"吾生也有涯,而知也无涯。以有涯随无涯,殆已。已而为知者,殆而已矣。为善无尽名,为恶无尽刑,缘督以为经,可以保身,可以全生,可以养亲,可以尽年。"首先,庄子认为人类做太多远离人生本质的事情就是异化。其次,在世俗社会应按当世规则行事,即便要实现个人价值的飞扬与凸显,也是依据自然之道与社会之道,庖丁解牛就是论此。

养生的自然皈依,是不经人为的自然演化,也是行为思想的合社会化,故坐忘养生是合乎天道的人为且自然的升华,而不是行为的放任自流。坐忘从某种程度上说就是一种养生的方式与成就。在养生层面上,道家之坐忘法与禅宗之静法,并没有太大的区别,用现代的观点来看,它们的结合点就在气功与一些养生理念上。"坐忘"方法所能够成就的是发挥人性的静态体验,通过持续体验恢复生命功能、身心健康,重回内心的平衡。

在思维方式上,坐忘状态蕴涵的神秘体验,在《老子》中虽有提及,但又归于现实伦理。后世的"心斋"也融汇在"坐忘"里,成为坐忘的初级阶段,坐忘成为修养的高级境界。值得一提的是,坐忘状态与柏格森所说的绵延有关,即当进入坐忘状态时,心理时间可能已经消失。古旻升在《柏格森的"直觉主义"之研究》中说:"直觉是艰苦的劳动，它需要意志的努力。只有使人的心灵从理性思维的习惯方向扭转过来，超出感性经验、理性认识和实践的范围之外，抛弃一切概念、判断、推理等逻辑思维形式，甚至不用任何语言符号，只有这样，才能消除一切固定、僵滞的认识的可能性。"柏格森所讲的直觉与坐忘、参禅接近，主要是忘却儒家"仁义"与"礼乐"和法家的严律竣法，通过超越具体的知识与各种技巧等，从而获得精神上的神秘体验与能力。故坐忘坐禅在思维层面上是等同的，并且被世人相互借鉴和混用。

《老子》中"为学日益，闻道日损"可见直觉思维的作用。周立升说："老子把对各种具体事物的认识称之为'为学'，而对道体的把握和体认称之为'闻道'。在他看来，'为学'和'闻道'是两种截然不同的认识途径。一是关于形而下的具体事物的认识，这种知识通过感觉经验即可获得；二是关于形而上的道体知识，这种知识只有直觉证悟才能获得。具体知识的积累当然是越积越多的，所以说'日益'。而'道'的体认则不然，必须舍弃具体，老子称为'日损'，而且要'损之又损，以至于无为'，达到一无所知、无所作为的程度，即进入'物、我'两忘的境界。他认为获得的具体知识越多越阻碍对道的体认和把握，只有排除感觉经验，才能达到与道体合一，进入得道的境界。"

如此看来，直觉思维运用于认识"形而上"之道，而非"形而下"的知识。直觉思维方式与体验在艺术上也有十分明显的表现，如在诗歌领域中则更为直接。唐朝诗人追求直觉体验，学习无生，"他们学习无生的具体方法是坐禅，即静坐澄心，最大限度地平静思想和情绪，让心体处于近于寂灭的虚空状态。这能使个人内心的纯粹意识转化为直觉状态，如光明自发一般，产生万物一体的洞见慧识和浑然感受，进入物我冥合的'我'境。"

在认识方法的探寻当中，东方强调内心的虚静与超越，可能去除妨碍认识的各种因素，特别是情感因素。直觉存在于高度的理性之中，也并不是抛弃理性，而以直觉开始体悟生命，以理智为归依，以理智提升直觉的质量，正如《老子》所言："载营魄抱一，能无离乎？专气致柔，能如婴儿乎？涤除玄鉴，能无疵乎？爱民治国，能无为乎？天门开阖，能为雌乎？明白四达，能无知乎？"直觉最终回归于理性的目标。

哲学层面上，坐忘就是超越的哲学，属于内倾性质。司马承祯《坐忘论》云："夫坐忘者何所不忘哉！内不觉其一身，外不知乎宇宙，与道冥一，万虑皆遗，故庄子云同于大通。"坐忘极具人本意识，因为它以人自身为起点与归宿。今人颜翔林总结道："时间与空间构成生命存在的首要的物质束缚，有鉴于此，庄子首先采取对时空的哲学否定。"并且这也是"借助于诗意想象和直觉体验的方式。"颜氏把坐忘分为如下几个部分：其一，坐忘道德意识与价值准则；其二，坐忘感觉机体或知觉器官；其三，坐忘精神上的"聪明"；其四，坐忘知识形式和认识活动；其五，还包含忘却死亡之忧的思想内涵；其六，还潜藏着忘却"情感"之累的思想。

坐忘的超越理论被用于宗教性的超越，是因为坐忘本身就包含着一定程度的宗教特质。经过一定程序修炼的人或人的部分特质是否真的可以达到超越时空之限的永恒存在呢？这种追问一直萦绕于以中国为中心的文化圈。许多个体都在实践道家内丹法门，将阳神出壳与飞升的理论徜徉于哲学和医学的两头。尽管凭借信念的超越与强力改造世界的理念相悖，但并不意味着二者不可调和，相反二者具有互补性。坐忘正是兼并矛盾，调济互补，追求身与心更大程度的自由。

明代养生家郑宣在《昨非庵日纂》中著有《坐忘铭》道：

常默元气不伤，少思慧烛内光。

不怒百神和畅，不恼心地清凉。

不求无谄无媚，不执可圆可方。

不贪便是富贵，不苟何惧君王。

味绝灵泉自降，气定真息日长。

触则形毙神游，想则梦离尸僵。

气漏形归垄上，念漏神趋死乡。

心死方得神活，魄灭然后魂强。

博物难穷妙理，应化不离真常。

至精潜于恍惚，大象混于渺茫。

道化有如物化，鬼神莫测行藏。

不饮不食不寐，是谓真人坐忘。

## 坐忘与园林建筑

"坐忘"的修道方法，在唐宋两代影响很大，宋代苏轼有《水龙吟》词一首，上阕云："古来云海茫茫，道山绛阙知何处？人间自有，赤城居士，龙蟠凤举。清静无为，《坐忘》遗照，八篇奇语。向玉霄东望，蓬莱暗霭，有云驾、骖风驭。"苏轼认为《坐忘论》使求道成仙理想成为可行法门。

宋元以后，道教的内丹修炼术逐渐发展，并完全代替了外丹术。内丹家们多以精、气、神的理论解释坐忘，使其与"坐忘"相联接。《道枢·坐忘篇下》就称："忘者，忘万境也，先之以了，诸妄次之，以定其心。定心之上，豁然无复；定心之下，空然无基。触之不动，慧虽生矣，犹未免于阴阳之陶铸也，必藉夫金丹以羽化，入于无形，出乎化机之表，然后阴阳为我所制矣。"元代道士姬志真《跋坐忘图》诗道："乃公形似橛株拘，坐断遑遑转徙涂。倏忽有无同混沌，乾坤俯仰一蘧庐。忘怀健羡辽东鹤，不肯轻飞叶县凫。聚块积尘体比拟，寥天大地莫非吾。"诗中描绘的坐忘之人同于混沌，无天无地也无我，其形似同枯株。

坐忘的场所具有静谧特征。坐忘直接以尘世管理规则和儒家人生目标设定相对立，主张内炼。虽然它是超越贫穷，超越体制，超越享乐，超越物欲，但是不能否认社会环境对人内心的干扰。故坐忘目的实现，有赖于环境的安静度；超越时间的快慢也有赖于环境的安静度。环境包括自然环境和人工环境。人工环境即社会，自然环境即山水。避开社会，沉浸山水是超越的最佳方式。按照庄子的场所设定是山林。走到大自然之中的坐忘固然最易实现，但是，抛家舍业和环境艰苦也是对超越主体的重大考验。在唐宋以后随着文人园的兴起，在有限元的园林逃避和山水沉浸成为可能。宋人米芾把庄子的山林题写在襄阳的隆中，称为"城市山林"，即城市之中的山林。

在天然环境中流连忘返，只要旅游就可达到精神的超越自我和超越当世。诗人们把行游的超越称为忘归，若与坐忘相对可称为游忘。忘归就是忘却回归于纷争的社会，沉浸于无拘无束的自然（山水）中。自然风景区中忘归亭的设置就是忘归后的坐息之处，是由游忘到坐忘的自然过渡。"停车坐爱枫林晚，霜叶红于二月花"就是在枫林中坐忘现实，沉浸于"霜叶红于二月花"的境界。"红于"就是超越。在明清园林中大量的亭台楼阁建设，实际上反映了自然超越践行于园林超越的可能性和可行性。园林中无处不在的园路，也是天然园林流连忘返的旅途模仿。作为城市山林的宅园，既有实现游忘之路，又有实现坐忘的建筑，是游忘与坐忘兼得的场所。在园路上流连忘返，在建筑中坐驰坐忘。丽水的忘归台、艮岳的忘归亭（北宋）、庆乐园的忘机亭（南宋）、青阳溪馆的忘归亭（明）、上海潀溪园的清啸坐忘亭（清）等，都是坐忘在园林中的体现。康有为在上海杨树浦建莹园，园临吴淞江，每日五更起床，见旭日东升，作《新筑别墅于杨树浦临吴淞江伯》诗："白茅覆屋竹编墙，丈室三间小草堂。剪取吴淞作池饮，遥吞渤海看云翔。种菜闭门吾将老，倚槛听涛我坐忘。夜夜潮声惊拍岸，大堤起步月似霜。""倚槛听涛"，"坐忘"军阀混战与主义流行。在天然山水中肉体虽然忘归，但是精神上是已归了。忘归于家，纵归于道。归宿之地的家，就是园林，更准确地说是园林中的亭台楼阁，因为它可以实现灵与肉的守一。

## 第 3 节　心斋与见心斋

心斋典出于《庄子·人间世》："颜回曰：'回之家贫，唯不饮酒不茹荤者数月矣。如此，则可以为斋乎？'曰：'是祭祀之斋，非心斋也。'回曰：'敢问心斋。'仲尼曰：'若一志，无听之以耳而听之以心，无听之以心而听之以气！听止于耳，心止于符。气也者，虚而待物者也。唯道集虚。虚者，心斋也。'"

庄子借颜回与孔子的对话建构道家的修行法门。心斋的斋指祭祀或其他典礼前清心寡欲和净身洁食，以示庄敬。儒道佛三家各有斋法，类型不一。庄子的心斋多指排除思虑和欲望的精神修养之法，即虚空以超越功利的审美心境，而非专指祭礼之斋，道教却把心斋当成三斋[1]的最高斋法。而从庄子引颜孔的对话上看，心斋应是儒礼之一。明代哲学家王艮，慕老庄，于是自号心斋。入清，小说家张潮也自号心斋，并著有《心斋聊复集》。

斋心与心斋字序颠倒而语意相近，皆源于庄子。《列子·黄帝》："退而闲居大庭之馆，斋心服形。"宋王禹偁《李太白真赞并序》："有时沐肌濯发，斋心整衣，屏妻孥，清枕簟，馨鑪以祝。"清孔尚任《桃花扇·入道》："你们两廊道众，斋心肃立；待我焚香打坐，闭目静观。"王昌龄的诗《斋心》[2]道出自然山水中心斋的境界，纯粹是园林审美的写照。

斋作为修心、庄敬的建筑类型，广泛存在于书院、道观、寺院之中，尤以书斋为最。寺斋如潭柘寺的石泉斋，书斋如北宋东林书院的来复斋、心鉴斋、小辩斋和时雨斋，园斋如北海静心斋和画舫斋等。

以心怡名斋者，如吴郡治园的坐啸斋和颐斋、北宋罨画池的怡斋；以心悟名斋者，如北宋艮岳的妙虚斋、北宋梦溪园的深斋；以读书名斋者，如北宋朱长文乐圃的蒙斋

---

[1] 道教三斋：供斋、节食斋、心斋。

[2] 《斋心》：女萝覆石壁，溪水幽朦胧。紫葛蔓黄花，娟娟寒露中。朝饮花上露，夜卧松下风。云英化为水，光采与我同。日月荡精魄，寥寥天宇空。

和咏斋、北宋潮州岁寒堂的日益斋、宋朝苏州南村的佐书斋；以人物名斋者，如潮州西湖的七圣斋；以水名斋者，如萧绎湘东苑的临水斋；以石景名斋者，如北宋众春园的雪浪斋（斋内藏雪浪石）、北宋范公亭的金石斋；以花木名斋者，如福州西湖的桂斋、南齐茹法亮宅园的杉斋、广西桂林叠彩山的茅斋、宋朝昆山西园的栎斋、北宋独乐园的种竹斋；以儒义名斋者，如北宋苏州蜗庐的胜义斋①，等等。

坐驰强调坐而心不止，坐忘强调坐而忘我，物化则强调物我相通，心斋强调的是心的纯净，逍遥游或采真之游则强调心态的自在无拘和环境的自然无极。真人游心于淡，合气为漠，自然无私。这些庄子心法又与儒家之园居修身、佛家之坐禅心悟相通，成为城市宅园领会天、地、人关系的不二法门。

见心斋、静心斋是两个乾隆所建的最有中国传统文化的园中园，都兼具了儒道佛三家思想。见心斋本是明代嘉靖皇帝建的园林，乾隆重修为静宜园的一个园中园。"见心"的说法最早见于《周易》象辞："复，其见天地之心乎？"《易经》坎卦中的"心"义及其原型性的内涵，为后世发展的心学奠立了基础。李舜臣曾经评注说，"作《易》者，因坎离之中，而寓诚明之用，古圣人之心学也。"章潢说，"六十四卦，独于坎卦指出心峰示人，可见心在身中，

① 儒家、佛家礼仪更繁缛，斋更多，本文只点不论。

087

真如一阳陷于二阴之内，所谓道心惟微者此也。"心学之"圣人感人心而天下和平"，源于咸卦之"天地感而万物化生，圣人感人心而天下和平，观其所感，而万物之情可见矣"（《咸卦·象辞》）；心学之"君子立心以恒"，源于系辞之"君子安其身而后动，易其心而后语，定其交而后求"。《易经》的六十四卦之中的心理的卦有坎、艮、比、家人、咸等。

儒家源头的《礼记》也道："故人者，天地之心也，五行之端也。"以人为天地之心，认为人是五行之气的精华，是万物之灵，是掌握善恶的主体，是实践仁德、引导世界向善的主体。天心与天地之心的概念虽然略有分别，但基本一致，都是指宇宙的心。南宋理学大师朱熹《朱子语类》第 19 卷有："圣人说话，开口见心，必不说半截，藏着半截。"成语"开口见心"由此而来，表示说话直爽，没有隐曲。中国有句俗语："路遥知马力，日久见人心。"此处的人心是指人性的道德高度之心，是合儒家伦理纲常之心。

佛家的源头也讲见心。"见心"出自《大佛顶首楞严经》卷一中佛陀与阿难关于心在何处、如何保持心清净妙明的关键。佛言："阿难！汝等当知，一切众生从无始来生死相续，皆由不知常住真心、性净明体，用诸妄想。此想不真，故有轮转。汝今欲研无上菩提，真发明性，应当直心酬我所问。十方如来同一道故出离生死，皆以直心；心言直故，如是乃至，终始地位，中间永无诸委曲相。阿难！

我今问汝，当汝发心，缘于如来三十二相，将何所见，谁为爱乐？"

阿难答道："世尊！如是爱乐，用我心目。由目观见如来胜相，心生爱乐。故我发心，愿舍生死。"佛告阿难："如汝所说，真所爱乐，因于心目。若不识知心目所在，则不能得降伏尘劳。譬如国王为贼所侵，发兵讨除，是兵要当知贼所在。使汝流转，心目为咎。吾今问汝，唯心与目，今何所在？"

阿难根据自己的思考，回答心在何处，佛陀则针对其不真，对阿难回答的逐层驳斥，指出心不在身内、不在身外、不在根里、不随所合处、不在中间，亦非一切无著。佛告诉阿难："一切众生，从无始来，种种颠倒、业种自然，如恶叉聚。诸修行人不能得成无上菩提，乃至别成声闻缘觉，及成外道、诸天魔王及魔眷属，皆由不知二种根本，错乱修习……一者，无始生死根本，则汝今者与诸众生用攀缘心为自性者；二者，无始菩提涅槃，元清净体，则汝今者识精元明、能生诸缘、缘所遗者，由诸众生遗此本明，虽终日行，而不自觉，枉入诸趣。"

那么，怎么办呢？尔时，世尊开示阿难及诸大众，欲令心入无生法忍，于师子座摩阿难顶，而告之言："如来常说，诸法所生，唯心所现，一切因果、世界微尘因心成体。阿难！若诸世界，一切所有，其中乃至草叶缕结，诘其根元，咸有体性。纵令虚空，亦有名貌。何况清净妙净明心，性一切心，而自无体？"继而，佛陀指出："我初成道，于鹿园中为阿若多五比丘等及汝四众言：'一切众生不成菩提及阿罗汉，皆由客尘烦恼所误。'"

为了使诸弟子得识何为客尘烦恼，如来于大众中，屈五轮指，屈已复开，开已又屈，谓阿难言："汝今何见？"阿难言："我见如来，百宝轮掌，众中开合。"佛告阿难："汝见我手，众中开合，为是我手，有开有合？为复汝见，有开有合。"阿难言："世尊宝手众中开合，我见如来，手自开合，非我见性，有开有合。"

佛言："谁动？谁静？"阿难言："佛手不住，而我见性，尚无有静，谁为无住？"佛言："如是。"如来于是，从轮掌中，飞一宝光，在阿难右，即时阿难，回首右盼；又放一光，在阿难左，阿难又则回首左盼。佛告阿难："汝头今日何因摇动？"阿难言："我见如来出妙宝光，来我左右，故左右观，头自摇动。"佛言："阿难，汝盼佛光，左右动头，为汝头动？为复见动？"阿难言："世尊！我头自动，而我见性尚无有止，谁为摇动？"佛言："如是。"

于是，如来普告大众："若复众生以摇动者名之为尘，以不住者名之为客，汝观阿难头自动摇，见无所动；又汝观我，手自开合，见无舒卷。云何汝今以动为身，以动为境？从始泊终念念生灭，遗失真性，颠倒行事，性心失真，认物为己，轮回是中，自取流转。"

总之，佛陀认为，众生之所以不能得道，是因为不能明了无始生死根本和无始菩提涅槃，而要明了此二者，关键在见心、修心。

宋代诗人张伯端《见物便见心》道："见物便见心，无物心不现。十方通塞中，真心无不遍。若生知识解，却成颠倒见。睹境能无心，始见菩提面。"其"见物便见心""物心""真心""睹境能无心"等，皆为佛家之言。物可令人露出"真心"。人的"真心"不因"物"和"境"而左右，则是真正的得正果，"见菩提"。佛曰："见事见人，见人见心，见心见命。"又是指通过"见事"来"见心"，最后达到"见命"。

静宜园（今香山公园）的见心斋最后是在乾隆手中得以重建并光扬至今，故乾隆在见心斋的诗词最能反映他的哲学见地。乾隆四十八年（1783 年）御制《题见心斋》诗中明确见心来源于"道学""物我非彼此"的齐物论，来源于《周易》"复见天地心"，又有儒家"天地人三才""中和"之说。乾隆诗云：

> 道学家者言，心在腔子里。
>
> 既在腔子里，目见无其理。
>
> 复见天地心，圣言岂不是？
>
> 天地人三才，中和宁殊视。
>
> 倪管本圆通，物我非彼此。
>
> 偶于见心斋，略悟一贯旨。

乾隆在乾隆三十九年（1774 年）所作《见心斋》诗云：

　　一片波光拟见心，坐思此语更宜斟。

　　万缘孰不由心见，莫漫迷头认影寻。

　　"一片波光拟见心"，是从园林中心波光潋潋的水面顿悟到佛家的"见物见心"之理，并指出"万缘孰不由心见"，反说"见心"不受"影""迷"。

　　乾隆在乾隆四十年（1775 年）作《见心斋口号》云：

　　山半拓池一亩宽，见心因以额斋端。

　　思量此事诚为易，若曰人心实见难。

　　面对园中水池，乾隆皇帝感慨，"山半拓池"和题名"见心"都容易，而要见"人心"则是难上加难。此是从联匾制作和园林造景两件事与见人心一件事进行对比，相较其难易程度。乾隆不仅在见心斋有感悟，在其他景点也有感悟（表 3-1）。

表 3-1　乾隆见心斋诸景诗统计

| 所咏对象 | 位置 | 题数 | 首数 | 首题写作时间 |
| --- | --- | --- | --- | --- |
| 正凝堂 | 建筑群主建筑 | 十四题 | 十四首 | 乾隆三十四年 |
| 见心斋 | 正凝堂前临水处 | 三题 | 三首 | 乾隆三十九年 |
| 融神精舍 | 正凝堂西南侧 | 四题 | 四首 | 乾隆三十四年 |
| 来芬阁 | 正凝堂前北侧 | 十三题 | 十五首 | 乾隆三十四年 |
| 养源书屋 | 正凝堂前南侧 | 六题 | 六首 | 乾隆三十九年 |
| 云岩书屋 | 正凝堂后身 | 五题 | 五首 | 乾隆三十四年 |
| 就松舍 | 正凝堂西南 | 九题 | 九首 | 乾隆四十八年 |
| 畅风楼 | 正凝堂北侧 | 六题 | 六首 | 乾隆三十四年 |

　　从静宜园见心斋园林平面可见，山上部是方形平面的庭院部分，是方形，山下半部以水池为中心，是圆形，以天圆地方"见天地心"（图 3-3）。园中有水池、石假山、廊墙，建筑有见心斋、正凝堂、融神精舍、来芬阁、养源书屋、云岩书屋、就松舍、畅风楼等。从这些景名可推导其逻辑关系。见心是目的，见何心？见天心、地心、人心，即乾隆诗中的"天地人"。养源是基础，源是水源为主，为正本清源，故需要正凝。为了"见天地心"，需要"融神"，"融神"的场所是"精舍"。佛家的"见性成佛""顿悟成佛"需要引子，这个引子就是园林的要素：山、水、石、屋、木。当然也包括造园之事、国事家事。池水因清澈见底，故可引人"见天地之心"，抑或可直见"人心"。乾隆的儿子嘉庆帝曾在轩内题诗道："虚檐流水息尘襟，静觉澄明妙悟深；山鸟自啼花自落，循环无已见天心。"

　　乾隆三十四年（1769 年）《御制题正凝堂诗》："一片波当面，堪称正色凝。山池弗易致，云气以时兴。阶影涵空暧，岸痕过雨增。垂堂虽不坐，对镜若同澄。"又从"臣等谨按：正凝堂御制诗恭载首见之篇"可知此诗为乾隆为见心斋写的第一首诗。可知，正凝堂建筑群当建造于乾隆三十四年（1769 年）前，而御制诗中云："山池弗易致，云气以时兴。阶影涵空暧，岸痕过雨增"，故该御制诗当作于乾隆三十四年夏。此时，距离静宜园二十八景建造已经过去了 23 年。乾隆三十四年高宗有诗《来芬阁》云:"凿池中种藕,缭回围廊腰。循廊可登阁,因以来芬标。"

图 3-3　见心斋

随着年龄的增长,人生感悟越来越多,乾隆皇帝更多地将正凝堂的名字赋予了哲学上的含义,他在乾隆三十七年(1772 年)《正凝堂》诗中写道:"设绎象传鼎,吾方廑(jǐn)大烹。"其乾隆三十九年(1774 年)的《题正凝堂》则称:"其宁方欲正,克己复礼为","名堂义在此,岂谓临方池?"进一步由外观转向内省了。《周易》中谈及"正凝",见于《周易》第五十卦《鼎卦》。卦辞云:"元吉,亨。"《象词》曰:"鼎,象也。以木巽火,亨饪也。圣人亨以享上帝，而大亨以养圣贤。巽而耳目聪明，柔进而上行，得中而应乎刚，是以元亨。"《象词》曰："木上有火，鼎。君子以正位凝命。"乾隆皇帝希望自己"以正位凝命"，行政"大亨以养圣贤"、"得中而应乎刚"。其后，乾隆皇帝也在相关诗词中对"正凝"二字出自《周易》屡加注释。乾隆五十二年（1787年）《题正凝堂》诗即云："堂额本因易象留。"

# 第4节 庄周梦蝶与梦蝶园

《庄子·齐物论》载："昔者庄周梦为蝴蝶，栩栩然蝴蝶也，自喻适志与，不知周也。俄然觉，则蘧蘧（qú）然周也。不知周之梦为蝴蝶与，蝴蝶之梦为周与？周与蝴蝶则必有分矣。此之谓物化。"庄子梦见自己变成蝴蝶，十分惬意，醒来发现自己还是庄周。于是，他在怀疑是自己梦中变成蝴蝶还是蝴蝶梦中变成自己？庄子把这种梦境叫物化，即物我的交合与变化，认为人如能打破生死和物我的界限，则无往而不乐。这种思想在哲学上庄子已命名为齐物论。即把人与物平齐地看待，认为动物、植物亦或山水亦有情感，故也称为移情。

只有72字的故事，诠释了庄子诗化哲学的精义，成为庄子诗化哲学的代表。也由于它包含了浪漫的思想情感和丰富的人生哲学思考，引发后世众多文人骚客的共鸣，

成为他们经常吟咏的题目，而最著名的莫过于李商隐的
《锦瑟》："庄生晓梦迷蝴蝶，望帝春心托杜鹃"。之后此故
事有多个衍生名，如周公梦蝶、庄生晓梦、庄周梦蝶、庄
周化蝶、蝶化庄生、蝴（胡）蝶梦、蝶梦、梦蝴（胡）蝶、
梦蛱蝶、梦蝶、化蝶、蝶化、化蝴蝶、蝴蝶庄周、庄周蝴
（胡）蝶、蝶为周、周为蝶、漆园蝶、南华蝶、庄蝶、庄生
蝶、庄叟蝶、枕蝶、蝶入枕、庄周梦、庄叟梦、庄梦、蘧
蘧梦、梦蘧蘧、梦蘧、梦栩栩、栩栩蘧蘧、蘧蘧栩栩、蝶
蘧蘧，等等。李商隐、陆游、范成大、苏轼、黄庭坚最喜
欢用此典故题诗（表 3-2）。以梦蝶为主题的诗词写虚幻、
睡梦及边蒙之态；亦用以写蝶。

表 3-2　庄周梦蝶衍生词语一览表

| 词语 | 朝代 | 文学家 | 诗名 | 原文 |
|---|---|---|---|---|
| 庄周梦蝶 | 北宋 | 黄庭坚 | 《寂住阁》 | 庄周梦为胡蝶，胡蝶不知庄周。当处出生随意，急流水上不流。 |
| 庄周梦蝶 | 南宋 | 辛弃疾 | 《念奴娇·和赵国兴知录韵》 | 怎得身似庄周，梦中蝴蝶，花底人间世。 |
| 庄周梦蝶 | 元 | 王实甫 | 《西厢记》第四本第四折 | 惊觉我的是颤巍巍竹影走龙蛇，虚飘飘庄周梦蝴蝶。 |
| 周化蝶 | 北宋 | 黄庭坚 | 《次韵石七三六言七首》 | 看着庄周枯槁，化为胡蝶翩轻。 |
| 蝶化庄生 | 唐 | 白居易 | 《疑梦二首》 | 鹿疑郑相终难辨，蝶化庄生讵可知。 |

续表

| 词语 | 朝代 | 文学家 | 诗名 | 原文 |
|---|---|---|---|---|
| 蝴蝶梦 | 唐末 | 崔涂 | 《春夕》 | 胡蝶梦中家万里，子规枝上月三更。 |
| 蝴蝶梦 | 唐 | 温庭筠 | 《华清宫和杜舍人》 | 杜鹃魂厌蜀，胡蝶梦悲庄。 |
| 蝴蝶梦 | 南宋 | 范成大 | 《寒夜观雪》 | 可怜蝴蝶梦，翻作蠹书蟫。 |
| 蝶梦 | 唐 | 骆宾王 | 《同辛簿简仰酬思玄上人林泉四首》 | 有蝶堪成梦，无羊可触藩。 |
| 蝶梦 | 唐末 | 崔涂 | 《金陵晚眺》 | 千古是非输蝶梦，一轮风雨属渔舟。 |
| 蝶梦 | 南宋 | 陈人杰 | 《沁园春·同前韵再会君鼎饮因以为别》 | 六代蜂窠，七贤蝶梦，勾引客愁如酒浓。 |
| 梦蝴蝶 | 晚唐 | 李商隐 | 《偶成转韵七十二句赠四同舍》 | 战功高后数文章，怜我秋斋梦蝴蝶。 |
| 梦蝴蝶 | 晚唐 | 韦庄 | 《春日》 | 旅梦乱随蝴蝶散，离魂渐逐杜鹃飞。 |
| 梦蝴蝶 | 北宋 | 黄庭坚 | 《古风次韵答初和甫二首》 | 道人四十心如水，那得梦为胡蝶狂。 |
| 梦蛱蝶 | 唐 | 杜牧 | 《寄浙东韩八评事》 | 梦寐几回迷蛱蝶，文章应解伴牢愁。 |
| 梦蛱蝶 | 北宋 | 刘兼 | 《江楼望乡寄内》 | 梦魂只能随蛱蝶，烟波无计学鸳鸯。 |
| 梦蝶 | 唐 | 李嘉 | 《春和杜相公长兴新宅即事呈元相公》 | 梦蝶留清簟，垂貂坐绛纱。 |
| 梦蝶 | 南宋 | 陆游 | 《遣兴》 | 听尽啼莺春欲去，惊回梦蝶醉初醒。 |

续表

| 词语 | 朝代 | 文学家 | 诗名 | 原文 |
|---|---|---|---|---|
| 梦蝶 | 元 | 马致远 | 《夜行船·秋思》 | 百岁光阴如梦蝶，重回首往事堪嗟。 |
| 化蝶 | 南宋 | 陆游 | 《吾年过八十》 | 化蝶有残梦，焦桐无赏音。 |
| 化蝶、梦蝶 | 南宋 | 辛弃疾 | 《兰陵王·己未八月二十日夜》 | 寻思人世，只合化、梦中蝶。 |
| 蝶化 | 元 | 谢宗可 | 《睡燕》 | 金屋昼长随蝶化，雕梁春尽怕莺啼。 |
| 化蝴蝶 | 南宋 | 陆游 | 《睡觉作》 | 但解消摇化蝴蝶，不须富贵慕蚍蜉。 |
| 蝴蝶庄周 | 南宋 | 陆游 | 《病后晨兴食粥戏书》 | 蝴蝶庄周安在哉，达人聊借作嘲诙。 |
| 庄周蝴蝶 | 北宋 | 黄庭坚 | 《煎茶赋》 | 不游轩后之华胥，则化庄周之胡蝶。 |
| 庄周蝴蝶 | 南宋 | 陆游 | 《冬夜》 | 一杯罂粟蛮奴供，庄周蝴蝶两俱空。 |
| 蝶与周 | 唐 | 李群玉 | 《半醉》 | 渐觉身非我，都迷蝶与周。 |
| 蝶为周 | 清 | 赵翼 | 《新霁同杏川诸人散步》 | 声在树间禽姓杜，香寻花底蝶为周。 |
| 周为蝶 | 梁 | 萧纲 | 《十空·如梦》 | 未验周为蝶，安知人作鱼。 |
| 漆园蝶 | 晚唐 | 李商隐 | 《为白从事上陈李尚书启》 | 漆园之蝶，滥入庄周之梦；竹林之虱，永依中散之身。 |

续表

| 词语 | 朝代 | 文学家 | 诗名 | 原文 |
|---|---|---|---|---|
| 南华蝶 | 唐 | 吴融 | 《杏花》 | 愿作南华蝶，翩翩绕此条。 |
| 庄蝶 | 晚唐 | 李商隐 | 《秋日晚思》 | 枕寒庄蝶去，窗冷胤萤销。 |
| 庄蝶 | 北宋 | 刘兼 | 《昼寝》 | 恣情枕上飞庄蝶，任尔云间骋陆龙 |
| 庄蝶 | 唐 | 卢肇 | 《湖南观双柘枝舞赋》 | 帽莹随蛇，断断芝兰之露；裙翻庄蝶，翩翩猎蕙之风。 |
| 庄生蝶 | 唐 | 李群玉 | 《昼寐》 | 正作庄生蝶，谁知惠子鱼。 |
| 庄叟蝶 | 唐 | 钱起 | 《衡门春夜》 | 寄言庄叟蝶，与尔得天真。 |
| 枕蝶 | 唐 | 刘禹锡 | 《览董评事思归之什因以诗赠》 | 欹枕醉眠成戏蝶，抱琴闲望送归鸿。 |
| 枕蝶 | 宋 | 晁迥 | 《属疾》 | 粲枕甘为蝶，丰厨厌炙牛。 |
| 枕入蝶 | 南宋 | 陆游 | 《连夕熟睡戏书》 | 蝶入三更枕，龟搘八尺床。昏昏君莫笑，差胜醉为乡。 |
| 庄周梦 | 五代 | 徐寅 | 《初夏戏题》 | 青虫也学庄周梦，化作南园蛱蝶飞。 |
| 庄叟梦 | 唐 | 吴融 | 《红白牧丹》 | 看久愿成庄叟梦，惜留须倩鲁阳戈。 |
| 庄梦 | 唐 | 李中 | 《暮春吟怀寄姚端先辈》 | 庄梦断时灯欲烬，蜀魂啼处酒初醒。 |

| 词语 | 朝代 | 文学家 | 诗名 | 原文 |
|---|---|---|---|---|
| 庄梦 | 唐 | 清江 | 《上都酬章十八兄》 | 寓蝶成庄梦，怀人识弥贤。 |
| 蘧蘧梦 | 北宋 | 苏轼 | 《次韵答元素》 | 蘧蘧未必都非梦，了了方知不落空。 |
| 蘧蘧梦 | 南宋 | 范成大 | 《立秋月夜》 | 行藏且付蘧蘧梦，明发还亲雁鹜群。 |
| 梦蘧蘧 | 北宋 | 苏轼 | 《腊日游孤山访惠勤惠思二僧》 | 兹游淡泊欢有余，到家恍如梦蘧蘧。 |
| 梦蘧 | 清 | 赵翼 | 《漫兴》 | 虫賡永叔秋声冷，蝶去庄生晓梦蘧。 |
| 梦栩栩 | 明 | 钱文荐 | 《蝶赋》 | 车飘飘其讶鬼，梦栩栩以疑庄。 |
| 栩栩蘧蘧 | 南宋 | 范成大 | 《晓枕三首》 | 臣闻赤脚鼾息，乐哉栩栩蘧蘧。 |
| 蘧蘧栩栩 | 南宋 | 范成大 | 《次韵时叙赋乐先生新居》 | 纷纭觉梦不可辨，蘧蘧栩栩知谁软？ |
| 蝶蘧蘧 | 南宋 | 陆游 | 《开岁愈贫戏咏》 | 洞底饱观苗郁郁，梦中聊喜蝶蘧蘧。 |
| 蝶蘧蘧 | 南宋 | 陆游 | 《九月一日未明起坐》 | 坐久屡传鸡喔喔，梦残犹化蝶蘧蘧。 |
| 庄生晓梦 | 晚唐 | 李商隐 | 《锦瑟》 | 庄生晓梦迷蝴蝶，望帝春心托杜鹃。 |

　　由庄周梦蝶引发的文人寻梦，使梦蝶不断镌刻在园名景名之上。明末清初文学家张岱自号蝶庵、六休居士，在绍兴韩御史的快园中隐居24年，心慕庄周梦蝶之乐，著

有《陶庵梦忆》和《西湖梦寻》。清代太原的刘大鹏，在晋祠边筑潜园以居。从其号卧虎山人、梦醒子、遁世翁上看，既慕老庄的遁世，又学庄周梦蝶之乐，更有自喻藏龙卧虎，潜居待仕之意。他在园中著有《梦醒庐文集》《遁庵随笔》和《潜园琐记》。

出典庄周梦蝶的景点有：苏州梅花墅的蝶寝（明）、苏州五柳园的梦蝶斋（清）、天津帆斋的蝶巢（清）、天津水西庄的来蝶亭（清）、北京的梦蝶园（清）、海盐绮园的蝶来滴翠亭（清）、扬州寄啸山庄的蝴蝶厅（清，图3-4）、上海哈同花园的蝶隐廊和玉蝶桥（清）、苏州隐圃的烟梦亭（宋）、镇江的梦溪园（宋）、西安白氏庄的疑梦室（宋）、苏州石湖别墅的梦渔轩（宋）、江西盘洲的梦窟（宋）、香山寺的感梦泉（金）、上海曹氏园的警梦尸居（元）、苏州桃花庵的梦墨亭（明）、太仓南园的梦顶化阁（明）、苏州的无梦园（明）、福州石林园的梦鹤寮（明）、顾瑛别业的鹤梦楼（明）、苏州遂初园的鸥梦轩（清）、苏州渔隐小圃的梦草轩（清）、广州磊园的酣梦庐（清）、福州的大梦山房的大梦山亭（清）、常熟燕园的梦青莲庵（清）、潮州的梨花梦处（清）、扬州的梦园（清）、苏州费家花园的梦墨亭（清）、嘉兴寄园的梦春房（清）、广州梦香园（清）、杭州魏庐的寻梦轩（民国）、贵阳吴滋大别墅的梦草池（民国）等。至今，仍有小区称梦蝶园，如南京梦蝶园。

图3-4 寄啸山庄蝴蝶厅

从做梦到感梦、寻梦、爱梦、大梦和疑梦,从梦蝶到梦溪、梦烟、梦草、梦莲、梦梨、梦鹤、梦鸥、梦渔,再到梦香、梦墨和梦春，可谓梦境给古代文人带来了十足自在的逍遥境界。但是，是否物化为蝶，是否称得上得真，不得而知，只能说明，它是采真过程中的一种美好幻象，因名人之象而贵、而名、而传。

# 第 *4* 章　老庄美学观见素抱朴

## 第 1 节　朴素最美

《释名·释采帛》："素，朴素也，已织则供用，不复加功饰也。"毕沅注："今本'功'作'巧'。"

其一，质朴，无文饰。《庄子·天道》云："朴素而天下莫能与之争美。"成玄英疏："夫淳朴素质，无为虚静者，实万物之根本也。"《淮南子·原道训》："所谓天者，纯粹朴素，质直皓白，未始有与杂糅者也。"《后汉书·皇后纪上·明德马皇后》载："广平、钜鹿、乐成王车骑朴素，无金银之饰。"《周书·文帝纪下》："性好朴素，不尚虚饰。"明高启《素轩记》："则彼知轮奂绚烂者，固不知兹轩之朴素也。"唐王昌龄《琴》诗："孤桐秘虚鸣，朴素传幽真。"清昭梿《啸亭杂录·盛京先朝旧物》："又有先朝登山负物木架，所持拐杖，皆白木为之，制甚朴素。"

其二，俭朴，不奢侈。《三国志·吴志·陆凯传》："先帝笃尚朴素，服不纯丽，宫无高台，物不雕饰。"《陈书·皇后传序》："高祖承微接乱，光膺天历，以朴素自处，故后宫员位多阙。"宋文莹《玉壶清话》卷四："公（谢泌）深慕虚无，朴素恬简。"《隋书·乞伏慧传》："（慧）又领潭桂二州总管三十一州诸军事。其俗轻剽，慧躬行朴素以矫之，风俗大洽。"《新唐书·魏徵传》："上奢靡而望下朴素；力役广而冀农业兴，不可得已。"宋范仲淹《蒙以养正赋》："是以不伐其善，罔耀其能，惟朴素而是守，又潜哲而曷矜。"清昭梿《啸亭杂录·旭亭家书》："其子虽屡任封疆，而先生朴素如故也。"

老子提倡无为而治，其三大主张是：见素抱朴、绝学无忧、少私寡欲。朴指没有加工的木料，素指没有修饰的白绢，两字意近，合指未加工、不修饰、不虚假。朴为专一，素为纯粹。朴素即专一纯粹是天下至纯至精、至简至美之道。

《老子》第十九章提出"见素抱朴，少私寡欲，绝学无忧"观点。全书有八处说朴。第三十二章中阐述道："朴虽小，天下弗敢臣。"《老子》第十五章道："敦兮其若朴"，敦厚的品质可以用朴来比喻。《老子》第二十八章道："复归于朴，朴散则为器。圣人用之，则为官长，故大制不割。"返朴归真，这样的人走到哪里都可成为大器，圣人若用他，就可任命他为领导。《老子》第三十七章道："道常无为而无不为。侯王若能守之，万物将自化。化而欲作，吾将镇之以无名之朴。镇之以无名之朴，夫将不欲。不欲以静，天下将自定。"老子认为，如以道为政，万事万物将会自我化育、自生自灭，各得其所。但是，自生自长也会产生贪欲，此时，可用道的真朴来镇服它，天下即可安定。看来朴素有镇定功能。《老子》第五十七章道："我无为，而民自化；我好静，而民自正；我无事，而民自富；我无欲，而民自朴。"圣人（我）没有欲望，百姓则可以厚朴。

《庄子》中十四处提到朴。《庄子·刻意》道："纯素之道，唯神是守；守而勿失，与神为一；一之精通，合于天伦。"该篇又云"故素也者，谓其无所与杂也，纯也者，谓其不亏其神也。能体纯素，谓之真人"，《庄子·天道》道"静而圣，动而王，无为也而尊，朴素而天下莫能与之争美"，意即朴素无欲，守神归元，合乎天伦，是为最美。能体味纯素，方可称真人。

《庄子·应帝王》道："雕琢复朴，块然独以其形立。纷而封哉，一以是终。"《庄子·马蹄》道："恶乎知君子小人哉。同乎无知，其德不离；同乎无欲，是谓素朴。素朴而民性得矣。及至圣人，蹩躠（bié sà，尽心用力）为仁，踶跂（dì qí，尽心勉力）为义，而天下始疑矣。澶漫为乐，摘僻为礼，而天下始分矣。故纯朴不残，孰为牺尊（樽，酒器）；白玉不毁，孰为珪璋；道德不废，安取仁义；性情不离，安用礼乐；五色不乱，孰为文采；五声不乱，孰应六律。"牺樽是用木头加工的。"夫残朴以为器，工匠之罪也；毁道德以为仁义，圣人之过也。"残朴就是加工原木。"故绝圣弃知（同智），大盗乃止；掷玉毁珠，小盗不起；焚符破玺，而民朴鄙；掊（pǒu）斗折衡，而民不争；殚残天下之圣法，而民始可与论议；擢乱六律，铄绝竽瑟，塞瞽（gǔ）旷之耳，而天下始人含其聪矣；灭文章，散五采，胶离朱之目，而天下始人含其明矣。"不要圣人和智慧，焚毁信符、打碎印章，民众就质朴鄙野。

《庄子·天地》道："夫明白入素，无为复朴，体性抱神，以游世俗之间者，汝将固惊邪，且浑沌氏之术，予与汝何足以识之哉。"《庄子·天运》载：孔子见老聃而语仁义，老聃曰："吾子使天下无失其朴，吾子亦放风而动，总德而立矣。又奚杰杰然若负建鼓而求亡子者邪。夫鹄不日浴而白，乌不日黔而黑。黑白之朴，不足以为辩；名誉之观，不足以为广。泉涸，鱼相与处于陆，相呴以湿，相濡以沫，不若相忘于江湖。"黑白也是朴的表现，不容置辩。《庄子·缮性》："德又下衰，及唐、虞始为天下，兴治化之流，枭淳散朴，离道以善，险德以行，然后去性而从于心。"枭淳散朴指淳朴的社会风气变得浮薄。《至乐》道："其民愚而朴，少私而寡欲；知作而不知藏，与而不求其报；不知义之所适，不知礼之所将。""奢闻之：'既雕既琢，复归于朴。'"加工原木，无论怎么雕琢，最后还不如原木之美。《庄子·渔父》道："孔子伏轼而叹，曰：'甚矣，由之难化也。湛于礼义有间矣，而朴鄙之心至今未去。'"唐成玄英疏："湛着礼义，时间固久，嗟其鄙拙，故凭轼叹之也。"

《庄子》有十处提到素。《庄子·天地》道："万物孰能定之。夫王德之人，素逝而耻通于事，立之本原而知通于神，故其德广。"旺德之人，守素为本，故通达于事。《天道》："夫虚静恬淡寂漠无为者，万物之本也。明此以南乡，尧之为君也；明此以北面，舜之为臣也。以此处上，帝王天子之德也；以此处下，玄圣素王之道也。以此退居而闲游，江海山林之士服；以此进为而抚世，则功大名显而天下一也。"玄圣素王皆指大德而无爵位的圣人。玄和素都是原始起点之谓。《庄子·天运》道："纯素之道，唯神是守。守而勿失，与神为一。一之精通，合于天伦。野语有之曰：'众人重利，廉士重名，贤士尚志，圣人贵精。'故素也者，谓其无所与杂也；纯也者，谓其不亏其神也。能体纯素，谓之真人。"真人是能体味纯素、坚守纯素之人。

《庄子·寓言》载："原宪居鲁，环堵之室，茨以生草；蓬户不完，桑以为枢；而瓮牖二室，褐以为塞；上漏下湿，匡坐而弦。子贡乘大马，中绀而表素，轩车不容巷，往见原宪。原宪华冠縰履，杖藜而应门。子贡曰：'嘻，先生何病？'原宪应之曰：'宪闻之，无财谓之贫，学而不能行谓

之病。今宪贫也，非病也。'子贡逡巡而有愧色。原宪笑
曰:'夫希世而行，比周而友，学以为人，教以为己，仁义
之慝，舆马之饰，宪不忍为也。'"

　　朴素观在魏晋南北朝时得到发展，东晋葛洪自号抱朴
子，在太平、罗浮两山筑石室隐居，并著道教名篇《抱朴
子》，自成一派。竹林七贤和白莲社等诸人皆以不见人工的
自然山水为美。后世趋朴附素者如长江后浪，以素命名，
以素名景。园林中的书屋常以朴素命名者甚多，如北海静
心斋的抱素书屋（图 4-1）和圆明园的抱朴草堂，《红楼梦》
中的大观园更有稻香村，以乡野朴素为美（表 4-1）。

图 4-1　静心斋抱素书屋

表4-1 朴素园名景名

| 朝代 | 园名 | 人物 | 地点 | 备注 |
|---|---|---|---|---|
| 明天启 | 朴园 | 进士、太常寺少卿周廷鑨 | 泉州 | 自号朴园居士,有《朴园诗集》 |
| 明万历 | 素园 | 龙安知府林有麟 | 无锡 | 著有《素园石谱》 |
| 清康熙 | 抱朴轩 | 宰相顾泭 | 苏州 | 在凤池园中 |
| 清康熙 | 朴园 | 礼部尚书熊赐履 | 南京 | 康熙之师,著有《朴园迩语》 |
| 清雍正 | 竹素园 | 浙江总督李卫 | 杭州 | 雍正御赐园名 |
| 清乾隆 | 抱素书屋 | 乾隆 | 北京 | 北海静心斋内,现存 |
| 清乾隆 | 抱朴草堂 | 乾隆 | 北京 | 圆明园的坐石临流内 |
| 清乾隆 | 朴园 | 太守周勋齐 | 苏州 | 原名止园,乾隆间周重构更名 |
| 清嘉庆 | 朴园 | 盐商巴光诰 | 仪征 | 淮南第一名园 |
| 民国 | 朴园 | 蛋商汪兆铭 | 苏州 | 现存 |

# 第2节 草堂也素

草堂,与明堂相对,一素一雅,一偏一正,一次一主。自唐以降,草堂登上历史的舞台,成都杜甫草堂(图4-2)和白居易的庐山草堂给后世开了好头,成为后辈文人的榜样。草堂与朴素相契合,更有利于澄怀观道。在山林野处辟居草堂者凤毛麟角,大多在城中建园,直接命名为草堂,如顾英的南溪草堂、顾德辉的玉山草堂等(表4-2)。园中建草堂成为文人的雅好，如明末郑元勋在影园中建玉勾草堂，杨兆鲁在近园中建西野草堂（表 4-3）。

图 4-2　杜甫草堂

表 4-2　名人与草堂

| 朝代 | 人物 | 草堂名 | 地点 | 朝代 | 人物 | 草堂名 | 地点 |
|---|---|---|---|---|---|---|---|
| 唐 | 杜甫 | 草堂 | 成都 | 唐 | 白居易 | 庐山草堂 | 九江 |
| 元 | 陶中 | 榆溪草堂 | 浦东 | 元 | 顾德辉 | 玉山草堂 | 昆山 |
| 明 | 韩雍 | 葑溪草堂 | 苏州 | 明 | 顾英 | 南溪草堂 | 上海 |
| 明 | 智晓和尚 | 石湖草堂 | 苏州 | 明 | 唐顺之 | 陈渡草堂 | 常州 |
| 明 | 杨昱 | 东溪草堂 | 长汀 | 明 | 徐陟 | 竹西草堂 | 松江 |
| 明 | 周于京 | 万竹草堂 | 常熟 | 明 | 吴宗尧 | 茶山草堂 | 常州 |

| 朝代 | 人物 | 草堂名 | 地点 | 朝代 | 人物 | 草堂名 | 地点 |
|---|---|---|---|---|---|---|---|
| 明 | 周野 | 竹深草堂 | 太仓 | 明 | 瞿汝说 | 东皋草堂 | 常熟 |
| 明 | 孙岫 | 藤溪草堂 | 常熟 | 明 | 顾大有 | 阳山草堂 | 吴县 |
| 明 | 王勋 | 谢鸥草堂 | 吴县 | 明 | 沈丙 | 北山草堂 | 昆山 |
| 明 | 张元敏 | 南溪草堂 | 崇明 | 明 | 顾苓 | 云阳草堂 | 苏州 |
| 清 | 徐枋 | 涧上草堂 | 苏州 | 明清 | 朱芜久 | 东岗草堂 | 嘉定 |
| 清 | 徐傅 | 东崦草堂 | 吴县 | 清 | 顾秉忠 | 秀野草堂 | 苏州 |
| 清 | 邵长蘅 | 青山草堂 | 常州 | 清 | 吴士缙 | 南垞草堂 | 苏州 |
| 清 | 吴燮 | 二弃草堂 | 吴县 | 清 | 吴时雅 | 南村草堂 | 吴县 |
| 清 | 陈文照 | 剑浦草堂 | 常熟 | 清 | 梁洪 | 七十二沽草堂 | 天津 |
| 清 | 王苹 | 二十四泉草堂 | 济南 | 清 | 顾绥 | 读易草堂 | 奉贤 |
| 清 | 安麓村 | 沽上草堂 | 天津 | 清 | 沈沾霖 | 浮玉草堂 | 吴江 |
| 清 | 俞达 | 池上草堂 | 昆山 | 清 | 何绍基 | 东洲草堂 | 南道 |
| 清 | 潘振承之孙 | 三大村草堂 | 广州 | 清 | 梁九华 | 群星草堂 | 佛山 |
| 清 | 程可则 | 戴山草堂 | 佛山 | 清 | 朱福熙 | 熙余草堂 | 吴县 |
| 清 | 顾春福 | 卧雪草堂 | 吴县 | 清 | 吴时雅 | 南村草堂 | 闵行 |
| 清 | 杨延俊 | 留耕草堂 | 无锡 | 清 | 纪晓岚 | 阅微草堂 | 北京 |
| 清 | 潘遵祁 | 香雪草堂 | 吴县 | 清 | 李果 | 蒔湄草堂 | 苏州 |
| 清 | 侯孔释 | 壶春草堂 | 闵行 | 清 | 迮云龙 | 池上草堂 | 吴江 |
| 清 | 沈廷珪 | 江皋草堂 | 闵行 | 清 | 周宪曾 | 开鉴草堂 | 吴江 |
| 清 | 顾笔堆 | 学圃草堂 | 苏州 | 清 | 毛逸楼 | 盘隐草堂 | 吴县 |
| 民国 | 章太炎 | 双树草堂 | 苏州 | 民国 | 王铨运 | 虹溪草堂 | 上海 |
| 民国 | 王问 | 湖山草堂 | 无锡 | 民国 | 骆杰三 | 绿兰草堂 | 老河口 |
| 民国 | 王小帆 | 水东草堂 | 北京 | | | | |

表4-3 园中草堂一览

| 朝代 | 人物 | 草堂名 | 地点 | 朝代 | 人物 | 草堂名 | 地点 |
|---|---|---|---|---|---|---|---|
| 唐 | 卢鸿一 | 草堂 | 登封嵩山别业 | 唐 | | 草堂亭 | 苏州郡圃 |
| 北宋 | 朱长文 | 草堂 | 乐圃 | 明 | 谢氏 | 赋雪草堂 | 沈均废园 |
| 明 | 黄衷 | 欧席草堂 | 广州晚景园 | 明 | 顾起元 | 懒真草堂 | 南京遯园 |
| 明 | 李模 | 桃坞草堂 | 密庵 | 明 | 徐白 | 帷林草堂 | 吴江潭上书屋 |
| 明 | 邹迪光 | 慧麓草堂 | 无锡愚公谷 | 明 | 王延陵 | 击壤草堂 | 苏州招隐园 |
| 明 | 郑元勋 | 玉勾草堂 | 扬州影园 | 明 | 周泉 | 云东草堂 | 青阳溪馆 |
| 明 | 王石玄 | 欣欣草堂 | 硕园 | 明 | 汪右江、仲桐皋 | 草堂 | 水香园 |
| 清 | 杨兆鲁 | 西野草堂 | 常州近园 | 清 | 钱谦益 | 草堂 | 红豆山庄 |
| 清 | 龙震 | 红玉草堂 | 天津老夫村 | 清 | 盛康 | 半野草堂 | 苏州留园 |
| 清 | 袁廷梼 | 枫江草堂 | 渔隐小圃 | 清 | 孙彤 | 双泉草堂 | 苏州志圃 |
| 清 | 龙廷槐 | 碧溪草堂 | 顺德清晖园 | 清 | 石韫玉 | 花间草堂 | 苏州五柳园 |
| 清 | 翁天浩 | 社西草堂 | 桔园 | 清 | 顾颙 | 草堂 | 常熟南园 |
| 清 | 张维屏 | 松竹草堂 | 广州听松园 | 清 | 陶绦 | 星带草堂 | 怡园 |
| 清 | 沈秉成 | 城曲草堂 | 苏州耦园 | 清 | 阮沅 | 金粟草堂 | 辟疆小筑 |
| 清 | 胡恩燮 | 课耕草堂 | 南京愚园 | 清 | 张祥河 | 松风草堂 | 松江遂养堂 |
| 清 | 吴文涛 | 环江草堂 | 上海九果园 | 清 | 张敬修 | 草草堂 | 东莞可园 |
| 清 | 任兰生 | 退思草堂 | 吴江退思园 | 清 | 孔庆桂 | 东瀛草堂 | 上海百花庄 |
| 清 | 郁元营 | 涩溪草堂 | 上海味园 | 清 | 史杰 | 半园草堂 | 苏州南半园 |
| 清 | 洪鹭汀 | 携鹤草堂 | 苏州鹤园 | 清 | 查笃 | 草堂 | 怡怡园 |
| 清 | 邱玉麟 | 餐雪草堂 | 吴江五峰园 | 清 | 丁善宝 | 十笏草堂 | 潍坊十笏园 |
| 清 | 顾元铨 | 春晖草堂 | 昆山逸园 | 清 | | 拜石草堂 | 湖州钱庄会馆可园 |

续表

| 朝代 | 人物 | 草堂名 | 地点 | 朝代 | 人物 | 草堂名 | 地点 |
|---|---|---|---|---|---|---|---|
| 清 | 陈兆凤 | 味根草堂 | 吴江且园 | 清 | 张大纯 | 锦云草堂 | 吴县泛月楼 |
| 清 | 浦永元 | 柏荫草堂 | 嘉定藤花别墅 | 清 | 李谨 | 春畬草堂 | 昆山亦园 |
| 清 | 叶如山 | 凝春草堂 | 嘉定兰陔小筑 | 清 | 纪晓岚 | 阅微草堂① | 北京、乌鲁木齐 |
| 民国 | 李显谟 | 绿野草堂 | 闵行敏园 | 民国 | 蔡延蕙 | 望云草堂 | 广州环翠园 |
| 民国 | 胡雪帆 | 晚香草堂 | 上海雪园 | 民国 | 李根源 | 葑上草堂 | 苏州阙园 |
| 民国 | 俞仲 | 池上草堂 | 无锡锡金公花园 | 民国 | 蒋凤梧 | 北郭草堂 | 常熟新公园 |
| 民国 | 姚伯鸿 | 江上草堂 | 上海半淞园 | 民国 | 杨定甫 | 三熹草堂 | 苏州之园 |

大多数的草堂是草构建筑，不求组群，但求孤寂；不施粉黛，但求素颜；不做雕刻，但求朴实。然而，并非所有草堂都是覆草为顶，围草为栏，铺草为席，很多不过徒有虚名。

不见经传者的草堂更多，然而，这些草堂在当地却家喻户晓，如浙江东阳有屏山草堂和后山草堂（明清），江苏木渎有岩东草堂和碧山草堂（明清），江苏常州有菱溪草堂、洛原草堂和城隅草堂（明清），徽州岩寺镇的娑罗园有虬山草堂（明清）。

---

① 原为纪晓岚北京住所，被贬乌鲁木齐时，当地官员为他修建居所，亦同名，成为当地八景之一。1921年、1998年两次乌鲁木齐草堂重建，在今人民公园内。

草堂的文人化和园林化，表现于取名上。草堂之名，最能体现主人的性格志趣，更多的是表达所处位置和园内特色，凸显中国山水园特色。依地点名者最多。在山者，如白居易的庐山草堂；近水者，如韩雍的葑溪草堂；处洲者，如何绍基的东洲草堂；临涧者，如徐枋的涧上草堂；守城者，如沈秉成的城曲草堂；居村者，如蒋凤吾的北郭草堂；傍社者，如翁天浩的社西草堂。

草堂之名，也有按园林要素名者。以林胜者，如徐白的帷林草堂；以树名者，如章太炎的双树草堂；以竹胜者，如周于京的万竹草堂；以花名者，如石韫玉的花间草堂；以桃名者，如李模的桃坞草堂；以柏名者，如浦永元的柏荫草堂；以香名者，如胡雪帆的晚香草堂；以粮名者，如阮沅的金粟草堂；以石名者，如湖州钱庄会馆中的拜石草堂；以鸥胜者，如王勋的谢鸥草堂；以泉胜者，如王苹的二十四泉草堂；以塘胜者，如梁洪的七十二沽草堂；以池胜者，如俞达的池上草堂；以雪胜者，如顾春福的卧雪草堂；以季名者，如侯孔释的壶春草堂；以色名者，如骆杰三的绿兰草堂。

草堂之名，亦有以志趣名者。奋进型者，如王延陵的击壤草堂；隐逸型者，杨兆鲁的西野草堂；村居型者，如吴时雅的南村草堂；农耕型者，如杨延俊的留耕草堂；研究型者，如顾绂的读易草堂；境遇型者，如吴燮的二弃草堂；学习型者，如顾笔堆的学圃草堂。

　　草堂之名，更有以修养名者。以素名者，如圆明园的抱朴草堂；以谦名者，如张敬修的草草草堂；以孝名者，如顾元铨的春晖草堂[①]；以真名者，如顾起元的懒真草堂；以省名者，如任兰生的退思草堂。

---

① 典出孟郊《游子吟》的"谁言寸草心，报得三春晖。"

# 第 5 章　阴阳合气

## 第 1 节　阴阳

　　老子和庄子合称老庄。老庄对阴阳平衡的辩证观，求真得道的场所观，静空修身的养生观，以及对天地万物的游览观，直接指导人们从城市走向乡野，再从乡野回归城市。无论在乡野自然或城市自然中，都力求构筑修身养性，得真长寿的场所。这种场所，从园名景名，到园景布局，无不含有道家的影子。只有园居（或野居），方可摒弃凡想，调和阴阳，获得大美。

　　虽然阴阳平衡、虚实组合、活动功能等与设计关系密切，但本文并不从设计角度分析，而是从解释学角度，重点从点景题名中分析老庄思想与园林的关系。从园林审美主体出发，分析创作者的思想根源和使用者的意图。

　　虽然阴阳是《易经》和阴阳家的主题，但阴阳在《易经》不见，在《彖》《象》两传中，各只一见。《仪礼》无阴阳二字，《诗经》言阴者八，言阳者十四，言阴阳者一。《书经》方阴阳各三，甲骨、金文、《左传》、《国语》偶见几处。儒家的《论语》《孟子》和《中庸》亦无阴阳论[①]。先秦诸子中，惟老庄言阴阳最多。阴阳家是用老庄的道气阴阳观，结合《黄帝内经》、望气占卜等解读《易经》，方成今之阴阳论。

庄子大谈阴阳，并把道气与阴阳合二为一，认为气是阴阳的外化，道蕴于气中。庄子谈阴阳约三十多处。首先，庄子认为阴阳相济，《庄子·秋水》道："师阴而无阳，其不可行明矣"。在《庄子·人间世》中道："事若不成，则必有人道之患；事若成，则必有阴阳之患。"其次，庄子认为气与阴阳合一，能御气方可逍遥游。

《庄子·大宗师》道："曲偻发背，上有五管，颐隐于齐，肩高于顶，句赘指天，阴阳之气有沴，其心闲而无事，胼躃而鉴于井，曰：'嗟乎！夫造物者又将以予为此拘拘也。'""阴阳于人，不翅于父母。"《庄子·在宥》道："人大喜邪，毗于阳；大怒邪，毗于阴。阴阳并毗，四时不至，寒暑之和不成，其反伤人之形乎。"黄帝见广成子曰："吾又欲官阴阳以遂群生，为之奈何，"广成子曰："天地有官，阴阳有藏。慎守女身，物将自壮。我守其一以处其和。故

---

① 黄毓任，庄子阴阳宇宙观考原，学海，2005，6

我修身千二百岁矣，吾形未常衰。"《庄子·天运》道："一清一浊，阴阳调和，流光其声。""吾又奏之以阴阳之和，烛之以日月之明。"老子曰："子又恶乎求之哉"，曰："吾求之于阴阳，十有二年而未得也。""龙，合而成体，散而成章，乘乎云气而养乎阴阳。"《庄子·缮性》道："当是时也，阴阳和静，鬼神不扰，四时得节，万物不伤，群生不夭，人虽有知，无所用之，此之谓至一。"《庄子·秋水》道："而吾未尝以此自多者，自以比形于天地，而受气于阴阳，吾在于天地之间，犹小石小木之在大山也。"《庄子·知北游》道："阴阳四时运行，各得其序；"《庄子·则阳》道："大公调曰：'是故天地者，形之大者也；阴阳者，气之大者也；道者为之公。'大公调曰：'阴阳相照相盖相治，四时相代相生相杀。'"《庄子·外物》道："木与木相摩则然，金与火相守则流，阴阳错行，则天地大骇，于是乎有雷有霆，水中有火，乃焚大槐。"《庄子·说剑》道："天子之剑，以燕谿石城为锋，齐岱为锷，晋卫为脊，周宋为镡，韩魏为夹，包以四夷，裹以四时，绕以渤海，带以常山，制以五行，论以刑德，开以阴阳，持以春夏，行以秋冬。"《庄子·渔父》道："阴阳不和，寒暑不时，以伤庶物，诸侯暴乱，擅相攘伐，以残民人，礼乐不节，财用穷匮，人伦不饬，百姓淫乱，天子有司之忧也。"《庄子·列御寇》道："宵人之离外刑者，金木讯之；离内刑者，阴阳食之。"《庄子·天下》道："《诗》以道志，《书》以道事，《礼》以道行,《乐》以道和,《易》以道阴阳,《春秋》以道名分。"

《庄子·则阳》道:"阴阳者,气之大者也。"《庄子·逍遥游》道:"乘天地之正,而御六气之辩",《庄子·逍遥游》又道:"乘云气,御飞龙,而游于四海之外"。最后,庄子把阴阳与人体变化和生死联系在一起,提出清气养生观。《庄子·缮性》道:"阴阳和静,鬼神不扰。"

# 第2节 气

《老子》言语不多,三处谈气。第四十二章道:"道生一,一生二,二生三,三生万物。万物负阴而抱阳,冲气以为和。"即大道生就无极,无极生就太极阴阳,太极阴阳生就天地人,天地人生就万事万物。阴阳交易走向中和。第十章道:"载营魄抱一,能无离乎。专气致柔,能如婴儿乎。"第五十五章道:"知和曰常,知常曰明。益生曰祥。心使气曰强。物壮则老,谓之不道,不道早已。"老子提出"专气"和"使气"其实为运气。

《庄子》中有四十四处谈气。《逍遥游》中道:"有鸟焉,其名为鹏,背若泰山,翼若垂天之云,抟扶摇羊角而上者九万里,绝云气,负青天,然后图南,且适南冥也。""若夫乘天地之正,而御六气之辩,以游无穷者,彼且恶乎待哉。"藐姑射之山的神人"乘云气,御飞龙,而游乎四海之外。""子綦曰:'夫大块噫气,其名为风。是唯无作,作则万窍怒呺。'"王倪曰:"若然者,乘云气,骑日月,而游乎四海之外,死生无变于己,而况利害之端乎?"《庄子·人间世》道:"且德厚信矼,未达人气;名闻不争,未达人心。"孔子回答颜回的心斋之问时,答曰:"若一志,无听之以耳而听之以心;无听之以心而听之以气。听止于耳,心止于符。气也者,虚而待物者也。唯道集虚。虚者,心斋也。""兽死不择音,气息勃然于是并生心厉。"《庄子·大宗师》论道的特点时说:"伏羲氏得之,以袭气母;维斗得之,终古不忒;""曲偻发背,上有五管,颐隐于齐,肩高于顶,句赘指天,阴阳之气有沴,其心闲而无事,胼躃而鉴于井,曰:'嗟乎。夫造物者又将以予为此拘拘也。'""孔子曰:'彼游方之外者也,而丘游方之内者也。外内不相及,而丘使女往吊之,丘则陋矣。彼方且与造物者为人,而游乎天地之一气。'"《庄子·应帝王》无名人曰:"汝游心于淡,合气于漠,顺物自然而无容私焉,而天下治矣。"壶子曰:"吾乡示之以以太冲莫胜,是殆见吾衡气机也。"

《庄子·在宥》:"愁其五藏以为仁义,矜其血气以规法度。"广成子曰:"自而治天下,云气不待族而雨,草木不待黄而落,日月之光益以荒矣,而佞人之心翦翦者,又奚足以语至道。"云将曰:"天气不和,地气郁结,六气不调,四时不节。今我愿合六气之精以育群生,为之奈何。"《庄子·天地》为圃者曰:"子非夫博学以拟圣,於于以盖众,独弦哀歌以卖名声于天下者乎,汝方将忘汝神气,堕汝形骸，而庶几乎？而身之不能治，而何暇治天下乎？子往矣，无乏吾事。"《庄子·天运》中孔子曰："吾乃今于是乎见龙。龙，合而成体，散而成章，乘乎云气而养乎阴阳。""平易恬淡，则忧患不能入，邪气不能袭，故其德全而神不亏。"《庄子·秋水》道："而吾未尝以此自多者，自以比形于天地，而受气于阴阳，吾在于天地之间，犹小石小木之在大山也。"《庄子·至乐》道："非徒无生也，而本无形；非徒无形也，而本无气。杂乎芒芴之间，变而有气，气变而有形，形变而有生。"《庄子·田子方》伯昏无人曰："夫至人者，上窥青天，下潜黄泉，挥斥八极，神气不变。"《庄子·知北游》道："今已为物也，欲复归根，不亦难乎？其易也其唯大人乎。生也死之徒，死也生之始，孰知其纪。人之生，气之聚也。聚则为生，散则为死。若死生为徒，吾又何患。故万物一也。是其所美者为神奇，其所恶者为臭腐。臭腐复化为神奇，神奇复化为臭腐。故曰：'通天下一气耳。'圣人故贵一。""天地之强阳气也，又胡可得而有邪。"

《庄子·桑庚楚》：庚桑子曰："弟子何异于予，夫春气发而百草生，正得秋而万宝成。"《庄子·达生》道：关尹曰："是纯气之守也，非知巧果敢之列。""壹其性，养其气，合其德，以通乎物之所造。"齐士有皇子告敖者，曰："公则自伤，鬼恶能伤公！夫忿滀之气，散而不反，则为不足；上而不下，则使人善怒；下而不上，则使人善忘；不上不下，中身当心，则为病。"纪渻子为王养斗鸡。十日而问："鸡已乎？"曰："未也，方虚骄而恃气。"十日又问，曰："未也，犹应响景。"十日又问，曰："未也，犹疾视而盛气。"匠人梓庆说："臣，工人，何术之有！虽然，有一焉：臣将为锯，未尝敢以耗气也，必齐以静心。"

《庄子·则阳》道："四时殊气，天不赐，故岁成""是故天地者，形之大者也；阴阳者，气之大者也；道者为之公。"《庄子·盗跖》道："目欲视色，耳欲听声，口欲察味，志气欲盈。""孔子再拜趋走，出门上车，执辔三失，目芒然无见，色若死灰，据轼低头，不能出气。"说富人是"佝溺于冯气，若负重行而上阪，可谓苦矣。"《庄子·说剑》道："大王安坐定气，剑事已毕奏矣。"

气是古代哲学的重要范畴。气的概念源于《周易》。《易经·乾卦第一》曰："潜龙勿用，阳气潜藏"。《易传·系辞上》曰："易有太极，是生两仪，两仪生四象，四象生八卦，是故法象莫大乎天地，变通莫大乎四时。"这里"太极"指天地未分之前的元气。气又分为阴阳二气，阴阳二气相互作用，相摩相荡，氤氲交感，则产生宇宙万物，并推动其发展和变化。因此，《周易》是气一元论的本源。

气的原始意义是烟气、蒸气、云气、雾气、风气、寒暖之气、呼吸之气、魂气等气体状态的物质。哲学上具有普遍意义的气的概念便是从这些具体的可以直接感觉到的物质升华发展而来。《国语·周语上》载："幽王二年，西周三川皆震。伯阳父曰：周将亡矣！夫天地之气，不失其序；若过其序，民乱之也。阳伏而不能出，阴迫而不能烝，于是有地震。今三川实震，是阳失其所而镇[于]阴也。阳失而在阴，川源必塞；源塞，国必亡。夫水土演而民用也，水土无所演，民乏财用，不亡何待？……"自然界属"天"，社会属"人"，用"气"来解释天、人和天人关系，这是气论哲学的本质所在，气论哲学即发轫于此。其中的"气"指天地之气、阴阳之气，气已从具体的存在物演变为一个抽象的具有哲学意味的概念。

老子认为"万物负阴而抱阳，冲气以为和"。阴阳冲和之气，是宇宙万物的生长发育之源，阴阳对立，统一于气，万物当然也包括人在内。气内涵的发展中庄子气论最为主流。他认为气是产生万物的源泉，对认识世界意义重大。同时，他以气为本，以得道为目的，创立心斋和坐忘等得道法门。继老庄之后，有人以为气即道。如齐稷下学派认为道为精气。后来的气一元论者不提道或少提道，张载认为气是世界的本源，"太虚无形，气之本体"。程朱学派以理为道，气为理的派生物。而《庄子》中气与道的关系远较这些复杂。

庄子在逻辑上认为道是气之本，气为道所生，要得道必由气而去，即气道往返论。气指阴阳二气，具体有风、云气、六气、天气、地气、一气、阴阳之气等，而阴阳二气为大。要及至道则离不开阴阳二气，故"无听之以心而听之以气"。成玄英疏："气无情虑，虚柔任物，故去彼知

觉，取此虚柔""如气柔弱，虚空其心，寂泊忘怀，方能
应物"。要达到道的境界要凭气，因为气无"情虑"，不若
耳目心智有分别之心，能"虚柔任物"，符合道性自然；同
时，气能"虚空其心"，排除心中杂质，洁其心后"神"才
入"舍"，也即道集于虚空之心。其次，庄子认为，体内阴
阳二气达到"和"态，即达道境。"和"指人体内阴阳二气
的平衡状态。《老子》云"万物负阴而抱阳，冲气以为和"，
《庄子·田子方》云"至阴肃肃，至阳赫赫；肃肃出乎天，
赫赫发乎地；两者交通成和而物生焉"，可见"和"即阴阳
交合。生为气聚，死为气散，故"和"能化育生命，"不
和"也能危及生命。喜为阳，怒为阴，阴阳亲毗，阴阳不
和则受损。另外，气和的顶峰可产生特异功能。神人、至
人、真人的"乘云气，御飞龙"是因为"纯气之守也"。

《易传·咸·象传》提出："气"化生万物，"精气为物，
游魂为变"，肯定有形之物是由气构成的。"咸，感也。柔
上而刚下，二气感应而相与……观其所感，而天下万物之
情可见矣。"阴气为柔，升在上；阳气为刚，降在下；阴阳
二气交流以，而相感相与而共处，天下万物皆由阴阳二气
相感交合而生成。

《关尹子》云："以一气而生万物"。《九家易》曰："元
者，气之始也。"荀子认为万物有气，气是万物的根本，但
亦有别，"水火有气而无生，草木有生而无知，禽兽有知而
无义，人有气、有生、有知，亦且有义，故最为天下贵也。"

董仲舒在《春秋繁露·王道第六》中认为，气即是本始之气，说："元者，始也。"

气的思想源于《周易》，经过历代哲学家的发展，更加深刻和完善。特别是到了宋明时期发展成为宋明理学，理学代表朱熹提出理为"本"，气为"具"的学说，以太极之理为宇宙本体，他承认周敦颐宇宙生化的基本程序，即太极（理）→气（阴阳）→五行（水火木金土）→万物。然而，他认为理不是气的属性，而是气的本原。

气论是研究气的内涵、运动规律，并用以阐释宇宙的本原及其发展变化的哲学思想。气是宇宙的构成本原，宇宙万物和人都由气化生，并将最原始的物质定义为元气。气是生命的本质，在文化史上有着举足轻重的地位，故中国文化就是气文化。

# 第3节　园林与气

园居者的修身养性，以人体阴阳变化为主。城市规划和建筑必谈阴阳，但是，园林却较少谈阴阳。历代把阴阳直接名园景者竟无一处。西汉刘余的藩王园林鲁灵光殿被认为是宫苑双绝，王延寿的《鲁灵光殿赋》赞曰"包阴阳之变化，含元气之烟煴"，纯属夸张之辞。《后汉书·梁翼传》说梁翼宅园也是"阴阳奥室，连房洞户"，更是褒奖过誉之辞，也主要说建筑。

以阳入园林景名者倒有几处，如乌鲁木齐关湖的丹凤朝阳阁、苏州靖园的云阳草堂、吴江且园的夕阳远树亭、太仓汪园的平阳庄，但此阳与老庄所云之阳气关联甚微。倒是以阴名景者较多，如福州欧冶池的城阴馆（北宋）、开封延福宫的清阴阁（北宋）、苏州祇园的阴井（宋）、苏州卢园的山阴画中（宋）、燕京八景的琼岛春阴（金）、苏州雅园的致桐阴（清）、乐山凌云寺的山阴道（清）、吴县九峰草庐的清阴接步廊（清）、广州万松山房的榕阴小榭（清）、清晖园惜阴书屋（清）、北京马家花园的惜阴轩（民国）等。

虽然道是老庄的中心词，但是名道之处乃道观。历代皇家园林中多设有道观，道士在此为皇上炼丹祈寿。另外，书院园林中，多以学堂的形式出现，如苏州沧浪亭的明道堂曾为紫阳书院和正谊书院，是程颐和程颢的学祠，苏舜钦的《沧浪亭记》道："观听无邪，则道以明。"杭州万松书院中亦有明道堂。苏州府学不仅建有传道堂，还建有道山亭。在纯粹园林中以道名景者不过几处：福州鼓山的道山亭（宋）、苏州的道隐园（宋）、上海也是园的致道堂（清）、杭州吴宅花园的道骚堂（明）、苏州植园的道山亭（清）、苏州听枫园的味道居（清）。

尽管庄子大谈气，园中却极少以气入名，仅上海螟巢园有气花榭（清）、龙沙公园有冲气穆清厅（清）、宝墨园有紫气清晖坊（清）。因气有正邪之分，故题名多为弘扬正气。用气题名最多的是宅门、院门或牌坊，多题紫气东来、浩然正气、气象万千等。清代北京的杨椒山祠后殿题有"正气锄奸"；民国重庆的石家花园正厅，孙中山题联："养天地正气，法古今完人。"

庄子所谓的清气，是指有利于人类生存并长寿的正气。清气的产生，源于地气、水气、木气、石气，当然也夹有鸟兽虫鱼之气和人气。在园林空间中，浊气下沉而消失，清气升起而诞生。在园林的空间经营中，形式美的结构目的是形成自然流动的空间。各要素的组合是在立体上形成上下、前后、左右六个方向的虚空间，以利气流自然地运动，去浊存清。

树木是园林要素的主角，不仅因为它能产生清气（其实是氧气），还因为它遮阳生荫，同时，树下还可通风透气。面对这种自在结构，难怪文人思绿而清爽，见树而生荫。荫，代表树荫之阴，又代表阴阳之阴，更引申为祖上福荫。直接表达喜荫者，如太仓的乐荫园（元）、常熟的十五松山房的嘉荫堂（明）。庄子认为驾御好云气（或清气）可逍遥四海之外，清荫生清气，故清荫亦入园景，如广州蒋之奇的清荫园（明）、苏州怡老园的清荫看竹（明）、昆山颐园的清荫堂（明）、苏州陆氏园的清荫堂（清）、吴县端园的锦荫山房和清荫居（清）等。

园名泛表绿荫者亦多，如彭水的绿荫轩（北宋）、苏州朱氏园的绿荫斋（明）、南京同春园的荫绿堂（明）、苏州的绿荫园（明）、苏州留园的绿荫（清）、苏州凤池园的绿荫榭（清）、重庆莒园的绿荫深入阁（清）、上海哈同花园的松筠绿荫（清）等。

园景以槐、柳、松、榕、桐等嘉树名之最多，如太原桂子园的槐荫亭（明）、苏州惠荫园的柳荫系舫和松荫眠琴（清）、北京醉经堂的槐荫馆（清）、广州的馥荫园（清）、岳麓书院八景的桐荫别径（清）、台北板桥花园的榕荫大池（清，图 5-1）、临潼环园的桐荫轩（清）、陆川谢鲁山庄的堂荫亭（清）、吴江五峰园的梧荫桥（清）、苏州勺湖的楮荫轩（清）、嘉定藤花别墅的柏荫草堂（清）、泉州古檗山庄的檗荫楼（民国）、无锡蠡园的柳荫亭（民国）。表荫态者，如苏州南北半园的双荫轩（清）、南京愚园的分荫轩（清）、丽水大港头镇古樟埠头的双荫亭（清）。

图 5-1　板桥花园榕荫大池

以树荫象征祖荫，阴德如气，可庇护和惠及子孙。在园中既表树荫，兼表祖荫的景名亦多，如洛阳富郑公园的荫樾亭（北宋）、阳江西园的隆荫堂（北宋）、吴县衙署园林中的高荫亭（北宋）、苏州芳草园的荫远堂（明）、苏州汪坤的耕荫义庄（明）、慈宁宫花园增建的慈荫楼（清）、苏州惠荫园改建的惠荫书院（清）、广州余荫山房（清）、乌鲁木齐勺湖的荫台（清）、密云怀荫堂花园（民国）、苏州慕家花园改建的荫庐（民国）、重庆的荫园（民国）等。

关于气在室内、园林、建筑和规划中的应用主要是气路和气口的设计。气路指气运行之路，常与人行道结合。人行道多宽，气路多宽。气是滋养动植物的本源，现代科学证明大气中的氧气和负氧离子是对人体生命直接产生作用的元素。植物把大气中的二氧化碳与水合成有机体并放出氧气的过程称为光合作用，它是生命界与非生命界的通道。在规划、建筑和城市绿地系统中的绿化廊道、道路系统都是气的通道。气的运动产生风，保证通风透气是生命健康的重要因素。气路的尺度按交通工具和人的尺度设计，气的管控通过关口、天井、门窗、屏风、影壁等进行管控。

庄子作为宋国漆园吏，相当于今之园长。他对园林中的清气对健康的作用予以充分肯定。经过科学证明，通过种树栽花，产生富氧环境；通过树叶和瀑布与空气的摩擦以产生负氧离子，更有利于健康长寿。故园林成为人类协和天然与人工的缓冲地带，通过植树造林以调节空气有益元素的比例，成为当代养生的重要方法。

# 第6章　尚阴图虚

## 第1节　阴与虚

　　《老子》虽然直接言阴阳者只一处，但是，老子对于万物阴阳辩证的观点流露于众多哲学范畴之中，成为园林美学观点。《老子》第四十一章道："上德若谷，广德若不足，建德若偷，质真若渝。大白若辱，大方无隅，大器晚成，大音希声，大象无形，道隐无名"，第四十五章又云："大成若缺，其用不敝。大盈若冲，其用不穷。大直若屈（又作诎），大巧若拙，大赢若绌，大辩若讷"。老子这些辩证观否认了万物全美论和是非论，强调万物阴阳论和虚实论。这种辩证观不是颠倒阴阳，而是改变人们的重阳轻阴的错误观念。阴、虚既是事物的一部分，也有美的标准，这种标准，常人称为丑。所谓丑到极点就是美到极点，美与丑处于美丑价值体系中的正价值与反价值的两端[①]。

园林营造反价值景点，是对社会正价值的反叛。马致远的《天净沙·秋思》所描绘的景象："枯藤老树昏鸦，小桥流水人家，古道西风瘦马，夕阳西下，断肠人在天涯。"与其说是思念情景还不如说是园林场景。如果马致远所描绘的只是一种凄美意境，清代的龚自珍《病梅馆记》却极力否定这种反价值标准，说不能用枯、老、病、曲去束缚树庄盆景。但无论龚氏如何辩白，该标准仍未被撼动。

赏石是唐以后园林中的重要活动。园石分室外石和室内石。室外石有堆石、置石、供石、铺石等，室内石有座件石、挂屏石、佩戴石。石被中国人赋予灵气，即庄子说的阴阳之气。赏石涉及形、质、色、纹、声、韵等方面，惟奇被公认。相对于凡石来说，奇石的标准就是：透、瘦、皱、漏、清、丑、顽、拙、奇、怪、异等。若说凡石以实用价值来衡量的话，奇石则以观赏价值来评判。

由老子的相对论引申出来，残缺亦是美，如残碑、断桥、遗址、破屋等。杭州西湖的断桥残雪就是典型：虽桥未断，天未雪，但意境仍美。杜甫草堂的茅屋，可引发如《茅屋为秋风所破歌》的悲剧美；野长城的土墩，可让人联想到狼烟四起的悲壮美；古人类的遗址，可激发人们赞叹古人的崇高美。

---

[①] 清代刘熙载说："怪石以丑为美，丑到极处，便是美到极处。一丑字之中丘壑万千。"

老子的充实以为利，突出实字；凿虚以为用[1]，则突出虚字。虚可为器用和室用，更可为园用。园林兼俱生态、防灾、修养等多种功能。虚部和实部两者皆有用处，有时虚更为有用。以虚为美、以曲为美和以幽为美皆属于园林的阴性美。

首先，以虚为美，非以实为美，即朦胧美。作为园石审美，以自然雕凿为上，人工雕琢为下。如若单石奇之不够，美之不足，则组之以群，堆之以山，间之以空隙，离之以铺地，显示空灵之美；框之以门窗，隔之以棂花，障之以花木，距之以池水，显示朦胧之美。相对于园林的充实美和真切美来说，空灵美和朦胧美是阴柔之美。

其次，以曲为美，非以直为美，与老子"大直若屈"相通。曲径通幽是中国园林的道路设计原则，即使再小之园，必绕之以曲径、曲廊、曲桥、曲水等。俞樾的曲园则把所有的园林要素都设计为曲折形。可园的亚字厅，建筑、装拆、铺装都以曲折的亚字为图。

最后，以幽为美，非以喧为美。皇家、私家、佛家、道家等园林，都是在满足居住办公功能之后，把余地僻地辟为园区。故园必在宅殿之后、之侧、之角，一句话，园必在幽处。再通过园景空间的划分和流线设计，使景藏于

---

[1]《老子》第十一章道："埏埴以为器,当其无,有器之用。凿户牖以为室,当其无,有室之用,故有之以为利,无之以为用。"

幽处。这种择园在幽、藏景入幽的思路，与马一角、夏半边的占边据角如出一辙，故有隅园（广州）。

另外，以不足为美，以愚、小、丑、倦、退为美，亦是老庄阴性美的表现。以不足为美，非以圆满为美，因老子说："广德若不足"。以占地不足名园者最多，如半园、半亩园、残粒园、补园、余园、养余园、成余园；以规模未至，园景粗劣，聊且称园者，如亦园、聊且园、可园、意园、约园、未园、聊园、近园、也是园；以福荫、山石数量不足而名园者，如余荫山房、片石山房。其中称半亩园就有几处，如明代太原李成名的半亩园、上海崇明的半亩园、江苏常熟赵奎昌的半亩园、北京李渔设计的半亩园。称可园的亦多，如苏州朱珵的可园、榆次常家大院的可园、永康的王崇的百可园、漳州郑云麓的可园、东莞张敬修的可园、北京文煜的可园、北京动物园的可园、广州廖仲恺的可园、湖州钱庄会馆的可园。南京陈作霖不仅建可园，还自号可园，人称可园先生，著有《可园文存》《可园诗话》。

以愚为美，非以智为美，合老子之"大智若愚"。柳宗元被贬永州后以愚为题，构筑八景：愚溪、愚丘、愚泉、愚沟、愚池、愚岛、愚堂、愚亭。北周庾信宅园的愚公之谷、明代韩菼有怀堂的归愚咄、明代邹迪光的愚谷（无锡）、清代胡煦斋的愚园（南京，图6-1）、清代张氏的愚园（上海）、民国荣鸿胪陶然村的觉愚轩（太原）等，都是以愚自贬。由愚而蠢而拙者，如刘因的蠢斋、杨万里的拙庵、王献臣的拙政园、黄庭坚的拙轩①等。

图6-1　愚园

　　以倦息为美，非以勤快为美。如休园（郑侠如）、日休园（卢惟钦）、息园（钱盘溪）、倦巢（徐氏）、困园②、止园、惫轩（周行己）、缩轩（戴元表）、懒园（黄汝亨）。息有三义，《庄子·逍遥游》："生物之以息相吹也"，指气息。《庄子·逍遥游》道："而日月出矣；而爝火不息"，通

---

熄，指熄灭。《庄子·秋水》道："消息盈虚，终则有始"，指滋息生长。息与气相近，可滋生，亦可熄灭。名息园者亦多，如南京顾璘的息园（明）、苏州钱盘溪的息园（清）、张家港郭兰皋的息园（清）、吴县钱煦的息园（清）、扬州胡氏的息园（民国）、上海陈氏的息园（民国）、广州陈树人的息园（民国）、南通韩国钧的息园（民国）。

《老子》第四十四章道："故知足不辱，知止不殆，可以长久。"《庄子·德充符》道："人莫鉴于流水而鉴于止水，唯止能止众止。"于是止园就有好几处，如常州止园、晋城止园（皇城相府内）、苏州止园（北半园）、北京止园（原鉴园）、南京止园、上海止园、南宋昆山止足堂、明昆山的闲止山房。景名亦有许多，如洛阳湖园的知止庵（唐）、湖州叶氏石林的知止亭（南宋）、乐山乌尤寺的止息亭、苏州郡治的鉴止亭（唐）、南京大隐园的萃止居（明）、昆山颐园的止止航（明）、苏州渔隐小圃的足止轩（清）、大兴团河行宫的鉴止书屋（清）、常熟澄碧山庄的止斋（清）。

以小为美，非以大为美，如小圃、小苑、小筑、小盘谷、容膝园、一亩园、五亩园、一枝园、一树园、十笏园、壶春园。以丑为美，非以美为美，如陋园。以退为美，非以进为美，如退思园、退园、退谷、退门、退耕堂、退居楼、退耕亭、退翁书屋、退庵、退思轩、退修小榭、退思草堂、退思庄、退想斋等。

# 第2节 养生求寿 ①

《庄子·逍遥游》中引用肩吾回答连叔的话："藐姑射之山，有神人居焉。肌肤若冰雪，淖约若处子；不食五谷，吸风饮露；乘云气，御飞龙，而游乎四海之外；其神凝，使物不疵疬，而年谷熟。"姑射山的神人只要餐风饮露，不用吃五谷杂粮，皮肤就能像冰雪，体态还能柔美得像童子。他自己能乘着云气，驾着飞龙，去四海之外游览。他的神情一旦凝定，还能使万物无疾而丰。

《史记》的"秦始皇本纪"中齐人徐福把庄子的故事具体化，说东海有三神山，名蓬莱、方丈和瀛洲，山形如壶，又称三壶山，又传山上有不死药，以黄金白银为宫阙。战国时齐威王、燕昭王，以及后来的秦始皇，相继遣人入海，访求不死之药，最终以失败告终。

既然药不可得，就当自力更生。大家又从庄子中寻找答案："天地有官，阴阳有藏。慎守女身，物将自壮。我守其一以处其和。故我修身千二百岁矣，吾形未常衰。"（《庄子·在宥》）从此看出老聃1200岁长寿秘诀在于谨守身形、持修大道、处和阴阳。庄子还说黄帝向老聃问道后，"黄帝退，捐天下，筑特室，席白茅，闲居三月，复往邀之"，是回家建了一个特殊场所，在其中闲居三月，终于悟出真理。

---

① 刘庭风，老庄的生死观与园林，《蓝天园林》，2002年第二期。

　　道士们学老聃在山林、城市、园林、宫殿之中外引自
然之气修身养性，借自然之力炼丹制药，以求长生不老，
在隐士分类中只算作道引之士。皇帝们学黄帝，构园林，
筑特室。园池如东海，三山呼仙岛，于是一池三山成为皇
家园林的标志，如兰池宫（秦）、上林苑的太液池（西汉）、
华林园（北魏）、大明宫（唐）、玄武湖（南朝）、西苑三海
（元明）、颐和园（清）、圆明园（清）、静明园（清）[1]，连
远在日本的皇家园林修学院离宫也依此制。园林别有洞天，
自有天地，隐园可得自然，可驾云气，可游四海，可得大
道，可以长寿。

　　庄子晚于老子，又与老子相辅相成。老庄运用辩证、
相对的逻辑思维[2]，让人认识到自然和人世的阴、无、丑、
虚、非、隐的重要性，并上升到与阳、有、美、实、是、
显同样或更高的高度。此观点成为审视中国山水园中自然
同于人工或自然胜于人工的有力论据，成为中国人在园林
中寻求个体自由和悠然自在的有力依据。

① 刘庭风，一池三山在南北，第二届中国建筑史国际研讨会，2001.8.
② 张京华，老子与庄子的比较，豆瓣网，2009.3.5

# 第7章　隐逸观

　　隐逸是中国文化的重要组成部分，其主旨源于老庄思想。本文回顾了隐逸文化的发展变迁。以场所为依据的三隐观一直是中国文人的精神支柱。其中隐思想自唐以降，得到主流统治阶层和文人阶层的共同认可。园林遂作为最佳的隐逸基地，被赋予文人园等美称。造园者和赏园者把园景之名濡以隐逸的笔墨，成为历朝不朽的时尚。文人园的审美主体在园林中，不仅寻真炼气以毕延年益寿之功，更以园景为审美客体，进行文学、绘画、音乐、歌舞等的艺术创作，留下了许多千古名作。

## 第1节　隐逸文化

　　中国文人把如何立足于世概括为：出处仕隐。出，指外出；处，指居家；仕，指为官；隐，指避世。出处仕隐指外出做官或在家隐居。大治之世，儒家当道；大乱之时，黄老流行。老庄提倡的无为无欲，正是黄老学说的重要基石①。隐逸文化是士人阶层的一种处世态势，即人生观。它是出与处、仕与隐、士族与集权、自然与名教矛盾的调适和选择，同时也是古代皇权失控、士人离心、百姓无奈的反映。儒道两家都认为：大道不行，时命不济，隐士流民，曲节全身，无为避世。《论语·公冶长》道："道不行，乘桴浮于海。"《庄子·缮性》道："非闭其言而不出也，非藏其知而不发也，时命大谬也。当时命而大行乎天下，则反一无迹；不当时命而大穷乎天下，则深根宁极而待；此存身之道也。"常说盛世无隐士，乱世智者藏。隐士不是刻意要伏身躲藏，三缄其口，装傻充愚，而是因为世道不济，无奈之举罢了。

### 庄子的三类隐士

庄子把隐士分成三类：避世闲暇者、道引养形者、天道圣德者。《庄子·刻意》评曰："就薮泽，处闲旷，钓鱼闲处，无为而已矣；此江海之士，避世之人，闲暇者之所好也。吹呴呼吸，吐故纳新，熊经鸟申，为寿而已矣；此道引之士，养形之人，彭祖寿考者之所好也。若夫不刻意而高，无仁义而修，无功名而治，无江海而闲，不道引而寿，无不忘也，无不有也，澹然无极，而众美从之。此天道之道，圣人德也。"第一种隐者拥有江海而休闲，第二种

---

① 刘庭风，老庄的无为无欲观与园林，《蓝天园林》，2002年第三期。

隐者吐纳练功以养生，第三种隐者自然恬淡而圣明。庄子推崇第三种，称为隐圣。

## 历代隐逸文化

隐士非自庄子始，庄子不过做了总结。经过后世不断阐述，隐者们才隐得更自在。三皇五帝到春秋战国的树居巢父、箕山许由、崆峒广成子、商山四皓等，多为闲暇者或道引者。魏晋南北朝时，近四百年战乱，导致民不聊生。正始年间王弼提出肥遁之利[①]，《魏书·逸士传序》道："而肥遁不及，代有人矣"，认为退隐有利，经夏侯太初、何平叔、王辅嗣等践行，隐逸遂成为士人避世之道。

但是，隐又分为小隐、中隐和大隐。小隐隐于野，中隐隐于市，大隐隐于朝。隐逸之所有山野、乡村和园林三处。山野常名林泉、林薮、山野、山林、林丘、丘壑、丘樊；乡村常名田园、南亩、村居、村廓、草堂；园林常名

---

① 遁，同遯。肥遁，退隐之意。《易·遯》："上九，肥遯，无不利。"孔颖达疏："是遯之最优，故曰肥遯。"《三国志》道："秦宓始慕肥遯之高，而无若愚之实。"晋陶潜："寿涉百龄，身慕肥遁。"唐牟融："我亦人间肥遁客，也将踪迹寄林丘。"《旧唐书·隐逸传序》道："退无肥遁之贞，进乏济时之具。"宋王禹偁："冬瓜堰下甘肥遁。"宋曾巩："况闻肥遯须山在"。明陶宗仪："隐逸识肥遯高世之节。"明唐顺之："抑亦以秦之不足与而优游肥遁"，清李渔："山林之中可有抱才肥遯之士？"柳亚子："失时豪俊仍肥遯"。

丘园、亭林、山庄、山居、山房、山院、山庐、别业、别庐、别墅、别馆、精舍等。

西晋左思在《招隐诗》赞小隐之妙，"非必丝与竹，山水有清音"。陆机《招隐诗》亦倡小隐："朝采南涧藻。夕息西山足。"竹林七贤把隐居推到鼎革之期，阮籍、嵇康、山涛、向秀、刘伶、阮咸、王戎等，非汤武、薄周孔，登临山水，卧游原野。

因小隐的嵇康最终被戮，夏侯湛始倡"染迹亦朝隐"，郭象亦附和齐一儒道，倡自然而废名教。名士裴叔则、王夷甫、庾子嵩、王安期、阮千里、卫叔宝、谢幼舆等，大多在朝为官，身居城厢，心慕丘壑。画家顾恺之特绘谢幼舆丘壑图[①]，以示晋人隐志。张华、石崇、潘岳等既做官，又造园，燕饮林泉。石崇在金谷别业中结成金谷二十四友，此园又因三十名流齐咏《金谷诗》而名扬天下。陶渊明是隐中智者，于田园中赋诗自怡。

东晋文人谢万说"出处同归"后，还说"以处者为优，出者为劣"[②]，戴逵、戴颙、孙绰、谢安、王羲之为士族出处同归的代表，常在园中曲水流觞，驰目骋怀。魏到隋间隐士慕老庄、寄山水，催生了田园诗和山水园。

---

① 元代赵孟頫亦绘有谢幼舆丘壑图。

② 《晋书》道，谢万，谢安弟，官至散骑常侍。工言论，善属文，叙渔父、屈原、季主、贾谊、楚老、龚胜、孙登、嵇康四隐四显为《八贤论》。

因东晋的王康琚强烈反对小隐，在《反招隐诗》中道："小隐隐陵薮，大隐隐朝市。"小隐"凝霜凋朱颜，寒泉伤玉趾。"初唐沈佺期亦附和于《陪幸韦嗣立山庄》："台阶好赤松，别业对青峰。茆室承三顾，花源接九重"，于是，初唐士大夫以山庄、别业、寺院等题材为诗者甚众。随着士人集团在隋开科后受到重用，为仕而隐者陡增，隐逸丘壑不过入仕序曲。李白、孔巢父、韩准、裴政、张叔明、陶沔①、吴筠、房琯、吕向、卢鸿一等皆当时名士，皆先隐后仕。李、吴、房、卢四人仕后又隐②。惟卢鸿一好造园，自构嵩阳别业，怡然园中。

隐逸保持了士者的尊严。在政治旋涡中沉浮后的白居易提出《中隐》理论："大隐住朝市，小隐入丘樊。丘樊太冷落，朝市太嚣喧。不如作中隐，隐在留司官……不劳心与力，又免饥与寒。"牛僧孺与李德裕为政治宿敌，然于园圃花石则一样痴迷，各构有宅园，醉心于各种园林活动。白居易四处为官，官声好，游性大，先后建过四园，谈赏石、谈儒玄，成为中隐代表。

白居易之后，文人们找到了城中亦官亦隐的依据。两宋文人求中隐，创半隐。林逋结庐西湖，妻梅子鹤，不亦乐乎，乃真隐者。然不如苏东坡、欧阳修，勤政爱民。苏

---

① 李白、孔巢父、韩准、裴政、张叔明、陶沔早年都隐居山东徂徕山，号称竹溪六逸。

② 王毅.园林与中国文化 [M].上海：上海人民出版社，1995.

堤筑后民得益，醉翁亭里续禅缘。理学家周敦颐、邵雍、朱熹、陆九渊，在建书院时筑园林。濂溪书堂半隐闲，安乐窝里击壤集，云谷精舍醉遁翁。

元明清三代只把仕隐出处悬于嘴上，更主动地入仕、经商。得志之后购地构园，追思名隐，冠园名景名以箕颍外臣、漱石山房、遂初书屋、鸣鹤园、小辋川、菊圃等，隐逸只不过是淡淡的思绪。

## 第 2 节　园林中隐逸景观

小隐、中隐、朝隐、半隐因人而异，各有千秋。隐逸对后世园林影响至深，以至于谈园必言隐，园居又称隐居。历代以隐、逸、遯（遁）、潜、归田、归耕、课植等名园者甚多，园者如陈源之小隐园、蒋省斋之逸园、顾起元之遯园、陆心源之潜园、王心一之归田园居、韩佗胄之归耕庄、矍逢祥之乐隐园、马文卿之课植园、李鹤生之逸圃等，逸圃、乐隐园和课植园皆存。名景者如西湖边刘庄半隐庐（图 7-1）、愚园之无隐精舍、博溪渔隐廊、谢鲁山庄之湖隐轩（图 7-2）等皆存。详见表 7-1。

图 7-1　刘庄半隐庐

图 7-2　湖隐轩（陶世红摄）

表 7-1　历代隐逸名园名景

| 朝代 | 地点 | 园名景名 | 园主 | 朝代 | 地点 | 园名景名 | 园主 |
|------|------|----------|------|------|------|----------|------|
| 梁 | 昆山 | 慧聚寺之西隐阁 | — | 梁 | 江陵 | 湘东苑之隐士亭 | 梁元帝萧绎 |
| 唐 | 济源 | 隐园 | — | 唐 | 桂林 | 隐山之招隐亭 | — |
| 唐 | 松江 | 超果寺园之西隐堂 | — | 唐 | 金山 | 法忍教寺之深隐院 | — |
| 唐 | 苏州 | 兔水院之西隐 | — | 唐 | 桂林 | 西湖之隐仙亭 | — |
| 北宋 | 苏州 | 小隐堂 | 叶清臣 | 北宋 | 吴县 | 隐圃 | 蒋堂 |
| 北宋 | 苏州 | 乐圃之招隐桥 | 朱长文 | 北宋 | 苏州 | 道隐园 | 李弥大 |
| 北宋 | 开封 | 艮岳之小隐亭、书隐亭 | 宋徽宗 | 北宋 | 洛阳 | 会隐园 | 张氏 |
| 北宋 | 永济 | 乐安庄之逸老堂 | 薛侁 | 宋 | 苏州 | 南村之湖山清隐厅和逸民园 | 卢瑢 |
| 南宋 | 苏州 | 就隐 | 张廷杰 | 南宋 | 杭州 | 庆乐园之归耕庄 | 韩侂胄 |
| 南宋 | 鄱阳 | 盘洲 | 洪适 | 南宋 | 苏州 | 招隐堂 | 胡元质 |
| 南宋 | 杭州 | 小隐园 | 史弥远 | 南宋 | 苏州 | 渔隐（张锡銮改逸园） | 史正志 |
| 南宋 | 苏州 | 梅隐庵 | 钟氏 | 南宋 | 昆山 | 半隐堂（西园） | 莫仲宣 |
| 南宋 | 杭州 | 万花小隐园 | 谢太后 | 南宋 | 苏州 | 石涧书院 | 俞琰 |
| 南宋 | 湖州 | 南漪小隐 | 牟瑞明 | 南宋 | 杭州 | 隐秀园 | 刘鄘 |
| 南宋 | 吴兴 | 小隐园 | 赵氏 | 南宋 | 济源 | 隐园 | |
| 南宋 | 临安 | 小隐园 | 陈源 | 南宋 | 长沙 | 岳麓书院之招隐桥 | 张栻 |
| 元 | 太仓 | 乐隐园 | 瞿逢祥 | 元 | 苏州 | 妙隐庵（原沧浪亭） | — |
| 元 | 常熟 | 桃源小隐 | 徐彦弘 | 元 | 青浦 | 曹氏园之晋逸亭 | |

续表

| 朝代 | 地点 | 园名景名 | 园主 | 朝代 | 地点 | 园名景名 | 园主 |
|---|---|---|---|---|---|---|---|
| 元 | 昆山 | 笠泽渔隐 | 陆德原 | 明 | 苏州 | 东原之招隐榭 | 杜琼 |
| 明 | 昆山 | 马鞍山之隐王楼 | | 明 | 太仓 | 北山小隐 | 周墨 |
| 明 | 苏州 | 拙政园之梦隐楼 | 王献臣 | 明 | 无锡 | 寄畅园之丹丘小隐 | 秦燿 |
| 明 | 金陵 | 大隐园 | 徐元超 | 明 | 嘉定 | 嘉隐园 | 张景韶 |
| 明 | 上海 | 日涉园更名淞南小隐 | 陆锡熊 | 明 | 惠州 | 泌园之香隐 | 叶梦熊 |
| 明 | 木渎 | 无隐庵 | — | 明 | 苏州 | 洽隐园、洽隐 | 归湛初建，韩馨更后名 |
| 明 | 金陵 | 市隐园 | 姚元白 | 明 | 苏州 | 安隐 | 王铭 |
| 明 | 常熟 | 晚香小筑更名菊隐 | 时淮创园，王锡爵更名 | 明 | 苏州 | 小隐亭 | 汤珍 |
| 明 | 苏州 | 招隐园 | 王延陵 | 明 | 苏州 | 越溪庄之小隐阁 | 王宠 |
| 明 | 苏州 | 洽隐山房 | 胡汝淳 | 明 | 苏州 | 梅隐 | 吕纯如 |
| 明 | 太仓 | 静逸园之壶隐亭 | 钱陛 | 明 | 闵行 | 荆隐旧庄 | 夏叔吉 |
| 明 | 昆山 | 颐园之天香隐 | 王澄川 | 明 | 吴县 | 归田园 | |
| 明 | 嘉定 | 市隐园 | 孙以明 | 明 | 昆山 | 逸我园 | 方麟、方朋 |
| 明 | 苏州 | 归田园居（原拙政园） | 王心一 | 明 | 南京 | 遯园 | 顾起元 |
| 明 | 南京 | 逸园 | 王以旗 | 清 | 苏州 | 丘南小隐 | 汪琬 |

续表

| 朝代 | 地点 | 园名景名 | 园主 | 朝代 | 地点 | 园名景名 | 园主 |
|---|---|---|---|---|---|---|---|
| 清 | 苏州 | 桤林小隐 | 顾予咸 | 清 | 苏州 | 养心园之蓬壶小隐 | — |
| 清 | 徐汇 | 龙华寺之西隐山房 | — | 清 | 吴县 | 逸园之在山小隐 | 程在山 |
| 清 | 吴县 | 逸园 | 程文焕创九峰草庐、邵泰更名 | 清 | 太仓 | 逸园 | 蒋省斋 |
| 清 | 苏州 | 渔隐小圃 | 袁廷檮 | 清 | 奉贤 | 兴园之小山招隐亭 | 顾绶 |
| 清 | 常熟 | 瓶隐庐 |  | 清 | 长汀 | 仙隐观之仙隐洞 |  |
| 清 | 常熟 | 壶隐园 | 吴峻基 | 清 | 苏州 | 隐啸园 | 孙星衍 |
| 清 | 吴县 | 李氏小隐园 | 钱炎改建为潜园、桂隐园 | 清 | 吴县 | 隐梅庵 | 顾春福 |
| 清 | 东莞 | 可园之博溪渔隐廊 | 张敬修 | 清 | 南京 | 琴隐园 | 汤贻汾 |
| 清 | 南京 | 愚园之无隐精舍 | 胡恩燮 | 清 | 南京 | 湘园之竹梧小隐 | 陶湘 |
| 清 | 扬州 | 小松隐阁 | 卞氏 | 清 | 扬州 | 逸园 | 魏氏 |
| 清 | 扬州 | 飘逸园 | 许氏 | 清 | 扬州 | 逸园 | 梅氏 |
| 清 | 湖州 | 潜园 | 陆心源 | 清 | 扬州 | 逸圃 | 李鹤生 |
| 清 | 上海 | 哈同花园之蝶隐廊 | 哈同 | 清 | 木渎 | 潜园 | 汪氏 |
| 清 | 太谷 | 赵铁山园之心隐庵 | 赵铁山 | 清 | 潮州 | 半园之半隐门 | 铙氏 |

| 朝代 | 地点 | 园名景名 | 园主 | 朝代 | 地点 | 园名景名 | 园主 |
|------|------|---------|------|------|------|---------|------|
| 清 | 吴县 | 盘隐草堂之盘隐堂 | 毛逸槎 | 清 | 陆川 | 谢鲁山庄之湖隐轩 | 吕芋农 |
| 清 | 南京 | 半隐园 | | 清 | 张家港 | 东园小隐 | 金坤元 |
| 清 | 太原 | 潜园 | 刘大鹏 | 清 | 苏州 | 鸥隐园 | 潘功甫 |
| 清 | 常熟 | 虚霭园之归耕课读庐 | | 清 | 昆山 | 逸园 | 顾远铨 |
| 民国 | 无锡 | 郑园之隐胜壁 | 郑明山 | 清 | 佛山 | 遯园 | — |
| 民国 | 重庆 | 孙家花园之隐庐 | 孙树培 | 民国 | 青浦 | 课植园 | 马文卿 |
| 民国 | 太原 | 在田别墅之德隐斋 | 周玳 | | | | |

## 隐遁名篇

隐士们并非个个是杰出的造园家，他们的园林是否自己设计不得而知。但是，他们无论在朝在野，都创作了大量清逸的山水、田园、林泉诗文。这些文字对园林审美影响至深。西晋张华在洛阳庄园书《归田赋》，西晋潘岳在宅园中著《闲居赋》，中唐白居易洛阳园宅中写《池上篇及序》《草堂记》和《太湖石记》，元胡恭芑在别墅中命人绘成樊川归隐图，明陈衡在小桃源中著《半隐集》，明王心一在归田园居中写《归田园居记》和画《归田园居》，明顾起元在遯园中写《遯园杂咏》和《遯园漫稿》，梁章钜重修可园后写《归田锁记》。

影响最大的莫过于东晋田园诗人陶渊明。他不仅自建宅园，而且以文倡隐。其田园诗《饮酒》《归田园居》《桃花源记》中的名句有："采菊东篱下，悠然见南山""开荒南野际，守拙归园田""久在樊笼里，复得返自然""结庐在人境，而无车马喧""登东皋以舒啸，临清流而赋诗"等。陶渊明成为历代隐士追随的偶像。其造园理论为：借景远山、植菊成圃、山重水复、柳暗花明。历代大量的园记大多为园居隐士所写。文胜图画，给后人留下巨大的想象空间①。

许多隐逸之士，以园居为乐，以隐逸为名号，以放浪来标榜。米万钟爱石，号石隐和石隐庵居士，在园中写《偕隐居诗集》，自建有湛园、勺园、漫园。以园名自号者，如太仓王铭，建安隐，自号安隐居，在园中写《安隐记》；太原刘大鹏建潜园，自号遁世翁、遯园居士和梦醒子，三试不第，在遯园中潜心著书达25种，其中有《遁庵随笔》和《潜园记》。其他人物名号详见表7-2。

道家与儒家在春秋战国时同显于世。《笔乘》云："老之有庄，犹孔之有孟。"老庄本身就是隐士。他们把自身对社会的理解化成处世的原则，成为历代文人追捧的对象。无论盛世还是乱世，中国文人总把道家思想延伸的大隐、中隐和小隐，标榜为陶冶情操，并把园居这种奢侈品作为毕生的梦想来追求。

① 见陈植《中国历代名园记选注》、陈从周《园综》和路秉杰等著的《中国历代园林图文集》。

## 表 7-2　历代隐逸名人名号

| 朝代 | 人名 | 字或号 | 园或景 | 地点 | 朝代 | 人名 | 字或号 | 园或景 | 地点 |
|---|---|---|---|---|---|---|---|---|---|
| 南齐 | 何点 | 通隐 | 东篱门园 | 南京 | 梁 | 陶弘景 | 华阳隐居 | 山馆 | 句容 |
| 宋 | 史逸叟 | 逸叟 | 芙蓉园 | 如皋 | 宋 | 章宪 | 隐君子 | 复轩 | 苏州 |
| 元 | 沈璟 | 词隐 | 小潇湘 | 吴江 | 明 | 洪垣星 | 遁庵 | 芹园 | |
| 明 | 米万钟 | 石隐、石隐庵居士 | 勺园、湛园、漫园 | 北京 | 明 | 王铭 | 安隐居士 | 安隐 | 太仓 |
| 清 | 张鸿 | 隐南 | 燕园 | 常熟 | 清 | 陈寿祺 | 隐屏山人 | 小嫏嬛馆 | 福州 |
| 清 | 孙承泽 | 退谷逸叟 | 孙公园 | 北京 | 清 | 刘大鹏 | 遁世翁、遯园居士 | 潜园 | 太原 |

# 第 8 章　逍遥游与山水之游

"游"在《庄子》中出现的频率达 117 次。《庄子》中有两个旅游专篇，一是《逍遥游》，二是《知北游》。《逍遥游》是《庄子》的首篇，既是庄子哲学观的阐述，也是美学观的阐述，但是，古代一直没有人对旅游学进行过阐述。旅游的"游"虽不源于庄子，但是，庄子开辟了精神之游，使原本无用的游在哲学、美学两个方面大放异彩。

## 第 1 节　游义考略

"游"字有两种写法，一是游，二是遊。前者表明是水上之游，后者是陆上之游。两字通假时，"游"可替代"遊"，但是，"遊"不可替代"游"，说明游起源于水上之游，后来发展到陆上之遊。新石器时代半坡村彩陶"含鱼人面"图和印纹陶表现的是旅游的主体鱼和对象水。水的美学图式为波涛、水纹和旋涡。鱼人就是鱼与人的物我两忘，物我合一、物我同一，物我移情的本质。

游的形式有九种，如天游、神游等。天游在旧版《辞海》注为"天放"。天放在新编《辞海》注为"一任自然"。在庄子的世界，天与自然虽不等同，但有时近乎等同，有时分离。游有两大特点：一是随意性、非功利性，《尚书·大禹谟》："罔游于逸"，《离骚》道："欲远集而无所止兮，聊浮游与逍遥"，《庄子·马蹄》道："含哺而熙，鼓腹而游"，都说明游是没有归宿和目的的随意性漫游。二是表现畅神、"泻忧"为目的的行为。《诗经》道："驾言出游，以写（泻）我忧"。泻忧是以出游来排遣胸中的郁愁。《庄子·人间世》道："乘物以游心"，是通过乘上物（含景物）而达到泻郁、自娱、自慰、散心、畅怀、畅神。（黄德源，《庄子·逍遥游》旅游思想探析，上海社会科学院学术季刊，1990年第2期）

旅和游有区别。旅指两地之间的运动。《周易》多处言及旅，但多指经商之商旅。《周易》观卦与旅和游两义接近，即考察异地礼乐、文物或政教风俗的活动。观卦爻辞："六四：观国之光，利用宾于王"。象曰："观国之光。"观光一词源于此，日本至今用"观光"与我们"旅游"一词同义。易中无游，黄德源认为是因为其随意性和非功利性行为，无需认真，不值占卜。《说文》道："旅，从㫃，从从，从俱也。"其行动特点是集体，而战国之游为个体散漫性活动。今之旅游观认为，旅从速，为条件，游从悠，为目的。故借助交通工具加快速度，以飞机为代步工具，与逍遥游的鲲鹏十分接近。

屈原与庄子同时代，其《楚辞》的游多指旅游。《天问》："昭后成游，南土爰底"，周昭王游历，一直走到南国边境。《远游》："悲时俗之迫厄兮，愿轻举而远游。"屈原通过旅游，排解心中忧愁，以泄爱国之情。而《山海经》和《禹贡》等书，虽有目的性，但为后世旅游区提供了全面信息。

《庄子》之游则是畅神和泄忧，以道导游。《庄子》全文用"道"字366次，而用"游"亦达142次，用"旅"只有23次。在《大宗师》中道："与造物者为人，而游乎天地之一气……逍遥乎无为之为。"《天运》道："古之至人，假道于仁，托宿于义，以游逍遥之虚……"《天地》道："黄帝游乎赤水之北，登乎昆仑之丘而南望。"道是《庄子》的核心，是顺乎自然的漫步，相当于游。道既是顺应之理，也是载体，而游也是由他之理，但是主体。道有时可与游互替，《大宗师》道："天道，有情有信……堪坏得以袭昆仑，冯夷得以游大川，肩吾得以处大山，黄帝得之以登云天，颛顼得之以处玄宫，禹强得之以立乎北极，西王母得之坐乎少广，莫知其始，莫知其终，彭祖得之。"冯夷、肩吾、黄帝、颛顼、禹、西王母都是至人、圣人、仙人，是旅游大家。《山木》道："南越有邑焉，名为建德之国，其民愚而朴……吾愿君去国捐俗，与道相辅而行！……君涉于江而浮于海望之而不见崖，愈往而愈不知其所穷，送君者皆自崖反，君自此远矣！"以道导游之语，比比皆是，在主体和载体之间跳跃转换，令人扑朔迷离。

庄子"逍遥"一词虽不是道，是无目的之心态，与游的畅神一样可以得道，故《天运》道："逍遥，无为也。"清王船山注道："逍者，向（接近）于消也，过而忘也。""遥者，引而远也，不局于心知之灵也。""过而忘"为其非功利性随意性，"不局于心知之灵"，是其畅神目的。《离骚》道："聊逍遥以相羊"，注曰："逍遥，相羊，皆游也。"从此可见，逍遥是游的心态，得道是游的结果，道同时也是游的路径和载体。逍遥无为其心，假道游历其行，自然得道其果。

庄子是宋国漆园吏，相当于今之公园园长。漆园为种植漆树的植物园，漆为国家生产油漆的原材料。庄子一直认为"天地有大美而不言"，于是要"独与天地精神往来而不敖倪于万物，不谴是非，以与世俗处"。庄子游历齐、鲁、楚、魏、赵诸国，见过楚、魏、赵之君，最后死于楚地濠梁（安徽凤阳庄子墓），庄子与惠子的濠梁之辩也发生在此。

庄子所提至人和仙人，都有仙的特点：居山和养生。《说文》道："仙，迁入山也。"所谓仙人，就是旅游大家。《山海经》《楚辞》《穆天子传》《庄子》皆有此等相似的人物。

　　尽管《庄子》大谈游，但是，古代旅游一直被忽略。其原因有两点，首先，游只是得道的一种方法，是古代哲学的一部分，道才是《庄子》的核心。后世分化的学科要登上大雅之堂，势必要依附于道的卵翼，否则就要沦为雕虫小技，被斥为不务正业和玩物丧志。西方"旅游学"一词的出现不到两百年，旅游业的兴起也就在"二战"之后，至今不过七十余年。故国人对《逍遥游》的忽略也就七十年，不算太久。其次，庄子《逍遥游》中的"无何有之乡"，《齐物论》中"朝三暮四"，《应帝王》中的"混沌不分"等，既有相近，也有区别。《庄子》之道又是神秘的，《知北游》："道还不闻，闻而非也；道不可见，见而非也；道不可言，言而非也。知形形不形乎！道不当名。""玄之又玄，众妙之门"。《庄子》逍遥游的模糊性，令历代治庄者不愿从技的层面阐述其游，而愿从道的层面大谈其虚。

　　庄子的旅游观首先是远游和漫游。从《逍遥游的》"鹏程万里""青云直上"寓言叙述的就是北冥（北海）的一条小鱼叫鲲，到万里之远的南冥（南海）去旅游。旅游的工具是自带的，也就是自己羽化为可飞翔的鹏鸟。一路的时空感受和远游经历，是非同凡响的。

　　首先是地理观的突破。春秋时的地理视野也就是北京以南，西安以东，长江以北的陆地。战国时《穆天子传》扩至昆仑，《楚辞》扩至长江以南，《庄子》进一步扩展到南海，称"南冥者，天池也"。《山海经》扩至印度，称其为天毒。

其次，庄子提倡远游，通过蝉和斑鸠对大鹏的讥笑和嘲讽，试图揭示九万里之外的远游与树上树下郊游的天壤之别在于时空观的尺度。"小知不及大知，小年不及大年"，"朝菌不知晦朔"，"蟪蛄不知春秋"，冥灵树"以五百岁为春，五百岁为秋"，大椿树"八千岁为春，八千岁为秋"，以时间认识的差异性来证明其空间认识的差异性。周刚建立时的八百诸侯，到春秋国五霸、战国七雄，其空间范围也是从小国到大国的扩展，若超越楚国，就是南海，只能是想象空间，至今仍是陆地中原之人所难以企及之地，可以想象庄子在空间上的尺度有多大。

再次，从《逍遥游》的动机上看，《庄子》是对当时社会追求功、名、利、禄、尊、势、位造成社会精神病的药方，虽不为统治者所接受，但说出了老百姓的心声。故《庄子·逍遥游》的本质是有人生价值的。其强调去除求名斗智的心念，用虚的方法，消除个人欲望，使心境达到空明。心理的养生是本，至于生理的养生，则是逃离社会组织，隐居于自然山水，纵令在聚落之中，也是身与从众，心以从道。《逍遥游》道："鹪鹩巢于深林，不过一枝；偃鼠饮河，不过满腹。"从人的物质基本需求来说，微乎其微，若在自然中生活，得到的精神时空的尺度则远远超过为名利相争的时空缺失。更何况一世的追求也不一定能达到目标。故《逍遥游》的潜台词是养神（养心）超过养身。

《逍遥游》又提出了养形的概念，认为通过养生可以达到人体美。《逍遥游》说的姑射山得道神人的形体状态是"肌肤若冰雪，淖约若处子，不食五谷，吸风饮露。乘云气，御飞龙，而游乎四海之外。""冰雪"的肌肤，"淖约"的处子，是其养形的结果。旅游与逍遥游一样，在万里之游的同时寻找物宝天华，寻求吐故纳新，就是养生的"导引术"。自庄子之后，社会上开始流行深入自然，隐居大山，以求长生不老，进而成仙。这些人称为游仙，其实就是旅游得道之人。游仙诗成为一个诗类。《释名·释良幼》曰："老而不死曰仙。仙，迁也，迁入山也。"颐和园排云殿之名，典出东晋郭璞的《游仙诗》："神仙排云出，但见金银台。"

庄子的旅游观从远游的时空拓展到身体的长生，使在尘世中奋斗一生的知识分子找到了另外一种人生价值。不仅战国时如此，后世亦如此。如三国魏曹植的《飞龙篇》道："晨游泰山，云雾窈窕。忽逢二童，颜色鲜好，乘彼白鹿，手翳灵芝，我知真人，长跪问道……授我仙药，神皇所造。教我服食，还精补脑。寿同金石，永世难老。"

最后，庄子在《逍遥游》的最后部分，认证了被尘世之人诟病且斥之为无用的旅游的美学价值。他举的例子就是与好友惠子的"无用之用"的辩论。

惠子谓庄子曰："魏王贻我大瓠之种，我树之成而实五石。以盛水浆，其坚不能自举也。剖之以为瓢，则瓠落无所容。非不呺然大也，吾为其无用而掊之。"庄子曰："夫子固拙于用大矣。宋人有善为不龟手之药者，世世以洴澼絖事。客闻之，请买其方百金。聚族而谋之曰：'我世世为洴澼絖，不过数金。今一朝而鬻技百金，请与之。'客得之，以说吴王。越有难，吴王使之将。冬，与越人水战，大败越人，裂地而封之。能不龟手一也，或以封，或不免于洴澼絖，则所用之异也。今子有五石之瓠，何不虑以为大樽而浮乎江湖，而忧其瓠落无所容，则夫子犹有蓬之心也夫。"

惠子说魏王送给他瓠的种子，他种植后长成了，不开瓢时重达五石，自己都举不起来。开瓢之后也不过是盛水之用，也是没有多大的空间，还不如丢了。而庄子则认为，这个重达五石的瓠，可以当成船（大樽），乘船可以泛游江湖之远。说明惠子的无用实为小用，而庄子之用则为游心之大用。

惠子谓庄子曰："吾有大树，人谓之樗。其大本臃肿而不中绳墨，其小枝卷曲而不中规矩。立之涂，匠者不顾。今子之言，大而无用，众所同去也。"庄子曰："子独不见狸狌乎，卑身而伏，以候敖者；东西跳梁，不避高下；中于机辟，死于罔罟。今夫斄牛，其大若垂天之云。此能为大矣，而不能执鼠。今子有大树，患其无用，何不树之于无何有之乡，广莫之野，彷徨乎无为其侧，逍遥乎寝卧其下。不夭斤斧，物无害者，无所可用，安所困苦哉。"

惠子说，他家有棵樗树，主干"臃肿"而"不中绳墨"，枝条"卷曲"而"不中规矩"，木匠都看不上眼，就是因为大而无用。庄子却说，你为何不种在没有工匠的地方，没有人去评价它，你却可以安然地躺在大树下睡觉。

庄子瓠小无实用，可当船之大用；樗大无实用，可当华盖之大用。这两个寓言，说出了逍遥游的本质，虽然人生的大部分时间都逍遥于南海的路途之中，但是得到了精神的极大愉悦，思想的极大自由，想象的极大空间，生命的极大经历。（黄德源，《庄子·逍遥游》的旅游思想探析，上海社会科学院学术季刊，1990年第2期）

# 第2节　逍遥游景观

孔子提倡方内之游，而庄子提倡方外之游。在《庄子·大宗师》里庄子与孔子对话："彼（指庄子），游方之外者也；而丘（指孔丘），游方之内者也。"这个"方"，就是打上人类烙印的国与家，或城市与宅邸，可引申为有规矩的红尘之地，方外就是城市之外的乡间野地，或荒无人烟的自然山水，可引申为无人间桎梏的自然之地，可见庄子的方外之游视野更为广阔。

庄子提出逍遥游和采真之游，应若鲲鹏振翼而飞，扶摇直上九万里，纵观四海一瞬间。《庄子·天运》道："古之至人，假道于仁，托宿于义，以游逍遥之虚，食于苟简之田，立于不贷之圃。逍遥，无为也；苟简，易养也；不贷，无出也。古者谓是采真之游。"庄子认为只有真人才能达到逍遥之游。《庄子·大宗师》又说，真人是"其出不訢（通欣，即高兴），其入不距（通拒，意回避）；倏然而往，倏然而来而已矣。"《庄子·在宥》说真人是"入无穷之门，以游无极之野"。真人的旅游是在并非他人施舍且不奢华的园圃之中，穿越无穷之门，游历无极之野，来不欣喜，去不推辞，自由自在，无拘无束。

历代文人对逍遥之游加以阐发。园林以逍遥名园名景者众多，如逍遥谷、逍遥宫、逍遥楼、逍遥殿、逍遥亭、逍遥坞、逍遥室等。园林活动被文人们标榜为逍遥游，更有被皇帝册封为逍遥公者。李白在《夏日陪司马武公与群贤宴姑熟亭序》中道："若游青山，卧白云，逍遥倨傲，何适不可？"唐明皇李隆基在骊山华清池中建逍遥殿。权臣韦嗣立（唐）也在骊山修别墅，得御赐"清虚原幽栖谷"，封"逍遥公"，既承庄子逍遥之风，又博朝隐之名。王维在《暮春太师左右丞相诸公于韦氏逍遥谷宴集序》中盛赞："逍遥谷天都近者，王官有之，不废大伦，存乎小隐。"无怪乎储光羲曾隐居终南，后发达致仕，道："逍遥沧洲时，乃在长安城。"

浪漫主义的逍遥游，主张无拘无束和周游天下。这个天下，既指方内的城池乡村，也包含方外的山川林薮，似乎侧重于后者。皇帝因居帝宫，心驰宫外，其逍遥游既有方内之游，也有方外之游。如舜帝南巡、秦始皇东巡、隋炀帝下江南、康熙和乾隆南巡，多以巡视公务为由，图周游天下之实。秦始皇称帝 12 年，从统一中国的次年到驾崩共 6 次出巡，最后死于旅途之中。康熙和乾隆祖孙，酷爱旅游，既有谒陵、巡察，也有封禅、游览和园居，各南巡 6 次，一路行宫接待。行宫之制，无非宅与园。南巡成为人生幸事乐事，并由官署编为南巡盛典图录。

历代旅行家有的仿效隐士终生游山玩水，放浪形骸，有的仿效皇帝虽居城郭，却时常寻访名川大山。六朝文人隐士徜徉于自然山水，或攀高山，登泰山而小天下；或放洞庭，漂泊而四海为家。山水旅行家李白、谢灵运、徐霞客游览之余留下千古名篇；山水造园家王维、柳宗元、陶渊明更是依托自然，建造庄园，采菊东篱，醉看南山。更多唐代士人对于纯粹的方外之游持否定态度，称之为小隐，提倡中隐于城市园林（或称城市山林），而非隐于荒郊野岭，出处（指出仕和退隐）更加自如。

位于合肥的逍遥津，又名"窦家池""豆叶池""斗鸭池"。东汉建安二十年（公元 215 年），孙权和曹操为争夺合肥，在逍遥津爆发逍遥津之战。明朝，官僚窦子偁将逍遥津占为私有，改名"窦家池"。清朝康熙年间，逍遥津为王姓翰林所据，易名"斗鸭池"。光绪年间，易主为龚照瑗、龚心钊私家花园。逍遥津改名"豆叶池"。1949 年逍遥津龚园和季家花园收归国有并被辟建为公园，1953 年，正式以"逍遥津"命名（图 8-1）。1955 年，重建逍遥津，并扩建逍遥津西园。逍遥津基地呈扇形，逍遥湖面积占园林的三分之一，湖畔构筑逍遥阁。

图 8-1　逍遥津公园园门

# 第 *9* 章  至乐观

"乐"一词在《老子》中用了 8 次。第二十三章道："同于道者，道亦乐得之；同于德者，德亦乐得之；同于失者，失亦乐得之。信不足焉，有不信焉。"第三十一章道："胜而不美，而美之者，是乐杀人。夫乐杀人者，则不可得志于天下矣。"第三十五章道："执大象，天下往。往而不害，安平泰。乐与饵，过客止。道之出口，淡乎其无味，视之不足见，听之不足闻，用之不足既。"第六十六章道："欲先民，必以身后之。是以圣人处上而民不重，处前而民不害。是以天下乐推而不厌。以其不争，故天下莫能与之争。"第八十章道："使民复结绳而用之。甘其食，美其服，安其居，乐其俗。邻国相望，鸡犬之声相闻，民至老死，不相往来。"

老子的乐观首先是得失皆乐。得道而乐，同德而乐，失亦足乐，令人匪夷所思。其次，止杀为乐。老子认为乐杀者"不可得志于天下"。再次，以"安平泰"为乐。"执大象"后，"天下往"，可喜的是"往而不害"，安全、平和、泰宁。最后，以天下之乐为乐，则"天下莫能与之争"。

《庄子》中"乐"出现了 124 次，其中"至乐"出现 7 次。《庄子·至乐》第一段 531 字，竟用 16 个"乐"字，为全书之最。《至乐》道："天下有至乐无有哉，有可以活身者无有哉，今奚为奚据，奚避奚处，奚就奚去，奚乐奚恶，夫天下之所尊者，富贵寿善也；所乐者，身安厚味美服好色音声也；所下者，贫贱夭恶也；所苦者，身不得安逸，口不得厚味，形不得美服，目不得好色，耳不得音声。""至乐无乐，至誉无誉。""至乐活身，唯无为几存。请尝试言之：天无为以之清，地无为以之宁。故两无为相合，万物皆化生。"不仅《至乐》篇论至乐，《天运》亦道："夫至乐者，先应之以人事，顺之以天理，行之以五德，应之以自然。"《田子方》记载了老子与孔子的对话，老聃提出至乐的命题："夫得是至美至乐也。得至美而游乎至乐，谓之至人。"

庄子对于至乐的定义是：应人事，顺天理，行五德，和自然。庄子至乐观的著名命题是"至乐无乐，至誉无誉""至乐活身，无为几存""至美至乐"。在人与对象的对象化关系中，"因其固然"是主体对规律性的实践，钥匙在于遵守"物之情"。善于示人"以明"的庄子，写出众多生动的文本，总结出"道通为一"的法则，既富于审美性，又具有哲理性。

对于具体事物来说，"物之情"为专事专有的事理和物性。可以说，"物之情"是事物的规定性。事物的存在、运动与意义，都以其为依据。人要建立与对象世界的本质性的关系，若离开这种规定性，便要陷于危险以致失败的境地。无论是自然对象还是社会对象，其关系的结果都不能例外。

鲁侯养鸟是庄子推导"物之情"的寓言："昔者海鸟止于鲁郊，鲁侯御而觞之于庙，奏九韶以为乐，具太牢以为膳。鸟乃眩视忧悲，不敢食一脔，不敢饮一杯，三日而死。此以己养养鸟也，非以鸟养养鸟也。夫以鸟养养鸟者，宜栖之深林，游之坛陆，浮之江湖，食之鳅鲦，随行列而止，委蛇而处。彼唯人言之恶闻，奚以夫譊为乎！《咸池》《九韶》之乐，张之洞庭之野，鸟闻之而飞，兽闻之而走，鱼闻之而下入，人卒闻之，相与还而观之。鱼处水而生，人处水而死，彼必相与异，其好恶故异也。故先圣不一其能，不同其事。名止于实，义设于适，是之谓条达而福持。"（《至乐》）

鲁侯无视鸟性鸟情，按自己的喜好，"以己养养鸟"，三天而海鸟死。妄把人之所好与鸟之所乐混而为一，最后导致鸟死。《庄子》中不缮物性者远不止于鲁侯养鸟，在《天运》中"以舟之可行于水也而求推之于陆"，在《齐物论》中不能因为人"木处则惴栗恂惧"，睡不好觉，就以为猿猴树卧亦如人卧。物各有性，不可混同。《齐物论》道：

"民食刍豢，麋鹿食荐，蝍且甘带（蜈蚣喜欢吃蛇），鸱鸦嗜鼠"，各有所食，各有所好，不宜互换。庄子认为，人在与物的关系中，只有把握了"物之情"才可以"物物"，即建立与物的本质相适应的对象化关系，达到循规律而实现意图。

庄子论物性在于指事理，析世情，《庄子·寓言》道："卮言日出，和以天倪。"庄子生逢乱世，最大的世情无非礼乐之制。礼乐属于上层建筑及其意识形态，与现实的物质存在相匹配。礼乐也非永世不变，变化才是其不变的常性，这就是《易》的本质。认识易之永恒规律的庄子，对过时的礼乐制度给予重击，从而倡导通权达变的固然性，认为惟有识其固然，方能自然而然。

生命是生物界永恒的话题。生命的存在与否界于生死一线。生存是生物的本能。死亡是生命的常数。老庄以旷达的态度面对生死。世俗之人难以超脱生死，故难以面对生死。老子和庄子却以"顺物之性"的自然，消解了死亡带来的恐惧和悲苦。老子力主"死而不亡"，就是不死之死，也就是身形外貌已死，道德精神仍存于世。既有所存，何以为惧？《庄子·德充符》道："死生存亡，穷达贫富，贤与不肖毁誉，饥渴寒暑，是事之变，命之行也。"面对生死，人可以做到的是畅达生命。所以，在《达生》中道："达生之情者，不务生之所无以为；达命之情者，不务命之所无奈何。"

　　正因为庄子通达生死之事，宛如四季更替，物质轮回，面对妻死，庄子竟然鼓盆而歌，是《至乐》篇中关于死亦至乐最有力的践行。《养生主》中记载了秦失吊唁老子，只轻号三声，更批评老子门徒的悲天怆地为"遁天倍情"，不知"安时而处顺"。在《大宗师》中记载了子桑户死，孔子命子贡前往吊唁，见其友人孟子反、子琴张编曲且鼓琴，认为"是恶知礼意"。庄子在《大宗师》中总结道："古之真人，不知说（悦）生，不知恶死。"

　　儒家提倡乐贫、乐事、乐知、乐生。而道家则乐生之时也乐死，乐得之时也乐失，乐城之时也乐里，甚至提出至乐无乐的观点。对比可知，儒家与道家在超越贫穷而至乐达生是共同的，颜回陋巷箪瓢之乐与老庄山林之乐的态度是一样，但所乐对象和所乐目的不同。颜回所乐对象为游乐读书，知足而常乐，伺机而常乐。老庄所乐对象是顺应自然而乐，不受世俗困扰，得到人自然性的自由而乐。故在出世与入世的态度上，儒家入世乐生乐事乐为，而道家出世乐自然乐无为。乐隐在于隐于野，乐鱼在于移情于鱼之游乐。太仓乐隐园，道出道家隐园如隐自然的意图。

　　《庄子·至乐》所说的"至乐无乐，至誉无誉"，对园林创作影响最大。南宋皇家园林德寿宫就建至乐亭。明代的留园建有至乐亭，长安还建有最乐园。

# 第 *10* 章　天人合一

中国哲学的天人关系发展出两条路线：天人相分和天人合一。天人相分就是唯物主义，西方思想的天人就是天与人相对而存在，人与天相对而存在，虽有依存关系，但是各自界限分明。若不和谐，则互相报复；若和谐，则相互滋养。源于中国道家的天人合一思想，虽然带着强烈的唯心主义色彩，但也有极其合理的辩证思维。在汉代，儒家也提出天人合一思想。但是，儒家的天是义理之天，而道家的天是自然之天。（陈艳，中国古典园林的哲学审美——浅析老庄天人合一在古典园林中的应用，商业经济，2009 年第 5 期，总 325 期。）

## 第 1 节　老子的天人玄同观

"玄同"来自《道德经》第五十六章道："知者不言，言者不知。塞其兑，闭其门；挫其锐，解其纷。和其光，同其尘，是谓玄同。"天与人并没有同时出现于《道德经》中，第五十九章曰："治人事天，莫若啬。"玄就是元，元就是原点和原始，原点就是太极点，原始就是混沌。

老子的天不过是一种自然状态，并无神秘之处，道才是宇宙万物的根本。然而，关于道，老子也没有说清楚，只是说它是一种混沌状态，由物质和精神两方面构成，有时还自相矛盾。天是万物的集合体，人是各地人和各种欲望的集合体。《老子》说："道大、天大、地大、人亦大。域中有四大，而人居其一焉。"从此看来，四大"人居其一"，说明三点：其一，天、地、人同在一个四人结构体系中，天、地与人虽是不同的组成部分，但各自承担系统的建构，承担系统赋予的权利和义务。天与人都称大，而不称小，说明各有大的地方。实际从空间看，天大人小。按照矛盾论，既然在一个统一体中，则天、地与人一定是既统一又对立的关系。从此看来，老子的天人合一，是天、地、人三者合为一体。

其二，《老子》提出的"人法地，地法天，天法道，道法自然"的逻辑关系中，人、地、天有一个共同的方向，就是低级的道和最高的自然。从法则上看，天与人有共同的"法"习、"法"象路线（道），也有共同的终级目标。故从此看来，天、地、人统一于一条路线和一个目标。

其三，《老子》又说："道生一，一生二，二生三，三生万物。万物负阴抱阳，冲气以为和。"虽然老子没有说道与天、人的关系，但是，结合前面的四大，万物既有天的部分，也有地的部分，也有人的部分。从此看来，天、地、人有一个共同的特点就是负阴抱阳。这里的负阴抱阳指万物都既有阴也有阳。在住宅建筑负太阳之阴，抱太阳之阳是不同的。前者指物的两面性，阳只是其一；后者指人与太阳的关系。人本身是实体，有正背两面，负阴抱阳指面向太阳，宛若抱着太阳之球，负着太阴之球。因建筑也有正背立面，正面朝向太阳，开门开窗，以纳太阳光线。背面太阳照射不到，称为负阴。"冲气以为和"的气分阴气和阳气，两者相冲，即为"和"，说明万物虽是不同，但是可以和合，合于阴阳二气的冲和状态。从此看来，天、地、人具有共同的阴阳两面性和两面冲和的可能性。

综合上述三点，老子的天人合一指的是天、地、人三者合一，不是天人两者合一。若省略"地"，则缺失中间环境，难以构成"人—地—天—道—自然"的思维链条。天地人合一称为玄同，是本同之意，是同一结构之意。必须明确，老子的天地人合一，带有唯心思想，即人为构成、天、地、人、道以至自然的等级关系，表达了人与道和自然的强烈的归属感。

## 第 2 节 庄子"无以人灭天"说

庄子的唯心更甚于老子。庄子有两处说到天人。第一处,《庄子·外篇·秋水》道:河伯曰:"然则何贵于道邪?"北海若曰:"知道者必达于理,达于理者必明于权,明于权者不以物害己。至德者,火弗能热,水弗能溺,寒暑弗能害,禽兽弗能贼。非谓其薄之也,言察乎安危,宁于祸福,谨于去就,莫之能害也。故曰:'天在内,人在外,德在乎天。'知天人之行,本乎天,位乎得,蹢躅而屈伸,反要而语极。"曰:"何谓天,何谓人。"北海若曰:"牛马四足,是谓天;落马首,穿牛鼻,是谓人。故曰:'无以人灭天,无以故灭命,无以得殉名。谨守而勿失,是谓反其真。'"

此处天人关系,就是今天我们讲的天人相对的概念。从空间关系上看,"天在内","人在外"。又说"德在乎天",言外之意,德不在乎人。"天人之行",应"本乎天"。天才是根本。庄子把人和人各自进行比喻,牛和马有四足,称为天,即天然。若让马头低下,用铁钩穿牛鼻,则称为人,即人工之意。庄子进一步阐述,不灭天说明不要动灭天之念,即灭天就是逆天;不要按人的意志去消灭其他人生,即要尊重其他生命;不要拿大自然的馈赠去博取所谓的美名。

第二处,《庄子·杂篇·天下》道:天下之治方术者多矣,皆以其有为不可加矣。古之所谓道术者,果恶乎在,曰:"无乎不在。"曰:"神何由降?明何由出?""圣有所生,王有所成,皆原于一。"不离于宗,谓之天人;不离于精,谓之神人;不离于真,谓之至人。以天为宗,以德为本，以道为门，兆于变化，谓之圣人；以仁为恩，以义为理，以礼为行，以乐为和，熏然慈仁，谓之君子；以法为分，以名为表，以参为验，以稽为决，其数一二三四是也，百官以此相齿；以事为常，以衣食为主，蕃息畜藏，老弱孤寡为意，皆有以养，民之理也。古之人其备乎。配神明，醇天地，育万物，和天下，泽及百姓，明于本数，系于末度，六通四辟，小大精粗，其运无乎不在。其明而在数度者，旧法、世传之史尚多有之；其在于《诗》《书》《礼》《乐》者，邹鲁之士、缙绅先生多能明之。《诗》以道志，《书》以道事，《礼》以道行，《乐》以道和，《易》以道阴阳，《春秋》以道名分。其数散于天下而设于中国者，百家之学时或称而道之。

在此，庄子把天下的人分成天人、神人、至人、圣人、君子几类。天人不过是其中一种，并非天人关系之天人。天人是"不离于宗"之人。宗于何？以天为宗。其中圣人也是以天为宗，但又加上"以德为本，以道为门，兆于变化"。

庄子认为天、地、人、道都服从自然，这是他继承老子玄同一体的部分。庄子把天与人进行对立统一地建构天人一体系统，把顺应自然称为天道，把人工改造称为人道。"无以人灭天，无以故灭命，无以得殉名"，是庄子天人观最好的总结。灭天说的是改变自然的结构，灭命是改变自然演化的时间逻辑，殉名是利用自然的"得"（自然馈赠）

去满足（殉）人的美名。

《庄子·逍遥游》道："日月出矣，而爝火不息，其于光也，不亦难乎？时雨降矣，而犹浸灌，其于泽也，不亦劳乎？"天象的运行，爝火的燃烧，不以人的意志为转移。人之所为在自然面前微不足道。《大宗师》曰："死生，命也，其有夜旦之常，天也；人之有所不得与，皆物之情也。"生死就如日夜交替，这就是天命，人无法扭转。人力再伟大，也不能改变的根本原因，都是外物的情况。外物就是环境，即环境决定人。

由此可见，庄子的天人关系是既统一又矛盾的关系，统一于天、地、人的自然系统之中，对立于人顺天的不可逆的逻辑之中。顺天而不灭天方是正道，从命而不违命方为正道。正道就是合于自然结构和自然之规律。所谓的天人关系是人顺天和天定人。故庄子的天人合一是局部的合，而不是全部的合。

# 第3节　园林的天人合一

天人合一源于"天人相通"的宗教仪式。人类通过祭祀和巫术达到与天沟通世情。西周"以德配天"也是其源之一，赞誉天之广博之德。《周易》"范围天地之化而不过，曲成万物而不遗"为其源之三，天地化成万物，人为万物之一，意即天地生人。孟子"上下与天地同流，岂曰小补之哉，万物皆备于我矣。"老子之"人法地，地法天，天法道，道法自然"认为天地人法于共同的法则，自然、道、天、地、人五者序列于一链之中，同链异序，称为链序观。庄子认为"天地与我并生，万物与我为一"，即人与物齐一，是庄子齐物论的核心思想。西汉董仲舒提出天地万物始祖，人本于天，人间伦理也源自于天，"道之大原出于天，天不变，道亦不变"。魏晋南北朝时，玄学创始人何晏、王弼认为，自然是本，仁义不可压抑本性，人类应顺应自然本性。南宋理学创始人朱熹认为"理也者，形而上之道也，生物之本也；气也者，形而下之器也，生物之具也"。理即道，气即器。天理是万物根本，天理之下，天人相通，人物相通，天人合一。（李保印、张启翔，天人合一哲学思想在中国园林中的体现，北京林业大学学报（社会科学版），2006 年 3 月第 5 卷第 1 期）

　　从今天看来，天人合一的天指大自然，人指人类，合一是指共存。古人的天有三重含义，其一为圣人形象，如天帝、先王和天子。其二是天命，指德行。其三是天地万物和自然，是具体的客观状态。今人用后义。合一亦有多义，指共存、生活在其中、相参与统一、和谐、相互感应、心灵上沟通、在道德境界中乃至天地境界中得到幸福（逍遥游）等唯物和唯心两大含义。今义重唯物之和谐共存。天与人两者之间可有三种关系：天人相合、天人相分、天人相克。自然规律（天）是不以人的意志为转移的，人类应适应自然规律（合），人类有能力改造自然，但是，过度则会遭到报复（克）。（汤国华，岭南传统建筑的天人合一，广州大学学报（综合版）2001年5月第15卷第5期）

天人合一是道家为主，儒家和佛家为辅，共同诠释的哲学概念。天人合一的根本意义在于把与自然的外适，与由此导致身心健康的内和，作为人生根本的享受思想。（徐德嘉.古典园林植物景观配置[M].北京：中国环境科学出版社，1997：3-44.）

园林在天人合一思想上的表现有如下几个方面。

从造园思想上看，师法自然是总体原则。《庄子·知北游》道："天地有大美而不言"，在《天道》中提出"虚静恬淡，寂寞无为"是"万物之本"。庄子又在《天道》中提出"静而圣，动而王，无为而尊，朴素而天下莫能与之争美"。《天运》中道："澹然无极而众美从之。此天地之道，圣人之德也。"朴素才是天下之美。只有自然才是真正的朴素。朴是没有加工的木头，素是没有染色的绢。

《园冶》中提出"虽由人作，宛自天开"。人作就是人，天开就是天，与庄子所说"牛马四足，是谓天；落马首，穿牛鼻，是谓人"是统一的。人作与天开要达到近似或等同，那就要求顺天之道。在此，天指天地人合称的自然环境要素，同时也指天地的自然规律——道。

首先是整个园林的总体布局不用对称、不用轴线。其次，不用直线和几何曲线，而是以自然曲线为原则，于是曲岸、曲径、曲坡、曲水。再次，空间组合要自然，即每个空间考虑到自然形成的原因和自然发展的未来。最后，山、水、石、木等要素要运用自然要素，反对没有自我意象的山体和水体形态，反对经过人工修剪和整形的植物。

"山因水活，水随山秀，无水之山，或无山之水，皆不成风景"，真山天真，假山无痕；无山不青，无水不活。浑然天成的山水构架上布置林石系统。

谐趣自然是人工构筑的原则。中国园林在明清加入大量的点景建筑。这些建筑被赋予人的意图。无论儒、道、佛、仙，皆为人工增附。如何附？谐趣自然而赋。在自然山水的骨架上，顺应其高低，因地制宜，依山就势，顺势而为，是点缀建筑的基本原则。（陈燕，中国古典园林旅游的哲学审美——浅析老庄"天人合一"观在中国古典园林中的运用，商业经济，2009 年第 5 期，总第 325 期）

乾隆时仿无锡惠山脚下的寄畅园在万寿山东北角建造惠山园。建成后，乾隆曾写《惠山园八景诗》，在诗序中说"一亭一径足谐奇趣"，于是，嘉庆重修时更名为谐趣园。竣工时，嘉庆在《谐趣园记》中说："以物外之静趣，谐寸田之中和，故名谐趣，乃寄畅之意也。"按山水画论，趣有天趣、地趣和人趣。园林占东北一角，中心湖面，上下天光，是为天趣。周边是堆土为山，是为地趣。园仅数亩而亭、台、堂、榭十三处，故为人趣。天地人合地乃为最高境界，亦超乾隆的"一亭一径"（图 10-1）。

图 10-1 谐趣园

# 第 2 篇　园林道教

# 第 *11* 章　道教与道家

道教是我国的本土宗教，是原始自然信仰的超自然神化的结果。它集合了原始自然崇拜、巫术文化、民俗传统、鬼神信仰和各类方技数术。道教形成于东汉末，构成宗教的神仙谱系却是在南朝晋宋。道教在哲学上取义于老庄，但老庄却不是道教创始者，因为老庄不信鬼神。

## 第 1 节　道教起源

从黄帝时代，祭祀天地鬼神的专职人员巫觋，一直延续到汉代。秦汉时出现能通神仙的方士，两汉时在五岳名山的列仙之儒，在山泽修炼仙道，称为方仙道。后来，黄老学说在中原传播，称为黄老道。至东汉末，道教兴起，这些人成为道士。灵帝时张角创立太平道，安帝时（公元109 年）张伯路起义。桓帝时张陵创立天师道（公元142年）。顺帝时张修、张鲁创立五斗米道。魏晋时天师道发

181

展，太平道信徒改信入教。教义由救人转为渡人，成为神仙道教。西晋葛洪的《神仙传》构列神仙谱，仿政治官员体制把历代君王、圣贤、名人列入。南朝宋梁时陶弘景的《真灵业位图》把仙品分为七阶，比葛洪编制还多，可谓天地神祇和人鬼诸仙齐备。之后的神仙谱发展和完善为以三清尊神为至高神的宗教体系。元始天尊居玉清境，灵宝天尊居上清境，道德天尊（老子）居太清境。之下又有四御、十方天尊、三官大帝神与方位及日月星神、十大洞天、三十六小洞天、七十二福地。

道教从道家发展而来，是信仰神仙的宗教，道家是哲学学派。道家不信鬼神，首先老子就认为道才是至高无上的，庄子认为神是力。王向峰认为，道教是以老庄为经训，把哲学宗教化；以自然为起点而迷信自然；以现实为基础而逃避现实；以此岸为彼岸的肉身过渡。

道教以道为用，以身行为体现道，致力于体道、证道和护道。道教的目标是通过修炼提高和拓宽人的精神境界，纯化人的生命境界，从而达到与道的契合。证道途径称为法术，如炼丹、吃斋和科仪。道家与道教的同共点就是道体论和养生论。

宗教的形成必须有五个条件：最高神、神的使者、彼岸世界、信众、教规。道教的最高神是元始天尊，使者是老子，彼岸世界是仙境，信众是道士，教义有《天尊十戒》《老君二十戒》《老君说一百八十戒》《说百病》和《崇百

药》等。(王向峰，简谈道家与道教，华夏文化论丛)

陈敏认为，道教的学术思想形成来源于四个方面：源于道家的学术思想；发生于政治社会的演变；促进于外来宗教的刺激；基本于神秘学术的迷恋。

道教是以民间信仰为基础，以神仙说为中心，糅合道家、周易、阴阳、五行、谶纬、医学、占星、巫俗，模仿佛教的组织和体系，以长生不老为目的，具有强烈的咒术宗教倾向的、追求现实利益的自然宗教。

道教以老子的《道德经》为主要经典，将其道和德作为基本信仰，承认道是宇宙万物的本原和主宰，无所不在、无所不包，万物从道演化而来，而德是道的体现。道教承认道且把"道"当成教，可想而知其核心价值。但道教之道与道家之道也有差异。道教把庄子的气说发展为修养和成仙的基本条件。道教认为长生不死的关键就是气。万物都有气，气分为精、气和神三种状态。健康是精气神三者的和谐，而气绝则精神分散。《太平经》道，构成世界的最基本要素是气。气通万物，"天地之道所以能长且久者，以其守气而不绝也。古天专以气为吉凶也，万物象之，无气则终死也。"《太平经》用气论解释世界的发生变化，元气的活动又介入道德原则，即气受"道"的支配而进行必然的和合理的运动。气的活动成为道的实践。道教之"道"具有宗教意义的超越性、绝对性、神秘性。道教中道气不分，于是，道教之"道"就具有了现象性、实存性和实现性，从而把人引向注重现世的生、崇拜自然的物、和解自然的矛盾，引导人们自我救助，达到长生，实现大道。

道教实际上是发展了道家思想。先秦道家的哲学之道，在道教中被神化为至高无上的神。在道的含义从探求天道（本体之道、形而上之道）、追求人道（体道、悟道、得道、天人合一）的理论探讨，落实为宗教神学的物质实现。（陈敏，道、道家与道教之别，教育教学论坛，2011-8-25）

道家到道教历经千年的变化。最初提出道家二字的是西汉武帝时期的司马谈，其《论六家要旨》对先秦诸子思想道家学术分歧做出总结性的批判，创造性地分诸子为阴阳、儒、墨、名、法、道德六家，开启了对诸子各"家"的分类与称谓。老子与神仙家和阴阳家都归属道家名下，道家与神仙家两者混用互指。直至魏晋南北朝，两者仍杂糅不分，葛洪自称道家或仙道，《魏书》称佛道为"释老"。唐以后直到清代，道教内外人士并未截然区分道家和道教。如韩愈批判"佛老"的"老"是老庄之学和神仙道教并指；朱熹辟"佛老"亦含混不清。而《道藏》收录道家与道教著作亦无明确界限。史学家所谓"儒释道"的"道"兼指道家与道教。"道家"概念的模糊性与宽泛性，近现代亦未厘清。最先区别老庄之学和神仙符的是南北朝时代，佛道之争中佛学者无法全面否定道家，于是选择道教为批判对象。南朝梁刘勰在《灭惑论》分道教为上中下三品。道安《二教论》指出道家内部优劣。这一认识使《新唐书·艺文志》和《宋史·艺文志》开始分列道家和神仙家。直到现代，受西方宗教学的影响，学术界才从理论上正式区分道家和道教。（陈军，道家与道教辩，哲学研究，2012）

"道教"二字，始见于汉末五斗米教经典《老子想尔注》："道教人结精成神，今世间伪伎诈称道，讬黄帝、玄女、龚子、容成之文，相教从女不施。"文中道与教不是合成词。此书另一句："真道藏，耶文出，世间常伪伎称道教，皆为大伪不可用。何谓耶文！其五经半入耶。其五经以外，众书传记，尸人所作，悉耶耳。"句中"耶"通"邪"，邪文指儒家五经，故此道教实指道家对立面儒家。《墨子·非儒篇》也说："儒者以为道教，是贼天下之人者也。"这足以表明早期典籍中"道教"意为"以道为教化"，常指儒家，略带贬义，用以指摘虚假和陈腐的教论。

作为宗教名称的"道教"一词，是在佛教传入中国之后，在与佛教的对举中产生的。《南齐书·卷二十七·列传第三十五·高逸》中提到："佛教文而博，道教质而精""又若观风流教，其道必异，佛非东华之道，道非西戎之法，鱼鸟异渊，永不相关，安得老、释二教，交行八表？今佛既东流，道亦西迈，故知世有精粗，教有文质。然则道教执本以领末，佛教救末以存本。"文中道教与佛教并称，即今之道教之义。

道家的学术思想体系也是不断发展变化的。老子的学说，在先秦时期分化为两个方向：一是庄子学派，基于

《老子》的人生哲学，关注自我、自由与生命本真，追求内在的精神生命的体验，建构起形而上的哲学。二是稷下学者为代表的黄老学派，把《老子》的政治思想运用于政治实践，转化到形而下的操作层面——争霸和治国。两派共同著述老子但未形成统一的"道家"。汉以后，道家又历多次演变。王明提出"老学三变说"：西汉初年以黄老为政术，主治国经世；东汉中叶以下至东汉末年，以黄老为长生之道术，主治身养性；三国魏晋之时，经世和养性，玄论虚无自然。王剑认为是西汉武帝的"独尊儒术"使黄老转向道养生术。

道教与道家的关系，正如老子思想学说分化为老庄、稷下黄老，再演变为黄老道家政术、黄老道养生术，最后走向魏晋玄学一样，道教也是道家的一个演变形态。今天"道教"，渊源复杂，"杂而多端"，来源于汉代的黄老道。汉黄老道源于战国秦汉时期的黄老道家思想，是思想宗教化的结果。黄老道家之学内容庞杂，战国时期的稷下黄老学者和汉初的黄老学者，"不治而议论""位列上卿"，具有强烈的"君人南面之术"。西汉武帝之后失去了官方支持，转向养生学说并继续发展。黄老学说中的养生长寿之术与神仙方术结合起来，从"治国经世"之道转向了"治身养性"之道，演变为偏重个人养生成仙的学说。此学说同民间盛行的神仙方术、阴阳术数结合，朝着民间宗教的方向发展，形成了黄老道。故在典籍中，对道教的称谓，有黄老道和道家。道家与道教不分。汉代对于以长生不死、得道成仙为核心信仰的道教，人们只是称五斗米道、太平道、天师道等，如果有总称，则称为"黄老道"。《后汉书·王涣传》："延熹中，桓帝事黄老道"，《后汉书·皇甫嵩传》："张角……奉事黄老道"。魏晋南北朝以后，对道教也多称为"道家""道"或"仙道"。如晋代葛洪的《抱朴子》，称"道家""仙道"；史书中《旧唐书·经籍志》《明史·艺文志》等也将老庄之学与积精练气、金丹服食和符箓方术混称为道家。不仅道教中人不愿区分道家和道教，著史者将道家和道教混称道家，而且视佛老为异端的儒家，也不去区分道家和道教。任继愈说："'道教'一词首见于《老子想尔注》，南北朝以后此称日渐增多，而同时人们习惯将道教与道家混称'道家'，道教学者乐于如此含混下去，以借道家学说壮其声势，只有其反对者才加以辨别。"（王剑，对道家与道教关系的再认识，周口师范学院学报，2017 年 7 月第 34 卷第 4 期）

# 第 2 节　方仙道

方仙道的流派分为导引行气、服食炼养以及房中养生三派。蒙文通说："是古之仙道，大别为三，行气、药饵、宝精，三者而已也。"

## 行气派

行气，亦作食气，为中国最古老的养生法。从《山海经》《吕氏春秋》中所说的"食气民""无骨子""饮露吸气之民"，到《行气玉佩铭》《庄子》及西汉帛书《却谷食气》的炼功理法，战国至秦汉一直流行行气之术。战国初期的《行气玉佩铭》的45个篆文："行气，深则蓄，蓄则伸，伸则下，下则定，定则固，固则萌，萌则长，长则复，复则天。天机本在上，地机本在下。顺则生，逆则死。"铭文说行气就是蓄气丹田，强调深、伸、下的要领。气沉丹田，神凝关元，使丹田之气自下而上经尾闾、三关，沿督脉上升头顶，即天。

王乔和赤松就是行气派的代表。《淮南子·齐俗训》曰："今夫王乔、赤诵子，吹呕呼吸，吐故内新，遗形去智，抱素返真，以游玄眇，上通云天。"《淮南子·泰族训》道："王乔、赤松，去尘埃之间，离群慝之纷，吸阴阳之和，食天地之精，呼而出故，吸而入新，躁虚轻举，乘云游雾，可谓养性矣。"王乔和赤松一派功法就是吐故纳新，积气关元。

战国内炼元气的方法与后来道教气功"周天"法近似，与庄子的"熊经鸟申"类导引术有别。导引术是把呼吸运动、肢体运动和自我按摩相结合的养生治病方法，行气术则主要是通过意念和呼吸引气以达身心锻炼的目的。葛洪把养生术分成导引与行气："明吐纳之道者，则曰唯行气可以延年矣，知屈伸之法者，则曰唯导引可以难老矣。"吐纳为行气特征，屈伸为导引特征。据高诱注《淮南子·齐俗训》道："王乔，蜀武阳人也，为柏人令，得道而仙。赤松子，上谷人也，病疠，入山导引轻举遐上也。"武阳即四川彭山县境。《续汉志》中有武阳县，刘昭注引《益州记》道："县有王乔仙处，王乔祠今在县下。"王乔成仙之处在彭山县境的北平山，后张陵亦创教于此。《无上秘要》卷二十三引《正一气治图》道："北平治上应室宿，山上有池，纵广二百里，中有芝草神药，昔王子乔得仙之处。"赤松子也在巴蜀修炼，《列仙传》言其"至昆仑山，常止西王母石室中"。今四川松藩有古赤松子观，传为赤松子修道成仙之处。《列仙传》还介绍邛疏精通气法："周封史也。能行气炼形，煮石髓而服之，谓之石钟乳，至数百岁。"有羌人葛由周成王时修道绥山，师从者颇众。"绥山在峨眉山西南，高无极也。随之者不复还，皆得仙道。故里谚曰：得绥山一桃，虽不足仙，亦足以豪。"

先秦方仙行气派的杰出代表赤松子是从河北经秦岭进入中原，故关中地区至西汉仍推崇赤松子，张良就说"愿从赤松子游"。王乔和彭祖之术则沿长江、汉水流域广布于荆楚吴越，发展为南方丹法系统。屈原作《楚辞·远游》："内惟省以端操兮，求正气之所由；漠虚静以恬愉兮，淡无为而自得。闻赤松之清尘矣，愿承风乎遗则，贵真人之休德兮，美往世之登仙。与化去而不见兮，名声着而日延。

奇傅说之托辰星矣，羡韩众之得一。"又曰："春秋忽其不
淹兮，奚久留此故居？轩辕不可攀援兮，吾将从王乔而娱
戏。餐六气而饮沆瀣兮，餐正阳而含朝霞，保神明之清澄，
精气入而粗秽除，顺风以从游兮，至南巢而一息。见王子
而宿之兮，审一气之和德。曰：道可受兮不可传，其小无
内兮其大无垠。无滑而魄兮，彼将自然。一气孔神兮，于
中夜存；虚以待之兮，无为之先。庶类以成兮，此德之门。"
文中正气、虚静、恬愉、无为、清尘、辰星、六气、正阳、
神明、精气、南巢、一气、和德、道、顺风从游、其小无
内、其大无垠、虚以待之等都是行气派理论，赤松、韩众、
轩辕、王乔等都是行气派人物。

## 导引派

　　彭祖是导引派的杰出人物。导引术源于上古巫教的原
始舞蹈和医疗实践。《吕氏春秋·古乐》道，上古的尧帝
（陶唐）时代，先贤就借"舞"而"导""引"风湿肿痛，
祛除"滞着""郁闷"。《黄帝内经》《素问·异法方宜论》
大谈导引术："其病多痿厥寒热，其治宜导引按蹻。"王冰
注曰："导引，谓摇筋骨，动肢节。按谓折按皮肉，蹻谓捷
举手足。中央用为养神调气之正道也。"《庄子·刻意》把
导引之士归为隐士中一类："吹呴呼吸，吐故纳新，熊经鸟
申，为寿而已矣。此道引之士，养形之人，彭祖寿考者之
所好。"晋李颐注："导气令和，引体令柔。"唐成玄英疏：

"导引神气，以养形魄，延年之道，驻形之术。"由此可见导引是以运动肢体为主，结合吐纳和按摩的养生和治病方法。导引肇始于原始巫教，在殷周被方士用于修炼仙术，后人称之晚周仙道的导引派。马王堆的西汉《导引图》中有 44 个不同年龄和性别的人在炼导引，标有医疗疾病的图式达 13 个：引聋、引颓、引膝痛、引积、引热中、引温病、引脾痛、引炅（jiong）中、引八维等，涉及四肢膝痛、腹中消化、五官视听和传染疾病，可见秦汉之时流行一时。导引中还有模仿动物的强身养生之法，称为龙登、鹞背、熊经、猿呼、鹤翔、螳螂等，与《庄子》"熊经鸟申"一脉。

## 服食派

服食，亦称药饵和饵药，是指服食各种草木、仙药、糕饼、金丹以求长生方法，即今之食疗或食补。王充《论衡·道虚篇》曰："闻为道者，服金玉之精，食紫芝之英。食精身轻，故能神仙。""道家或以服食药物，轻身益气，延年度世。"药是指丹药和草木药两类，包括膏、丹、丸、散、汤剂、酒方。饵指糕饼类营养品。《太上灵宝芝草品》道："延命之术，本因饵药。"《上清九真中经内诀》道："诸饵丹砂、八石及云母百草丸散，欲延年养性，求神仙之法。"从战国始，服食遂与行气、房中并称三派仙道，而为养生家所重视。

## 辟谷

无论行气和导引都要先辟谷。辟谷即不食五谷，亦称断谷、休粮、绝粒。饮食过度的肥厚有害健康，称"肥肉厚酒"为"烂肠之食"，不利甚至有损清气运行，于是得出"食肉者勇敢而悍，食气者神明而寿，食谷者智慧而夭，不食者不死而神。"庄子道，神人"不食五谷，吸风饮露，乘云气，御飞龙"。素食和经常辟谷可达长生不老。秦汉时期，辟谷之术相当流行，涌现了一批方士。《史记·封禅书》曰："是时李少君亦以祠灶、谷道、却老方见上，上尊之。"《史记·留侯世家》谓张良"乃学辟谷，导引轻身。"《仙传拾遗》亦曰：张良"炼气绝粒，轻身羽化。"

不食五谷却服气和服药。马王堆出土医书《却谷食气》专论辟谷，主张依天地四时，随月逐日服食天地之六气，认为自然之气是强身健体和延年益寿的根本因素。辟谷也并非不吃任何东西，只是不食五谷杂粮，适量饮水，服食草药。方士发现了一批食补草药，如白术、茯苓、胡麻、黄精、麦门冬、枸杞、甘菊、松脂等。《却谷食气》开篇即道："去谷者食石韦。"石韦，又名石皮、石兰、石剑、金星草、金汤匙、石背柳等，性味苦甘，凉。《神农本草经》将其列为中品草木药，称其"主劳热邪气，五癃闭不通，利小便水道。"《名医别录》曰："止烦下气，通膀胱满，补五劳，安五脏，去恶风，益精气。"

《列仙传》所列 71 位神仙，绝大多数精于服食之道。赤松子"服水玉，以教神农"。赤将子舆，"黄帝时人，不食五谷，而噉百草花"。方回，"尧时隐人也，尧聘为闾士。炼食云母"。涓子，"好饵术，接食其精"。师门，"亦能使火，食桃李葩"。道教承袭服食仙药传统，至汉晋大盛。葛洪《抱朴子内篇·仙药》专论服食，列百种仙药，宣称"椒姜御寒，菖蒲益聪，巨胜延年，威喜辟兵"，按《神农四经》依功效分三类："上药令人身安命延，升为天神，遨游上下，役使万灵。""中药养性，下药除病，能令毒虫不加，猛兽不犯，恶气不行，众妖并辟。"明代李时珍《本草纲目》几乎全部收录。

《史记》载汉武帝时方士李少君"谷道却老方"就是辟谷防老之法。汉文帝时代长沙马王堆三号墓出土《却谷食气》帛书，成书于战国晚期。晋代道士葛洪《抱朴子·杂应》引《道书》云："欲得长生，肠中当清；欲得不死肠中无滓"，理由是"食草者善走而愚（如马鹿），食肉者多力而悍（如虎豹），食谷者智而不寿（如人类），食气者神明不死（如龟蛇）。"该理论在《淮南子·地形训》阐述更全面。这种把动物之性与食物关系移至人类的迁想也是食气论的依据。但是，龟蛇一非不食，二并非只"食气"才"神明而寿"。《却谷食气》载，辟谷者在绝食五谷时，必须食石韦而吸六气。石韦是蕨类植物，利尿而无补。《神宗本草经》等药典中神仙家的上品长生补益药为金玉矿石。葛洪《杂应》篇中记载的辟谷时以石为粮，如以甘草、防风、芡实等十多种药捣末为散，服一小匙后再食石子十二枚，可保持辟谷百日不饥而精神如常。又有"赤龙血青龙膏"先令石头变软可食，更有"引石散"一匙投入一斗白石子中和水煮之，可使石头"熟如芋子，可食以当谷"。"张太元举家及弟子数十人隐居林虑山中，以此法食石十余年，皆肥健。"《本草经》上品药属矿石类的"太乙禹余粮"，即神仙家的粮食。

　　食气也称行气，并非张嘴喝风，而是通过呼吸吐"浊气"纳"精气"，即吐故纳新，最后发展为今天的气功。屈原的楚辞多处说到食气，在《远游》中道："轩辕不可攀援兮，吾将从王乔而娱戏。餐六气而饮沆瀣兮，漱正阳而含朝霞。保神明之清澄兮，精气入而粗秽除。"轩辕就是黄帝，王乔就是王子乔，皆为传说中的仙人。《淮南子》的"泰族训"道："王乔、赤松，云尘埃之间，离群虱之纷，吸阴阳之和，食天地之精，呼而出故，吸而求新，蹀虚轻举，乘云游雾，可谓养性矣。""齐俗训"云："今夫王乔、赤诵（松）子，吹呴呼吸，吐故内新，遗形去智，抱素反真，以游玄眇，上通云天。今欲学其道，不得其养气处神，而信其一吐一吸，时屈时伸，其不能乘云升假（遐），亦明矣。"古人认为人为的呼吸，才能"食天地之精"，达到"乘云游雾"和"得道升天"的目的。

　　精气和浊气受天地四方之气的影响而因时而变，于是屈原才提出"餐六气"的说法。丁不能佚书《陵阳子明经》说，每天不同时候的气与天地四方之气相应，分为六气：北方夜半气称沆瀣气，南方日中气称正阳气，东方日将出的赤黄气称朝霞气，西方日落后的气称沦阴气，与天地相配的"天地玄黄之气"叫列缺气和倒景（影）气。正确的修炼法门是，春食朝霞气，夏食正阳气，秋食沦阴气，冬食沆瀣气。若理解为露水、云霞则是误解。《广雅·释天》和《庄子·逍遥游》之气亦为此说。然六气与《陵阳子明经》略有不同，如天气称铣光，地气称输阳，日中气称端阳，日落气称输阴，四时晋气称浊阳（春）、汤风（夏）、霜雾（秋）、凌阴（冬）。帛书还规定了早晚呼吸吐纳的次数，"凡呴中息而吹，气廿'者朝廿暮廿，二日之'暮二百；年卅者朝卅暮卅，三日之暮三百。以此数推之。"

其实，六气把昼夜分为四段：子时至日将出、日出至日中、日偏至日落、日落至亥时。东汉时，道家又把昼夜之气分为生气和死气。行气时择生气避死气，时间即从半夜至中午。汉代葛洪的《抱朴子·杂应》认为，行气者还把五行与五季相配，春季向东方食岁星（木星）之气，使青气入肝；夏季食南方荧惑（火星）之气，使赤气入心；四时之末月食中央镇星（土星）之气，使黄气入脾；秋食西方太白（金星）之气，使白气入肺；冬食北方辰星（水星）之气，使黑气入肾。（詹鄞鑫，"餐风饮露"求长寿"吐故纳新"炼气功，现代中文学刊，1995 年第 5 期）

### 外丹术

辟谷和服食等古老方术经仙道实践而发展为外丹之术。战国时齐、燕方士人造仙丹成为求仙炼丹之始。《列仙传》载啸父精炼丹火法，"唯梁母得其作火法""啸父驻形，年衰不迈。梁母遇之历虚启会，丹火翼辉，紫烟成盖，眇企升云，抑绝华泰。"任光"善饵丹，卖于都市里间……晋人常服其丹也。"主柱"与道士共上宕山，言此有丹砂可数万斤，宕山长吏知而上山封之，砂流出飞如火，乃听柱取。为邑令章君明，饵砂三年，得神砂飞雪，服之五年，能飞行，遂与柱俱去云。"赤斧是"巴戎人。为碧鸡祠主簿。能作水银炼丹，与硝石服之，三十年反如童子，毛发生皆赤。后数十年上华山，取禹余粮饵，卖之于苍梧湘江间，累世传见之。"

### 房中术

房中术源于上古原始巫教，把男女性交与行气和导引相结合，精其艺者而言以术名，专其技术者以家称。《汉书·艺文志》道："房中者，性情之极，至道之际。是以圣人制外乐以禁内情，而为之节文。传曰：先王之作乐，所以节百事也。乐而有节，则和平寿老；及迷者弗顾，以生疾而陨性命。"并收八家：《容成阴道》《务成子阴道》《尧舜阴道》《汤盘庚阴道》《天老杂子阴道》《天一阴道》《黄帝三王养阳方》《三家内房有子方》。马王堆汉墓出土的简帛《十问》《合阴阳》《天下至道谈》《养生方》《杂疗方》，揭开了先秦房中术的面纱。在汉末立教的道教承继房中术的衣钵，发展为道教养生学中的主要内容。巴蜀张陵创建天师道，奉"黄老赤录，以修长生"。道书《太平经》谓之"和合夫妇之道，阴阳俱得其所，天地为安"。《真诰》卷二曰"黄赤之道，混气之法，是张陵受教施化，为种子之一术"。《洞真太上说智慧消魔经》卷一所说"阴丹内御房中之术，黄道赤气交接之益，七九朝精吐纳之要，六一回丹雌雄之法"。《老君音诵戒经》言"房中之教，通黄赤经契，有百二十之法"。混气、合气、赤气就指房中阴阳二气交合。教外书评如潮，甄鸾《笑道论》道："黄书合气三五七九男女交接之道，四目两舌，正对行道，在于丹田。"汉唐道教内部的房中术所言"黄赤之道"和"阴丹"等，似乎不关注性快感，涉及性医学和性健康，实际上是专注于与气功内丹，以求长生不死。

## 方仙道即道教

春秋战国形成的方仙道，至秦汉大盛，形成方士集团。方士们尊黄帝为始祖，精通天文、医学、神仙、占卜、相术、堪舆等技艺，擅尽各种方法使灵魂离开肉体，与鬼神交通，笃信修炼可令人长生不死。其术称方术，其法称方法，其药称方药，其人称方士。方法方术原本散乱无章，不成系统，战国时齐人邹衍创立阴阳五行学说，给方士们找到了解读原理。《史记》方仙道与《汉书·艺文志》神仙家就是指利用阴阳五行而兼擅方术之士。《史记·封禅书》:"驺衍以阴阳主运显于诸侯,而燕齐海上之方士,传其术不能通。"

方仙是方士和仙人的合称。两类人构成最早的道教组织——方仙道。《史记·封禅书》:"是时苌弘以方事周灵王,诸侯莫朝周,周力少,苌弘乃明鬼神事,设射狸首。狸首者,诸侯之不来者,依物怪欲以致诸侯。诸侯不从,而晋人执杀苌弘。周人之言方怪者自苌弘。""自齐威、宣之时,驺子之徒论着终始五德之运,及秦帝而齐人奏之,故始皇采用之。而宋毋忌、正伯侨、充尚、羡门高最后皆燕人,为方仙道,形解销化,依于鬼神之事。驺衍以阴阳主运显示诸侯,而燕齐海上之方士传其术不能通,然则怪迂阿谀苟合之徒自此兴,不可胜数也。"

方士之称,始见于《周礼·方士》:"方士掌都家。"释曰:"先郑意,县士既掌四百里中,故此方士掌五百里之中。"文中方士指管理地方的官吏,非道术之士。《素问·五脏别论》:"黄帝问曰:余闻方士,或以脑髓为藏,或以肠胃为藏,或以为府,敢问更相反,皆自谓是,不知其道,愿闻其说。岐伯对曰:脑髓骨脉胆女子胞,此六者地气之所生也,皆藏于阴而象于地,故藏而不泻,名曰奇恒之府。夫胃大肠小肠三焦膀胱,此五者,天气之所生也,其气象天,故泻而不藏,此受五藏浊气,名曰传化之府,此不能久留输泻者也。魄门亦为五藏使，水谷不得久藏。所谓五藏者，藏精气而不泻也，故满而不能实。六府者，传化物而不藏，故实而不能满也。所以然者，水谷入口，则胃实而肠虚；食下，则肠实而胃虚。故曰实而不满，满而不实也。"文中方士就是道术之人。

　　方士精通天文地理和熟谙药典医术是基础条件，也是科学部分，奉黄帝和老子为祖师则是崇拜部分，通神御仙则是言过其实，甚至无稽之谈。历代客观学者早已看透个中奥妙。《史记·秦始皇本纪》："方士欲炼，以求奇药。"唐李德裕《李卫公外集》卷三《方士论》："始皇擒灭六国，兼羲唐之帝号；汉武翦伐匈奴，恢殷周之疆宇，皆开辟所未有也。虽不能尊周孔之道以为教化，用汤武之师以行吊伐，而英才远略，自汤武以降鲜能及矣，岂不悟方士之诈哉。盖以享国既久，欢乐已极，驰骋弋猎之力疲矣，天马碧鸡之求息矣，鱼龙角抵之戏倦矣，丝竹鞞鼓之音厌矣，以神仙为奇，以方士为玩，亦庶几黄金可成，青霄可上，固不在于啬神链形矣。"李氏力证王朝的兴衰常伴随求神仙和拜方士的行为。宋真德秀《大学衍义》卷十三曰："百家之学，惟老氏所该者众。今摭其易知者言之，曰慈，曰俭，曰不敢为天下先，曰无为民自化，好静民自正，无事民自富，无欲民自朴，无情民自清，此近理之言也。曹参以之相汉收宁一之效，文帝以之治汉成富庶之功，虽君子有取焉。曰玄牝之门，为天地根，绵绵若存，用之不勤。此养生之言，而为方士者祖焉。"把老子的慈俭和不敢为天下先的理论当成治国富民之道，把方士的玄牝（指孳生万物的本源，比喻道。）之门当成养生之道。

黄老道之称虽然晚见于东汉，然其组织却形成于战国。从宗教特征上看，有教主和教众。黄帝和老子为教主，方士为教众，故李远国认为黄老道是道教最早的道派之一。《史记·孟子荀卿列传》："慎到，赵人。田骈、接子，齐人。环渊，楚人。皆学黄老道德之术，因发明序其指意。故慎到著十二论，环渊著上下篇，而田骈接子皆有所论焉。"《史记·老子韩非列传》："申子之学本于黄老主刑名，著书二篇，号曰申子。""韩非者，韩之诸公子也，喜刑名之法术，而其归本于黄老。"黄老之学是先秦重要的学术思潮，蒙文通先生曾概括："百家盛于战国，但后来却是黄老独盛，压倒百家。"

黄老之学自然与黄帝和老子有关。黄帝为传说人物，最早见于《逸周书》《国语》和《左传》。战国中后期的诸子百家以黄帝为共同话题，借神话传说、寓言故事和黄帝之言以宣扬己说的正统性。《史记·五帝本纪》曰："百家言黄帝，其文不雅驯，荐绅先生难言之。"《汉书·艺文志》摘录托名黄帝的书达二十余种，遍布道家、阴阳家、小说家和兵书、数术、方技诸子。战国时虽"百家言黄帝"，但以道家为最。老子之言与战国时盛行的黄帝之言相结合，冠黄帝于老子之先之上，遂成黄老之学。从《列仙传》和晋皇甫谧《高士传》中所载的神仙高士或隐修山林，或炼丹辟谷，或行气导引，成为春秋战国时期最具影响的道教团体。有师承与组织，有理论与方法，有组织系统，即可称为制度道教。秦国时的方士徐福，奉秦始皇之命，率数千童男童女东渡寻仙求药。李远国认为，能调动数千信众，说明方仙道就是宗教组织道教。

学术界把张角太平道、张陵正一道作为道教产生的分水岭，而实际上黄老道、方仙道、王母教等教团早已遍布大江南北并相对独立地发展。与佛教、天主教和伊斯兰教先有宗后分派不同的是，道教的产生是先有派后归宗。本土道教的多元化与中国国土的广大、地域的差异和民系方国的相对独立有关。道派并列表现在战国秦汉的黄老道、方仙道、王母教，也表现于两汉的金丹道、太平道、正一道、李家道等。道派各有传承，各有区域，各有神灵。这种多元化特征持续至今。尽管各派归宗后认同于三清太上，尊黄帝为始祖，老子为道祖，张道陵为教主，但各派创始人不同，除正一派张陵、太平道张角、灵宝派葛玄、上清派魏华存外，还有吕洞宾、王重阳、张三丰等。(李远国，道教成立战国论——论方仙道即道教，世界宗教文化，2017 年第 5 期)

### 方仙道三次高峰

从历史上看，以齐地为根据地的方仙道，在先秦至两汉时期有过三次发展高峰。正如蓬莱神话一章中讲述的，海上三神山的神话是方仙道自己描绘的，在齐威王、齐宣王、燕昭王时期形成了第一次高峰。据《史记·封禅书》记载，三王都曾派人入海寻仙人、求仙药，三王在位分别是公元前356年至前320年、前319年至前301年、前311年至前279年，综合为公元前356年至前279年的70余年。能引起齐、燕两国君主的70年探索，可见蓬莱神话说在齐燕的影响力。

58年之后的前221年，秦始皇统一天下又开始了方仙道的第二次高潮。秦统一后的第三年（公元前219年），秦始皇东巡齐地，封禅泰山。在琅琊停留三个月里，三万户移民同筑琅琊台。齐地方士倍受鼓舞，表现为徐福蛊惑秦始皇信仙求药，于是引发数千信众随徐东渡的壮举。《史记·封禅书》载："及至秦始皇并天下，至海上，则方士言之不可胜数。始皇自以为至海上而恐不及矣，使人乃赍童男女入海求之。船交海中，皆以风为解，曰未能至，望见之焉。其明年，始皇复游海上，至琅邪（琊），过恒山，从上党归。后三年，游碣石，考入海方士，从上郡归。后五年，始皇南至湘山，遂登会稽，并海上，冀遇海中三神山之奇药。不得，还至沙丘崩。""至海上""复游海上""并海上"都指向齐地的琅琊、荣成、芝罘一带。紧接着"至海上"的"则方士言之不可胜数"，显然是指齐地方士，最起码也主要是指活动于齐地的方士。对二十八年以后的三次东巡，《史记·秦始皇本纪》记载颇详："二十九年，始皇东游。……登之罘，刻石。……遂之琅琊"；"三十二年，始皇之碣石，使燕人卢生求羡门、高誓"；"三十七年十月癸丑，始皇出游。……还过吴，从江乘渡。并海上，北至琅邪（琊）。……自琅邪（琊）北至荣成山，弗见。至之罘，见巨鱼，射杀一鱼。遂并海西。"其与《封禅书》中"其明年""后三年""后五年"恰好是一一对应的。其中，除三十二年的出巡地为燕地外，其余两次都为齐地海边，目的非常明确，就是"冀遇海中三神山之奇药"。以秦始皇的智慧尚受蛊惑，说明齐地方仙道信众之多，影响之深。

汉武帝登基，独尊儒术，"尤敬鬼神之祀"，方仙道迎来第三次高潮。齐地方士，名人如云。《史记·武帝本纪》和《封禅书》所载方士，大部分是齐人。如结合《列仙传》《神仙传》所载，齐地方士已经成为方仙道的绝对主力。其人数多，技艺杂，从不同的方面丰富了方仙道的方术和理论。齐人李少君是以方术被汉武帝重用的第一人，"以祠灶、谷道、却老方见上，上尊之"。齐人少翁"以鬼神方见上"，被封为文成将军。与少翁同师门的栾大从五利将军，到佩天士将军、地士将军、大通将军、天道将军印，又以二千户封为乐通侯，"赐列侯甲第，僮千人。乘舆斥车马帷幄器物以充其家。又以卫长公主妻之，赍金万斤，更命其邑曰当利公主。天子亲如五利之第。使者存问供给，相属于道。自大主、将相以下，皆置酒其家，献遗之"。方仙道士可封官加爵的待遇给方仙道以极大的发展空间和机会。于是，公孙卿和丁公极力主张山川封禅，公玉带献上黄帝明堂图力主建筑的明堂之制。

方仙道都有教主传承。《列仙传·老子传》说"老子姓李名耳，字伯阳"，涓子受伯阳九仙法，表明涓子传承的是黄老之术。所谓涓子"接食其精"，应是按老子"好养精气，贵接而不施"之法，"行接阴之道而食其精"（朱越利，方仙道和黄老道的房中术，宗教学研究，2002年第1期）。《神仙传》的稷丘君、钩翼夫人、泰山老父、巫炎、涓子、蓟达等大批方士假安期生之名，如李少君、栾大都自称曾见过安期生，公孙卿则说鼎书得自齐人申公，申公与安期生通好。

西汉齐地方仙道的方术，分发多枝，奇技唬人。第一是李少君的祠灶延年。胡三省注曰："祠灶者，祭灶以致鬼物，化丹砂以为黄金，以为饮食器，可以延年，方士之言云尔。"第二是谷道延年。裴骃《史记集解》引李奇的解释说："食谷道引，或曰辟谷不食之道。"第三是封禅登仙。公孙卿则把汾阴得鼎，渲染成"宝鼎出而与神通，封禅。……则能仙登天"，黄帝就是封禅成仙。丁公则说武帝："封禅者，合不死之名也。"公玉带则称："黄帝时虽封泰山，然风后、封巨、岐伯令黄帝封东泰山，禅凡山，合符，然后不死焉。"第四是稷丘君返老还童。他与泰山老父"绝谷服术饮水"，使"发白再黑，齿落更生"、"转老为少，黑发更生，齿堕复出"，类似李少君"却老方"。第五是巫炎和涓子的阴术（房中术）。

《汉书·郊祀志上》曾对方仙道受重用总结道："汉兴，新垣平、齐人少翁、公孙卿、栾大等，皆以仙人、黄冶、祭祠、事鬼使物、入海求仙采药贵幸，赏赐累千金。大尤尊盛，至妻公主，爵位重累，震动海内。元鼎、元封之际，燕齐之间方士瞋目扼腕，言有神仙祭祀致福之术者以万数。"对当时方仙道以齐人为主、方术多样、"爵位重累"及产生轰动效应、追随者"以万数"等做了很好的概括。而关于齐地的大批追随者、效仿者，《封禅书》曾不止一次地做过描述："大（栾大）见数月，佩六印，贵震天下，而海上燕齐之间，莫不搤捥而自言有禁方，能神仙矣""上遂东巡海上，行礼祠八神。齐人之上疏言神怪奇方者以万数，然无验者。乃益发船，令言海中神山者数千人求蓬莱神人。……宿留海上，予方士传车及间使求仙人以千数""其春，公孙卿言见神人东莱山，若云'欲见天子'。天子于是幸缑氏城，拜卿为中大夫。遂至东莱，宿留之数日，无所见，见大人迹云。复遣方士求神怪采芝药以千数"。"神怪奇方者以万数"就是西汉齐地方仙道之盛况。

齐地方士的导夫先路和倍受荣宠，使方仙道的方术和神仙理论深入人心，广泛传播，为后来张角、张陵道教的产生提供了丰腴的土壤，其神仙理论和仙道活动遂成为齐文化的重要组成部分。（刘怀荣，齐地方仙道发展的三次高

峰——兼谈齐地神仙文化的当代价值，齐鲁学刊，2014 年第 5 期）

# 第 3 节　黄老学

"黄老学"孕育、形成于战国中后期，发展、兴盛于秦汉之际，沉暮于西汉中期，开新于西汉末至东汉末。它在不同时期表现出不同形态，包括战国中后期的"黄老之术"、秦汉之际的"黄老道家"及西汉末至东汉末的"黄老道教"。

黄老学形成于战国中后期，齐桓公时为求治国强邦理论而创办稷下学宫。齐威王进一步养士优士。齐宣王时稷下学宫成为百家争鸣的主要阵地。各家为了显示自己的正统性，都托言黄帝和老子，兴起学习黄老道德之术，明确以道为中心，服务于王政的黄老学说。司马迁《史记》说"慎到、田骈、接子、环渊、申不害、关尹、尹文"等稷下学者皆学"黄老道德之术"，其作品均属"黄老学"。此外，《管子》四篇、《黄老帛书》《鹖冠子》《列子》《庄子》外杂篇等亦属"黄老学"。

战国中后期，统一趋势明朗，思想上百家渐渐合流。战国末期，秦变法而强大并统一中国，但法家的极端残酷又使国家进入分裂和战争。汉朝的统一，痛反秦之法家治国之道，力求新的治国方法。黄老学在"休养生息"呼声中从稷下走进长安，站到了最高权力的侧席，被称为黄老道家。司马谈父子和黄生等成为帝师，不仅帝王如汉文帝和汉景帝对黄老之说奉为至宝，帝后如窦太后，宰相如曹参和陈平都信奉黄老道家。秦汉时黄老道家的作品有《吕氏春秋》《文子》《淮南子》。此外，还有荀子、韩非、陆贾的《新语》、贾谊的《新书》、韩婴的《韩诗外传》的某些思想均受到"黄老道家"的影响。

黄老道家的治国虽然恢复了经济，但是做大了地方诸侯，景帝时吴楚七国叛乱的苦果，使汉武帝决定"罢黜百家，独尊儒术"，重新收回地方管治权，强化中央集权，于是，黄老道家被赶出权力中心，开始与神仙方术结合，侧重于长生成仙，完成向宗教的过渡。武帝时虽然独尊儒术，但是仍有名臣汲黯"学黄老之言"（《史记·汲郑列传》），郑庄也"好黄老之言，其慕长者如恐不见"（同上）。楚元王刘交的曾孙阳城侯刘德亦"修黄老之术，有智略"（《汉书·楚元王传》）。到东汉，有明帝时楚王英"晚节更喜黄老，学为浮屠齐戒祭祀"（《后汉书·王涣传》），桓帝"宫中立黄老、浮屠之祠"（同上），灵帝时陈王宠"祭黄老君，求长生福己"等。

然而"黄老道"一词直至东汉才出现。《后汉书·王涣传》中首载："延熹中，桓帝事黄老道"，《后汉书·皇甫嵩传》再道："张角……奉事黄老道"。故汤一介推论，"早在西汉末已有所谓'黄老道'。""黄老道"即"黄老道教"，从思想史的角度看，黄老道教上承西汉末至东汉末仍然存在的黄老学派和"黄老道家"。黄老道的著作亦十分丰富，西汉成帝时有张角的《太平经》、严遵的《老子指归》、河上公的《河上公章句》，两汉之际有桓谭的《新论》，东汉初有王充的《论衡》和东汉末魏伯阳的《周易参同契》以及张陵的《老子想尔注》。

道教的综合性表现为于人于国的双重价值。黄老学作为道教的一个重要支柱，主要是它成为道教进入政治实践并成为主流政治的治国方略。虽在不同阶段有不同的特点，罗彩比较先秦老庄道家，总结了三个共同点。

第一，以道的气化论或规律论为基础，兼采诸家。《老子》第四十章道："天下万物生于有，有生于无。"第四十二章道："道生一，一生二，二生三，三生万物，万物负阴而抱阳，冲气以为和。"老子的道生万物表明其具备超越和实在的两重性，于是建构了一套道、无、有、一、二、三、万物的序列发展过程。《庄子·知北游》说："夫昭昭生于冥冥，有伦生于无形，精神生于道，形本生于精，而万物以形相生。""通天下一气耳。"道、无、有之间，庄子认为气为中介。黄老学在宇宙论上根本于老子之"道"，结构于"道"的气化。

战国"黄老学"中，较早以"气"释"道"的是《管子》。《管子·内业》篇云："精也者，气之精也。"《管子·心术下》又云："翼然自来，神莫知其极，昭知天下，通于四极。是曰：'无以物乱官，毋以官乱心，此之谓内德。'是故意气定然后反正。气者，身之充也；行者，正之义也。"《鹖冠子·泰鸿》谈道："精微者，天地之始也。"《文子·守弱》说："夫形者生之舍也，气者生之元也，神者生之制也，一失其位则三者伤矣。"《吕氏春秋·尽数》曰："故精神安乎形，而年寿得长焉。……故凡养生，莫若知本，知本则疾无由至矣。"《淮南子·原道训》载："形神气志，各居其宜，以随天地所为。夫形者生之舍也；气者生之充也；神者生之制也。"《淮南子》以战国"精气说"为基，介入阴阳矛盾观，将道诠释为阴阳二气的矛盾统一体，从而完成了本体论上的道一元论向气一元论的转化。从战国中后期至西汉初期的"黄老学"均是"气"释"道"，又吸取法家"因循为用"的思想、阴阳家"阴阳二气"学说等，将"道"发展为"君人南面之术"政治学说。从西汉末期到东汉末期，吸收神仙方术、阴阳五行等学说，发展为侧重养生的"长生成仙"之说。

东汉时期的王充把"气化"的神仙方术称为"道家"。他说："道家或以服食药物，轻身益气，延年度世。"（《论衡·道虚》）文中"道家"就指"黄老道教"。《太平经·名为神决书》谓："元气自然，共为天地之性也。……故守之一道，养其性，在学之也。"《河上公章句》第四十二章注曰："道始所生者（一也）。一生阴与阳也。……万物中皆有元气，得以和柔，若胸中有藏，骨中有髓，草木中有空虚与气通，故得久生也。"

《周易参同契》把元气又称"元精"，将之作为天道自然观及养性论的核心概念。《参同契》第八十九章道："引内养性，黄老自然。含德之厚，归根返元。近在我心，不离己身。抱一毋舍，可以长存。"《老子想尔注》第十章注云："一者道也……一散形为气，聚形为太上老君……今布道诫教人，守诫不违，即为守一矣。"经过多人的共同注解，终于完成了黄老系统化的道气论。

第二，无为而无不为。《道德经》上篇讲道，下篇讲德。德篇就是为人之术和治国之术。第三章道："为无为，则无不治。"第二十九章又道："天下神器，不可为也，不可执也。为者败之，执者失之。是以圣人无为，故无败；无执，故无失。"第三十七章再道："道常无为而无不为。侯王若能守之，万物将自化。化而欲作，吾将镇之以无名之朴。镇之以无名之朴，夫将不欲。不欲以静，天下将自正。"老子论证了无为而无不为是先后的演化，因果的必然，效果的名实。庄子则把老子"无为"当成批判社会黑暗和战争的武器。于是，《庄子·刻意》提出"恬淡寂莫，虚无无为"的道德根本，用以消除物我、己我、彼此、是非之分，故荀子批评庄子为"蔽于天而不知人"。黄老学注重老庄无为，化抽象和消极的"无为"为具体、积极、可操作的"无为而无不为"。"无为"在国家政治中表现为因循法令和待时顺势；"无为"在君臣关系上表现为君无为而臣民有为;"无为"在修身处世上表现为节欲、虚静、爱精,以此达到长生成仙。

《黄老帛书》中的《经法·论》认为人们应做到"应动静之化,顺四时之度"。《鹖冠子·道瑞》篇亦指出:"故天定之,地处之,时发之,物受之,圣人象之。"《吕氏春秋·分职》篇认为,君主要做到"能执无为,故能使众为也"。《文子·自然》篇指出,黄老道家所谓的"无为",并不是"引之不来,推之不去,迫而不应,感而不动",而是"私志不入公道,嗜欲不持正术,循理而举事,因资而立功,推自然之势,曲故不得容,事成而身不伐,功立而名不有"。张岱年将《淮南子》与《文子》的"无为论"进行比较,得出《淮南子》的"无为"论是本于《文子》。《淮南子·修务训》亦指出"无为"并不是"寂然无声,漠然不动,引之不来,推之不往"的消极的"无为",而是要"循理而举事、因事而立功,推自然之势"。《史记·太史公自序》总结道:"道家,无为,又曰无不为,其实易行,其辞难知。其术以虚无为本,以因循为用。"

西汉末至东汉末,"黄老道教"在"黄老道家"对"无为论"阐释的基础上,进一步将用于政治的"无为而无不为"发展为用于养生的修道成仙理论。《太平经》用"无为而无不为"来具体论述凡人成仙的道理。其曰:"元气无为者,念其身也,无一为也,但思其身洞白,若委气而无形,常以是为法,已成则无不为无不知也。故人无道之时,但人耳，得道则变易神仙，而神上天，随天变化，即是其无不为也。"

第三，身国同治。老子的修身与修家、修乡、修邦、修天下是一理。《老子》第五十四章载："修之于身，其德乃真；修之于家，其德有余；修之于乡，其德乃长；修之于邦，其德乃丰；修之天下，其德乃普。"《庄子·襄王》也提到："道之真以治身，其绪余以为国家。"可见，从修身至治国是由己及人、由内向外的层次推进。"黄老学"把修身与治国联系在一起，从治气养性中悟出治理国家的方法，并上升为"君人南面之术"。《管子·仁法》提出君主要践行"四任"而"四不任"的统治术，其曰："圣君任法而不任智，任数而不任说，任公而不任私，任大道而不任小物，然后身佚而天下治。失君则不然，舍法而任智，故民舍事而好誉；舍数而任说，故民舍实而好言；舍公而好私，故民离法而妄行；舍大道而任小物，故上劳烦，百姓迷惑，而国家不治……不思不虑，不忧不图，利身体，便形躯，养寿命，垂拱而天下治。"《吕氏春秋·先己》说："昔者先圣王，成其身而天下成，治其身而天下治。"《文子·九守》曰："静漠恬淡，所以养生也；和愉虚无，所以据德也。外不乱内，即性得其宜；静不乱和，即德安其位。养生以经世，抱德以终年，可谓能体道矣。"《史记·太史公自序》亦载："圣人不朽，时变是守。虚者，道之常也。因者，君之纲也。……凡人所生者神也，所托者形也。神

大用则竭，形大劳则敝，形神离则死……由是观之，神者
生之本也，形者生之具也。不先定其神（形），而曰'我有
以治天下'，何由哉？"由此可见，"黄老之术"和"黄老
道家"持的就是身国同治观。

"黄老之术"和"黄老道家"的"修身"主要是修其
德行或君主的统治术，而"黄老道教"则将"修身"发挥
为修道成仙。《太平经》说："欲正大事者，当以无事正之。
夫无事乃生无事，此天地常法，自然之术也，若影响。上
士用之以平国，中士用之以延年，下士用之以治家。"无为
治事的无事观，把平国、延年、治家三者联成一线。《河上
公章句》第三章注曰："说圣人治国与治身也。除嗜欲，去
烦乱。怀道抱一，守五神也。和柔谦让，不处权也。爱精
重施，髓满骨坚。反朴守淳。思虑深，不轻言。不造作，
动因循。德化厚，百姓安。"又第十一章注曰："治身者当
除情去欲，使五脏空虚，神乃归之。治国者寡能，总众弱
共扶强也。""爱精重施""髓满骨坚"和"反朴守淳"均
是长生成仙之法。"黄老道教"认为可以治身之法以治国，
《文子·九守》道："养生以经世"，《河上公章句》第一章
注为"当以无为养生，无事安民"，《太平经》道："天地开
阖贵本根，乃气之元也。余治太平，念根本也"。（罗彩，
"黄老学"溯源，理论月刊，2014 年第 9 期）

# 第 *12* 章　宫观园林

　　道教规划、建筑、园林、室内、陈设、装饰是道教文化的载体，也是功能的载体。室内和室外空间是道士们用以祀神、修炼、传教以及举行斋醮仪式的场所。

## 第 1 节　宫观规划与建筑

### 选址自然山水

　　宫观规划包括宫观选址和因址规划两个方面。宫观选址于自然之地，以求与"人法地，地法天，天法道，道法自然"相合。对于何为自然，从中国文化层面来看，天和地概念的模糊性，边界的模糊性，内容的模糊性，尺度的模糊性，使得中国人势必缩小范围、尺度、内容以界定自然。南朝宋宗炳画论《画山水序》的"山水以形媚道"说出了本质。即有山水两者同时存在之地，山和水的形态可以"谀媚"道，"媚"相当于"法"，由此形成一个链条：山水—道—自然。天地一词被山水取代，山水作为地的载体，因其形态的变化，可以有许多空间形式和实体形态，可以满足人类诸多功能，每种空间和实体之上的天的边界和体态也得以界定，故山水诗、山水画、山水园以象征天地诗、天地画、天地园，其直接指向自然和道。

道教宫观择于山水之处与园林裁剪山水或再造山水有异曲同工之妙。而道观择于山水就是园林的裁剪山水，若按风景园林学科分类，即选址于风景名胜之地。兼具山水的道观有：涪城玉皇观择址于边堆山脚下，北有安昌河流过。江油云岩寺背靠窦圌山的三座山，玉皇殿、窦真殿、东岳殿、鲁班殿在山巅，涪江从山西绕过。梓潼七曲山大庙和敕法仙台道观分别建于七曲山和凤凰山上，梓江从西侧南北向流过。三台云台观建于云台山上，郪江从云台山南部由东北方流向东南方。山水之处植物茂盛和矿产资源丰富，有利于道教人士就地取长生滋补饵材和不死炼丹金石。

在无水的山区，选择山地是道教常例。一方面是因为道教追求清静和无为，只有山区才是人烟稀少和与世无争，可以无为而生、无为而息、无为而活、无为而寿的地方。道家对于世外桃源的定义更多地在于无人的山区，而不是人多的水区。偏和远是人少凡稀尘绝的地方，与道家的虚和静理论相应。远人烟以利自修是原则。无人山区也不是没有水，而是山水平地少水少，无人也不是绝对无人，只是相对凡人少，正是因为凡人少产业少而能满足道教人士自身生存保活需求、精神内修需求和长生外修需求。若得名山更是如天赐仙境。葛洪在《抱朴子》一书中说："合丹当于名山之中，无人之地。""是以古之道士合作神药，必入名山。"道教认为山水为道气所化之境，是人与天神沟通往来的媒介。司马承祯在《天地宫府图序》中云："夫道本虚无，因恍惚而有物气，元冲始，乘运化而分形。精象玄著，列宫阙于清景；幽质潜凝，开洞府于名山。"杜光庭在《洞天福地岳渎名山记》中讲："乾坤即辟，清浊肇分，融为江河，结为山岳。或上配辰宿，或下藏洞天，皆大圣上真主宰其事。"基于对这一理想境地的追求而衍生出道教的十大洞天、三十六小洞天、七十二福地之说。（盖建民、王鲁辛，论道教建筑营建的基本思想原则，宁夏社会科学，2018年9月）

道观择址于高山之巅的理论依据是仙人不食五谷和餐风饮露。不食五谷就是辟谷，餐风饮露就是食气。在山巅，道路艰险，人烟罕至，本是堪舆之煞地，不宜人居，建筑易受风吹雨打而使用年限短。山顶几乎没有生产面积，且土地贫瘠而五谷不生，路途遥远而五谷难得。但山巅云雾往来，气纯光足，不仅可以呼吸新鲜的空气，也可以饱受朝霞光气，故为道教服食派所推崇。食气又常称为餐朝霞。早晨之光能量温和，霞就是水气漫射，既是水也是气，也是人体气需。绝食五谷和餐饮六气最早见于《庄子·逍遥游》，说北海邈姑射之山的神人们"不食五谷"，"吸风饮露"。（詹鄞鑫，餐风饮露求长寿吐故纳亲炼气功，现代中文学刊，1995 年第 5 期）

从字源上看，"仙"字古时写作"仚"或"僊"。许慎《说文解字》道："仚，人在山上貌"，段玉裁解释为"引申为高举貌"。《说文解字》云："僊，长生僊去。从人。"《说文解字注》解释为："僊去疑当为'去'……，升高也。长生者去，故从人会意。"仙人居高是古人的普识，汉代方士公孙卿告诉武帝："仙人可见……今陛下可为观，如缑城，置脯枣，神人宜可致也。且仙人好楼居。"于是武帝"令长安则作蜚廉桂观，甘泉则作益延寿观"。山巅更接近天庭，更有机会遇见仙人或飞升成仙，故无论山有多险，道观都要建在山顶。

在天人合一和天人感应论的支持下，道教的万物有气论，加上堪舆学上形与气相合论认为，向心朝我的山川格局被认为是地气聚我，如莲花山就是众瓣绕花心的构局，全国各地有莲花形山地者多为道观（或寺庙）所占。三台云台观，周围九座山峰环绕，形成莲瓣绕芯、九龙捧圣和众星拱月之局。道士们发现九山之树，树尖均朝向道观而来，表明基地生气旺盛。来朝为贵是自然山地选址的重要方法。当然，堪舆望气论认为，气发于山巅，直起冲上，下小上大如伞，就是真气，并认为山体有真气，真气贯生物，生机显树梢。

在无山平原之地，选水的理论依据就是郭璞《葬书》的堪舆理论提出的"气乘风则散，界水则止"的理论对宫观选择水系绕抱，即金城环绕水（腰带水或环抱水）和内弓半抱水（半月水），具有重大的影响。虽然堪舆理论不是道教理论，但堪舆理论是因就自然，选择自然中宜居形局，故被大量采用。

神圣空间通过中心轴线布局是周礼"以中为贵"的体现。把最重要的主殿放在中心或轴线的高潮位置本是《周礼·考工记》"市朝一夫"的具体化。《吕氏春秋·慎势》也强调居中为贵："古之王者，择天下之中而立国，择国之中而立宫，择宫之中而立庙。天下之地，方千里以为国，所以极治任也。"主殿左右厢房、耳殿运用左右运用相对理念，是道教阴阳平衡的理念，如左钟右鼓、左道士居右上客堂、左文昌殿、右财神殿。如三台云台观就是典型的中轴对称格局。中轴线上依次为三天门、云台胜境坊、长廊亭、三合门、青龙白虎殿、灵官殿、降魔殿、藏经阁、香亭、玄天宫。供奉真武大帝的主殿玄天宫居于全观最高点，长廊亭两侧有风水池，前方两侧有华表，内券门外两侧为黑白无常，门内两侧为左观音殿右城隍殿，青龙白虎殿两侧为"九间房"，藏经阁后左为钟楼右为鼓楼。

道教宫观前有一段很长的引导山道。一路为自然风景与人工景观。自然风景有山水树木奇石，人工景观主要是门坊和桥亭。如云台观的前导有玉带桥、名山坊、一天门、二天门、三天门、云台胜境坊、长廊亭、石华表，最后才到山门三合门。从"尘世"通向"净土"、"仙界"的酝酿阶段，路线上的溪流、小桥、牌坊、天门、放生池、亭子、华表等建筑元素对场地起着不断提示和渲染的作用。古常道观的前导园林达 200 米，分别有奥宜亭、迎仙桥、五洞天、翼然亭、集仙桥、云水光中。其中的迎仙桥、集仙桥、五洞天都是道教理念。这段园林道路景观通过自然风景的连续性和仙景的提示性，使人从尘间走向圣境。

沿中轴线建筑空间序列演进，也带有道教理念的分层递进。《太平经》认为天、地、人为三统，三统均由元气所生。《云笈七签》卷三"道教三洞宗元"讲："三气变生三才，三才既滋，万物斯备。"天、人、地三才是道教世界的基本结构。云台观的三合门到青龙白虎殿为地界，祀掌管阴界的黑白无常、守护土地或城邦的慈航真人和城隍。从青龙白虎殿到灵官殿为人界，相当于人间的九间堂为道士与居士所居，还有财神管钱财，药王掌健康。从灵官殿到玄天宫为天界，真武是主神。这种地界→人界→天界空间模式也是道行由低向高的路径。（盖建民、王鲁辛，论道教建筑营建的基本思想原则，宁夏社会科学，2018 年9 月）。

采用灵活自由的布局，因顺场地的做法源自道教经典

《管子》一书。《管子·乘马》中主张:"凡立国都,非于大山之下,必于广川之上。高毋近旱,而水用足;下毋近水,而沟防省。因天材,就地利,故城郭不必中规矩,道路不必中准绳。"这种做法也与《园冶》的"巧于因借"的因景和借景理念完全一致。

### 按照阴阳八卦营造

《易经》对道教宫观的规划和建筑影响深刻。在《周易》中的唯一建筑卦是大壮卦,其《系辞下》说:"上古穴居而野处,后世圣人易之以宫室,上栋下宇,以待风雨,盖取诸大壮。"下层是台基象征主卦乾,上层建筑结构象征客卦震。早期道经《太平经》就讲:"八卦乾坤,天地之体也。"在道教经典《修真十书钟吕传道集》卷之十四中"论天地"引钟离权所言:"天道以乾为体,阳为用,积气在上;地道以坤为体,阴为用,积水在下。天以行道,以乾索于坤。一索之而为长男,长男曰震。再索之而为中男,中男曰坎。三索之而为少男,少男曰艮。是此天交于地,以乾道索坤道而生三阳。及乎地以行道,以坤索于乾。一索之而为长女,长女曰巽。再索之为中女,中女曰离。三索之为少女,少女曰兑。"这正是以易经八卦与家庭成员间的对应关系来论述道教的内丹修持,道教神仙理论对于《周易》八卦义理的融入与糅合。

八卦分为先天八卦和后天八卦,各自与道观布局结合。

按先天八卦来布局的道观，依据乾南坤北、天南地北，以子午线为中轴，中轴线建筑坐北朝南，两边则依日东月西、离坎对称的原则，设配殿供诸神，如四川成都的青羊宫、三台县的云台观等。四川蓬溪县的高峰山道观依山势分三层，其殿、馆、堂、亭纵横交错，楼、阁、台、榭上下环绕。整个建筑群按先天八卦布局。以天井为中心，乾、坤、坎、离四大主卦构成纵横两轴，一阴一阳喻为太极；正北为三清殿，后又有斗姥殿，形成坎卦，构成"坎中满"；正南为三官殿，其后有老君殿，殿对面是南客堂（男客区）两段，形成离卦，构成"离中虚"；正东是文武殿，殿后为灵官殿，灵官殿前建有山门，形成乾卦，构成"乾三连"；正西是西客堂（女客区）间隔成回廊六段，形成坤卦，构成"坤六断"。四主卦建筑围合相连，再加上周围环抱的厢房达 230 余间，大小门达 400 多个。门分为正门、侧门、实门、虚门、活门、死门、机关暗道多种，错综复杂，有"迷宫仙境"之称誉。

按后天八卦方位布局的道观，则离南坎北，震东兑西，如四川彭州阳平观。八卦亭居中心，东西南北四正位置分别为五祖七真殿、斗姆殿、南极殿和天师殿，四维（角）位置为四个小品，西北水池，东北丹炉，西南和东南处均立功德碑。

《周易》的卦象是以符号来表达抽象意蕴。阳爻为奇数，阴爻为偶数，《系辞上》云："天数五，地数五，五位相得而各有合。天数二十有五，地数三十，凡天地之数五十有五。""天一、地二、天三、地四、天五、地六、天七、地八、天九、地十。"其中一、三、五、七、九为天数，二、四、六、八、十为地数，天数之和二十五，地数之和三十，合计五十五。道教建筑运用天地之数造型。如宫观三个门洞，四根门柱的山门，与"天三地四"相合，又象征"天、地、人"三界和"无极、太极、现世"三界。进入山门，意味着跳出三界，到达神仙境地。道观的亭阁用层檐数对应"天地之数"。四川彭州阳平观的八卦亭，亭为五层五檐，合"天数五，地数五"之意，又与五行相配；台基三层喻天、地、人三才，于是，一、三、五的天数之和与九玄之数相同，至于阳数之极。建筑开间数中一、三、五、七、九的天数，尊极之数少用，其余之数与南朝梁陶弘景《真灵位业图》的神仙七品相应。

古代建筑结构的殿式、大式和小式三等级也是有规定的。普通民房为小式，道教天尊、帝君、三清、四御、玉皇、五岳、真武等神仙建筑为殿式或大式，普通地方神用小式。东岳庙、西岳庙、南岳庙和北岳庙因受皇帝封禅而与帝王宫殿同级，为大式。

装饰图案鲜明地反映道教追求吉祥如意、长生久视（指长久活下去。典出《老子》五十九章道："有国之母，可以长久，是谓深根固柢，长生久视之道。"）、延年益寿、羽化登仙等思想，太极、八卦、四灵、暗八仙、二十八星

宿等体现道教思想，以日、月、星、云、山、水、石寓意
光明普照、坚固永生、山海年长；以扇、鱼、水仙、蝙蝠、
鹿等分别代表善、余（裕）、仙、福、禄，以莺、松柏、灵
芝、龟、鹤、竹、狮、麒麟和龙凤象征友情、长生、君子、
辟邪和祥瑞，或直接用福、禄、寿、喜、吉、天、丰、乐
等字。又有将寿字百种题为百寿图，以福字变化题为八宝
图、福寿双全图。八仙过海和八仙庆寿是最为常见的装饰
题材。有些图案和喻意有时远远超越道教本意，附会了其
他地方风情，有些图案也世俗化地为民间日常器具之用。

# 第 2 节　体道行法与建筑环境

　　吴保春和盖建民认为，道教建筑深受道教体道行法
思想的影响。体道行法思想包括心性炼养和科仪行持等
思想，强调道士如何修炼合道以筑基行法。道以法为用，
法以道为体，心通道法间。了心而通万法，万法具于一
心。道因法以济人，人因法以会道。道法沟通，以了心
为媒介。道士体道行法，妙合乎阴阳、动静、方圆，贯
乎天、地、人三才之道。道人行持法术，要有"法"可
依，以道教科仪为范。道人心性炼养以筑基体道，科仪法
事以救世行法，其心性修炼居住空间、斋醮设坛的环境选
择，各有定规。道人体道行法宗教实践，与道教"物象、
事件、场景"等建筑意象表层结构相融合，致使自身形成

了特殊的认识结构。进而认识结构又对道教建筑意境进行反哺。

文学的比兴手法在道教建筑中广泛运用。道教建筑的意象表层结构为客体，与道教的体道行法思想比附，形成特有的体悟术语或符号，使玄妙的道教理论生动起来，也使功能平凡的建筑升华为具有道教仙道的意境。

以一个简单的建筑功能意象栋和宇为例。在《说文解字》中："宇，屋边也。"即建筑的屋檐，到了《周易》，则成为"上栋下宇，以待风雨"。到了道经《文始真经言外旨》云："宇者，尽四方上下之称也，故以一宇冠篇首。谓无是宇，则无安身立命之地，道则编四方上下无不在焉，无是道，则天地造化或几乎废矣，故一宇者，道也。宇既立，不可无柱，故以二柱次之。柱者，建天地也，天地定位，圣人居中。圣人者，道之体也，圣人建中立极，故以三极次之。"以宇比道，"编四方上下"。柱子是天地的连接，中间居住圣人，构成天地人三才系统。

《太上老君内日用妙经》云："身是气之宅，心是神之舍。意行则神行，神行则气散。意住则神住，神住则气聚。"把气和神拟人或物，而把身比宅，把心比舍。《太上元宝金庭无为妙经》定神章第二十五："人之神者，心为之室，血为之禄，气为之本，四体五藏为之使。夫神之在身，由舍之有生。舍之有生则成，无生则败。且舍之新，若无生，门户不闭，尘秽四入，豕鼠耗其基，鸟雀穿其穴，亦渐至隳坏。舍之朽，若无生，门户摧塌，尘秽溢满，豕鼠败其基，乌雀翻其盖，则欲不朽，无由也，立至崩坠。"把身为舍，神居之，舍的门户需关闭才能抱神守元。《修真十书黄庭内景玉经注》："心为灵台，言有神灵居之，静则守一，动则存神，神具体安，不衰竭也。"把心比为神灵居住的灵台，则要靠静守和动存双重保养。道教"抱元守一，御众凝神"本来玄之又玄，而用建筑比兴，则简单明了，通俗易懂。

《修真十书黄庭内景玉经注》："面为灵宅，一名天宅。以眉目口之所居，故为宅。修之精通则神仙游矣。""按《洞神经》云：六府者，谓肺为玉堂宫尚书府，心为绛宫元阳府，肝为清冷宫兰台府，胆为紫微宫无极府，肾为出牧宫大和府，脾为中黄宫大素府，异于常六府也。"《大丹直指》云："肺为华盖，咽喉为重楼，口为玉池兑户，鼻为天门天柱，眉间为玉堂，额为天庭，顶为天宫，耳为双市门。"唐朝王屋山玉溪道士张弘明书云："形器为性之府，形器败则性无所存"，"若独养神而不养形，犹毁宅而露居也，则神安附哉？"建筑类型宅、府、庭、楼、户、柱、堂、庭、宫、门等，被用于比兴道人修真炼养等体道行法宗教实践。道人以建筑物象来体道行法，从而意境也升华为仙境。《陆先生道门科略》又道："奉道之家，靖室是致诚之所。"靖室为"奉道之家""致诚之所"。唐代王悬河《三洞珠囊》：引《玄都律第十六》云："治者，性命魂神之所属也。"王悬河的治指的是唐代的道教建筑，相当于宫观，是"性命魂神之所属"。《洞玄灵宝三洞奉道科戒营始》云："科曰，凡道士、女冠入道，即须受持经戒、符箓，须别作受道院造坛，及对斋堂静室，缘法所须，皆备此院。""科曰，凡天尊殿堂，及诸别院，私房内外，皆种果林华树，绿竹清池，珍草名香，分阶列砌，映带殿堂，蒙笼房宇，使香起灵风，华明慧日，时歌好鸟，乍引高真，上拟瑶台，下图金阙，契心之所，是焉栖记。"天尊殿堂及诸别院等道教建筑物象，其建筑意境为"上拟瑶台，下图金阙，契心之所"。园林环境的"果林华树，绿竹清池，珍草名香"，"分阶列砌，映带殿堂"。唐人徐铉《宣州开元观重建中三门记》："夫清静玄默，道之基也，宫馆坛墠，道之阶也。""清静玄默"是修仙的基础，"宫馆坛墠"等建筑类型，成为修仙合道之台阶。

龙虎山的天师府，是道教张天师的道场。其前为泸溪河，其后为玄武池。在道士眼里，水景是有意的。在道家人物关尹子眼里就是"情波""心流"和"性水"："人迷情如水之波浪，人逐境之心如流动之水，人之本性如水之源也，波流源有三名而无二体，为波流源皆是水也，情心性有三名而无二体也，为情心性皆是真也，故云情波也，心流也，性水也。"元代陈旅《龙虎山繁禧观碑铭》引用了一段对话："延祐四年，始治地为观……。观成，有实之以宜稻之田焉。于是李君与其徒言曰：'吾与若承清敫，藉素云，而徜徉乎溪水竹石之间，所以善体而清心也。清心所以通神明而修吾职也，夫岂徒为美居以居吾私哉？'嗣天师与玄教大宗师闻之，皆表之曰繁禧之观。"在天师道人的眼中，体道就如"承清曒，藉素云"，"徜徉乎溪水竹石之间"，实际是把园林游览当成体道的过程，目标是"清心"而"通神明"，并非是"美居以居吾私"。天师府的铺地功能本身也可借以修炼体悟。《修真十书盘山语录》云："殊不知地面是古人心行到平稳休歇处，故有此名。如人住处，治平荆棘，扫除瓦砾，其地平整可以居止，名为地面。修行之人，心地平稳，事触不动，便是个不动地面；万尘染他不得，便是个清净地面；露出自己亘初法身，分分朗朗，承当得，便是个圆明地面。"以地面的多种特性比兴心性。平稳与不动，不染与清净，露身与圆明。《清和真人北游语录》云："松竹虚心受气足，凌霜傲雪长年青。况人元神本不死，此气即是黄芽铅，老者可少病可健，散者可聚促可延。"用竹子虚心纳气而凌霜傲雪，与人的"元神""不死"相联系。把气当成"铅"，可令老者健，散者聚。元玄虚子对竹赞咏道："寒岩雅秀无多种，惟有琅玕过岁华，直节正当恬养素，虚心恰合道生涯。迎风瑟瑟清来冷，载雨潇潇净更嘉。谁并真常君子器，偏宜仙洞道人家。"竹子的"直节"和"虚心"，"偏宜仙洞道人家"，有利道人"恬养素"和"道生涯"。

　　第四十三代天师张宇初《岘泉集·凝正斋记》云："乃

环吾居，植以佳花美竹，通以虚檐敞牖，蔚然而黳，葇然而滋，举足以娱自适怀。乃辟一室凝思怡神，以致力乎道家纵闲之工。"园林美景是张天师"娱自适怀"的场所，而辟"一室"以"凝思怡神"才是目的。道经《太上元宝金庭无为妙经》"入室"章云："真人养形，莫若炼气，炼气莫若定神，定神莫若入室。入室者，养神安定之法也。"入室是为了"养神安定"，不入室，则容易心神涣散，受环境左右。在此，园林环境的形色变化和空间曲折有利于清心和畅神，但不利于修炼的定心和安神。室内空间与园林空间的差异性与心性修炼直接相关。

龙虎山天师府的各主要道口遍插旗幡，是用于普告神灵和超度"下世兆民"。各大庭院的香炉燃香，是用于修炼存想时的感触神灵。《天皇至道太清玉册》道，"香烟接于气中，仿佛见无鞅真仙官君"，"见香成五色，功曹符吏在空中"，"身恍如升上三天，亲见三清、玉帝"。府内玉皇殿月台香炉各柱铭文明确写着："香烟缭绕达上苍"，"瑞气氤氲透九霄"。"上苍""九霄"，就是神仙的居所。天师府玉皇殿前的钟楼鼓楼的钟和鼓，府内东南角的钟亭，都是以钟鼓之声来感触神志。道经《道门科范大全集》云："钟虡奏音，与信词而并发；炉香腾气，随馨德以升闻。谅冥感之交通，获上灵之昭应。"道经《洞玄灵宝道学科仪》云："讲诵经典、修斋行道、建法受供之时，若非钟磬，警召众官，各行其道，时则不至，至又不齐。故《中元经》云，长斋会玄都，鸣玉扣琼钟。十华诸仙集，紫烟结成宫。当于治舍左前台上，有悬钟磬，依时鸣之。非唯警戒人众，亦乃感动群神。"因此，建筑空间的香炉钟鼓，意义非凡。钟鼓一响，神仙汇集。

天师府地面镶嵌"九紫罡"：白色瓷砖镶嵌地面，九个铜质太极阴阳盖帽，分别代表九宫。各"宫"之间，镶嵌金边"小径"沟通。玉皇殿铺地镶嵌"弥罗罡"：白色瓷砖镶嵌地面，三十六个铜质太极阴阳盖帽，分别代表三十六天罡星，每一天罡星宫内有一神主使。各"罡星宫"之间，镶嵌金边"小径"联系。步罡踏斗，步罡是道教斋醮仪式的必行科仪。罡步，又称"禹步"，相传大禹王治水时，至南海之滨，看到鸟通过"禁咒"和"怪步"，居然把大石翻动。于是大禹模仿鸟步，翻动大石。葛洪在《抱朴子》中说，禹步能招役神灵，消灾赐福。九紫罡是天上的星宿，弥罗罡就是太上弥罗天。步罡，就是沿天星之位行道，目的是通达神灵。道经《金液还丹印证图》云："坛筑三层天地人，九宫八卦布令匀。镜悬上下祛精怪，剑列方隅镇鬼神。禹步登时三界肃，罡星指处百魔宾。叮咛刻漏无差误，片饷工夫万劫春。"踏斗指按北斗星的铺地行道。步罡和踏斗，按道教理念都可降服百魔、肃整三界。

龙虎山天师府的两处坛场玄坛殿和万法宗坛（图12-1），也是为道教科仪所用，以达感触神志。道经《玄坛刊误论》

论露坛品第十八引悟微子白先生云："今之宫观，本为众人或力辨建修，过雨而废，即于斋主，岂不重劳？但能精诚上通，何患重檐所障。露之与盖，两不相妨。"坛面露天或建殿与否，是不影响"精诚上通"的。洪武元年，明太祖圣谕四十三代天师张宇初道："法之宗坛，予欲通诚于九天，汝则以精神而运用；予欲敷治于四海，汝则以清静而辅毗，茂膺宠光，永绥福履。"同样是宗坛，朱元璋用以通诚九天和敷治四海，而张宇初则运用精神修炼和清静无为。（吴保春、盖建民，道教建筑意境与道教体道行法关系范式考论——以龙虎山天师府为中心，世界宗教研究，2017年第3期）

图 12-1 天师府万法宗坛

# 第 3 节　白云观云集园

　　白云观位于北京西便门外，是全真教第一丛林，又是道教北七真龙门派的开创者丘处机的藏蜕之地，成为全真三大祖庭之一，如今也作为全国道教协会所在地。作为北京现存最古老的道观，白云观的前身是唐代开元二十六年（公元 739 年）修建的天长观，但王夫帅、李青春载为开元七年。唐代刘九霄《再修天长观碑略》详载唐玄宗斋心敬道，奉祀老子建观的缘起。金代以后，先后更名为十方大天长殿、太极宫、长春宫，明初改为白云观。国家图书馆藏的《白云观拓修云集山房小引》道："观为长春宫故址，乃丘祖说经传戒道场，元明迄今香火隆盛，其春日燕九会，秋日礼斗坛，十方信善云集尤多。"基址几度变迁，最终形成现在的白云观的规模。（王夫帅，李青春 . 景从云集：道教宫观园林北京白云，观云集园设计理法初探，艺术科技 .2014 年第 3 期）

　　云集园是白云观的道观园林，建设于清光绪十三年（1887 年），十六年又有增建。《白云观拓修云集山房小引》道："又自入观以来，猥司道纪，译经无所，申戒乏台，每逢檀越临，道侣集讲，客堂既隘，斋舍未闳，用斯积歉，历有年矣。兹幸蒙素云刘大师及诸大护法填有漏之因，广无遮之，会醵资慷慨厇材鸠工爰拓观后余地，中筑戒台，游廊环翼，北构开轩，以为众信善讽经祈厘祝碬肆筵之所，左右垒石为山，缀以亭沼，肃宾接众，规模宏焉，唯念！善庆既资福缘，清规尤宜恪守。倘或因其区宇稍展，视同公谯之。"碑文记载，白云观之前并无园林。道观仪规松弛，环境恶劣，馆舍不足，译经无所，弘法无台。每当有施主来临，集中讲经，客堂狭隘，斋舍拥挤，入不敷出，捉襟见肘，经年不改。此次恰逢慈禧太后身边当红太监刘素云（龙门岔支霍山派掌门）和各大护法，慷慨解囊，填补资用，招集工匠，准备材料，开拓白云观北端的余地。中间构筑戒台，游廊环绕两翼，北构开轩，作为信众们读经、祈祷、祝愿、设宴的场所。左右垒石堆山，点缀亭沼，整肃宾客，接纳百姓，规模因此宏大。非常感念施主们的善举。此番庆祝，既可以资助福缘，又适宜恪守清规。因为建筑拓展，空间扩大，大家因此可以相聚畅谈，无所拘束。

云集园由左、中、右三个部分组成。每部分堆有假山，故总体构局是一池三山格局（图12-2）。中部主体建筑是云集山房，平面三间加周围廊，建于高台之上。南面由围廊围成开阔合院，院正南为依楼而建的戒台（图12-3）。戒台为道教全真派的三坛大戒（初真戒、中极戒、天仙戒），其形如戏台之制，虚庭符合道家之虚为中的理念。以此作为道士集会受戒之所。围廊和云集山房既是围合构筑物，也是可坐观观悟之所。

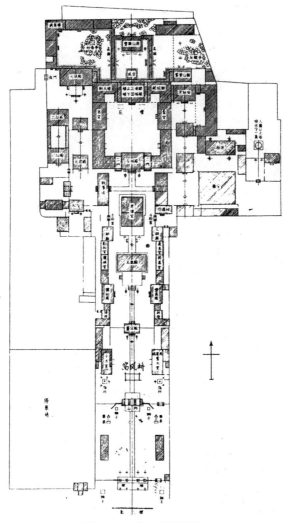

图 12-2　白云观平面图

图 12-3　白云观戒台

　　中院假山不在庭院正中，而在云集山房的北面，作为山房的玄武山和靠山。此山做法与恭王府花园的北壁假山十分相似，全为房山石堆成。再从时间上看，恭王府假山堆于前，它堆于后，故可称为延续北方壁山做法的典型案例。恭王府把北壁山与主山相连，从主山向东西向发展为东山和西山。这种做法也为白云观所学，只不过云集园没有主山，也没有主山与东西两山连接，由此可见，北山虽然技法上与恭王府相同，但是从堪舆上就是主山，东山就是青龙山，西山就是白虎山，只是没有朱雀池。虽无池，却在《小引》中道"缀以亭沼"，沼于何处？怪不得云集园又名小蓬莱，概以一池三山而名。更有意思的是，中院假山是由七座峰石构成，中尊最高，西北、东北各一峰，南面一处为台阶石，东面一处为抱基石，西面一处为抱基石，东侧再立一峰。虽平面布局不是北斗七星之制，但是，其位却在最北，故以位和数合北斗之数。

东院假山最低，采用土石结合的形式，山顶构亭名有鹤（图 12-4），亭侧立峰石，题：岳云文秀。此山与亭作为云集园的东南入口的障景山，也是对景山。鹤被道教缀以仙鹤之名。有鹤与云集合为祥瑞图卷。东院主体建筑名云华仙馆，三开间，坐南朝北，为北方园林极为罕见。唐末五代道士杜光庭《墉城集仙录》载，云华夫人瑶姬为西王母之二十三女，在道教体系中由神变为了仙。因此，云华仙馆当是瑶姬的仙府。

图 12-4　白云观有鹤亭

　　西院最高，由大小两峰构成。山体土石结合，南侧构洞，题"小有洞天"，可见与洞天福地思想有关。出洞寻山路，见石碣题"峰回路转"，登顶到妙香亭（图12-5）。宋代陈师道的诗《次韵苏公竹间亭小酌》："鸟语带馀寒，竹风回妙香。"西院北面构一楼，名退居楼，成曲尺形并绕西面和北面。以乾隆晚年在紫禁城建的倦勤斋意近，但它构以二层楼，亦有仙楼之境，更合堪舆西北乾位的通天之功。（王夫帅、李春青，景从云集：道教宫观园林北京白云观云集园设计理法初探，艺术科技）

图12-5　白云观妙香亭

　　白云观入口到云集园的轴线很长，中轴依次布局有：影壁、牌坊、山门、方池、窝风桥、灵官殿、玉皇殿、老君堂、丘祖殿、三清殿。东翼有无极殿，西翼有元君殿、元辰殿、吕祖殿和八仙殿。宫观不植一树，未知何意。只是到了云集园，仿佛一下子进入蓬莱仙境。

# 第 4 节　青云谱

青云谱道院位于南昌市南郊十五里定山桥附近。据传早在两千五百多年前，周灵王太子晋（字子乔）在此创建道场"炼丹成仙"；西汉豫章郡尉梅福（字子真）因朝政腐败，隐归梅湖畔，留下钓台遗迹，后人建"梅仙祠"以纪之；魏晋时期，许逊路过"梅仙祠"，偕弟子黄仁览"解囊购坞，筑之，树之，且固且浚"，扩至规模并称之"净明真境"，名"太极观"；唐大和五年（公元 831 年），刺史周逊更奏改名"太乙观"；宋至和二年（1055 年），宋仁宗赐名"天宁观"。

入清，清顺治十八年（1661 年）道士画家朱良月（道名道朗）与其弟朱秋月（又名石牛慧），不容于清朝，流落此地，隐居于此，扩基重建。据刘纯青等研究，康熙年间形成了十二景：岭云来阁、香月凭楼、五夜经翻、七星山绕、池亭放鹤、柳岸闻箫、五里三桥、九曲一涧、钟声谷应、芝圃樵归、荷迎门径、梅笑林边等。乾隆年间青云圃内、外各新增四景，合成内外各十景。清嘉庆年间，道院残破，黄淳庵父子进行修缮；嘉庆二十年（1815 年）状元、礼部尚书戴均元，改"青云圃"为"青云谱"，以寓青云传谱、有稽可考，并沿用至今。至光绪年间，殿宇衰败，道院住持徐忠庆（字云岩），依前朝之景修复。临川李道人赞道："青云留楼阁，云水入画图。"1959 年成立八大山人纪念馆。

青云谱既有环境山水，也有庭院园林，更有独立园林。青云谱选址于岱山之麓和梅湖之畔，一山一水构成其自然风貌。南傍梅湖，北依岱山，堪称风水宝地。西南部地势逐渐升高，呈岱山、南山和龟蛇三山环抱之势，宛如"三山仙境"。梅湖水面开阔，恰成为朱雀池，与老子之"上善若水，水善利万物而不争"相合。

西院东园是总体布局。西院由前、中、后三院构成。三院极具园林特征。前殿供关公，中殿供吕祖，殿后两门额题天根、月窟。殿前院中为天池，池内对植罗汉松。这种院中开池做法与无锡祠堂群做法相近（图 12-6）。

后殿名许祖殿，又称福主殿，为上下两层楼。楼上供玉皇大帝，故名玉皇阁。殿前桂花，相传为唐朝天师万振手植，为内十景之一的"五桂合株"。后殿西接峤圆，亦为道教仙山。东为三官殿，殿前院中构花台植牡丹，即十景之一的"白牡千树"。再东为斗姥阁，是斗星崇拜之景。门额题"无上玄门"，亦为道教之语。院中植兰、菊、月季等花，左右为厢房，题为"鹤巢飞身"，亦为道教崇鹤求寿之景，取马迈常得道成仙，化鹤飞去之典故。东部为黍居小院，为园主黍居炼丹之处。

图 12-6　青云谱天池

　　东部园林为园圃复合制。南部为十景之"闲锄芝圃"，是生产性园林，广植果蔬和粮食作物。圃东有一口万历古井。圃北即为花园。园中凿池植荷，名"白莲同池"，池边构亭，名"卧听松琴"，以松之景和乐之琴相辉映。池上通桥，名仙人桥（图 12-7）。桥南构观景亭，与池北"卧听松琴"相对，取名"香月凭楼"，概取夜景之楼观月宫。过仙人桥直北，为"岭云来阁"，是为全园高处之阁。阁北曲池夹岛，梅花遍野，得"素梅一岛"之景。穿岛数十米，竹林掩映，亭隐竹中。（周洋、魏绪英、刘纯青，清中期青云圃道观的造园艺术，中国园林，2018 年第 6 期）

图 12-7　青云谱仙人桥

## 第5节　昆明黑龙潭

　　黑龙潭位于昆明北郊龙泉山五老峰脚下，素有滇中第一古祠之称。黑龙潭由上下两观构成，由汉代的黑水祠演变而来。下观始于明代，俗称黑水宫，只有一进院。上观始于唐宋的龙泉观，依山而建。如今黑龙潭由龙王庙、龙泉观、龙泉探梅和杜鹃谷四大景区组成。从主题就可看出，真正的道观只有龙泉观，即上观。而龙王庙则是龙崇拜，虽属本土崇拜，亦不属狭义的道观。

首先选址于龙泉山下风水宝地。泉水在此汇成上下两潭，上潭清水，下潭浑水，一清一浊，中间以观鱼桥分界，与道家阴阳理论相合（图 12-8）[资料来源：王祖力、朱勇、胡晓，昆明黑龙潭道教园林分析，现代园林，2013.10 (4)]。

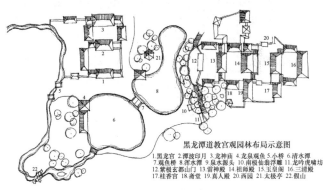

黑龙潭道教宫观园林布局示意图
1.黑龙宫 2.潭波印月 3.龙神庙 4.龙泉观鱼 5.小桥 6.清水潭 7.浑水潭 8.浑水源头 9.泉水源头 10.南极仙翁浮雕 11.龙吟虎啸坊 12.紫极玄都山门 13.雷神殿 14.祖师殿 15.玉皇阁 16.三清殿 17.桂香宫 18.斋堂 19.真人殿 20.西园 21.太极亭 22.假山

图 12-8　昆明黑龙潭总平面

道观由神殿、膳堂、宿舍、园林四部分构成。上观是正宗道观，正门正对浑水潭。一进山门题"紫极玄都"，与浑水潭对面的太极亭隔水相望（图 12-9）。紫极即天象居中的紫宫，太极是道教的核心价值观。第二进为雷神庙，三进为祖师殿，四进为玉皇殿，五进为三清殿。道观东院为桂香宫自成一院，真人殿、斋堂和角亭自成一院。真人是道观长者，意为得真之人。观西为园林部分，由一堂二亭构成院落。庙前还建有一个品字形戏台，为传统制式。

图 12-9　昆明黑龙潭太极亭（杨洁绘制）

　　下潭清水潭正对龙王庙，成为庙的朱雀池，水口还专门堆了假山。清水潭边构有廊亭一组，名龙泉观鱼。龙王庙院内两进院落，山门题"黑龙宫"，正殿"潭波印月"，最后一进为龙神庙。

# 第 6 节　老君台

　　八卦台是伏羲画八卦的地方，老君台是纪念老子的地方。道教的卦源和道源始于二人，故伏羲和老子都被道教奉为始祖神。

### 鹿邑老君台

　　老君台又名升仙台和拜仙台，相传是老子修道仙升之处，实际是纪念老子聚徒讲学和传播天下大道而建，鹿邑是明道观最后进台式建筑，也是河南省保存最完整的高台建筑（图 12-10）。据大清光绪版《鹿邑县志·古迹·明道宫》记载"明道宫在东门内升仙台前，唐名紫极宫，天宝二年（公元 743 年）为太清坛。"由此可知，该台始建于唐代，至迟也应在天宝年之前。以后历经宋元明清各代，皆有增修增建。

图 12-10　鹿邑老君台（杨洁绘制）

鹿邑老君台为圆柱形且有棱角，高8米，台底面积706平方米。周围用大砖堆砌，内实以土，上立垛口女墙，类似古城墙。台上有大殿、东西偏殿和山门一座。殿前壁上嵌有"犹龙遗迹""道德真源""孔子问礼处"等明代碑刻三方（通），清代赞助碑二通。殿内原有老子紫铜坐像一尊，殿左前方有铁柱一根，传为老子赶山鞭，实际上是周王所赐"柱上史"的柱子。大殿后原有老君炼丹房。台上还有古柏十三株。殿前站立像分别是四个时期道家代表人物：庄子、列子、文子、庚桑子。山门下有石阶三十三级，应老子飞升三十三层青天之说。诗云："宗台拾级上，临眺属新秋；此气凝清观，丹霞隔绛楼。风来双桧冷，水涌半城浮；悟彻常无妙，当前即十洲。"（王德生，鹿邑老君台，文史古迹，1991年第6期）

鹿邑老君台得到历代圣人名人的崇拜，唐高祖李渊、唐高宗李治、玄宗李隆基、女皇武则天、宋真宗赵恒，以及文学大家苏东坡、欧阳修等先后拜庙祭祀，或观瞻游览，留下了千古不朽的诗篇华章。1978年，鹿邑县政府公布其为县级重点文物保护单位。1983年在此建博物馆。1986年，老君台被列为河南省重点文物保护单位。2001年随太清宫遗址一起被国务院列为国家级重点文物保护单位。

鹿邑老君台今为明道观的一部分。观前有众妙之门牌坊、方池、升仙桥、山门。一进院落为回廊、甬道、绿化和迎禧殿。二进院落为玄元殿和八卦台。最后一进院落为享殿和老君台。神道东侧由南向北依次是礼醇门、钟楼、澄清亭、重修明道宫记碑、崇道亭、藏经阁、尚德亭、紫极殿以及院落雅苑。西侧由南向北依次是教正门、鼓楼、养生亭、问礼亭、抱朴亭、文昌阁、守素亭、混元殿以及院落博物馆。东西对称，布局严谨，并由东侧经廊和西侧诗廊从钟鼓楼环绕至玄元殿（王旭东、王一鸣、李雪、袁欣，道宫环境景观研究——以河南省周口市鹿邑县明道宫为例，中国名城，2016 年第 9 期）。院前方池桥坊，院内亭廊绿化，高台重楼，都冠以道教神化人物和道家、道教理论，是典型的院落园林。崇道、尚德、抱朴、守素、混元、澄清皆为道家思想。文昌阁是天象崇拜。玄元殿的老子铜像、老君殿的老子汉白玉像是人物崇拜。享殿的三清像是神仙崇拜。

## 中卫老君台

宁夏中卫城南 15 千米的老君台是一座汉代兴建的道观。清乾隆《中卫县志》载明代李若榷所作的老君台诗曰："参差观宇白云限，翠绕千岩抱野台。柱下元言何处贮，洞中丹灶几时开。古碑字断沉苍鲜，野鹤情闲倚碧苔。欲向函关瞻紫气，先从此地问蓬莱。"一句"古碑字断沉苍鲜"道观其源古老，经 1990 年出土汉唐铜币可推测是汉代之作。

老君台三山环抱。全观分山上和山下两部分。山下是三圣殿，主体是山上的全真观。老君台是道教名观，无处不显出道家和道教之理。三清殿供奉真武大帝、雷神、火灵大帝。配殿供吕神（图 12-11）。

图 12-11　中卫老君台（张柯楠绘制）

山上距山下十多里。从东门进，南面门殿地面方形，顶上瓴石砌筑的圆穹隆，为无梁殿，象征天圆地方。进门行二十四步象征二十四节气。上十二级台阶，象征十二地支和十二生肖。北间太白殿从奉太白金星；中间大三清殿供奉元始天尊、灵宝天尊和道德天尊。东祠殿为子孙宫，供三霞元君（又说是娘娘）、三霄娘娘、送生（子）娘娘和催生娘娘，其背面供百子图，也叫娃娃山。西祠殿也称三皇殿，供伏羲、神农、轩辕黄帝。全真观的中心为二层木楼，首层供斗母，二层供观音和玉皇。中楼东祠堂供南华真人庄子，西祠堂供冲虚真人列子、洞灵真人亢仓子。东祠堂南面的陪殿五间名元辰殿，供六十花甲子。西祠堂南陪殿供药王孙思邈、文财神比干和南五祖、北七真和八仙。东祠堂北面为东楼，是文楼，楼下供：王灵官、赵灵官，楼上供：文昌帝君。西楼为武楼，楼下供温灵官、马灵官，楼上供关圣帝君。

另外还有五老殿、三姆殿、三官殿，供奉有天皇大帝、南极大帝、北极大帝、西王母、后土娘娘、天官、地官、水官等。每年三月初三王母娘娘圣诞和九月初九斗姆圣诞，庙会盛况波及陕西、甘肃两省。（张凯，宁夏中卫老君台道观，中国道教，1996 年第 1 期）

### 御风台（列子台）

御风台，位于郑州东 15 千米圃田村原列子观东 300 米刘家岗，乃后人为纪念列子所建，因景色秀美被列为郑州古八景之一，名曰"卦台仙境"。刘家岗高数丈，酷似八卦，列子十分喜欢，常登岗顶看景致，观星相，舞刀剑，练气功，对弈，聊天，讲经，论道。

先秦道家创始于老子，发展于列子，而大成于庄子。列子先后著书二十篇，《吕氏春秋》与《尸子》皆载"列子贵虚"，但依《天瑞》，列子自认"虚者无贵"。彻底的虚，必定有无（空）皆忘，消融了所有差别，也就无所谓轻重贵贱等概念。在先秦曾有人研习过，经过秦祸，刘向整理《列子》时存者仅为八篇，西汉时仍盛行，西晋遭永嘉之乱，渡江后始残缺。其后经由张湛搜罗整理加以补全。

今存《列子》亦只八篇，其中寓言故事百余篇，如《黄帝神游》《愚公移山》《夸父追日》《杞人忧天》等，都选自此书，篇篇珠玉，发人深思。在道教里列子被尊奉为冲虚真人。

列子擅长御风，即驾风而行。传说列子得道成仙后，常在立春时御风游八荒，所到之处草木复苏；也常在立秋时踩云归风穴，所到之处万木凋零。至75岁高龄时，于郑州东20里道士铺（二十里铺）羽化升天。

清雍正年间郑州人侯尔梅写道："昔读冷然句，今登列子台。阆风春草绿，姑射野花开。仙子何时返，牧童去复来。乘风素有志，恨朱徒崔嵬。"时任学正的朱炎昭写道："矫矫仙才总自豪，御风一去其徒劳。先天卦向龟文衍，拔地台因鹤驾高。粤想羲陵云黯黯，远临汴水影滔滔。著书艳说虚荒事，应与漆园史共褒。"

2010年10月，于列子故里山门北重建了八卦御风台，台高1.8米，3层，顶立列子御风像，周置黄罗伞、上天梯和奇花异草。列子尚虚，台上空无一物，是为虚也。（图12-12）。列子御风，只有在台上，才能风起云涌，风生水起。至于八卦，应是后人崇道之后对列子附会的功能。

图 12-12　列子台

# 第*13*章 仙园仙景

仙是道教有别于道家的关键词，它表现为园林以仙名园、以仙名景。

## 第1节 仙园

华清宫骊山在陕西临潼，因山下有温泉而从秦始皇开始就一直成为历代的皇家离宫，名骊山汤。汉武帝又加修葺。隋开皇三年（公元538年），更修屋宇，列植松柏。唐贞观十八年（公元644年）李世民诏左屯卫将军姜行本、将作少匠阎立德主持修建汤泉宫，作为皇家浴疗之所，唐玄宗李隆基于天宝六年（公元747年）扩建为华清宫，与杨贵妃在此居住。李隆基笃信道教，自称教主，把爱妃杨玉环称为女真人。华清宫于安史之乱后毁，五代改道观，明清毁，解放后改建为华清池公园。

离宫坐南朝北，北宫南苑。离宫仿长安城，有内外两墙，外墙名会昌城，宫城相当于皇城，苑林相当于禁苑。宫城中轴明显，前朝区有左右朝堂、修文馆、宏文馆，外朝区有前殿后殿，殿东为皇帝寝宫：瑶肖楼、飞霜殿、梨园，殿西为寺观：果老堂、十圣殿、功德院，殿南为八处汤池：九龙汤、贵妃汤、星辰汤、太子汤、少阳汤、尚食汤、宜春汤、长汤。开阳门东廓城内有殿宇：观光楼、四圣殿、逍遥殿、重明阁、宜春亭、李真人祠、女仙观、桉歌台、斗鸡台、马球场。望京门以西有复道、天狗院、会昌县衙、延寿亭、御马院、少府监、五圣观。南部苑林区有自然岩壑、溪谷、瀑布、花卉、果树等：又有芙蓉园、粉梅坛、看花台、石榴园、西瓜园、椒园、东瓜园等。山峰上建有亭观：朝元阁、长生殿、王母祠、福岩寺（石瓮寺）、绿阁、红楼、烽火台、老母殿、望京楼（斜阳楼）等。植栽有松、柏、槭、桐、柳、榆、桃、梅、李、枣、榛、海棠、芙蓉、石榴、紫藤、芝兰、竹子、旱莲等。

　　园景大多以道教理念命名，如瑶肖楼以明楼象征王母瑶池之楼，十圣殿、五圣殿、四圣殿分别供奉道教十圣、五圣和四圣，果老堂供奉八仙之张果老，李真人祠和女仙观分别供奉男女真人，朝元阁以应道家的混元太极思想，逍遥楼以应庄子的逍遥篇，九龙汤以应龙崇拜做成九个龙头吐水，少阳汤以应八卦之少阳，星辰汤以天象命名，观光楼以道家体味"光"的理念，天狗院以应道教天神的天狗，延寿亭则直接表现道教长寿观，长生殿则直接表达道教的长生观，尚食汤则运用方仙道的服食药方。

甘泉苑原为秦代的甘泉宫，汉初毁后，武帝重建为避暑离宫，名甘泉宫、云阳宫。宫北，利用山景建立苑园，名甘泉苑，苑周回520里，宫周回19里，今存遗址约20公顷，宫墙5688米。园内有宫殿台阁延续百余年。园景有甘泉殿、紫殿、迎风馆、高光宫、长定宫、竹宫、泰畤坛、通天台、望风台等，从甘泉宫到山顶还有洪崖、旁皇、储胥、弩陆、远则石关、封峦、鳷鹊、露寒、棠梨、师得等宫、台，宫内亦有木园，称仙草园。园林除政务和屯兵之外，还用以避暑、游乐和通神。以甘泉和仙草服食求长生，以建筑紫殿象征天上的紫宫，望风馆和迎风馆都是道教"餐风饮露"的场所，而通天台则明确了登台与神仙相会的目的。封峦为山岳封禅之意。

汉武帝因柏梁台起火而起建章宫压之，为建筑宫苑。宫与未央相邻，作飞阁辇道相通。宫墙三十里，内有唐中池、太液池、骀 [dài] 荡宫、馺娑 [sà suō] 宫、枌诣（yì yì）宫、天梁宫、奇华殿、鼓簧宫、神明台、虎圈。太液池中刻石为鲸，筑三岛，名瀛洲、蓬莱、方丈。神明台上承露台有铜铸仙人，上捧铜盘玉杯，以承玉露，和玉屑而服，以求长生不老。

骀荡典出《庄子·天下》："惜乎惠施之才，骀荡而不得，逐万物而不反。"天梁是紫微斗数十四主星中的一颗主星。占卜认为，天梁星在阴阳五行属阳土，化气为荫星，主寿、主贵，为清高之星，最具有逢凶化吉、遇难呈祥之力。奇华为道教供品，《上清灵宝大法》卷之三十七载："奉献诸天上妙奇华金色莲华，阆苑奇华，碧蕊金华，琼玉艳华，凤林仙华，大妙奇华，小妙奇花，七色莲华。华气芬芳，用之无尽，周流十方，以用供养。"神明台亦是一种方仙道服食派的做法。

北魏华林园是太和十七年（公元 493 年）北魏孝文帝所建，比曹魏华林园偏南，舍原景阳山于园外，在天渊池西南新筑土山，仍名景阳山。保留曹魏时天渊池、茅茨堂、茅茨碑、九华台、百果园、玄武池等；孝文帝在九华台上建清凉殿（495 年左右）；宣武帝在天渊池上筑蓬莱山，在山上建仙人馆和钓台殿，缀以飞阁（公元 500—515 年）。北魏献文帝至孝明帝时水利学家郦道元（公元 466—527 年）在《水经注》中记有景阳山、石山路、岩岭、云台、风观、天渊池、方湖、瀑布、泉水、水上石御坐、蓬莱山、古玉井、瑶华宫、都亭、升降阿阁、虹陛、九华丛殿、钓台、茅茨碑、茅茨堂疏圃等。杨衒之在北魏分裂后的西魏大统十三年（公元 547 年）过洛阳故都，仍有天渊池、九华台、清凉殿、蓬莱山、仙人馆、钓台殿、虹霓阁、藏冰室、景山殿、义和岭、温风室、姮娥峰、露寒馆、飞阁、玄武池、清暑殿、临涧亭、临危台、百果轩、仙人枣、仙人桃、奈林、苗茨碑（亦称茅茨碑）、苗茨堂（亦称茅茨堂）、都堂、流觞池、扶桑海、石窦等，又有步元庑、游凯庑、流化渠等。从上述景名看，整个园林以道家以及道教思想为主题，可以说是一个道教园林。天渊池的天渊是古代星名。《宋史·天文志三》载："天渊十星，一曰天池，一曰天泉，一曰天海，在鳖星东南九坎间，又名太阴，主灌溉沟渠。"景阳是阴阳主题。蓬莱山前篇已述为方仙道描述的仙人居所。仙人馆直接以仙人命名。虹霓阁、云台和风观是道教食气派修炼的场所。古玉井是玉食道教服食派的功法。九华台应是类似九宫格的仙人台。后赵石虎曾在邺城造九华宫，《清一统志》载："后赵石虎建，以三三为位，故谓之九华。"玄武池的玄武是道教四象崇拜之一。百果轩、仙人枣、仙人桃等都与道教滋补食品有关。石关本是道家气功的穴位，属足少阴肾经的常用腧穴之一，位于脐中上3寸，前正中线旁开0.5寸，主治呕吐、腹痛、便秘等胃肠病症。姮娥就是嫦娥。神话传说中，嫦娥是上古时期五帝之一帝喾的女儿，因偷食大羿自西王母处所求得的不死药而奔月成仙，居住在月亮上面的广寒宫之中。后来道教在其神话中，将嫦娥与月神太阴星君合并为一人，道教以月为阴之精，尊称为月宫黄华素曜元精圣后太阴元君，或称月宫太阴皇君孝道明王，作女神像。

南朝的华林园，神仙主题也明显，如宋少帝刘义符修园后便有兴光殿、重云殿、朝日殿、明月楼、通天观、日观台，因道教重视以云、光、日、月、天为采气修炼之术。文帝元嘉年间修园后又有华光殿、凤光殿、兴光殿、景阳楼、通天观，加入阴阳主题。宋孝武帝大明年间改景阳楼为庆云楼，由阴阳主题变成服食主题。梁武帝崇佛，并入同泰寺，但景阳山、通天观的道家主题未变。侯景之乱（549 年）毁后，陈后主修复，在光昭殿前建三殿：临春、结绮和望仙。望仙明确了成仙主题。

仙都苑位于南邺城之西，是北齐后主高纬于武平二年（公元 571 年）所建。周回数十里，园内有一海、三门、四观、四河、五山、若干殿。四河象征四渎，五山象征五岳。四河流入四海，四海以方位名东海、西海、南海和北海。四海汇于中间大海。中岳南北出翼山，建山楼，连云廊。大海北有飞鸾殿、南有御宿堂，南北呼应。西海有岸边建望秋、临春殿，遥相呼应。从主题上看，苑名之仙就明确点题。四海五岳的象征就是五岳崇拜和四海崇拜。北岳之南有玄武楼为玄武崇拜，万岁楼直言求寿。连璧洲的连璧典出《庄子·杂篇·列御寇》，庄子将死，弟子欲厚葬之。庄子曰："吾以天地为棺椁，以日月为连璧，星辰为珠玑，万物为赍送。"《艺文类聚》卷一《易坤灵图》曰："至德之明，日月若连璧。"《瑞应图》曰："日月扬光者，人君之象也，君不假臣下之权，则日月扬光。"故后来以日月连璧为瑞应。杜若洲之杜若为芳香类仙草，《本草图经》有载。《楚辞·九歌》中有《湘夫人》道："芷葺兮荷屋，缭之兮杜衡""搴汀洲兮杜若，将以遗兮远者"。《九歌·山鬼》道："被石兰兮带杜衡""山中人兮芳杜若"。靡芜岛的蘼芜也是《本经》《别录》《本草图经》《履巉岩本草》和《本草汇言》所共载的香料药材，可祛风散湿，主治咳逆，定惊气，辟邪恶，去三虫，作为香囊的填充物。汉武帝上林苑中就有种植。《上林赋》云："被以江蓠，揉以蘼芜。"

宣华苑是五代前蜀主王建将前朝摩诃池改为龙跃池，修建曲廊宫院、水榭亭台。永平五年（公元915年）9月，失火焚毁后同年在旧宫之北建新宫，次年九月完成。乾德元年（公元919年）改龙跃池为宣华苑，环池增建宫殿。池东杨柳花堤，《新五代史·前蜀世家·王衍》载："起宣华苑，有重光、太清、延昌、会真之殿，清和、迎仙之宫，降真、蓬莱、丹霞之亭，飞鸾之阁，瑞兽之门。"宣华苑的太清为道教三清之一。会真和降真的"真"指"真人"，道家称存养本性或修真得道的人为真人。《说文》释真人："仙人变形而登天也。"迎仙更直接地表达成仙主旨。蓬莱亦如前述。丹霞为道教"餐朝霞"的食气派的食物。飞鸾和瑞兽都是道教祥瑞派征兆。

云岩洞位于漳州城东十里的鹤鸣山。隋开皇中，潜翁养鹤于此，怪石巉岩，洞壑绵密，"雨则云出""雾则云归"，素称"丹霞第一洞天"。山上有胜景30余处，较著者为鹤室、月峡、仙人迹、石室清隐、云深处、石巢、千人洞、瑶台、文公祠、仙梁、风动石、天开图画亭等。岩上现存大小石刻150余处，有"闽南碑林"之称。（汪菊渊《中国古代园林史》）从景名可知，此处为道教之景。鹤鸣山和鹤室以仙鹤为主题，瑶台以王母为主题，仙人迹、仙梁以仙为主题。所谓丹霞第一洞天的丹霞亦为食气派的食物。

大明宫是唐代李世民登基不久，在皇城东北建永安宫，供李渊清暑，635 年改大明宫，662 年改蓬莱宫，705 年复旧名。大明宫是相对独立的前宫后苑的大型皇家园林，面积 32 公顷，东、北各有夹城，周十一门。园林景点含元门、紫宸殿、蓬莱岛、玄武门、蓬莱殿、仙居殿、紫兰殿、承香殿、望仙台、九仙门、三清殿，都属道家或道教。

唐代名士卢鸿一，是诗人、画家，隐居嵩山，经营庄园别业，别业中有景：草堂、倒景台、涤烦矶、樾馆、枕烟庭、云锦淙、期仙磴、幂翠庭、洞元室、金碧潭。建筑茅茨素木，避燥驱湿；洞府因岩作室，即理谈玄。此园为隐士之园，不仅有弃世的景观如涤烦矶，有老庄元玄理论的洞元室，有方仙道重烟云的枕烟庭和云锦淙，还有期望成仙的期仙磴。

何景明《雍大记》道：唐宁王在长安城兴庆池的西面建山池院，引兴庆池之水入园，西流于园中连环九曲而成九曲池。筑土为基，迭石为山，松柏其上。园内有景九曲池、落猿岩、栖龙岫、鹤洲、仙渚、沧浪（榭）、临漪（堂）、异木、珍禽、怪兽等，宁王与宫人宾客钓鱼其中。

乌石山为福州三山之首，唐天宝八年（公元 749 年）敕名闽山，因怪石嶙峋，天然形肖，寺观栉比，亭榭交错，自唐起成为名胜之处，从唐代始形成三十六景。宋熙宁年间（1069—1079年）始名道山，可知与道家道教有关。历代不断修葺，筑有吕祖宫、聚仙堂、道山观、玉皇阁、三宝殿、鬼谷子祠、望海坪、邻霄台等。玉皇、吕祖、鬼谷子都被封神，三宝指道家的精、气、神三宝，道山观明确"道"，邻霄台指云霄或灵霄（图13-1）。

图13-1　乌石山道山亭

　　九曜园是唐末南汉国王刘䶮所创的皇家园林，据说东晋葛洪在此栽草炼丹。刘䶮下令在都城以西的河道开凿为湖，北接文溪，东接沙溪，长五百余丈，人称西湖，正式命名为仙湖，上堆岛，名药洲，药洲上建宫殿，广植药草，命道士炼长生不老药。命罪犯从太湖、灵璧、三江购来九个景石，以喻天上九曜星宿，人称九曜石，至今仍有遗石。仙湖北面为玉液池，以水道相连，池畔建有含珠亭和紫霞阁，水道边列置景石，行植杨柳，人称明月峡。在通往仙桥的水渠口以砺石砌桥，名宝石桥。因洲上石多，故又名石洲。

　　南园也是唐末吴越王钱镠四子钱元璙在苏州子城西南建的园林。罗隐《南园》和王禹偁有诗盛赞之，《祥符图经》详载有二十景，其中安宁厅、思元堂、清风阁、绿波阁、近仙阁、龟首亭、涌泉亭、清暑亭、沿波亭、碧云亭、惹云亭、白云亭、旋螺亭、茅亭、易衣院等为道教景观，元、易、清、朴、风、仙、龟、云等皆为道教核心思想。建炎兵火（1127 年）时园毁，南宋绍兴年间侍郎张仲几重建，依旧为道仙风范，重建惹云亭、清莲池、凌霞阁、水竹遁院，时称张氏园池。至开禧年间吴机重建明恕堂、美锦堂、琅然亭、河阳图亭、莞尔亭、清心亭等，其主题兼具儒家和道家。除儒家之明恕堂外，其余多为道家景致。琅然亭之琅本为似玉珊瑚，后指玉发出的声音，苏东坡为此作《醉翁操·琅然》，玉为仙家服食之物。莞尔典出《楚辞·渔父》："渔父莞尔而笑，鼓枻而去。”道家多用以指自然的美笑。河阳图指北宋画家郭河阳画的《山村图》，描写峥嵘山峰下的隐居生活，有山庄和亭阁。

桂林西湖在唐宋时就有水阁、隐仙亭、夕阳亭、瀛洲亭、怀归亭、湘清阁等，其仙隐、瀛洲和湘清皆有道家风骨。

宋朝苏州卢瑢构建私园，园内有三十景：南村、柴关、带烟堤、佐书斋、吴山堂、正易堂、柴芝轩、瑞华轩、静宜轩、玉华台、苍谷、来禽岛、逸民园、植竹处、江南烟雨图、香岩、湖山清隐厅、听雪、傲蓑、得妙堂、云村、玉界、香岩、古芳、玉川馆、山阴画中、杏仙堂、藕花洲、桃花源、曲水流觞等，每一景卢瑢皆有题咏，其中静妙堂还是皇帝御书之匾。其主题还是隐居和仙道，如易、静、玉、逸、清、隐、云、烟、仙皆为道家思想。

艮岳为宋徽宗的力作，也是其仙道思想的极致发挥。从园林策划的八卦艮位建园，虽属易经思想，但是为道教借用最多的思想之一。仙字入景直击仙道主题，如名奇石为舞仙，名亭为八仙。其尚玉超越儒家玉九德之说，更多的是仙家食玉思想，把各种奇石重新命名，玉字广用，如矫首玉太、金鳌玉龟、玉秀、玉窦、溜玉、喷玉、蕴玉、琢玉、积玉、迭玉、玉京独秀太平岩、玉麒麟。其食气主题的风、云、烟、霞景亦多，如奇石之名就有栖霞扪参、排云冲斗、留云、宿雾、藏烟谷、搏云屏、卿云万态、辩云、风门雷穴等，亭轩亦有跨云亭、麓云亭、挥云亭、云岫轩。仙道主题有蓬瀛须弥石、蓬莱阁、瀛洲殿、仙诏院、八仙亭、炼丹亭、妙虚斋等。长寿主题者有奇石的万寿峰、万寿老松、老人、寿星等和长生殿、燕寿殿。龙凤崇拜之外的瑞应禽兽有翔鳞石、玉麒麟、伏犀、怒猊、蟠螭坐狮、抱犊天门、金鳌玉龟等奇石和雁沼。园中开辟仙药园，广植参术、杞菊、黄精、芎䓖等。

十仙园为北宋年间广东新会太守所创私园，园内有薰风堂、延景亭、明水轩、藏仙亭等。太守与手下十人因公案无事，流连于此，时人美其名曰十仙园。其实，从堂名薰风可知为儒家为主，只是亭名藏仙，兼具道家。

长春园为北宋词人张孝祥所建。他仕途坎坷，壮志难酬，"忧国空含情"，捐田百亩开辟园景，并以"陶塘"为名，表达"归田园居"的隐居思想，在湖边建"归去来堂"和"野志堂"，后均毁。现为芜湖市镜湖公园中的柳春园。钱泳《履园丛话》二十载，后为陈氏所得，再为山阴陈岸亭治为别业，时八景已无隐居思想，三十年后为王子卿太守购建为希右园，"有归去来堂、赐书楼、吴波亭、溪山好处亭、观一精庐、小罗浮仙馆诸胜"。隐居的归去来堂延续归隐主题，以"观一精庐"体现老子的"一"，而"小罗浮仙馆"则直言道教主题。

就隐是南宋靖州推官张廷杰归田后在吴县华山所建的别墅，搜奇选胜，经营三十年，凿池立亭，因阜安室，成为吴门绝境，时有三十二景，除渲泄隐居思想外，还用道家之天池、天池庵、绿龟池、龟巢石、龟甲井、宿云庵、钓云台、云关、不夜关、瑞洞、石仙坛等。天池典出周朝的穆天子与西王母在天山天池约会筵歌。绿龟池、龟巢、龟甲井以长寿灵龟为题。瑞洞以瑞应为题。石仙坛表明为仙人行法之所。钓云台和云关体现道家食气法术。云关和不夜关的"关"指佛道两家的闭关修炼。

云所园也叫南园，位于松江陶宅镇，是元末陶舆权为求仙道而建的园林。树表迎鹤，筑馆求仙，园锁烟云，湖集影舞，桥通化径。当时松江八景中的西湖晓色、南园霁景、道院幽栖、园桥纵步、东庵华表五景皆在南园之内。

西苑为元代大宁宫，明成祖朱棣1421年迁都北京，定为西苑，仍未变动，主要建设为英宗朱祁镇和世宗朱厚熜，英宗后接圆坻为半岛，开中海，建琼华岛及三海沿岸建筑。园景的仙道味浓厚主要源于明代皇帝的崇道，不仅在紫禁城御花园设道场，还把西苑改造成为仙道场所。如太素殿表达老子的朴素观，玉华洞、玉虹亭、涌玉亭、玉熙宫表达食玉法，金露亭、飞霭亭、紫光阁、秋辉亭、映辉亭表现食气法术，浮香亭、香津亭、清馥殿、翠芳亭、锦芬亭、滋香亭等表现用香法术，吕公洞、仙人庵、游仙洞、金海神祠（宏济神祠）、雷霆洪应殿、药栏表现神仙思想，琼华岛、瀛洲亭、方壶亭表示蓬莱思想，金鳌玉蝀、龙渊亭、龙寿洞、龙泽亭（龙湫亭）、五龙亭（其中腾波亭、龙潭亭）表现龙崇拜（前篇龙崇拜有详述），澄祥亭、滋祥亭、涌福亭、乾佑阁表现乞福求祥，广寒殿、宝月亭表现崇月思想（后篇象天章中详述）。

马鞍山是昆山城西北的风景胜地，明代重构儒释道三家为一体的园林。仙道景观有碧霞元君行宫、三元殿、玄帝宫、武安王庙、云居庵、玉林精舍、卧云阁、白云洞、仙人桥、斗母石、抱玉洞、真武殿山王庙、镇山土地庙、桃源洞、长阳洞等。

顽仙庐是明末才子陈继儒在松江建的园林，后拓为东佘山居。有老是庵、结一亭（代笠亭）、点易台、采药亭等道家景观。

拂水山房为明末钱谦益于如皋构筑的私家园林，园中建有耦耕堂、留仙馆、朝阳榭、秋水阁、明发堂、花信楼、玉蕊轩、团桂阁及梅圃溪堂等景。从景名来看，仙、阳、玉、桂、秋水等为仙道景观。

留园在清代乾隆年间为官僚刘恕所得，重新修筑时加入道家思想，如十二石的奎宿、玉女、箬帽、青芝、累黍、一云、印月、猕猴、鸡冠、指袖、仙掌、干霄，多以吉祥禽兽、仙草、天星为名。太平天国一役后归湖北布政使盛康，以小蓬莱、五峰仙馆、仙苑停云楼、岫云峰、瑞云峰、冠云峰、冠云沼、冠云台、冠云亭等突出仙道思想（图13-2）。

图 13-2 冠云峰、冠云楼

也是园是上海清代除豫园外的第二大名园，原为明天启年间礼部朗中乔炜南园，清初先后为曹垂灿和李心怡所得，李心怡重建为也是园，后改蕊珠宫，供道教三清。嘉庆年间（1796—1820年）初建斗姆阁，礼道教斗母，此后设祀吕祖纯阳殿。道光八年（1828年）设蕊珠书院。咸丰年间（1851—1861年）初，除神殿外还有湛华堂、圆峤、方壶一角、海上钓鳌处、榆龙榭、蓬山不运、太乙莲舟、育德堂、致道堂、芹香仙馆、珠来阁等，皆为仙道景致。

贺园是雍正年间贺君召在扬州创建的园林，有倏然亭、春雨堂、品外第一泉、云山、吕仙二阁、青川精舍。倏然亭典出《庄子·大宗师》："倏然而往，倏然而来而已矣。"吕祖阁、仙阁为道教祭祀场所，青川精舍为道教清修场所。乾隆九年（1744 年），增建醉烟亭、凝翠轩、梓潼殿、驾鹤楼、杏轩、芙蓉沜、目瞵台、对薇亭、偶寄山房、踏叶廊、子云亭、春江草外山亭、嘉莲亭。醉烟亭以示道教食气之法，驾鹤楼以示仙人飞行术，梓潼殿以示道教的文昌帝君。

　　兴园是乾隆年间贡生顾绂在奉贤县邬桥以道家思想建的园林，有景：秋水廊、读易草堂、小孤山、赠春亭、紫微冈、羡鱼矶、溪口亭、养正书屋、狎鸥滩、度鹤亭、竹林青闼、宝墙轩、藏密坞、致运台、小山招隐亭、五老峰等。五老峰上有明代孙雪居的题字，分别为：独秀、舞仙、博云、藏燕谷，另一难辨。秋水为庄子思想，易为周易思想。紫微为古代星象。度鹤为仙人飞行术。狎鸥典出《列子·黄帝》："海上之人有好沤鸟者，每旦之海上，从沤鸟游，沤鸟之至者百住而不止。其父曰：'吾闻沤鸟皆从汝游，汝取来，吾玩之。'明日之海上，沤鸟舞而不下也。"沤，同"鸥"。后以"狎鸥"指隐逸。南朝梁任昉《别萧咨议》诗云："傥有关外驿，聊访狎鸥渚。"明李贽《客吟》之二曰："正是狎鸥老，又作塞上翁。"参见"鸥鹭忘机"。

　　燕园是乾隆四十五年（1780 年）大学士蒋溥之子、台湾知府蒋元枢在常熟城内筑的园林，并供海神天妃，取晏殊"似曾相识燕归来"之意，名燕园。乾隆五十九年（1794 年），于园中构七十二石猴湖石假山；1839 年归族侄山东泰安县令蒋因培（1768—1839 年），时有十六景：五芝堂、赏诗阁、婵娟室、天际归舟、童初仙馆、诗境、燕谷、引胜岩、过云桥、绿转廊、伫秋、冬荣老屋、竹里行厨、梦青莲庵、一希阁、十愿楼。十六景的主体建筑童初仙馆，童初指道教童初府。梁陶弘景《真诰》道："其童初府有王少道、范叔胜、李伯山，皆童初府之标者。"《茅山志》载："华阳洞天三宫五府曰易迁宫、含真宫、萧闲宫，曰太元府、定录府、保命府、童初府、灵虚府。其太元、定录、保命，为三茅君所治。易迁、含真，则女子成道者居之。余宫府皆男真也。保命间用女宫。"五芝指《神农本草经》所载五种仙草："赤芝一名丹芝，黄芝一名金芝，白芝一名玉芝，黑芝一名玄芝，紫芝一名木芝。"（图 13-3）。婵娟指明月，喻指嫦娥。竹里行厨喻指竹林七贤出游自带酒食，晋葛洪《神仙传·麻姑》道："〔麻姑〕入拜方平，方平为之起立。坐定，召进行厨，皆金盘玉杯。"梦青莲庵指梦见青莲居士李白，李白是道家人物。

朴园是大盐商巴光诰在扬州仪征建的私园。巴氏崇尚老子之朴素，故自号朴翁，园名朴园。园景极多，名噪一时，沈恩培题诗描述朴园二十七景，钱泳称之为淮南第一名园，以十六景题为《朴园十六咏》：梅花岭、芳草坨、含晖洞、饮鹤涧、鱼乐溪、寻诗径、红药阑、菡萏轩、宛转桥、竹深处、识秋亭、精书岩、仙棋石、斜阳阪、望云峰、小鱼梁。[曹汛，戈裕良传考论，建筑师，2004（4）]。园景多以仙道命名。含晖、饮鹤、鱼乐、鱼梁、红药、仙棋、斜阳、望云等或出老庄经典，或为方仙道术。

图 13-3　燕园五芝堂

# 第 2 节　仙景

## 仙台

仙台是战国燕王为了成仙而用土夯筑的高台。东台三峰，崇峻山峰，幽深谷壑。《水经注》有载："燕王仙台有三峰，甚为崇峻，腾云冠峰，高霞云岭。"

## 鸿台

长乐宫是刘邦在秦兴乐宫故址上修建的，历时两年，周延 20 里，有殿十四座，有鱼池、酒池、鸿台，有长信、长秋、永寿、永宁为嫔妃宫殿，以及其他长定、建始、广阳、中室、月室、神仙、椒房诸殿。长乐宫为刘邦居住和临朝之所，前 195 年，刘邦驾崩于此。鸿台本是秦始皇所筑高台。《三辅黄图·长乐宫》载："鸿台，秦始皇二十七年筑，高四十丈，上起观宇，帝尝射鸿于台上，故号鸿台。"《汉书·惠帝纪》："长乐宫鸿台灾。"《艺文类聚》卷五十七引汉刘梁《七举》曰："鸿台百层，干云参差。"可知鸿台有百层之多，四十丈之高，秦始皇以射鸿，汉帝以求长生。鸿是大型飞鸟，飞得高，可与仙通，故用鸿台以通仙。其实，鸿台不仅一处，战国时韩国就有鸿台宫。《战国策·韩策一》载："大王不事秦，秦下甲据宜阳，断绝韩之上地，东取成皋、宜阳，则鸿台之宫，桑林之苑，非王之有也。"宋王楙《野客丛书·宫殿》载："楚有兰台宫，韩有鸿台宫。"兰因有香味而成为道教药草，以兰之台而名，亦为仙境。

## 通天台

汉武帝元封二年（公元前 109 年），在上林苑作飞廉观，甘泉宫作通天台。高四十丈（约 92～93.6 米）。飞廉是"神禽，身似鹿，头似雀，有角而蛇尾，文如豹，行走带风"。"筑通天台于甘泉，去地百余丈（百丈 =1000 西汉尺 =230～234m），望云雨悉在其下"。《汉书·郊汜志》载：《汉旧仪》云"台高三十丈（69～70.2 米），望见长安城"，能够办得到，三十丈似乎更可信些。武帝为祭秦乙（中国最早神人），让三百名八岁童女上通天台起舞，用以招徕仙人，等候天神。恰好一颗大流星飞过，汉武帝以为天神下来了，举着火把朝流星落下去的方向跪地就拜。会神仙，降到候神仙，又降到只好望神仙了。（《三辅黄图卷五·台榭》10 页）汉武帝整天疑神疑鬼，"寿宫北宫有神仙宫；寿宫，张羽旗，设供具，以礼神君。神君来，则萧然风生，帷帐皆动"。有时一阵轻风，也算来神了，武帝命以铜柱放置在观上，并以风观为名。于甘泉宫建延寿观，亦是道引之所。[杨嵩林，道教宫观的缘起，重庆建筑大学学报（社科版），2000 年 6 月第 1 卷第 2 期]

## 柏梁台（仙人承露台）

汉武帝始终未见神仙，于是，元鼎二年春在未央宫中起柏梁台。台上作承露盘，高二十丈，大七围，以铜为之，上有仙人持盘以承天露。"舒掌捧铜盘、玉杯，以承云表之露。"《老子》中只是说"天地相合，以降甘露"，但是，方士们却把露水当成长生之药，汉武帝听从方士之言，"以露和玉屑服之，以求仙道"。公元前 104 年，柏梁台发生风灾，而后火灾。留下遗址柏梁村（注：据专家考证非此地，为清《长安县志》之误所致）。《史记·孝武本纪》载："其后则又作柏梁、铜柱，承露仙人掌之属矣。"《史记·平准书》载：汉武帝元鼎二年，"是时，越欲与汉用船战逐，乃大修昆明池，列观环之。治楼船，高十余丈，旗帜加其上，甚壮。天子感之，乃作柏梁台，高数十丈。宫室之修，由此日丽。"

汉武帝用香柏作为殿梁，于是，香飘殿之内外。汉武帝元封三年柏梁台建成之后，诏群臣二千石，有能为七言诗，乃得上坐。由皇帝出首句，梁孝王、卫青、霍去病、郭舍人、东方舍等25人参与联句，成诗一首《柏梁台诗》，上林令也参与联诗。这首诗成为中国联诗之始，特称为柏梁体。历代工诗皇帝常效汉武帝柏梁体联诗，唐玄宗也仿柏梁体作诗，亦一时成为佳话。建章宫的神明台也构有仙人承露盘。

武帝的后续者们也并不完全遵其法术，东汉明帝永平五年（公元62年）视察长安，见飞廉和铜鸟都奇异，命人拆下迁于西门外的平乐观。曹操的后裔曹睿登基后将仙人和铜盘拆下运往邺城。到元朝时，陕西发现汉代的仙人承露盘，于是，忽必烈命人把它运到大都（今北京），立在北海的琼岛东面，因东面为生气方，道家劝皇帝以露水治病延年。明代嘉靖皇帝也是崇道，痴求长生不死。有道士曰：乾方才是天之门，引露水必用天门露。于是，仙人承露盘又被移至西北。入清，乾隆命工匠用石材重刻仙人承露盘，并立于石台之上。台南构建清心亭和洗心亭形成组景（图13-4）。乾隆帝在《御制塔山北面记》中道："又西为铜露盘，铜仙竦双手承之，高可寻尺，此不过缀景，取露实不若荷叶之易，则汉武之事率可知矣！"此语道出他对汉武帝用铜仙人承露盘取露水不屑，认为还不如荷叶更容易更自然。但荷叶取露法在荷残期是无法操作的。乾隆四十三年（1778 年），乾隆在紫禁城为退位造宁寿宫时又在西花园建造了一座仙人承露台。承露台位于东面假山之上。

图 13-4　北海仙人承露台

嘉庆十年（1805 年），乾隆之子嘉庆，延续其父承露之志，在圆明园的绮春园春夏秋冬四季组景的秋景涵秋馆再建仙人承露台。涵秋馆主体建筑前后殿内均装饰仙楼，天井中设叠石喷泉，殿东墙外有高台上的蓄水方池为喷泉供水。在涵秋馆外的东山上构建仙人承露台，也叫露水神台。台上有铜铸托盘仙人立于石雕须弥座之上，面朝东方，承接天降甘露。

### 神明台

武帝太初元年（公元前 104 年）在建章宫中所建神明台，高五十丈（五十丈 =500 西汉尺 =115 ～ 117 米）。台上还"有九宫，常置九天道士百人也。"

### 登仙台

戴延之《西征记》载，汉武帝作登仙台在少室峰下。已毁。又有言此台名集仙台，是否一台，尚未考证。

南宋赵翼王园建有仙人棋台。

### 仙湖和仙岛

仙湖是赵佗自立为王后，在广州番禺王城所建的皇家园林。王城内有三山两湖，三山指番山、禺山和坡山，两湖指兰湖和仙湖，即今西湖路和仙湖街一带。兰花为热带花卉，也是道教仙草，兰湖广种以命为湖名。仙湖则以湖中仙人炼丹的药洲而名。道人奉赵佗之命在此长年炼制长生不老药，唐末以此为基础建立南宫，今存 300 平方米。安乐公主为唐中宗小女，在长安东郊建山庄，山庄中有池塘和仙岛。唐睿宗儿子宁王在长安山池院子中从兴庆池引水，凿池为九曲池，池中筑中鹤洲和仙渚。（明·何景明，《雍大记》）清代厦门黄日纪的榕林别墅有仙人池和钓鳌亭。

## 仙洞

南宋韩世忠在丹徒治所西建有西园，内构留仙洞。海口五公祠琼园内构有游仙洞，此洞之仙应指苏东坡（图13-5）。福建长汀仙隐园中自然山洞题为仙隐洞。清代萨利在北京海淀宅园构有仙人洞。

图 13-5　五公祠游仙洞

### 仙阁仙楼

元封二年（公元前109年），公孙卿说仙人好楼居，于是，武帝令在长安的园林中作蜚廉观、桂观，甘泉作益寿观、延寿观，公孙卿持节设具于楼上守候仙人。明代河南新密县县衙中轴线上依次排列照壁、大门、仪门、戒石坊、月台、大堂、二堂、三堂、大仙楼、后花园。大仙楼成为三堂之后的玄武楼，以仙命名说明把玄武当成龟蛇二仙。唐代太平公主是武则天的女儿，她在长安城南乐游原建造南庄，园中有平阳馆和仙人楼。明末江元祚在杭州横山构筑横山草堂十余景，其中有醉仙阁。乾隆年间戴大伦在虎丘下塘建山景园，园中有留仙阁。晋祠有仙翁阁。

### 仙堂仙馆

以仙名馆最为普遍。元代狮子林构有双香仙馆。光绪年间成都望江楼建五云仙馆。明代苏州唐寅建有桃花庵，乾隆时县令唐仲冕在宝华庵（原桃花庵）东建桃花仙馆，以祀唐寅、祝允明、文征明。明代万历年间阁老王锡爵在太仓构东园，内有期仙庐，其孙王时敏又构南园，时有鹊梅仙馆和梦顶仙阁。明代书画家兼官僚米万钟在北京湛园中构仙籁馆。明末高士徐波在苏州县桥巷建有宅园，徐弃家入郭山读书时，其外孙许眉叟改筑为圆峤仙馆，其曾孙又增来鹤亭和碧梧龛。

清代镇江焦山行宫有梦焦山仙馆。清代扬州虹桥西岸的冶春诗社中有方亭名怀仙馆。乾隆末秦恩复在扬州构意园，有五笥 [sì] 仙馆、享帚精舍、知足不知足轩、石砚斋、居竹轩、听雪廊等，有道隐之意。道光年间陶保宗在昆山周庄建有小神仙馆。倪良耀在常熟虞山建的虞麓园构有石梅仙馆。道光年间顾春福在吴县构十亩园林隐梅庵，园中把卧室题为梦芗仙馆。晚清浙东盐运使潘仕城在广州购地几百亩，开百亩大湖，堆百米高山，湖中堆岛，宛如海中仙山，故名海山仙馆，雄冠岭南园，联云："海上神山，仙人旧馆"。

同治三年（1864 年），苏州知府、金石家、湖州人吴云在苏州因古枫树构园，名听枫园，园中构有听枫仙馆。晚清宁绍道台顾文彬在苏州构怡园，把苏东坡当成神仙，故名景为坡仙琴馆，内供苏东坡用过的古琴（图13-6）。晚清广州的茶楼陶陶居内庭构有勾曲仙居。晚清徐鸿逵在上海建双清别墅，有景十余，其鸿印轩、兰言室、孔雀亭、梅花仙馆、玉壶春等与仙道动物、植物、玉器有关。光绪年间沈若笙在嘉兴构建寄园，园内有听鹂招鸫仙馆。清末进士施调赓在漳州建有古藤仙馆。康有为在光绪年间于广州芳村建康家花园，园内有小蓬莱仙馆。清末富商莫永虞在珠海有栖霞仙馆。清末刘舒亭在南京建有又来园，园中有凌波仙馆。晚清甘肃兰州巡抚刘尔圻于西湖建有临池仙馆。民国期间沙市中山公园建有浮碧仙馆。

图 13-6　怡园坡仙琴馆

## 仙亭

以仙名亭者亦多。虎丘二仙亭始建于宋代，得名于道教陈抟老祖和吕洞宾曾在此下棋的传说（图13-7）。亭内石碑刻陈吕二仙像。联云：昔日岳阳普显迹，今朝虎阜再留踪。说的是唐初道人吕洞宾云游四海后又在虎丘驻足。另一联：梦里说梦原非梦，元里求元便是元。上联说五代至宋的道人陈抟创立太极图，开拓了北宋《易》学研究的新思潮。宋太祖赵匡胤赐其"华夷先生"。传说他一睡三十年，因嗜睡说梦，人称睡仙。下联的元即玄，典出《老子》："玄之又玄，众妙之门。"

图 13-7　虎丘二仙亭（张柯楠绘制）

　　候仙亭位于杭州灵隐寺飞来峰山下，位于佛门禁地，却言仙事，为佛道融合后的景观。白居易曾作《候仙亭同诸客醉作》和《醉题候仙亭》两首诗，可知唐代就有此亭。而白居易的诗未言仙事，但宋代诗人顾逢题的《候仙亭即事》就大言神仙之事："一峰飞到此，胜景幻幽林。苍径望不尽，白云行渐深。钟声传日午，笠影卸松阴。候得神仙否，神仙不可寻。"唐代建的滁州琅琊寺祇园都是佛教景观，唯有茶仙亭为道教景观。

### 仙桥

在福州西湖十景中，仙桥柳色为其一景。在古常道观中，有迎仙桥、集仙桥（图13-8）。唐代广西玉林的宴石寺内的紫阳山和仙人桥等成为博白八景之一。明清太原后小引河有九仙桥，清代苏州自耕园有引仙桥。清代康熙五十年（1711年）南阳知府罗景重建卧龙岗十景，有仙人桥。清末哈同花园有迎仙桥。

图13-8 古常道观集仙桥

## 仙草园

药草园是仙道园林常有的园中园。皇家园林面积大，从道者大多有仙草园。如南汉刘龚的药洲，北宋艮岳的仙药园，元代大宁宫的药栏。

私家园林面积大者专辟仙药园，小者就在园中广植仙草。如南朝刘宋时期谢惠连的宅园名中园，《全宋文》卷三十四《仙人草赞序》载："余之中园有仙人草焉，春颖其苗，夏秀其英，秋有真实，冬无凋色。"仙人草是生阶庭间的药草，高二三寸，叶细，有雁齿。《本草纲目·草部·石草类·仙人草》曰："集解，藏器曰：'生阶庭间，高二三寸。'"如皋江澹庵的文园里有十景，其一为紫云白雪仙槎。光绪年间英籍犹太人哈同在上海构建哈同花园，园内有仙药阿。嘉庆年间仪征巴光诰的朴园也有药栏。

## 石景

唐代名臣李德裕的平泉庄有一石名仙人迹石。清代常州赵起构约园，立石十二峰，有石名仙人掌。哈同花园有太华仙掌，澳门卢廉若的卢园有仙掌石。

# 第 *14* 章　洞天福地

"洞天福地"是道教所言的神仙居所，这一理念对中国人的思维观念和生活方式产生了深远影响。"洞天福地"思想中所描述的仙人胜境被缩移模拟到园林当中，无论是造园选址还是立意构思，都受到了这一思想的影响，甚至演化成"别有洞天"这一特定的园林主题，由此衍生出了框景、对比、收放的造景手法。"洞天福地"学说中所蕴含的人与自然和谐的生态观对生态文明建设具有重要的推动作用，古典园林中"洞天福地"的设计手法也成为现代景观设计的先导。

## 第 1 节　洞天福地的概念

"洞天福地"是道家所言的神仙居所，即风景优美、草木茂盛、祥和太平的名山胜地。"洞"即通，"洞天"即通天。"福地"意为得福之地，似堪舆学说中的宝地，指居住此处能使人事兴旺、免祸得福。洞天福地是尘世与仙境沟通的窗口,"同时它们也是从一个世俗性质的空间进入另一种神圣空间的通道"(孙亦平. 西方宗教学名著提要 [M]. 南昌: 江西人民出版社, 2002: 476.)。修行是人羽化登仙的途径,《紫阳真人内传》中说"天无谓之空, 山无谓之洞, 人无谓之房也。山腹中空虚, 是为洞庭; 人头中空虚, 是为洞房", 道教上清派认为人头脑中也有一个可以与其他世界相互通达的宇宙, 人可以通过修行实现与天相通。"洞天福地"是追求仙人长生的产物, 这种追求最早可以追溯到战国末期。战国末年处于新旧制度的转轨时期, 社会动荡、民不聊生, 现实的苦闷激发了人们对于自由的想象, 以得道成仙、济世救人为宗旨的道教便应运而生。道士入山隐居修炼, 逐渐发展出道教的地上仙境体系, 即: 十大洞天、三十六小洞天、七十二福地 (表 14-1)。

表 14-1　洞天福地全国分布[①]

| 省份 | 十大洞天 | 三十六小洞天 | 七十二福地 | 合计 |
|---|---|---|---|---|
| 河南省 | 王屋山洞 | 中岳嵩山洞 | 桐柏山、北邙山 | 4 |
| 浙江省 | 委羽山洞、赤城山洞、括苍山洞 | 四明山洞、会稽山洞、华盖山洞、盖竹山洞、金庭山洞、仙都山洞、青田山洞、天目山洞、金华山洞 | 司马悔山、烂柯山、三皇井、陶山、金庭山、若耶溪、天姥岭、沃州、灵墟、大若岩、清屿山、玉溜山、南田山、西仙源、东仙源、仙磴山、盖竹山 | 29 |
| 云南省 | 西城山洞 | — | 泸水 | 2 |
| 北京市 | 西玄山洞 | — | | 1 |

续表

| 省份 | 十大洞天 | 三十六小洞天 | 七十二福地 | 合计 |
|------|----------|--------------|------------|------|
| 四川省 | 青城山洞 | 峨嵋山洞 | 大面山、绵竹山、王晃山、金城山 | 6 |
| 广东省 | 罗浮山洞 | — | 清远山、安山、泉源、抱福山 | 5 |
| 江苏省 | 句曲山洞、林屋山洞 | 锺山洞、良常山洞 | 地肺山（即茅山）、钵池山、论山、毛公坛、张公洞、东海山 | 10 |
| 福建省 | | 霍桐山洞、武夷山洞 | 焦源洞、宫山、勒溪、卢山 | 6 |
| 山东省 | — | 东岳泰山洞 | 长在山 | 2 |
| 湖南省 | — | 南岳衡山洞、小沩山洞、九疑山洞、洞阳山洞、幕阜山洞、大酉山洞、桃源山洞 | 君山、马岭山、鹅羊山、洞真墟、青玉坛、光天坛、洞灵源、绿萝山、虎溪山、彰龙山、德山、云山 | 19 |
| 陕西省 | — | 西岳华山洞、太白山洞 | 高溪蓝水山、蓝水、玉峰、商谷山 | 6 |
| 河北省 | — | 北岳常山洞 | — | 1 |
| 江西省 | — | 庐山洞、西山洞、鬼谷山洞、玉笥山洞、麻姑山洞 | 郁木洞、丹霞洞、龙虎山、灵山、金精山、阁皂山、始丰山、逍遥山、东白源、元晨山、马蹄山 | 16 |
| 安徽省 | — | 灊山洞 | 鸡笼山、天柱山 | 3 |
| 广西省 | — | 都峤山洞、白石山洞、峋漏山洞 | — | 3 |
| 重庆市 | — | — | 平都山 | 1 |
| 湖北省 | — | 紫盖山洞 | — | 1 |

续表

| 省份 | 十大洞天 | 三十六小洞天 | 七十二福地 | 合计 |
|------|----------|--------------|------------|------|
| 山西省 | — | — | 中条山 | 1 |
| 贵州省 | — | — | 甘山 | 1 |

注：天津、上海、内蒙古、辽宁、吉林、黑龙江、海南、西藏、甘肃、青海、宁夏、新疆、香港、澳门、台湾各省市均无分布。

① 李会敏、杨波、周亮、郑群明、王凯. 基于洞天福地的中国福地分布探究，湖南师范大学自然科学学报，2016 年第 4 期

# 第 2 节　洞天福地的思想来源

## 天人合一思想

"天人合一"思想是中国哲学的核心概念，早在西周就已经出现。原始人类在探索自然的过程中一直被动地匍匐于自然的威力之下，由于人们的认知水平不足以解释大自然风雨雷电等诸多现象，于是将其看作是一种神秘的力量，对于自然万物充满敬畏，由此衍生出人与自然协调的自然观和自然崇拜。在这种自然崇拜思想的影响下，产生了诸如求雨祈福的祭祀仪式和各种巫术，这是人们努力与天地建立沟通的尝试，巫师成为天地沟通的媒介。统一的国家产生后，君主逐渐代替了巫师成为天地相通的关键，后经百家争鸣的洗礼，又伴随着气化宇宙论的发展，走向了"天人感应"。"天人感应"学说认为"天象和自然界的

变异能够预示社会人事的变异，两者之间存在相互感应的关系"，这一点对于古代居址选择产生了很大影响，最理想的居址自然是神仙的居所，道教以此为基础创造性地建立了人间的仙境系统——洞天福地。

## 神仙思想

中国的神仙思想最早可以追溯到原始宗教中的鬼神崇拜，是与山岳崇拜和老庄思想相结合的产物，但是"早期的原始神灵之有天神、地祇和人鬼之分，但并没有仙的存在"（刘金龙. 道教"洞天福地"研究 [D]. 南京大学硕士学位论文 .2017）。战国时期社会动荡不安，逃避现实和向往自由的思想激发了人们的想象力，由此滋生出了神仙思想，百家争鸣进一步促进了思想的解放，助长了追求长生不老的社会风气。高山拔地通天具有天然的震慑力，被人们视为神灵的居所，这种原始的幻想使名山成为横跨现实世界与神仙仙境的桥梁。到秦汉时期神仙境界已经在民间广泛流传，其中东海仙山和昆仑山成为中国两大神话系统的渊源，秦始皇多次派遣方士到东海仙山求取长生不老药无果而终，后退而求其次，在园林中挖池筑山模拟神仙境界。基于神仙与山之间密切的关系，即高山峻岭成为上帝百神汇聚、神灵栖息的场所，道教依据天人感应的思想构建了一套完整的修炼体系，"仙人"才被正式纳入神仙等级秩序中，与之对应的"洞天福地"也相应地被接纳入神仙道教之中。

**崇尚自然**

道家学说以自然天道为主旨，主张"天地有大美而不言"，道教渊源于道家，相应地继承了这一思想。早期修道主要在家中置静室或者叫庐。道教发展到一定阶段出现了道教宫观，这是以"洞天福地"为模型展开的人工建筑，且置身于"洞天福地"环境中。道观是为迎接神仙而建，为"洞天福地"增加了人文气息，并且建造过程中遵循与自然环境相和谐的原则，罗哲文等在《中国名观》中指出："我国的著名道教建筑尤其是道观大多依山而建，具备高低错落有序的基本特点，能够与周围的环境浑然一体。在山顶修建的道观高耸入云，好像在与天沟通，而在山坡上的道观则与绿树为伴，层层叠叠，风景旖旎，景色宜人。有些道观傍水建房或依洞穴筑室彰显出自然大气、美观和谐的基本特征。整体而言大多数的道观建筑都是依山而建，这也将其与自然地势相和谐的理念表现得淋漓尽致"。

# 第 3 节　洞天福地学说对园林的影响

**选址**

道教认为"洞天福地"之外蕴含着一个不同于尘世的宇宙，有着独特的时空系统和优美的自然环境，只有神仙才能够在这个宇宙中自由穿梭，而"洞天福地"是连接现实世界和神仙世界的关键环节，人与天地之间可以通过修炼相互通达，"洞天福地"便成了最佳的修炼场所。环境的优劣会影响到人的身心状态，想要达到更好的状态，人应当寻求适宜的自然环境以促进生命活力，新鲜的空气、适宜的气候、充足的光照、充沛的水源以及安全方面的需求等都会列入考虑范围之内，"洞天福地"学说为古人描绘出一幅幅理想人居环境的画面，这对古人的居址选择观念产生了深远的影响。

中国古典园林在基址选择方面非常注重自然环境，《园冶》论造园相地以山林地为胜，"有高有凹，有曲有深，有峻而悬，有平而坦，自成天然之趣，不烦人事之工"。利用天然山水作为建园基址，根据不同地形的特点因势利导做适当的改造加工，再配以花木培植和建筑营建，就能花费少量人力获得天然风景的真趣，给人以身临其境的真实感。避暑山庄就是绝佳的一例，它建在真山真水的自然环境中，平原、湖泊和山川多种地形一如帝国版图，乾隆巧因地势对其进行规划，并将江南园林的精粹仿建到园中，使山庄兼具湖山的旷奥之美和江南的人文情怀，同时达到了一定的政治目的。乾隆在《再题避暑山庄三十六景诗序》中写到"几政之余，登临揽结，乃知（康熙）三十六景之外，佳胜尚多，萃而录之，复得三十六景，各题二十八字。其中有皇祖当年题额者，亦有新署名者，统前后计之，得列仙福地之数，匪谓造物无尽之藏，盖即由旧之中寓新知之旨云尔",表明续题景点又是"三十六"之数,是为了附会道家所言的三十六洞天、七十二福地的仙境。

道观的基址是风景秀美的"洞天福地",道士在寻找适于修炼的"洞天福地"的过程中,将地理与自然环境的差异记述成书,为后人留下了非常宝贵的资料。道教对于美好环境的追求客观上促进了人们自然审美意识的发展以及风景名胜区的开发,青城山(图 14-1)、武当山、齐云山和龙虎山既是道教的四大名山,也是四个著名的风景名胜区。道教主张善待生命,并且用道规法令来监督对生态环境的保护,如黄神谷内的神姑林,"其林合围,松桧数万根,禁人樵采"[ 李远国,洞天福地:道教理想的人居环境及其科学价值 [J]. 西南民族大学学报(人文社科版),2006(12)],道士修行求仙的地方成了保护物种的基地,"洞天福地"在某种意义上就成了最早的自然生态保护区。

### 立意构思——神仙境界模拟

神仙境界是"洞天福地"的基础,"洞天福地"是现实世界的神仙境界,园林则是世俗化的"洞天福地"。中国神话传说中的昆仑山和东海仙山是流传最广的神仙境界,神话传说给人们的幻想提供了更多驰骋的余地,神仙境界也为园林的建设提供了范本。

图 14-1　古常道观第五洞天

　　《楚辞·天问》说昆仑山之上是玉帝悬圃，悬圃又名玄圃、园圃。悬圃所在之地尽是琼楼玉宇、珠树芝田，俨然仙境，悬圃是悬于天上的园林，"圃"字成了园林的肇始之语。魏晋南北朝时期的太子们钟爱"玄圃"，西晋时期，首座以"玄圃"命名的皇家园林出现在洛阳太子司马遹的东宫内。宋文帝元嘉时期，玄圃之名再次出现在建康的太子东宫内。由宋入齐，玄圃园仍旧，南齐武帝长子文惠太子开拓玄圃园，"其中楼观塔宇，多聚奇石，妙极山水"。至梁代，萧氏昭明太子又据之，并在南齐的基础之上踵事增华 [ 胡运宏，王浩 . 南朝玄圃考 [J]，中国园林，2016（03）]。

人们亦为西王母在昆仑山虚构了一个美妙的园林，名瑶池。于是瑶池也成为园林效仿的蓝本，"历代以'瑶'为园为景者不在少数，不仅滥觞于皇家也流行于民间。夏帝之瑶台、北魏华林园之瑶华宫、唐代洛阳之瑶光殿和华清宫之瑶肖楼、南唐宫苑之瑶光殿、北宋东京后苑之瑶津、延福宫之姚碧阁、辽太宗北京皇苑之瑶屿和瑶池殿、金完颜亮同乐园之瑶池和宁德宫之瑶光台、瑶光殿等等，无不满怀对西王母瑶池的情有独钟"[ 刘庭风 . 阁中帝子今安在 [J]. 中华文化画报，2008（04）]。

东海仙山漂浮于海上，随波逐流，动荡不定。秦始皇多次遣徐福率队入东海求长生不老药，却无功而返，于是退而求其次，在园林中挖池筑岛模拟海岛仙境，开启了宫苑中求仙活动的先河。汉武帝效仿秦始皇，在建章宫北部开凿水池名"太液"，池中堆筑三座岛屿，象征东海蓬莱、方丈、瀛洲三仙山，自此"一池三山"成为皇家园林的主要模式。隋炀帝筑西苑，人工开凿水池"北海"，海中筑三岛山象征蓬莱、方丈、瀛洲三仙山，并将洛水和瀍水引入园中，凿渠建院，曲折萦绕，穷极人间华丽。唐代继承隋西苑，将之改名为"东都苑"，园林有所增损易名却不改一池三山模式。直至清代，圆明园、静明园、颐和园还一如旧制。

## 造景手法

道教的兴盛促进名山大川的开发，吸引了大批文人名士写诗作文，各种轶闻韵事提高了"洞天福地"的知名度，也在一定程度上促进了洞天福地景观的建设。统治者阶级追求长生不老，为满足接近神仙的愿望，将"洞天福地"缩移模拟到咫尺之间的园林当中。李白《山中问答》诗云："问余何意栖碧山，笑而不答心自闲。桃花流水杳然去，别有天地非人间"，自此"别有洞天"一词成为习语，亦成为园林中常见的主题。"别有洞天"一语双关，既是形容风景独特引人入胜，也是形容艺术创作独具匠心，既点出了造园者的山水情怀和求仙欲望，也标榜自己雅人韵士、匠心独运。想要在高墙内尽享山林之乐，必然借助一系列的手段和方法即造景手法。

中国古典园林"别有洞天"意境的营造主要有两个方面。其一直接以"别有洞天"作为景题，运用各种园林要素进行组景以扣主题，北京圆明园的别有洞天景点、苏州拙政园的别有洞天半亭、留园中部和西部衔接的"别有天"洞门、虎丘别有洞天桥洞、江苏镇江古仙人洞亭都属此类。别有洞天之"洞"如何营建？最好的方式自然是叠石堆山模仿天然石壁溶洞，使曲径迂回于洞壑峰峦之间，隐约于林木之中，藏尾于山石洞穴。如此营建固然能达到精妙绝伦的效果，但必费时费钱耗力。为实现天然之趣而又"不烦人事之功"，山石洞穴简化成了洞门，用石"洞"或似"洞"石梁等天然的洞门比喻过了此洞便"别有一番风景"，广西武鸣县明秀园的别有洞天亭就是如此（图14-2）。亭据于高处，阶梯前两巨石相依成门，门外难见亭子全貌，穿门而入后拾阶而上进入亭中则豁然开朗，远借江河玉练、林木苍郁。

图 14-2　明秀园别有洞天亭（郭松摄）

　　发展到后来连石头这种天然材料也被舍弃，简化成了墙上凿洞作门的形式。苏州拙政园就以洞门作为中西两园的接口（图14-3）。拙政园中西两园本以墙相隔、复廊相连，一半亭一洞门巧妙地完成了空间的转换，且将洞门加厚使人更有穿洞而入的感觉。墙是两个空间的界限，洞门则是两个空间转换的窗口，空间对比强烈才能产生"别有一番风景"的效果。拙政园的中部和西部同是水景园但风格迥异：中部水面有聚有散，聚处以辽阔见长，散处以曲折取胜，园内池广树茂、洲岛相间、园径曲折、建筑错落，空间开合变幻；西部水面则是以散为主，以聚为辅，水面狭长曲折，点景建筑增多。虎丘的别有洞天也是门洞在"剑池"石刻的边上，从此进去可望传为阖闾墓的剑池，圆洞门顶恰是天桥，人来人往，一门多用，相当于立体天桥。

　　作为圆明园四十景图之一的别有洞天是一个大景区，即园中园。从平面上看，它的面积不小，四面堆土为山，从外部看不到园中之景（图14-4）。只有东北一座石桥从两山之间可以进入。曲径通幽，宛如桃花园。园中长河两岸建筑点缀（图14-5）。

　　其二是不用"别有洞天"点题，而有"别有洞天"的意境，这一点的关键在于洞门。洞门形状变化多端，其中葫芦门就是道家"壶天""洞天"的象征，葫芦中空，在道教神话中是天地宇宙的象征，这种寓意也被赋予到葫芦门

图 14-3　拙政园别有洞天

图 14-4 圆明园别有洞天平面

（图片来源：周维权《中国古典园林》第三版）

图 14-5 圆明园别有洞天画

上。门外只见零星山石树木，窥不见墙外之景，穿门而入
发现景色迥异、引人入胜，门呈葫芦状象征宇宙乾坤，穿
门而过既是另一个宇宙。如江苏镇江古仙人洞亭：古仙人
洞位于金山北侧的金鳌岭下，依山而筑，洞前半亭一座且
洞口设月洞门，"使亭中空间与洞内空间产生空间明暗、空
间大小的对比，形成神仙洞府的意境，亭紧贴于古仙人洞

前，亭后与洞相接处设开有月洞门的白粉墙，利用代表'别有洞天'的月洞门来暗示洞为仙人所居，并提示地利条件从洞外的开敞空间转向洞内的封闭空间"[李飞.中国古典园林中借"别有洞天"营造"转"空间的造景手法[J].华中建筑.2010（04）]。

"洞天福地"是神道居住的名山胜地，这一理念向中国人展示了自然宜居的生存模式，后来逐渐发展成为园居模式，由帝王肇始并影响民间。"洞天福地"被缩移模拟的过程中加入了人文情怀，造园选址注重自然环境，立意构思模拟神仙境界以祈福长寿，甚至以"别有洞天"作为景题匾额，加上空间的起、承、转、合，"洞天福地"这一神仙胜境转化成了人间的天堂——园林。"洞天福地"学说中蕴含的生态思想和"别有洞天"的造景手法，为现代园林提供了参考和借鉴。

# 第 3 篇　神仙文化

　　原始崇拜有自然崇拜、鬼神崇拜、生殖崇拜、图腾崇拜和祖先崇拜等。到夏及以前的文化是占卜尊命远鬼神，殷人是尊神事鬼，先鬼后礼。周人是尊礼祭鬼神。在春秋战国产生的诸子百家，进一步思考天地与人之间的关系，求真的同时务实于个人理想追求。以自然和鬼神为主的神明系统，融入诸子百家，表现为既有自然现象的崇拜，也有个人求仙成佛的理想愿望。《列子》《山海经》等书对蓬莱神话和昆仑神话的提出，到道教的产生，标志着中国神仙体系的完善。神仙思想遍布于人与自然的所有地方。以山水为骨架的风景区和园林是神仙最为活跃的区域，本质是因为两者都是自然的本体。

# 第 *15* 章  蓬莱神话

蓬莱神话是产生于东海周边地区的神话，是对东海敬畏和对东海岛屿上"自然人"的崇拜而产生的神话。蓬莱仙话是神话的一个分支，它以长生不死为寄托，追寻能够实现个体生命永恒存在的彼岸世界。

## 第1节  蓬莱仙话

神仙思想产生于周末，盛行于战国。战国时，民间已广泛流传着许多有关神仙和神仙境界的传说，其中以东海仙山和昆仑山最为神奇，流传最广，成为我国两大神话系统的渊源。在神话体系中，蓬莱神话属于仙话。最早记载的是战国时的列子。列子名寇，东周威烈王时期（战国早期）人，与郑穆公同时，道家代表人物，师从关尹子、壶丘子、老商氏、支伯高子等。晚于老子和孔子而早于庄子。列子著书二十篇，今余八篇。其学说主张清虚。《列子·汤问》载：

渤海之东不知几亿万里，有大壑焉，实惟无底之谷，其下无底，名曰归墟。八弦九野之水，天汉之流，莫不注之，而无增无减焉。其中有五山焉：一曰岱舆，二曰员峤（又名圆峤），三曰方壶，四曰瀛洲，五曰蓬莱。其山高下周旋三万里，其顶平处九千里。山之中间相去七万里，以为邻居焉。其上台观皆金玉，其上禽兽皆纯缟。珠玕之树皆丛生，华实皆有滋味，食之皆不老不死。所居之人皆仙圣之种；一日一夕飞相往来者，不可数焉。而五山之根，无所连著，常随潮波上下往还，不得暂峙焉。仙圣毒之，诉之于帝。帝恐流于西极，失群仙圣之居，乃命禺强使巨鳌十五举首而戴之。迭为三番，六万岁一交焉。五山始峙而不动。而龙伯之国，有大人，举足不盈数千而暨五山之所，一钓而连六鳌，合负而趣，归其国，灼其骨以数焉。于是岱舆员峤二山流于北极，沉于大海，仙圣之播迁者巨亿计。帝凭怒，侵减龙伯之国使阨。侵小龙伯之民使短。至伏羲神农时，其国人犹数十丈。

《列子》第一次提出了东海（非今之东海）的五座神山：岱舆、员峤、方壶、瀛洲、蓬莱。也说明了其高度、体量、景物、人物，最吸引人的是果实"食之皆不老不死"。最后也说明了五山变三山的原因。海和岛是环境要素，山是载体，金玉、禽兽、果树是资源，仙是主体。山的体量是巨大的，"高下周旋三万里，其平处九千里""山之中间相去七万里"。

成书于战国后期到汉代的《山海经》也在《海内北经》中说"蓬莱山在海中"，只是说明岛在海中的区位。此书是集战国《穆王传》《庄子》《列子》《离骚》《周书》《晋书》为一体的志怪书籍。

西汉东方朔著的《十洲记》道:"蓬丘,蓬莱山是也。对东海之东北岸,周回五千里。外别有圆海绕山,圆海水正黑,而谓之冥海也。无风而洪波百丈,不可得往来。上有九老丈人,九天真王宫,盖太上真人所居。唯飞仙有能到其处耳。"文中说明蓬莱岛的面积是"周回五千里",周边是海水。海水是"洪波百丈"。岛上有"九天真王宫",是"太上真人所居"。《太平御览·卷三十八·地部三·蓬莱山》引《十洲记》曰:"蓬莱山外别有海,谓之溟海,无风而洪波百丈,有九气丈人,九天真君宫。"基本是原文引用,有省略,又把九老变成九气。《文选》卷三十五张景阳《七命八首》载:"溟海浑灉涌其后,嶙谷嶒张其前。"注引《十洲记》曰:"东王所居处山,外有员海,员海水色正黑,谓之溟海。"

晋王嘉《拾遗记·高辛》道:"三壶则海中三山也。一曰方壶,则方丈也;二曰蓬壶,则蓬莱也;三曰瀛壶,则瀛洲也。形如壶器。"岛被形象地比喻为"壶"浮于海中。三岛就是三壶。此壶与后来的"壶中天地"和"悬壶济世"之壶不是一个典故,也不是一个意思。

自《拾遗记》之后,蓬莱神话再无发展,成为历代文人文学创作的古老话题。唐李商隐《无题》诗云"蓬山此去无多路,青鸟殷勤为探看",说明蓬山之路,靠人力往来是难以实现的,只有通过"青鸟"方可实现。唐沈亚之

《题海榴树呈八叔大人》诗云:"曾在蓬壶伴众仙,文章枝叶五云边。"文章如枝叶,不是人生主题,只有陪伴在众仙身边才是正道。宋陈师道《晁无咎张文潜见过》诗云:"功名付公等,归路在蓬莱。"作为人生目标,"蓬莱"长生远胜于"功名"。宋杨亿《汉武》云:"蓬莱银阙浪漫漫,弱水回风欲到难。"蓬莱仙境波海远途,修炼苦求亦难以到达。明王錂《春芜记·说剑》云:"他本蓬莱仙种,偶然寄迹人间。"清李渔《玉搔头·微行》曰:"假俺几日儿尘世逍遥,再来受蓬壶约。"清田兰芳《可怜痛仲方(袁可立孙)》曰:"蓬壶当日集群仙,未被长风引去船。"

## 第2节　蓬莱仙话与帝王造园

把蓬莱仙话当真进行探索与发现亦始于战国时代。《史记·封禅书》有明确记载:"自威、宣,燕昭使人入海求蓬莱、方丈、瀛洲。此三神山者,其传在渤海中,去人不远;患且至,则船风引而去。盖尝有至者,诸仙人及不死之药皆在焉。其物禽兽尽白,而黄金银为宫阙。未至,望之如云;及到,三神山反居水下。临之,风辄引去,终莫能至云。"齐威王、齐宣王和燕昭王都是东海沿岸诸侯国的君主,他们派人入海寻仙求药是第一批实践者。

第二批就是秦始皇。《史记·秦始皇本纪》记载了秦始皇的六次寻仙求药过程。《史记》的"封禅书"亦有复述。秦始皇第一次东巡山东，是始皇二十八年（公元前219 年）。在泰山封禅后，率群臣经历下、临淄沿渤海南岸赴黄县（今龙口市）。在黄县召见术士徐市（福），徐福说东海仙人之事，于是派徐福出海求药，《史记·秦始皇本纪第六》载："齐人徐福等上书，言海中有三神山，名曰蓬莱、方丈、瀛洲，仙人居之。请得斋戒，与童男女求之。于是遣徐市发童男女数千人，入海求仙人。"次年（公元前218 年），秦始皇见徐不归，计划经黄县赴芝罘，再住琅琊行宫。始皇三十七年（公元前 210 年），秦始皇又东巡山东诸地，最后到达琅琊行宫，徐福见驾，说到了蓬莱岛，但是水神派大鱼蛟守护，难以近身，于是无功而返。《史记·秦始皇本纪第六》载："方士徐市等入海求神药，数岁不得，费多，恐谴，乃诈曰：'蓬莱药可得，然常为大鲛鱼所苦，故不得至，愿请善射与俱，见则以连弩射之。'始皇梦与海神战，如人状。问占梦，博士曰：'水神不可见，以大鱼蛟龙为候。今上祷祠备谨，而有此恶神，当除去，而善神可致。'乃令入海者赍捕巨鱼具，而自以连弩候大鱼出射之。自琅邪北至荣成山，弗见。至之罘（也作芝罘，在今山东烟台市北），见巨鱼，射杀一鱼。遂并海西。"秦始皇求药心切，当即批准了徐福的请求，命他选拔童男童女、各种工匠、弓箭手等入海求取仙药。秦始皇为了给徐福求仙扫清道路，他一面派人带着捕鱼工具入海捕捉大鲛鱼，一面自己带上连发的弓弩准备与大鲛鱼搏斗。秦始皇一行乘船从琅玡港出发，经荣成山头前往芝罘。一路寻鲛不见，直到临近芝罘才见一条大鱼。秦始皇将大鱼射杀以后，西航至黄县北海岸的黄河营港。在此作短暂停留后，秦始皇等人乘船继续西行，至莱州湾西岸的厌次县（今山东省阳信县东南处）上岸。在返回咸阳的路上，秦始皇病死于沙丘平台（今河北平乡县境内），年仅 53 岁就离开人间，至死也没吃上长生不老药。山东荣成也是他二次（公元前 219 年和公元前 210年）登临的地方，在最东的成山头向东而望洋兴叹："天之尽头！"并命丞相李斯手书"天尽头"三个字。

如今河北秦皇岛也是因秦始皇求仙遗留的地名。《史记·秦始皇本纪第六》记载了秦始皇东巡碣石，并在此拜海，先后派卢生、侯公、韩终等两批方士携童男童女入海求仙，以及命丞相李斯刻石的经过："三十二年（公元前215 年），始皇之碣石，使燕人卢生求羡门、高誓。刻碣石门。""石门碣石"四个字至今仍在秦皇岛，今之阙门、仙人祠仍在，后人名此地为秦皇岛。《史记·秦始皇本纪第六》载："卢生说始皇曰：'臣等求芝奇药仙者常弗遇，类物有害之者。方中，人主时为微行以辟恶鬼，恶鬼辟，真人至。人主所居而人臣知之，则害于神。真人者，入水不濡，入火不爇，陵云气，与天地久长。今上治天下，未能恬倓。愿上所居宫毋令人知，然后不死之药殆可得也。'于是始皇曰：'吾慕真人，自谓"真人"，不称"朕"。'"始皇改朕为真人也是发生在此时。秦皇岛北戴河海滨金山嘴路东横山上，有一座近 6 万平方米的宫殿遗址，据说这就是当年秦始皇住在岛上的行宫遗址。

然而，历次派人求仙不得的经历，让始皇大为忿怒，《史记·秦始皇本纪第六》道："始皇闻亡，乃大怒曰：'吾前收天下书不中用者尽去之。悉召文学方术士甚众，欲以兴太平，方士欲练以求奇药。去不报，徐市等费以巨万计，终不得药，徒奸利相告日闻。卢生等吾尊赐之甚厚，今乃诽谤我，以重吾不德也。诸生在咸阳者，吾使人廉问，或为訞言以乱黔首。'于是使御史悉案问诸生，诸生传相告引，乃自除犯禁者四百六十馀人，皆阬之咸阳，使天下知之，以惩后。益发谪徙边。"众多术士受到严惩，被发配边疆。

既然入海求药不得，秦始皇就开始在皇家园林兰池宫中模拟蓬莱神话的场景。《元和郡县志》载："秦兰池宫在咸阳县东二十五里"，"兰池陂，即秦之兰池也，在县东二十五里。初，始皇引渭水为池，东西二百丈，南北二十里，筑为蓬莱山，刻石为鲸鱼，长二百丈。"《历代宅京记·关中一》引《秦记》曰："秦始皇都长安，引渭水为池，筑为蓬、瀛，刻石为鲸，长二百丈，逢盗处也。"盗处是指秦始皇出游遇盗匪的地方。兰池象征东海，岛屿象征蓬莱山，鲸鱼象征大鲛鱼。

汉朝求仙心切者莫过于汉武帝。时有方士李少君，自称年已七十，有祠灶、谷老（即辟谷）、却老之术。祠灶又称祀灶，是古五祀的仪式（即祭祀灶神祝融）。元光二年（公元前 133 年），李少君入宫告诉汉武帝说，祠灶仪式可招神炼金，用金做饭就食就可以长生不老，还能看见海上的蓬莱仙者。《史记·孝武本纪》载："臣尝游海上，见安期生，食巨枣，大如瓜。安期生者，通蓬莱中。"不久李少君病死，汉武帝以为他升仙，于是，为他修了招仙阁。

元狩五年（公元前118年），武帝十分想念病死的李夫人，方士少翁报称能使鬼神现形。于是按少翁之计安坐帷帐，于烛光中见到李夫人。少翁被封为文成将军。少翁又提出想要见到神仙，须改造宫室装饰，于是，在宫殿的墙上到处画满了云气车和驾车的神仙。之后武帝又建甘泉宫，在中央筑台，壁绘天、地、太一神像，设置整套祭祀用具，专人看管。历时一年神仙未现，于是，少翁谎称牛腹中有奇书，武帝令宰牛得书，然验为假，杀少翁，后悔。后又有一方士名栾大称"黄金可成，而河决可塞，不死之药可得，仙人可致也。"栾大因此被封为五利将军和乐通侯，并把卫长公主嫁给他。武帝命栾大入海访安期生和羡门高誓。栾大到海边却不敢入海，被武帝所杀。

接着，方士公孙卿宣称仙人楼居，武帝便在长安城修蜚廉桂观，在甘泉宫修益延寿观，各筑通天台，台高四十丈，令公孙卿持节设具恭候神人。还建造有神明台和井干楼，均高五十余丈。公孙卿在长安未见神仙，就跑到河南缑氏，见城墙有雉鸟，报为仙人所变，请汉武帝亲临验察，又在东莱山制造了巨人足迹，请汉武帝往东莱验察。武帝在海边行走十余日，想换御楼船亲自入海访仙，因风急浪高楼船未到而放弃。

太初元年（公元前 104 年），武帝听信粤巫勇之言，于长安城外造起了千门万户的建章宫，并于宫北面造太液池，"言其浸润所及广也"，故名太液。《史记·孝武本纪》载："其北治大池，渐台高二十余丈，名曰太液池，中有蓬莱、方丈、瀛洲、壶梁，象海中神山龟鱼之属。"池广十顷，中有渐台，高二十余丈，上有殿阁之属。太液池中筑蓬莱、方丈、瀛洲、壶梁，象征东海三神山。

《史记·孝武本纪》又载："今上封禅，其后十二岁而还，遍于五岳、四渎矣。而方士之候祠神人，入海求蓬莱，终无有验。"武帝之后，方士求仙之事渐少。《文选·张衡〈西京赋〉》云："立脩茎之仙掌，承云表之清露。"李善注引《三辅故事》曰："武帝作铜露盘，承天露，和玉屑饮之，欲以求仙。"

秦皇汉武两代雄韬伟略之君筑岛求仙的做法被历代皇帝模仿。隋炀帝造西苑，于苑中筑蓬莱等仙岛。《海山记》载："又凿北海周环四十里，中有三山，效蓬莱、方丈、瀛洲，上皆台榭回廊，水深数丈。"

唐太宗在长安禁苑东南的龙首原建东内大明宫。《雍录》载："龙朔二年（公元 662 年），高宗染风痹，恶太极宫卑下，故就新修大明宫，改名蓬莱宫，取殿后蓬莱池为名也。"次年，高宗移居蓬莱宫听政。紫宸殿之后为蓬莱殿。李绅的《忆春日太液池亭候对》有"宫莺报晓瑞烟开，三岛灵禽指水回"之句。《唐两京城坊考·大明宫》载，园内有蓬莱殿、长安、仙居、含冰、太和殿、清思殿、望仙台、珠镜殿、九仙门、三清殿、凌霄门等求仙景点。又载洛阳的"东都城有九洲池……环池者曰花光院，曰山斋院，曰神居院，曰仙居院……"高宗上元年间，又在洛阳建上阳宫。宫殿以殿宇为主，园林为辅，引洛水入宫潴而为池，中筑岛屿，又有通仙门、神和亭、洞玄堂、麟趾殿等。李庾的《东都赋》道："若蓬莱之真侣，瀛洲之列仙。"王建的《上阳宫》诗云："曾读列仙王母传，九天未胜此中游。"唐玄宗在兴庆宫内亦建有瀛洲门、仙云门、同光门、承云门、飞轩门、玉华门、飞仙殿、交泰殿、同光殿、荣光殿等，还让方士造蓬壶。

宋徽宗在葆和殿苑池筑瀛洲、方丈。元朝在金代大宁宫基础上构建大内御苑，保留原有的琼华岛，名之为万岁山，再构二岛圆坻和犀山。明代把大内御苑改为西苑，填平圆坻与东岸之间水面，开挖南海，在南海中新筑岛名南台，仍旧为一池三山之制，清顺治十二年（1655年）更名瀛台，至今未改。

清乾隆在多处构建一池三山。第一个是圆明园的福海。在福海中央作方丈、蓬莱、瀛洲大小三岛，岛上建筑为仙山楼阁之状，初名蓬莱洲，乾隆时改名蓬岛瑶台，为圆明园四十景之一。乾隆在《御制诗序》中说："福海中作大小三岛，仿李思训画意，为仙山楼阁之状，岩岩亭亭，望之若金堂五所，玉楼十二也。真妄一如，大小一如，能知此是三壶方丈，便可半升铛内煮江山。"

第二个是颐和园。昆明湖被划分为若干水域，从而形成三个大岛和三个小岛格局。大三岛是南湖岛、治镜阁、藻鉴堂。小三山是小西泠、知春亭和凤凰墩（图 15-1）。

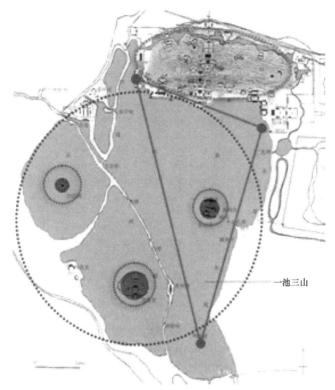

图 15-1　颐和园一池三山

第三个是静明园。玉泉湖依旧是一池三山格局，最大岛上各有芙蓉晚照一景，正厅名乐成阁。

皇家园林蓬莱景观一览表见表 15-1。

表 15-1　皇家园林蓬莱景观一览表

| 朝代 | 时间 | 园名 | 地点 | 人物 | 详细情况 |
|---|---|---|---|---|---|
| 秦 | 前216 | 长池宫（兰池宫） | 陕西咸阳 | 秦始皇 | 长池亦称兰池。《史记·秦始皇本纪》正义云:"秦始皇都长安,引渭水为池,筑蓬、瀛,刻石为鲸,长二百丈。"《三秦记》亦云:"秦始皇作长池,引渭水,东西二百里,南北二十里,筑土为蓬莱山,刻石为鲸,长二百丈。"《史记》记载:秦始皇三十一年（公元前216年）十二月,曾"逾兰池"。《元和郡县图志》云:"秦兰池宫,在（咸阳）县东二十五里。" |
| 西汉 | 前104 | 建章宫 | 陕西西安 | 汉武帝 | 汉武帝因柏梁台起火而后建章宫压之,为建章宫苑。宫与未央相邻,作飞阁辇道相通。宫墙三十里,内有骀荡宫、馺娑宫、枍诣宫、天梁宫、奇华殿、鼓簧宫、神明台,蓬莱、方丈、名瀛洲、三岛,以承玉露、和玉屑而服,以求长生不老。神明台上承露台有铜铸仙人,上捧铜盘玉杯,以求生不老 |
| 西汉 | 前101 | 太液池 | 陕西西安 | 汉武帝 | 在建章宫北,未央宫西南,开凿于武帝元封元年（公元前101年）,周回十顷,水源引自城北渭水。《三辅黄图》云:"太液者,言其津润所及广"也。"池中有渐台,高三十丈",又"起三山,以象瀛洲、蓬莱、方丈,高五尺,刻石为鱼龙、奇禽、异兽之属"。"太液池北岸有石鱼长三丈,高五尺,两岸有石鳖三枚,长六尺。" |

续表

| 朝代 | 时间 | 园名 | 地点 | 人物 | 详细情况 |
|---|---|---|---|---|---|
| 曹魏 | 224 | 芳林园（曹魏华林园） | 河南洛阳 | 曹丕、曹叡、曹芳 | 建于东汉，故址在今河南洛阳东洛阳故城内。有瑶华宫、景阳山、天渊池诸胜。东魏天平二年（公元535年）废。郦道元在《水经注》道："渠水……又迳瑶华宫南，历景阳山北，山有都亭，堂上结方湖，湖中有古石井，……御坐前建蓬莱山，曲池接筵，飞沼拂席，南面射侯，夹席武峙。背山堂上，则石路崎岖，严嶂峻险，云台风观，缨峦带阜。游观者升降阿阁，出入虹陛，望之状凫没鸾举矣。其中引水飞皋，倾澜瀑布，微飙暂拂，则芳溢于六空，实为神居矣。"芳林园为皇家大内御苑，绣薄丛于泉侧。魏文帝于黄初五年（公元224年）穿天渊池，黄初七年（公元226年）筑九华台和芳林苑堂。曹叡大加修饰，建设景多，总章观，起名芳林园。青龙三年（公元235年）凿池塘，建太极殿，设流杯沟。景初元年（公元237年）堆景阳山，筑承露台（铜龙绕基）。时曹叡自掘土，公卿官僚皆负土堆山，植树造林，捕兽充苑。该园集园游乐、狩猎，祭祀于一体。齐王曹芳时期，因避帝讳而更名华林园 |
| 西晋 | 266 | （西晋）华林园 | （河南）洛阳 | | 晋帝司马炎和平替代曹魏，承袭华林园，更有新建，时有一溪、一山、三池、三岛、五殿、六馆、百果园。一溪指上巳日行禊事的流觞曲溪；一山指景阳山；三池指天渊池、扶桑海、玄武池；三岛指天渊池中三座圆台形岛屿，名方丈、蓬莱、瀛洲；上各建殿堂，五殿指崇光殿、华光殿、疏圃殿、华延殿、九华殿；六馆指繁昌、建康、显昌、延休、寿安、千禄；百果园指每果各成一林，每林各有一堂（无壅之堂）。集游乐、求仙、园圃于一体 |

| 朝代 | 时间 | 园名 | 地点 | 人物 | 详细情况 |
|---|---|---|---|---|---|
| 东晋 | 320 | 玄武湖 | 江苏南京 | 晋元帝司马睿 | 在建康城北,晋元帝司马睿创立玄武湖(后名武湖)。宋文帝元嘉二十三年(446)筑北堤,堆三岛(方丈、蓬莱、瀛洲),建四亭,名真武湖。宋孝武帝大明五年(461)、七年(463),在玄武湖阅兵。梁武帝萧衍在位期间(502—549),在此训练水军,效汉武帝更名昆明池。太清二年,侯景叛乱,引水灌城。明代湖中有岛六个,清代余五岛,分别名:环洲、菱洲、梁洲、樱洲、翠洲 |
| 北魏 | 399 | 平城禁苑(鹿苑) | 山西大同 | 道武帝拓跋珪 | 北魏开国皇帝拓跋珪建于天兴二年(399)创建,南起平城(大同)北墙,北抵方山长城,东至白登山,西至西山,周回数十里。引水自武川,积于园内鸿雁池。天兴四年(401)五月,建紫极殿、玄武楼、凉风观、石池和鹿苑台,后把鹿苑分成北苑和西苑,西苑为狩猎区,北苑为游宴区。永兴五年(413)明帝拓跋嗣在北苑凿鱼池。泰常元年(416)十一月,在北苑建蓬台。泰常三年(418)十月,在西苑筑宫殿。泰常六年(421)三月,发京师六千人扩建白登山区,称东苑。兴安二年(453)二月文成帝拓跋濬发京师五千人凿天渊池。延兴元年471孝文帝元宏在北苑建鹿野苑佛图和崇光宫,并在宫中接佛典。太和元年(477)九月,元宏在北苑建东游观殿,穿神渊池。太和三年(479)五月祈雨于北苑,六月起开灵泉池,起文石室和灵泉殿于方山脚下 |

续表

| 朝代 | 时间 | 园名 | 地点 | 人物 | 详细情况 |
|---|---|---|---|---|---|
| 北魏 | 495左右 | 华林园 | 河南洛阳 | 孝文帝元宏、宣武帝元恪、穆亮、李冲、董爵、茹皓 | 太和十七年（493）北魏孝文帝欲迁都洛阳，派穆亮、李冲、董爵三人负责规划，茹皓负责园林，495年基本建成宫城及园林，正式迁都。北魏华林园比曹魏华林园偏南，含原景阳山于园外，在天渊池西南新筑土山，仍名景阳山。保留曹魏时天渊池、茅茨堂、九华台、百果园、玄武池等；孝文帝在九华台上建清凉殿（495年左右）；宣武帝在天渊池上筑蓬莱山、在山上建仙人馆和钓台殿，缀以飞阁（500—515）。时人郦道元《水经注》载：景阳山、石山路、岩岭、云台、凤观、天渊池、方湖、瀑布、泉水、水上石御坐、蓬莱山、古玉井、瑶华宫、都亭、升降阿阁、虹陛、九华丛殿、钓台、茅茨碑、竹、柏、等。杨衒之在北魏分裂后的西魏大统十三年（547）过洛阳故都，仍有：天渊池、九华台、清凉殿、蓬莱山、仙人馆、钓台殿、虹霓阁、藏冰室、景山殿、温风室、姮娥峰、露寒馆、飞阁、玄武池、清暑殿、临涧亭、临危台、百果园、仙人枣、仙人桃、崇林、苗茨堂（亦称茅茨碑）、苗茨堂（亦称茅茨堂）、都堂、流觞池、扶桑海、石窦等。又有步元凫、游凯旺床、流化渠等 |

续表

| 朝代 | 时间 | 园名 | 地点 | 人物 | 详细情况 |
|---|---|---|---|---|---|
| 唐 | 627—635 | 大明宫（永安宫） | 陕西西安 | 李世民 | 李世民登基不久，在皇城东北外建永安宫，供李渊清暑，635 年改大明宫，662 年改蓬莱宫，705 年复旧名。大明宫是相对独立的前宫后苑型皇园，面积 32 公顷，东、北各有夹城，周十一门，宫苑讲究中央对立的前宫后苑型皇园，面积 32 公顷，东、北各有夹城，周十一门，宫苑讲究对独立的前宫后苑型皇园，面积 32 公顷，东、北各有夹城，周十一门，含元殿、宣政殿、紫宸殿、大液池、蓬莱岛、玄武门。宫区地势高利升堂政务，苑区地势低利用池沼游乐。全园发建筑有蓬莱殿、金銮殿、长安殿、仙居殿、拾翠殿、含冰殿、承香殿、长阁殿、紫兰殿、绫绮殿、浴堂殿、宣徽殿、温室殿、明德寺、太和殿、清思殿、珠镜殿、大角观、延英殿、思政殿、内侍别省、明义殿、承欢殿、还周门、左藏库、麟德殿、翰林院、九仙门、三清殿、银台门、峻青门、翔鸾阁、栖凤阁、回廊等。以殿、门居多、省等、佛寺、道观、学堂更显皇园综合性。较为壮观的是进深十七间的麟德殿，1.6公顷的大液池，环池 400 余间回廊，园林区中心为太液池，延续了秦汉神仙思想和高台遗风 |

续表

| 朝代 | 时间 | 园名 | 地点 | 人物 | 详细情况 |
|---|---|---|---|---|---|
| 唐 | 805 | 东池 | 湖南长沙 | 杨凭、符载、戴简、柳宗元 | 潭州刺史兼湖南观察使杨凭所建，初为潭州官府宴客观游场所。杨凭刺潭 3 年，离任时将东池授予"宾客之选者"戴简，据幽筊粹，日与之娱。元和元年（公元 806 年）柳宗元谪永州司马，路过潭州，作《潭州东池戴氏堂记》。到五代时，东池为马楚王宫廷园林，名"小瀛洲"。符载作有《长沙东池记》道："右有青连梵宇，岩岩万构，朱甍宝刹，错落青画；左有灌木丛林，阴荫芊眼，不究幽深，四时苍然。"（李浩《唐代园林别业考论》） |
| 唐 | 895 | 吴郡治园亭 | 江苏苏州 | | 吴郡治衙署园林始于唐代，末时府府院西司户厅有小圃，圃内有玩花池、采香径、秀芳亭、飞云阁、小蓬瀛、长啸堂。提刑司在乌鹊桥西北，内有明清堂、堂后竹圃，内有留客亭 |
| 唐 | | 桂林西湖 | 广西桂林 | 郭思诚 | 在今桂林市区，时有 46 公顷，唐末时建有水池、隐仙亭、夕阳亭、瀛洲亭、杯归亭、荷莲浮翠等，元代至元元年（1337 年）广西廉访司的郭思诚重复西湖后题《新开西湖之记》称"为一郡山川形胜"。元以后，就开始有豪绅在湖边填湖盖房了。胜赏甲于东南，山峰倒影、烟波浩淼、湘清阁清朝嘉庆年间，两广总督、大才子阮元曾在 56 岁生日时题《隐山铭》："何人能复，西湖之旧？今余一池于西山公园内 |

| 朝代 | 时间 | 园名 | 地点 | 人物 | 详细情况 |
|---|---|---|---|---|---|
| 北宋 | 1115 | 艮岳 | 河南开封 | 赵佶、孟揆、梁师成、朱勔 | 宋徽宗赵佶亲自设计，官宦梁师成主持工程，朱勔负责材料供应（花石纲），从1115年始建，历七年，于1122年建成。然四年后于靖康元年（1126）冬金兵破城时毁。园在宫城东北艮位而名艮岳。宋徽宗《艮岳记》、祖秀《华阳宫记》、李质曹组《艮岳百咏诗》和张吴《艮岳百咏小牍》和《宋史·地理志》皆有记载。石景多赐名龙、玉、峰、仙、星等：神运峰（盘固侯）、昭功敷文峰、万寿峰、朝日升龙、望云坐龙、矫首玉龙、万寿老松、栖霞扪参、衔日吐月、排云冲斗、雷门月窟、蟠螭坐狮、堆青凝碧、金鳌玉龟、选萃独秀、巢凤、蜕云、玉箦、锐云、时龙、喷玉、蕴玉、琢玉、登封、蓬瀛须弥、老人、寿星、卿云、瑞霭、南屏小峰、伏犀、怒猊、仪凤、积玉、迭玉、丛秀、翔麟、舞仙、滴翠岩、搏云屏、积雪岭、抱犊天门、玉京独秀太平岩、卿云万态奇峰等。建筑有：介亭、极目亭、圆山亭、跨云亭、罗汉岩、萧森亭、麓云亭、散秀亭、清斯亭、绮云亭、璇波亭、小隐亭、半山亭、书圈亭、草圣亭、书馆、高阳酒肆、曜曜亭、忘归亭、八仙亭、环山馆、芸馆、飞岑亭、粤觏华堂、岩春堂、和咎厅、萧石厅、挥云亭、泛雪亭、妙龌高亭、三秀堂、消闲馆、潄琼轩、书林轩、云岫轩、绛霄楼、倚翠楼、金文楼、巢凤阁、园中园有药寮和西庄、前种参术、杞菊、黄精、芎藭、后者种禾、麻、菽、麦、黍、豆、杭、秫等。还有酒肆、射圃等景点。 |

续表

| 朝代 | 时间 | 园名 | 地点 | 人物 | 详细情况 |
|---|---|---|---|---|---|
| 南宋 | | 皇城后苑 | 浙江杭州 | | 在杭州凤凰山西北，分为庭院和苑林区，庭院区被中间长廊分为左右两列，每列10个小院，每院50间房，长廊180余间，直达苑林区小西湖，湖广十亩，湖边筑山植梅，曰梅冈，建冰花园。临水有水月境界，澄碧，湖边有伫圣祠，内有庆和泗洲，慈济钟日，得黄等景。湖边遍植牡丹、芍药、山茶、鹤丹、桂花、海棠、橘子、竹子等花果。建筑有昭俭亭（茅亭）、天峻偃盖亭（松亭）、观堂（在山顶、祭天所）、芙蓉阁、清涟亭、梅堂（赏梅）、芳春堂（赏杏）、观堂（赏桃）、灿锦堂（赏金林檎）、照妆亭（赏海棠）、兰亭（修葺）、钟美堂（赏大花）、稽古堂（赏琼花）、会瀛堂（赏琼花）、静侣亭（赏紫笑）、净香亭（采兰花）、（采三桃笋）等，盆景有茉莉、素馨、建兰、麝香藤、朱槿、玉蕊、红蕉、阆姿、薝葡等 |
| 南宋 | 1163—1189 | 聚景园（西园） | 浙江杭州 | 赵眘 | 在清波门外湖滨，旧为西园，南宋孝宗赵眘在北宫休养，拓圃于西湖之东，清波门外为南门，涌金门外是北门，流福坊的水口为水门，孝宗题有一十条亭榭：含芳殿、会芳殿、瀛春堂、揽远堂、鉴远堂、花光亭、瑶津、翠光、桂景、艳碧、凉观、琼花、彩霞、寒碧、花醉、引西湖之水入园，建学士、柳浪二桥。宁宗在位时（1195—1124年），园渐衰，元代改为佛寺，清代荒芜。该园以柳树最，今为柳浪闻莺 |

续表

| 朝代 | 时间 | 园名 | 地点 | 人物 | 详细情况 |
|---|---|---|---|---|---|
| 金 | 1151—1156 | 同乐园 | 北京海淀 | 完颜亮、梁汉臣、孔彦舟 | 《揽辔录》道，正隆元年（1156年）金主完颜亮率百官率刚建成的中都时城西至玉华门，为同乐园，内有瑶池，蓬瀛、柳庄、杏村。据师栒诗《游同乐园》和赵秉文《同乐园二首》园中有景：水池、山峦、溪流、石垣、柳树、钓鱼船、竹林、鹅栅、鹿园、莺鸟等 |
| 金 | 1153 | 团城 | 北京 | 海陵王 | 海陵王迁都燕京后，增建外城，在北海疏浚湖泊，堆土砌石成岛，挖海堆团城。团城周长276米，城高4.6米，面积约4500平方米，叫"瀛洲圆殿"。瀛洲、筑圆台，建仪天殿，重檐圆顶，叫"瀛洲圆殿" |
| 金 | 1166 | 大宁宫（大宁宫、寿宁宫、寿安宫、万宁宫） | 北京 | 完颜雍、完颜璟 | 在中都东北（今北海处），世宗完颜雍命少府监张仅言建皇家离宫大宁宫（今北海），大定十八年（1179年）五月建成，世宗首幸，大定二十八年（1188年）三月，更名寿安宫，大定二十九年（1189年）正月，世宗临终遗言移植寿安宫，当年七月章宗完颜璟奉太后至寿安宫，明昌二年（1191年）四月章宗更名万宁宫，仪鸾局增设万宁宫收支都监一官员九品。后又增设万宁宫提举司（从六品），同年帝驾常幸。承安元年（1196年）三月，五年（1200年）三月、泰和元年（1201年）三月，八年（1208年）四月章宗圣万宁宫游幸及处理政务。大宁宫有大液池，其中筑琼华岛、瀛屿、琼华岛上建广寒殿，妆台（章宗为李宸妃建），并用汴京艮岳运来的太湖石，为刺激运输，以石折粮赋，故称此石为运石。琼岛春阴和太液秋波为金代燕京八景之一宫内有大小殿宇90余座。 |

续表

| 朝代 | 时间 | 园名 | 地点 | 人物 | 详细情况 |
|---|---|---|---|---|---|
| 元 | 1215 | 万安宫 | 北京 | 石抹明安、丘处机、忽必烈 | 1215年蒙古石抹明安攻克万宁宫，1224年铁木真赐万宁宫给全真教丘处机，1226年丘处机死，园调，1227年改万宁宫为万安宫，1260年忽必烈驻跸琼华岛，1262年扩建修葺琼华岛，1264年再修华岛，1265年溪山大王海制成，建广寒殿，1271年改国号为元，1272年改燕京为大都，1273年忽必烈幸广寒殿。1274年宫阙建成，分颁官职。1275年迎佛于万寿山仁智殿，1284年立法轮竿，建金露亭、温石浴室、园更衣殿。1325六月修万岁山，1327年植万岁山花木870株。综合史载，山为太液池，池名太液池，圆坻，犀山，万岁山最大，林采用一池三山制，延和殿，方壶殿，方丈亭，瀛洲亭，荷叶殿，介福殿，线珠亭，东南室，牧仁虹亭，上有广寒殿，仁智殿，玉虹亭，朋粉亭，温石浴室，白晶鹿，红石马，人室，马潼室，石拱坪，日香泉池，温玉泉渠，西，北石桥与岸用转机运关斗汲至顶上方池，假山，石渠，灵囿菌，圆坻上有仪天殿，东，北桥与岸用转机运关斗汲至顶上方池，犀山植木杓药，太液池满植荷花。万岁山上水景用转机运关运流至石渠，从石刻蟠龙口喷出后西经上方池。伏流至仁智殿后，太液池满植荷花。 |

续表

| 朝代 | 时间 | 园名 | 地点 | 人物 | 详细情况 |
|---|---|---|---|---|---|
| 明 | 1368 | 西苑 | 北京海淀 | 朱祁镇 朱厚熜 | 琼华岛上有：堆云积翠桥坊、仁智殿、介福殿、延和殿、广寒殿、方壶亭、瀛洲亭、玉虹亭、金露亭、水井、虎洞、吕公洞、仙人庵、琴台石、棋局石、石床石、翠屏石 |
| 清 | 1742—1774 | 北海 | 北京 | 乾隆 | 北海总面积约68公顷，其中水面39公顷。北海是清代西苑主要苑林区，乾隆七年至乾隆三十九年（1742—1774年），在琼华岛顶建成善因殿，岛南坡建悦心殿、庆霄楼、静憩轩、蓬壶揽胜、摘秀亭，并扩建白塔寺易名永安寺；西坡建一山房、嶓青室、璘光殿、甘露殿、水精域、阅古楼、苗鉴室、烟云尽态、抱山蔓云峰、邀山亭；北坡建滴翠澜堂、道宁斋、碧照楼、远帆阁、晴栏花韵、紫翠房、莲花室、写妙石室、环碧楼、嵌岩室、盘岚精舍、真如洞、交翠庭、一壶天地、小昆邱亭、倚晴楼、分凉阁及长廊，还有仙人承露盘；东坡建智珠殿及牌坊、古遗堂、慧日、振芳、峦影、见春亭。北海东岸也进行了大规模的改建、扩建；北岸、西岸营建了新的亭、台、阁、馆、楼、榭，均等建筑。（《北京园林绿化志》） |

续表

| 朝代 | 时间 | 园名 | 地点 | 人物 | 详细情况 |
|---|---|---|---|---|---|
| 清 | 1735—1796 | 南海和中海 | 北京 | 乾隆 | 南海和中海，总面积约100公顷，其中水面约46公顷。湖面周围和岛上，分布有勤政殿、涵元殿、瀛台、淑清园、紫光阁、仪鸾殿、紫光阁、蕉园、万善殿、水云榭等主要建筑 |
| 清 | 1765 | 柳墅行宫 | 天津 | 史高成 | 柳墅行宫在现胜利公园处。乾隆三十年（1765年）芦盐众商捐资，时任巡盐御史的史高成奏请御批，于海河左岸，今光明桥左侧，建柳墅行宫。于海河区有朝房，宫殿区有朝房、偕乐堂大殿、照殿、佛楼、园林占地50亩，分宫殿区和园林区，船厅等五百余间，园林西洋式戏台、海棠厅、题签室、藤萝室、东北水口架以飞虹区以水池为中心、水中一个大岛、岛上一厅一榭一亭，桥、石筑假山从东向西绕半个花园，环池植柳，周边有小室一座，小院一座。在宫殿区还开有两个花园式庭院，之间隔以院墙，绕以石山。同院面积大于建筑一倍。临河御题"柳墅瀛津"匾牌楼。乾隆驻跸八次，题诗数十首 |

# 第 3 节　蓬莱仙话与私家造园

　　文人是蓬莱神话造景的主要创作主体。该主题既迎合了文人远离主流政治的心态，也满足了入道求真尚仙的潜意识，而商人运用蓬莱神话，则直接以其仙人长寿为目的，可谓各取所需。私家园林面积较小，在园中所凿之池和所堆之岛，体量虽小，但文人的联想思维使之成为文学和绘画创作的主要对象。严格按一池三山者如王世贞的弇山园。全园以水池为中心，在水中筑东弇、中弇和西弇三山。西弇假山景观有突星濑、蜿蜒涧、潜虬洞、小龙湫、小雪岭、石公弄、息岩、误游磴、金粟岭、陬牙洞、超然台、忘鱼矶等景点，还有大量的奇峰异石贯穿于各景点之中。西弇的主题建筑为"缥缈楼"，位于假山顶，为整个弇山园最高点，站在"缥缈楼"中，园内园外景观一览无余、尽收眼底。除"缥缈楼"，建筑还有省获亭、乾坤一草亭、环玉亭，景色各异。中弇，实则是一座岛屿，位于全园中间位置，以假山石为主体，西侧有月波桥与西弇相连接，东侧渡东泠桥可达东弇，南侧隔"天镜潭"与"藏经阁"所在岛屿相互遥望，北侧渡"广心池"便是北部生活区。因此站于岛上的壶公楼，可以观得弇山园各个方位的景象。除了壶公楼，中弇建筑还有梵音阁、徙倚亭。假山景点包括率然洞、西归律、小云门、馨玉峡、漱珠涧、紫阳壁等，奇石更是数之不尽。东弇以假山石为主要景点，表现手法与西弇和中弇不同，"东弇"以"阳道""阴道"两条游览路线分别游览，"阳道"一路向北前行，包括蟹螯峰、流杯

处、飞练峡、娱晖滩、嘉树亭、玢碧梁、九龙岭、三步梁
等景点;"阴道"沿"留鱼涧"穿行于假山石之中,最后过
"振衣渡"抵达"敛霏亭"。前者景致主要体现假山、池、
涧的形态与特点;后者景致主要以体验溪涧幽深为主。而
"阳道""阴道"两条游览线路最终汇于"振屧廊"。

　　拙政园也是严格按一池三山之制构建的明代园林。远
香堂是全园的正堂,堂北凿有一池,池中筑东、中、西三
岛。西岛构有亭名荷风四面亭,以观赏夏天荷花,闻薰荷
风。中岛顶构有雪香云蔚亭,以待冬雪并观梅花。东岛上
构待霜亭,以观秋景。

　　构二岛亦可称蓬莱,如留园水池中虽只二岛,但大岛
名小蓬莱。园主道:"园西小筑成山,层垒而上,仿佛蓬莱
烟景,宛然在目。"

　　蓬莱神话景观(表 15-2)有多种做法:园名、水池、
岛屿、建筑、奇石。把园名为蓬莱者,如元代杨维祯在上
海的小蓬台、明代南京徐氏的小蓬莱、清代李渔的小蓬莱
(伊园)、民国无锡的小蓬莱山馆。把水池标识为蓬莱景观
的,如河南汴州的蓬池,池边构有吹台。以蓬莱山最多,
如南宋沈尚书园的蓬莱岛、明初徐达花园的小蓬山、清代
北京李德仪的沄园小蓬莱岛。题名蓬莱瀛洲者亦多,如南
宋昼锦园的拟蓬堂、保定莲花池的小蓬莱、清代伴村园的
蓬莱山馆、康有为康家花园的小蓬莱仙馆、福州戚公祠的
蓬莱阁。以奇石名岛者,如苏轼在元丰二年(1079 年)游
灵璧兰皋园,发现奇石如蓬莱仙境,当即名为小蓬莱,并
与园主在此饮酒,醉卧一夜。

表15-2 私家园林蓬莱神话景观一览表

| 朝代 | 时间 | 园名 | 地点 | 人物 | 详细情况 |
|---|---|---|---|---|---|
| 唐 | 至迟744 | 蓬池吹台 | 河南汴州 | | 高适《同陈留崔司户早春宴蓬池》，戴叔伦《和李相公勉晦日蓬池游宴》道：园在郊区，有蓬池、观台、余岸、垂柳、绿草、飞雁等。天宝三年（公元744年）李白、高适、杜甫同游吹台 |
| 北宋 | 1024—1029 | 兰皋园 | 安徽灵璧 | 张次立、张颖、张礼、张郁、苏轼 | 在灵璧县今粮业烟酒处，为北宋天圣年间（1024—1032年）灵璧官僚张次立所建。园中有奇石小蓬莱，陂池百亩，假山岩阜，华堂夏屋（中有兰皋亭，植竹子、桧柏、梧桐、瑰伟异常，蒲苇连敬衣，养鱼龟，等百余景，现余灵璧石一座，重达几吨，为故园遗物。《墨庄漫录》载，元丰二年（1079年）苏轼由徐州改任湖州时，途经灵璧，寻石游园，发现奇石如蓬莱，当即命之为小蓬莱，醒后醉卧此石安中游园时又题字于石，故又名三题石此石，醒后土醉卧此石然酒醒"东坡居士醉卧此石然酒醒"，荆溪居士将颖叔、紫溪翁礼安中游园时又题字于石，故又名三题石 |
| 北宋 | | 蓬池 | 河南开封 | | 《汴京遗志》载，池位于城东，春秋时为蓬泽，池下有温泉，是一个游乐去处。植菰、蒲、荷，为公共园林 |

续表

| 朝代 | 时间 | 园名 | 地点 | 人物 | 详细情况 |
|---|---|---|---|---|---|
| 南宋 | 1195—1224 | 昌衡园 | 江苏苏州 | 赵师睪、赵扩 | 园在苏州府学西南，为南宋宁宗辛间尚书赵师睪所建，宁宗赵扩御赐园四匾：聚奎、玉辉、宗表、与闲。园中有聚奎堂（奉高宗、孝宗、宁宗宸翰），荣桂堂、泰然堂、四支堂、玉辉堂、拟蓬堂、深净堂、双清堂、玉虹亭、锦霞亭、占春亭、双休亭、采采亭、桃溪亭、吞庄亭、宗表堂、与闲楼、吾善舟步放船（射圃）、"好风景"台、莲花池、假山、花卉、竹子、松树、梅花、海棠、柑橘、菊花等景 |
| 南宋 | 1245—1278 | 棋盘园（蒲家花园） | 福建泉州 | 蒲寿庚 | 在泉州市内，阿拉伯商人蒲寿庚所创私园，是元代泉州最大的私园，园内中心有一巨型棋盘。南北各垒一假山，集城中美石、花木。棋盘东建二层彩楼，可客二十余人，楼南北各台阶上下，楼后为椭圆形后池，池中筑岛、名小瀛洲，岛上构亭，宾客可选择女陪游，后登陆观棋，巨形棋盘以石铺成，以美女为棋子，以镂筛为棋面，双方各听司棋员口令而奔跑到位。该园清代散为民居，只余棋盘街，后池之名，椭圆水池至 20 世纪 80 年代后期方填建为宿舍楼 |
| 南宋 | | 湖曲园（甘园） | 浙江杭州 | 甘升之、谢节度使、赵公 | 《淳祐临安志》道，园林在慧照寺西雷峰处，北临西湖，遥望孤山，柳堤梅岗，左右映照，是中常年甘升之的宅园，后赐谢节度使，日久园废，大资政赵公购之修葺而成。周密诗："小小蓬莱在水中，乾淳旧赏有遗踪。园林儿换东风主，留得梅亭前御爱松。" |

续表

| 朝代 | 时间 | 园名 | 地点 | 人物 | 详细情况 |
|---|---|---|---|---|---|
| 南宋 | | 南沈尚书园 | 浙江湖州 | 沈德和 | 《吴兴园林记》记载，尚书德和在湖州城南建南有宅园，人称南尚书园，占地百余亩，以山石，果树，大湖石等，果树以林檎最盛，沈家败落时被贾似道购去 |
| 元 | 1227 | 雪香园（莲花池、行宫、莲池公园） | 河北保定 | | 在保定裕华西路南，处于古城中心，占地3.15公顷，水面0.79公顷，为保定八景之一。唐上元年间（公元713年）在此地建临漪亭，现有景：春午坡、东碑廊、西画廊、西画廊、牌楼、水东楼、濯锦亭、北塘、观澜亭、篇留洞、莫绿轩、绿野梯形、南塘、茶社、濯咏亭、六幢亭、群芝馆、不如亭、露天电影院、博物馆、慈藏精舍、西小院、鹤巢、小方壶、君子长生馆、小蓬莱、响琴榭、丽（此字三点水）然亭、莲池书院、碑刻、奎画楼、高芬轩、长廊、万卷楼等 |
| 元 | | 玉山草堂 | 江苏昆山 | 顾德辉、魏恭简 | 在昆山正仪镇，为顾德辉（字仲瑛）别墅，各流为其题有景二十四：桃源轩、芝云堂、可诗斋、菠书台、碧梧翠竹、种玉亭、浣花馆、钓月亭、春草池、雪巢、小蓬莱、绿波亭、蜂雪亭、百花坊、拜石坛、柳塘春、金粟影、寒翠所、放鹤亭、书画舫、玉山佳处（总名）等 |
| 元末 | | 小蓬台 | 上海 | 杨维桢 | 元泰定四年（1327年），进士江西儒学提举杨维桢（1296—1370年），于洪武三年（1370年）召至京师，怅丞相而正松江构园小蓬台，旋乞归，怅家即卒 |

续表

| 朝代 | 时间 | 园名 | 地点 | 人物 | 详细情况 |
|---|---|---|---|---|---|
| 明 | | 徐达东园 | 江苏南京 | 徐达、徐天赐 | 在城东南长乐路，为明太祖赐中山王徐达别业。《弇州名园记》道："初入门杂植榆柳，余皆麦陇之属，左有一鉴堂枕大池，丹桥逶迤凡五六折，一水之外皆平畴老树。"有峰峦，山洞，沟壑，站台，一鉴堂等景，"其壮丽为诸园甲"，后又经徐天赐扩建，规模更大。民国时更名白鹭洲公园 |
| 明 | 1593 | 留园（东园、刘园） | 江苏苏州 | 徐泰时、周时臣、刘恕、盛康 | 留园位于苏州留园路79号，始建于明万历十七年（1589年），1596年完工。初时户部主事徐泰时（1540—1598年）清画家兼叠山家周时臣建东园，时有名石端云峰。明末几易园主，乾隆五十九年（1794年），知府刘恕（1759—1816年）重建，又名花步小筑，增12名石，裴苏州状元赵之壁茶庄而更园名为寒碧山庄，俗称刘园。同治十二年（1873年），湖北布政使盛康（1814—1902年）得园历三年重构，更名留园，时园广四十亩，半有名景：涵碧山房、济仙石、荷花池、池西北石山，禹木樨香轩，可亭，半野草堂，清风起兮池馆凉（轩），绿荫（轩），濠濮想（亭），碑廊，藏修息游（厅），佳晴喜雨快雪（亭），灵璧石台，花好月圆人寿（屋），揖峰轩，洞天一碧（屋），冠云峰，岫云峰，瑞云峰，冠云沼，奇石寿太古（厅），冠云亭（题"安知我不知鱼之乐"），冠云亭，仙苑停云楼，亦不二（屋），又一村，少风波处便为家（屋），小蓬莱，别有天，活泼泼地（阁），梅花月上杨柳风来（屋），西丘，小溪，至乐亭，月榭星台亭，其西南诸峰林蔚为大美（房），射圃 |

续表

| 朝代 | 时间 | 园名 | 地点 | 人物 | 详细情况 |
|------|------|------|------|------|----------|
| 明 | 1621—1627 | 渡鹤楼（也是园） | 上海（也是园） | 乔炜、曹垂灿、李心恰 | 在县城南凝和路和乔家路口，明天启年间礼部明中乔炜所建，因在城南，故名南园，园中叠石凿池，池水与黄浦江通，古木层峦，有景：明志堂，锦石亭，息机山房，珠来阁等。清初先后为曹垂灿和李心恰所得，李也是园，1890年改名恋珠官，供道教三清，嘉庆年间（1796—1820年）初建斗姆阁，礼道教斗母，此后设祀吕祖纯阳殿，道光八年（1828年）设恋珠书院，后历次修建，在咸丰年间（1851—1861年）初除神殿外还有湛华堂，回桥，方亚一角，海上钓鳌处，榆龙榭，蓬山不运，太乙连井，育德堂，致道堂，芹香仙馆，珠来阁等。园池数亩，上海除豫园外，此园最胜，咸丰十年（1860年）年太平军围攻上海，园中成为外国兵营，建筑物及花木毁半，战后十多年重建来年间，光绪年间（1875—1908年）在西北增建水阁廊榭，改建湛华堂前厅，改纯阳殿为楼，民国以后，香火渐消，成为民居和军政办公场所，抗日战争时毁 |
| 明 | | 青华洞 | 山东济宁 | 王敦临、差畸 | 据《州志》记载，后来，又经文次修缮。青华洞前院正中筑大型方亭，高约8米。亭四周环绕约1米的石砌水渠。此亭名曰"小瀛洲"，四面环水，表示停在洲上，寓意"蓬来仙境" |

续表

| 朝代 | 时间 | 园名 | 地点 | 人物 | 详细情况 |
|---|---|---|---|---|---|
| 明 | | 小蓬莱 | 江苏南京 | 徐氏 | 在城东南隅，为徐魏国公弟任之宅园，有景：心远堂、迎晖亭、总春亭、一鉴亭、观澜亭、萃青亭、玉芝丹室堂、挂笏石、归云洞等 |
| 清 | 1644—1661 | 自耕园（凤池园、省园、养心园、英王行馆） | 江苏苏州 | 吴武真、顾氏、袁氏、钮氏、顾月隐、顾沂、陈大业、王资敬、潘世恩、陈王成 | 自耕园在娄驾巷，宋韩为顾氏园，明为袁氏宅和钮氏宅，康熙年间(1662—1722 年)河南巡抚顾沂去官归田，人月隐君在此筑自耕园。园广十亩(屋)，前临清流纽家巷河，后通古萧家巷，园内有：见南山(屋)、撷香树、岫云阁、石径、梧桐、梅花、亭子、赐书楼、洗心斋、康洽亭、抱朴轩、石桥、寒塘、石台、石壁、爽垲、浸玉、山岭、洞蓁、菊畦、药圃、虹梁、鹤浦、桂花、金粟、文杏、桃花、牡丹、朱藤、竹子、李树、榆槐、紫薇、柏树等。清末，园林一分为三。园东归陈大业、陈氏又购东邻扩建为省园，园内有：水池、爱莲舟、春华堂、飞云楼、修廊、曲径、知鱼轩、引仙桥、浣香洞、接爽亭、凤池阁、鹤坡、筠青树、梅山墅等，大学者袁学澜有诗咏之。园中部归王资敬、西部归大学士潘世恩，仍名凤池园，其孙又在对岸筑养心园，园内有：凤池亭、虹翠居、梅花楼、粉墙、凝香径、芳堤、平桥、瀑布声(飞泉)、蓬壶小隐、玉泉、先得月处(兰蓁)、烟波画船、绿荫树等。太平军入苏，英王陈玉成人主该园仅三日即离去，人称英王行馆。1982 年重修英王行馆，后来园毁为民居，只存纱帽厅 |

| 朝代 | 时间 | 园名 | 地点 | 人物 | 详细情况 |
|---|---|---|---|---|---|
| 清 | 1647 | 伊园(伊山别业、小蓬莱) | 浙江兰溪 | 李渔 | 戏曲家、文学家和造园家李渔(1610—1680年),1646年,36岁的李渔归农学圃,回家乡夏家村过隐居生活,1648年,在家乡的伊山之麓而建它园,名伊园,又名小蓬莱,是集宅、园、圃一体的宅园。有廊、轩、桥、亭等诸景,自誉可与杭州西湖相比并写下《伊园十便》《伊园十二宜》等诗篇咏之。"此身不作王摩诘,身后还须葬辋川",他决定学唐代诗人王维,在伊山别业隐居终生,老死于此。园前临清流,开池搭桥,有一亩为畠、半亩方塘、亭廊环绕、堂轩列次、旱船瓜果、菜畦瓜果、有景:燕又堂、停舸、舣舟桥、蟾影、打果轩、迂径、踏影廊、来泉灶 |
| 清 | 1757前 | 净香园(江园) | 江苏扬州 | | 在虹桥东,原为江春别墅,乾隆二十二年(1757年)改为江园。乾隆三十七年(1772年)南巡时赐名净香园。《画舫录》云:"荷浦薰风在虹桥东岸,一名江园。乾隆三十七年,皇上赐名净香园,御制诗一首。"又云:"园门在虹桥东,竹树夹道,竹中效小屋,称为水亭。亭外清华堂、青琅玕馆,其外为浮梅屿。竹宽为春雨廊,杏花春雨之堂、堂后为习射圃,圃外为绿杨湾。"水中建亭,额曰"春楔射圃",前建敞厅互瑥,上赐名"怡性堂"。堂左构子舍,仿泰西营造法,中筑翠冷珑馆,出为蓬壶影 |

续表

| 朝代 | 时间 | 园名 | 地点 | 人物 | 详细情况 |
|---|---|---|---|---|---|
| 清 | 1796—1820 | 伴村园 | 山东济宁 | 王又庄 | 在南关外塘子街路东，为清代嘉庆年间王又庄（字叔廉）所建，是王氏宅府北部花园，同治年间为吏部主事唐传猷所购，其子唐承烈整修，有东园、上房院和西园。西园有堆假山、槐亭、花厅、戏台（露台仪庄）、小溪、石桥。王氏后人王荪民（字荪生），号伴村）题有《浪淘沙·忆伴村园》有："济上伴村家，汾海桑麻。比邻院尺若天涯。俯院池台清且雅，朱栏廊霞。园小岂堪夸，修竹栽花。蓬莱山馆露亭斜，好景难常何处云？秋草黄花。" |
| 清 | 1800（又说1846） | 清晖园 | 广东顺德 | 黄士俊、龙应时、龙廷槐、龙元任 | 原为明末状元黄士俊宅园，乾隆年间进土龙应时得，龙廷槐在1846年左右，龙廷槐归宁后为报母恩而重建所得部分、名清晖园，后经龙元任，1959年修复，合并惠五代人经营方成名园，民国时因战乱乱儿毁，龙景灿，龙清惠园和广"大洞，由原5亩扩至30亩。有景：三个水池、曲廊、红蕖书屋、冰天轩、凤来峰、笈云轩、八表来香亭、园宝亭、留芬阁、碧溪草堂、澄漪亭、六角亭、小船楼、惜阴书屋、真砚斋、竹苑、笔生花馆、小蓬瀛、归寄庐、木楼、陶益、茶道、观砚台、长廊、丫环楼、绿云、一勺亭等 |
| 清 | 1847—1857 | 沂园 | 北京 | 李德仪 | 在北京城西，方广五百米（约825米），有水池、荷、松、李，诗人李德仪把它比作唐代的杜曲，宋代的独乐 |

331

续表

| 朝代 | 时间 | 园名 | 地点 | 人物 | 详细情况 |
|---|---|---|---|---|---|
| 清 | 1851—1861 | 百花庄（孔园） | 江苏太仓 | 孔庆桂 | 咸丰年间孔庆桂在太仓城厢镇南街创立此园，有景：水池（中心，有方形、长形、圆形、曲折形）、百花庄、东瀛草堂、亭榭、石舫、大湖石、钓鱼台、三曲桥、紫藤架、荷花、紫竹、牡丹、芍药、春兰、秋菊、丛桂等。1937年被日军飞机炸毁 |
| 清 | 1880 | 薛庐 | 江苏南京 | 薛慰农 | 杭州守备薛慰农在南京时于钵山龙蟠里乌龙潭侧建别墅，1880年1月竣工，并退老其中，园中有景：藤香馆、冬荣春妍室、双登瀛堂、吴砥书屋、夕好轩、抱膝室、小方壶亭、仰山楼、半壁池桥、美树轩、杏花湾半潭秋水、房山、珠园、蟇斋、水榭窗开四面、对岸为驻马坡、坡前建武侯祠、并亭台数椽、供人观瞻休息，薛庐北有颜鲁公祠、曾文正祠、沈文肃公祠等。民国时，薛庐大都毁圯、教育局占其半改为校舍，薛庐建成时，状元张謇撰文《金陵小西湖薛庐记》 |
| 清 | 1896 | 东湖 | 浙江绍兴 | 陶浚宣 | 位于绍兴城东箬篑山北麓，园艺家陶浚宣利用汉代采石场仿桃源意境营建园林，1896年始建，1899年建成。陶浚宣50岁隐居东湖，灵空亭有联云："江空欲听水仙操，劈立直上蓬莱峰。" |
| 清 | 1897 | 康家花园 | 广东广州 | 康有为 | 在广州芳村白鹤洞道乡村出口，康有为《自编年谱》道，光绪二十三年（1897年）还乡讲学时建园纳妾于此，园广东约20余亩，园内有书斋及高亭台楼阁，现在只余小蓬莱仙馆，时为康读书处 |

续表

| 朝代 | 时间 | 园名 | 地点 | 人物 | 详细情况 |
|---|---|---|---|---|---|
| 清 | 1904 | 哈同花园（爱俪园） | 上海 | 哈同、黄宗仰 | 静安寺路与哈同路交接处中苏友好大厦。犹太富商哈同（1849—1831年）有请乌目山僧黄宗仰设计建造，1904年始建，1909年建成。园广300亩，有80楼、16阁、48亭、4台榭、4桥、8池、10院、9路，中西结合，人称海上大观园。园分内外两部分，内园20余景：欧风东渐阁、黄海涛声楼（听涛钟楼）、红叶村、俟秋吟馆（广仓学窘）、待雨楼、椒亭、风来啸亭、仙药阿、戬寿堂、天演界剧场、环翠亭、驾鹤亭（半面亭）、文海阁、西爽阁、涌泉小筑。外园有景60余，分大好河山景区、渭川百亩景区、蝶隐水心草庐景区、爱夏湖、观鱼亭、拨云亭、打潑桥、引泉桥、九曲项廊、岁寒亭、绿天澄抱、大好河山景区：爱夏湖、昆仑境、申月廊、北洞天（舍延秋小榭、飞流界、挹翠亭、水云洞、诗瓢、方壶、堆萝、饮露崖、铃语阁利石塔）、慢舸（载我舟）、大华仙掌、云林画本、迎旭仙掌、石坪台、山外山、逃秦涵虚楼、六鳌近驾、杏蔚上寿、藏机洞、锦秋亭、题嗣亭、渭川百亩景区：处、万生菌、除月亭、小苍葭亭、小苍葭顶、石朌嶙峋、卍字亭、松隖绿荫、绛雪海横云桥、笋颖乡、千花结顶、石劥嶙峋、湖心亭、九曲桥、兰亭修禊、柳堤试马、阿耨池望云楼等；水心草庐景区：藏经阁、崇礼堂、兰馨室、燕誉堂、羴成茅菴、苏若椒兰、阿耨北舍（曼陀罗华室）、卷影楼、一带春、淡池、思澄亭、涴春海、青竹笼簰、芭兰室慈淑被、迎旭板、渡月桥、接叶亭、烟水湾、柳湾等、另外大门外北处有景、舞絮舫、泰立至来坊；外园东南有景：玉蜺桥、万花坞、黄鹤山房、接叶亭、柳湾、家祠、鉴湖亭、养生池、频伽精舍、家祠、鉴弘亭、春晖楼 |

续表

| 朝代 | 时间 | 园名 | 地点 | 人物 | 详细情况 |
|---|---|---|---|---|---|
| 民国 | 1912 | 文瀛公园（海子边、中山公园） | 山西太原 | 裴通政 | 在太原市东南，明代称海子堰。康熙年间裴通政见其近贡院，取名文瀛湖，为阳曲八景之一的巽水烟波。光绪年间窦宁道连甲清潮，在北湖东南建影翠亭，四周设栅栏，湖中放两游船，成为公共园林。1928年北伐战争后，改名为中山公园。辛亥革命后正式定名文瀛公园 |
| 民国 | 1913 | 大观楼公园（西园别墅） | 云南昆明 | 沐氏 | 原为明代黔国公沐氏的西园别墅，清时建观音寺、澄碧堂、华严阁、催耕馆、大观楼，1913年辟为公园，1951年至1952年，近华浦东面、南面的鲁园、庾园、郑园、马园、陈园、柏园、李园、丁园等8家私家花园。1970年，除庾家花园、鲁家花园继续使用外，其余花园已不复存在。现有景观稼堂、揽胜阁、琵琶岛、招爽楼、蓬莱仙境、游栏等 |
| 民国 | 1918 | 戚公祠 | 福建福州 | 戚继光 | 在福州于山白塔寺东，1562年戚继光在福建抗倭后三建，班师回浙时，乡绅和官员在于山平远台设宴饯行，勒碑纪功，后人在台旁建祠，毁后于1918年重建，旁有五松，前为平远台，中为醉石，传为戚公醉卧处，石畔有醉石亭、亭北有蓬莱石、榕寿岩、朴山精舍、三山阁、吸翠亭、五老岗、宋塔及古今摩崖石刻 |
| 民国 | 1927—1930 | 蠡园 | 江苏无锡 | 王禹卿 | 位于无锡蠡湖边，面积8.2公顷，水面3.5公顷，邑人虞循真建，时有：梅埠春雪、柳浪闻莺、南堤春晓、曲渊观鱼、东瀛佳色、桂林天香、枫台顾曲、月波平眺，人称青祁八景。1927年，青祁人、工商界名流王禹卿改建为蠡园 |
| 民国 | 1934 | 小蓬莱山馆 | 江苏无锡 | 荣鄂生 | 位于太湖边独山坞，为民族工商业者荣鄂生于1934年所创别墅园林，建国后归省太工疗养院 |

瀛洲也是蓬莱神话的关键词，在园中以筑岛为多，如南宋阿拉伯商人蒲寿庚在泉州构建的棋盘园中小瀛洲就是一个岛屿。民国犹太商人哈同在上海建的爱俪园内开湖堆岛小瀛洲和方壶也是岛屿。太原的文瀛湖就是水景，并以此名为公园。清代济宁王敦宁别墅的小瀛洲就是一个大方亭。清代孔庆桂在太仓百花庄的东瀛草堂。也有把蓬莱与瀛洲合称者，如清代龙清晖园的小蓬瀛。清末南京薛蕙浓的双登瀛堂。

# 第 4 节 蓬莱仙话与日本造园

中国的蓬莱仙话说的东海应该就是日本周边的海洋，《列子·汤问》中说的五岛就是今天的日本五岛，后演化为三岛也是指日本的最大三岛。徐福所带的童男童女入东海，也成为日本民族的一部分。日本富士山的发音与"不死草"（ふしさ）基本一致，与藤的发音（ふじ）也相近。藤，《名医别录》只记载了两种藤本，一是络石，又名石龙藤，微寒，无毒，主喉舌不通，大惊入腹，除邪气，养肾，治腰髋痛，坚筋骨，利关节，服通神等。二名钩藤，微寒，无毒．主治小儿寒热，十二惊痫。《方伎传》称："姜抚服常春藤，使白发还鬓。常春藤者，千岁也。"与徐福的福（ふ）也接近。

奈良时代文学集《怀风藻》中，蓬莱用以形容日本龙门山和吉野宫附近溪谷等自然美景，如葛野王《题龙门山》诗云："命驾游山水，长忘冠冕情。安得王乔道，控鹤入蓬瀛。"巨势多益须在《春日应诏》诗中写道："岫室开明境，松殿浮翠烟。幸陪瀛洲趣，水论上林篇。"平安时代《竹取物语》和《源氏物语》中出现蓬莱仙岛，蓬莱神仙境界成为皇家宫苑与贵族园林的中心景观。

日本园林的一种形式称为池泉园。池泉园的池就象征东海，在池中筑岛称为中岛，另配有神仙岛或蓬岛。嵯峨天皇在大泽池中筑中岛象神仙之岛，题有诗句："何因远觅蓬瀛地，象外胜形此处者"。广德二年（1086年）白河上皇在洛南造的鸟羽离宫的水池中，就有模仿海中神山的沧海岛、蓬莱山；藤原家族各代的园林中，例如平等院都筑有蓬莱仙岛。

日本园林中采用一池三山做法的有许多。日本上原敬二的《造园大辞典》的神仙岛一条中明确说明，神仙岛最早是从中国传过去，岛的数量，从一个、两个、三个，都叫神仙岛，连后来的龟岛和鹤岛都是属于神仙岛系列。在《嵯峨流庭古法秘传之书》的"庭坪地形取图"中，把一池三山化为一池三岛，即主人岛、客人岛、中岛。（刘庭风，中日古典园林比较，天津大学出版社，2004年4月）

日本的神仙岛上一定种松树，原因是松树是树中寿者。江户时代流行龟岛和鹤岛也是由于龟和鹤是动物中的长寿者。日本园林最早的神仙岛是平安时代白河上皇建造的鸟羽离宫中苑池里造神仙岛，其后的有《源平盛衰记》中说的平清盛的西八条邸里造蓬壶岛。足利尊氏的宅园中造有神仙岛。江户时代大名园林中也非常流行。一池三岛的有白水阿弥陀堂庭园、醍醐寺三宝院庭园、修学院离宫（二个石组不算在内）、京都御所南池、龙泉寺庭园、涉成园等。另外，在一池三岛的基础上，进行变体的池岛组合很多。一池一岛有神泉苑、平等院庭园、法金刚院庭园、毛越寺庭园、观自在院庭园、净琉璃寺庭园、妙心寺退藏院庭园、近卫殿庭园、九条殿庭园、养翠园等。一池二岛的有嵯峨院庭园。一池多岛有大乘院庭园、桂离宫、仙洞御所。有龟鹤岛的有金地院庭园、玄宫园庭园等。

　　日本园林池岛有的叫蓬莱岛，而方丈岛和瀛洲岛很少叫。有时干脆叫神仙岛。如小石川后乐园的蓬莱岛、常荣寺蓬莱岛、缩景园有小蓬莱、深田寺庭园有龟鹤岛、清澄园的龟鹤岛、清水成就院庭园的鹤龟岛、竹林院的庭园的龟鹤岛、赖久寺庭园的鹤岛、万福寺庭园的蓬莱石、东林寺庭园的鹤龟岛等。（刘庭风 . 日本园林教程 [M]. 天津：天津大学出版社，2005.）

# 第 *16* 章　昆仑神话

## 第 1 节　昆仑神话

　　有关昆仑神境具体形态的记载最早见于《山海经·海内西经》:"昆仑之虚,方八百里,高万仞。上有木禾,长五寻,大五围。面有九井,以玉为槛。面有九门,门有开明兽守之,百神之所在。在八隅之岩,赤水之际,非仁羿莫能上冈之岩。"昆仑山方圆八百里,高八千尺,上面长着长五寻、粗五围的巨树;东南西北四面各有九口井,总计三十六口井;四面又各有九门,故总计三十六门。可见,早期的昆仑神境,既有雄伟的自然景观,又有人文色彩的建筑。这种方圆尺度和门井制度,成为日后规划的模本,也成为文学表达的源头。

　　《淮南子·地形训》记载的昆仑神境又是一种风貌:"禹乃以息土填洪水,以为名山,掘昆仑虚以下地。中有增城九重，其高万一千里百一十四步二尺六寸。上有木禾，修五寻。……昆仑之丘，或上倍之，是谓凉风之山，登之不死；或上倍之，是谓悬圃，登之乃灵，能使风雨；或上倍之，乃维上天，登之乃神，是谓太帝之居。"昆仑之虚是九重高城，高达一万一千里一百一十四步二尺六寸，有整有零。昆仑丘上有凉风之山、悬圃和太帝之居。这种九重城池和三重昆丘的结构成为日后文学创作、建筑创作和园林创作的主要依据。

托名东方朔所著《十洲记》载："山高平地三万六千里，上有三角，方广万里，形似偃盆，下狭上广，故名曰昆仑。山三角，其一角正北，名曰玄圃堂；其一角正东，名曰昆仑宫。其一角有积金为天墉城，面方千里。城上安金台五所，玉楼十二所。"正北玄圃堂、正东昆仑宫和正西天墉城三者被规划在三万六千里的高空平面上。三者鼎足而立。天墉城方广千里，城上有金台五所和玉楼十二所。

李炳海在《以蓬莱之仙境化昆仑之神乡》对比晋代王嘉《拾遗记》卷一所述东海三神山："三壶，则海中三山也。一曰方壶，则方丈也；二曰蓬壶，则蓬莱也；三曰瀛壶，则瀛洲也。形如壶器，此三山上广中狭下方，皆如工制，犹华山之似削成。"发现三山也是呈平面布置，且"上广中狭下方"，是"华山""削成"的倒影，推断两者存在关联。关于成书时间，《十洲记》托名东方朔实为南朝方士之手，晚于写《拾遗记》的前秦方士王嘉，故推理《十洲记》

有关昆仑神境的描写，借鉴了《拾遗记》或同类文献对东海神山的记载。《史记·封禅书》的"三神山反在水下"就是山体的倒影。蓬莱神话有关三神山"反居水下"的影象，衍生出三神山上广下狭的想象，于是出现《拾遗记》等文献的相关记载。《十洲记》是根据《拾遗记》而改造了三层重叠结构为平面三角结构。

蓬莱神话的目的是长生不死，昆仑神话的目的也是长生不死。这在《淮南子·地形训》中就说到了"凉风之山"的"登之不死"。汉武帝为了祭太一和五帝而大肆建筑，当时就采纳了齐人公玉带的建议，《史记·封禅书》载："济南人公玉带上黄帝时明堂图。明堂图中有一殿，四面无壁，以茅盖，圜宫垣，为复道，上有楼，从西南入，命曰昆仑。天子从之入，以拜祠上帝焉。"通往祭殿的道路被命名为昆仑，意即成仙之路。

《十洲记》进一步根据道教理论，写道："昆仑号曰昆陵，在西海戌地 、北海之亥地。……西王母之所治也，真官仙灵之所宗。"把昆仑山当成西王母的治所，认为是"真官仙灵"的祖宗之地。在堪舆中的戌和亥位就是西北位。戌在西偏北，亥在北偏西。戌亥之地属于玄洲。于是，《十洲记》又进一步阐述："玄洲在北海之中，戌亥之地。地方七千二百里，去南岸三十六万里。上有太玄都，仙伯真公所治。多丘山，又有风山，声响如雷电，对天西北门，上多太玄仙官。仙官宫室各异，饶金芝玉草，又是三天君下治之处，甚肃素也。"玄洲是太玄都所在地，是仙官真公的治所，因此，它成为道教的圣地。"三天君下治之处"源于原始昆仑神话的"帝之下都"。又有岳山、风山为山岳景观，"仙官宫室"为建筑景物，"金芝玉草"为植物景观。

《十洲记》中的养生长寿的仙草名"金芝玉草"，与《拾遗记》中为禾穗、桂瓜、灵芝、兰蕙相近："第三层有禾穗，一株满车。有瓜如桂，有奈冬生如碧色，以玉井水洗食之，骨轻柔能腾虚也。第五层有神龟，长一尺九寸，有四翼，万岁则升木而居，亦能言。第九层山形渐小狭，下有芝田蕙圃，皆数百顷，群仙种耨焉。"

《十洲记》把建筑进一步宫廷化："其一角正东，名曰昆仑宫。其一角有积金为天墉城，面方千里。城上安金台五所，玉楼十二所。……金台玉楼，相鲜如流。口精之阙，光碧之堂，琼华之室，紫翠丹房，景云烛日，朱霞九光。"其五台十二楼源于汉武帝的迎仙建筑，《史记·孝武本纪》写道："其明年，东巡海上，考神仙之属，未有验者。方士有言：'黄帝时为五城十二楼，以候神人于执期，命曰迎年。'上许作之如方，名曰明年。上亲礼祠上帝，衣上黄焉。"

正因为神话中用了帝居、帝都，故后世不断强化昆仑宫的中心性，以至无限延伸为世界中心论。晋代张华《博物志》卷一所引《河图括地象》的说法最有代表性："地部之位起形高大者有昆仑山，广万里，高万一千里。神物之所生，圣人仙人之所集也。出五色云气，五色流水，其泉南流入中国，名曰河也。其山中应于天，最居中，八十城布绕之。中国东南隅，居其一分，是偏域也。"在凡人之天下，当以皇帝之都为中心，而在仙人的天下，则以昆仑的天帝之都为中心。

大禹统一天下分九州称禹贡，以中原为中心。战国时齐国邹衍的大九州说否定了禹贡九州的天下中心地位，但没有明确何处为中心。故《山海经》一书多数篇目如山经、荒经和海内经等以中土为坐标原点划分方位。海外经则以昆仑神境为中心，称昆仑为海，把海外分成若干部分。故道教把昆仑山当成天地中心，是继承《山海经》的空间定位模式。道家尚玄，《老子》多次以玄代道，后来道教亦依此说。但是，按五行说划分，玄为黑色，是北方，把西北的昆仑神境当成仙伯真公所居，是太玄都城。

《博物志》又载："昆仑山北，地转下三千六百里，有八玄幽都，方二十万里。地下有四柱，柱广十万里。地有三千六百轴，犬牙相举。"这种四柱三千六百轴的机械构造是驱动大地运转的动力所在，因此有人认为，昆仑山是旋动的，可能是"仑"与"轮"音同，亦有此推演。（李炳海，以蓬莱之仙境，化昆仑之神乡，东岳论丛 2004 年第 4 期）

# 第 2 节　昆仑仙话与悬圃

《淮南子·地形训》提出了昆仑之丘的三层结构："昆仑之丘，或上倍之，是谓凉风之山，登之不死；或上倍之，是谓悬圃，登之乃灵，能使风雨；或上倍之，乃维上天，登之乃神，是谓太帝之居。"悬圃被安放在第二级之中，最上层才是太帝之居。《水经·河水注》引《昆仑说》云："昆仑之山三级，下曰樊桐，一名板桐；二曰玄圃，一名阆风；上曰层城，一名天庭，是为太帝之居。"郦道元把太帝之居名为天庭，把悬圃名为玄圃，把凉风之山名之樊桐。三级结构里，悬圃与玄圃之别，前者突出悬于空中的纵向结构，而后者则指北方，突出平面结构。至于又有县圃，则是通假之故。

对于人间皇权结构来说，最高一级就是皇帝本人，次一级就是太子，下一级就是众皇子。这就是引发南北朝时期把玄圃当成东宫太子之园的出处。胡运宏、王浩《南朝玄圃考》指出，西晋洛阳城东宫太子愍怀太子的玄圃就是首例。《晋书》卷五三《愍怀太子传》载有："是日太子游玄圃，……"愍怀太子司马遹为西晋惠帝之子，元康九年（299）被废；被废当日，还在玄圃游乐。西晋潘尼（约250—311 年）的《七月七日侍皇太子宴玄圃园诗》、陆机（261—303 年）的《侍皇太子宣猷堂诗》也都是陪太子愍怀游乐的宴体诗，《册府元龟》卷二二《帝王部符瑞》载：

"（晋武帝泰始）七年六月，东宫玄圃池芙蓉二花共蒂，皇太子以献。"明确了皇太子在西晋洛阳的园名玄圃。

南朝宋定都建康（今南京），宋文帝元嘉时期，东宫太子亦有园名玄圃。《宋书》卷二九《符瑞志下》载："元嘉二十二年七月，东宫玄圃园池二莲同干，……"说明至迟于宋文帝元嘉二十二年（公元445年），玄圃园已建成。

由宋入齐，都城依旧，刘家帝业转手萧家，然帝苑依旧，玄圃依旧。齐武帝（世祖）萧赜继皇位，其子文惠太子入主东宫。《南齐书》卷二一《文惠太子传》载："（文惠）开拓玄圃园，……其中楼观塔宇，多聚奇石，妙极山水。"齐文惠太子名萧长懋，为齐武帝萧赜长子，在玄圃内大兴土木，楼观以引仙人，塔宇以修佛性，聚奇石和妙山水，只是充实和完善。萧长懋于永明元年（公元483年）立为皇太子，永明十一年（公元493年）卒，可知改造时间应在公元483—493年的十年之间。

几十年之后，梁武帝萧衍改朝换代，国号梁，玄圃自然落入其太子萧统手中。萧统封为昭明太子，是非常有文学修养的一位文学家，他修编的《文选》彪炳千秋。《梁书》卷八《昭明太子传》载："（昭明）性爱山水，于玄圃穿筑，更立亭馆。"萧统的"穿筑"就是改造，他的"更立亭馆"，就是为了迎接和容纳他的文人集团。萧统于天监元年（公元502年）立为皇太子，中大通三年（公元531年）卒，可知在玄圃中历时最长，近三十年。

几十年之后，陈霸先改梁朝为陈朝，玄圃园仍存。后主陈叔宝《立春日泛舟玄圃各赋一字六韵成篇》《献岁立春光风具美泛舟玄圃各赋六韵诗》《上巳玄圃宣猷堂禊饮同共八韵诗》《祓禊泛舟春日玄圃各赋七韵诗》《上巳玄圃宣猷嘉辰禊酌各赋六韵以次成篇诗》《七夕宴宣猷堂各赋一韵咏五物自足为十并牛女一首五韵物次第用得帐屏风案唾壶履》《七夕宴玄圃各赋五韵诗》等七首诗都创作于玄圃。考陈叔宝生平，他于陈太建元年（公元 569 年）被立为皇太子，祯明三年（公元 589 年）国灭后迁居长安，据此可推知陈后主玄圃赋诗在公元 569—589 年之间。

隋唐之后，建康玄圃园销声匿迹，可能在隋灭陈的战火中化为灰烬。

玄圃园园景如何？萧氏《玄圃园讲赋》道，"乃高谈玄圃之苑"，"灵圃要妙"，"总禁林之叫窱。禀华道之三星。躔离宫之六曜。写溟浚沼方华作峭。其山则岇施猈。砸磴诎诡。阪墌□□夏含霜雪。下则溪壑泓澄虹蠕降升。上则青霄丹气云霞郁蒸。""藻玉摛白丹瑕流赤。周以玉树灌丛紫桂香枫。箈笒含人桃支户虫。妙草的皪灵果垂蒌□。"（注□为原文献缺字）"龟受水而独涌。石鲸吐浪而戴华。""云车九层芝驾四鹿。""梦赋释真观昨夜眠中意识潜通。类庄生之睹蝴蝶。""亦何得道之量难。余乃忻然而笑。略陈心要。徐而答曰。省来说之娇张。遂引诱于邪方。欲以井蛙共海鲲而论大。爝火与日月而争光。无异蟪蛄之比鹏翼。嵝之匹昆岗。尔既昏眠于生死。亦耽染于玄黄。""宝树琼枝金莲玉柄。风含梵响泉流雅咏。池皎若银地平如镜。妙香纷馥名花交映。近感乐神远归常命。若夫六度修成十地圆明。""灵智既湛种觉斯盈。寂辽虚壑皎洁澄清。质非质碍之质。名非名相之名。"

文中以玉为主的装饰，以灵芝兰蕙等妙草，灵龟石鲸四鹿等灵兽，以及"丹气云霞"等灵气，明确了是"昆岗"之地，又恐"得道之难"，"遂引诱于邪方"。又把自己作梦与庄周梦蝶相比，把井蛙之识与"海鲲"之大相比，这些都是昆仑神话、道家思想。

"倒飞阁之嵯峨"与蓬莱神话的三神山"反居水下"是一样为了倒景。据《景定建康志》卷二二引《舆地志》载："丹阳郡建康县台城，齐文惠太子治元圃，有明月观、婉转桥、徘徊廊，内作净明精舍。"可知玄圃内有明月观、婉转桥、徘徊廊、净明精舍等建筑。又据《南齐书》卷二一《文惠太子传》、卷二二《豫章文献王传》、卷四一《周颙传》，可知玄圃园还有宣猷堂、（形制古拙的）柏屋和茅斋。陈代江总作有《玄圃石室铭》，说明园内还修筑有石室。江总的铭文为我们描绘了一幅精美的石室建筑图景：在玄圃石室的周围，有桥梁、宫殿台阶、深井等建筑及局部。石室有道家洞天之象，净明精舍为修炼场所，茅斋合老庄的朴素美学。

作为宋齐梁三朝元老，政治家、文学家沈约的住宅就建在悬圃边。沈约诗《郊居赋》道:"睇东郊以流目,心凄怆而不怡。昔储皇之旧苑,实博望之余基。"他望着南齐的博望苑而发出感慨。北周庚信的《哀江南赋》道:"西瞻博望,北临元圃。"唐东都苑的北垣有五门,分别是朝阳、灵囿、玄圃、御冬、膺福,亦引用昆仑神话的玄圃。

# 第 *17* 章 龙崇拜

从上古至今，龙崇拜经历了图腾崇拜、灵物崇拜、神灵崇拜和王权崇拜四个阶段。龙崇拜反映在建筑、园林、风景、规划、墓葬、民俗等诸多方面。建筑学家吴庆洲研究古城象形，认为甘肃武威，其前身古凉州城为卧龙城。云南大理，其前身南诏太和城为龙城，并建龙首关（今上关）、龙尾关（今下关）。陕西韩城东西向龙街贯全城。而在风景和园林中更是大量运用龙崇拜进行景观设计。

## 第 1 节　龙崇拜

### 天象龙星起源

刘宗迪认为，先秦旗章龙非后世龙旗、龙袍的巨龙，而是天上的龙星。《礼记·郊特牲》述王者郊祀祭天，"旗十有二旒，龙章而设日月，以象天也。"象征天道且与日月同辉的龙章应是古天文学的东方苍龙，日、月、龙，三星并列，即《左传·桓公二年》所谓"三辰"是也。《郊特牲》又云："天垂象，圣人则之。郊所以明天道也。"为上应天心的郊天必车载天象的龙旗。《周礼·考工记》分析王车构造："轸之方也，以象地也。盖之圜也，以象天也。轮辐三十，以象日月也。盖弓二十有八，以象星也。龙旗九斿，以象大火也。鸟旟七斿，以象鹑火也。熊旗六斿，以象伐也。龟蛇四斿，以象营室也。弧旌枉矢，以象弧也。"车之各个部位皆象征天数，龙旗"以象大火"，大火即苍龙七宿的心宿，表明旗龙即龙星，因大火是青龙星一宿。《礼记·曲礼》谓天子出行载四旗，四旗各居四方，"前朱鸟而后玄武，左青龙而右白虎。招摇在上，急缮其怒。"朱鸟、玄武、青龙、白虎，天文之四象是也，中央的"招摇"亦为星名，郑玄注云："招摇星，在北斗杓端，主指者。"招摇是北斗的斗柄，不同季节指向不同的方位，于是，用以标注四季。《曲礼》五旗的分布是：四象之旗分居招摇的四方。青龙亦即龙旗，所绘为龙，为东方苍龙星象。

刘宗迪认为，龙崇拜是天象龙星崇拜的表现。龙星是二十八星宿之东方七宿。依星定四时称为农耕时代的一种历法。《尧典》载尧命羲和"钦若昊天，历象日月星辰，敬授民时"，"日中，星鸟，以殷仲春"；"日永，星火，以正仲夏"；"宵中，星虚，以殷仲秋"；"日短，星昴，以正仲冬"，鸟星、火星、昴星、虚星黄昏时现于南天，分别纪为春、夏、秋、冬，这种四方中星就是四象雏形。顾炎武

《日知录》卷三十云："三代之上，人人皆知天文。七月流火，农夫之辞也；三星在天，妇人之语也；月离于毕，戍卒之作也；龙尾伏辰，儿童之谣也。"望星空而知农时和时辰，是农耕时代人人必备的知识，没有今天的钟表而把天象当成钟表，没有历书，而把天象当成历书。

二十八星宿中的心宿，又名大火，在先秦典籍中履履出现。《诗》云："七月流火，九月授衣。"（《豳风·七月》）毛传："火，大火也。"郑笺云："大火者，寒暑之候也。火星中而寒暑退。"当黄昏时分大火星偏离正南而西流的时候，夏去秋来，暑消凉起，恰为七月。《唐风·绸缪》道："绸缪束薪，三星在天。今夕何夕？见此良人。子兮子兮！如此良人何！绸缪束刍，三星在隅。今夕何夕？见此邂逅。子兮子兮！如此邂逅何？绸缪束楚，三星在户。今夕何夕？见此粲者。子兮子兮！如此粲者何！"郑笺云："三星，谓心星也。"大火或心，由三颗明星组成，故又称三星。《孝经援神契》云："心三星，中独明。"三星"在天""在隅""在户"，是指心宿在天空的不同方位，也是三个不同时令："三星在天"，指三四月之交心星暮见东方之时；"三星在隅"，指四五月之交心星暮见东南方之时；"三星在户"，指五六月之交心星见于正南方正对门户之时。自春徂夏，火星逐渐西流，表示岁月如梭。《尚书·尧典》云："日永星火，以正仲夏。"大火在黄昏时分升上正南方天空的时候正当仲夏。《大戴礼记·夏小正》云："五月……初昏大火中。大火者，心也。心中，种黍、菽、糜时也。"五月，当大火见于南方，是播种黍、菽、糜等的好时机。又云："九月……内火。内火也者，大火；大火也者，心也。主夫出火。主以时纵火也。"大火自春天暮见于东方开始，不断西行，夏天暮见于南方，秋天暮见于西方，至暮秋九月，没于西方地平线，"内火"是也。此时，秋收毕，五谷归，凉风起，昆虫伏，到了烧荒和狩猎之时，故曰"主夫出火"。《夏小正》的星纪农时的表述中，大火是重要的标志。

古时土木工程称为土功。《国语·周语》云："夫辰角见而雨毕，天根见而水涸，本见而草木节解，驷见而陨霜，火见而清风戒寒。故先王之教曰：'雨毕而除道，水涸而成梁，草木节解而备藏，陨霜而冬裘具，清风至而修城郭宫室。'故《夏令》曰：'九月除道，十月成梁。'其时儆曰：'收而场功，待而畚梮，营室之中，土功其始，火之初见，期于司里。'"季节与农耕有关，也与建筑有关。韦昭注云："辰角，大辰苍龙之角。""天根，亢、氐之间。""本，氐也。""驷，天驷，房星也。"自辰至房，皆东方苍龙星象，其中，火即大火。九月之后，日躔 [chán] 苍龙之末的尾宿，每日拂晓，苍龙中的前五宿，即角、氐、亢、房、心，依次升起于东方地平线，时值秋末冬初，场功已毕，土地未冻，正宜开展土木工程之时。司里官召集民众，修路疏沟，建城营室，所谓"收而场功，待而畚梮，营室之中，土功其始，火之初见，期于司里"是也。"营室"，亦为二十八星宿之一，初冬暮见于南方，因此它是建筑业的星象。《鄘风·定之方中》云："定之方中，作于楚宫。""定"亦即"营室"。《左传·庄公二十九年》亦有大火记载："凡土功，龙见而毕务，戒事也；火见而致用，水昏正而栽，日至而毕。"此以大火和苍龙的朝觌 [dí] 作为土功的标志。《左传·昭公三年》云："火中，寒暑乃退。"《昭公四年》云："古者日在北陆而藏冰，西陆朝觌而出之……火出而毕赋。"谓于大火昏见东方的春夏之交向王公贵族赋冰作为制冷之用。《左传·哀公十二年》云："仲尼曰：'丘闻之：火伏而后蛰者毕。'"谓暮秋火伏不见，昆虫蛰藏。《左传·桓公五年》云："凡祀，启蛰而郊，龙见而雩，始杀而尝，闭蛰而烝。"谓春夏之交，苍龙暮见东方之际，此时作物生长，正需甘霖，故举行雩祭为谷求雨。《左传·昭公十七年》云："火出，于夏为三月，于商为四月，于周为五月。夏数得天。"大火的出没与农作农闲相应，方春东作而暮见东方，农功秋迄而隐于西方，作为农时的标志可谓天设地就。

《左传·襄公九年》云："古之火正，或食于心，或食于咮，以出内火。是故咮为鹑火，心为大火。陶唐氏之火正阏伯居商丘，祀大火而火纪时焉。相土因之，故商主大火。"从此可知大火纪始于殷商。《左传·昭公元年》云："昔高辛氏有二子，伯曰阏伯，季曰实沈，居于旷林，不相能也，日寻干戈，以相征讨。后帝不臧，迁阏伯于商丘，主辰。商人是因，故辰为商星。迁实沈于大夏，主参，唐人是因，以服事夏、商。"辰即大火，大火与商人联系起来，殷商甲骨卜辞载有商王或商巫祭祀"火"的文辞，卜辞中的"火"字概指大火星，甚至殷历法的岁首，以大火星的出现作为标志。

古史传说中的燧人氏、炎帝、神农，是上古火耕的代表人物。《尸子》云："燧人上观辰星，下察五木，以为火也。"（《艺文类聚》卷八十、《太平御览》卷八六九引），《中论》云："遂（燧）人察辰心而出火。"依大火的出没而定火耕的时令。大火得名也缘于此。迄止战国，刀耕火种被牛耕取代，因为岁差，大火见伏的时节也早已与农耕周期的起讫相错互，但随时令而用火的改火制度却相沿成习，演变为岁时礼俗。《周礼·夏官》云："司爟掌行火之政令，四时变国火以救时疾。季春出火，民咸从之；季秋内火，民亦如之。"《礼记·郊特牲》云："季春出火，为焚也。"后世的寒食禁火就是春天改火礼俗的遗风。

大火星升起的越来越晚，先民们开始关注在大火之前升起的房宿，并将它作为农时标志，称为大辰。《尔雅·释天》道："辰，时也。"既谓："大火谓之大辰。"又谓："大辰，房、心、尾也。"可见，除大火被当成大辰外，与之相邻的房宿和心宿也被视为大辰。

闻一多发现《周易·乾》与农星纪时有关。夏含夷和陈久金相继分析：

初九：潜龙勿用。

九二：见龙在田，利见大人。

九三：君子终日乾乾，夕惕若，厉无咎。

九四：或跃在渊，无咎。

九五：飞龙在天，利见大人。

上九：亢龙有悔。

用九：见群龙无首，吉。

"潜龙勿用""见龙在田""或跃在渊""飞龙在天""亢龙有悔""群龙无首"，并非儒家所说的功德修养，而是指苍龙星自春至秋的升与降的历程。初九"潜龙勿用"，冬天黄昏时苍龙隐没不见，同时作为纪年标志；九二"见龙在田"，春分黄昏时龙角升起于东方地平线，俗谚所谓"二月二，龙抬头"；九四"或跃在渊"，春夏之交，黄昏时苍龙整体正从东南方腾跃而上；九五"飞龙在天"，仲夏时节，黄昏时苍龙高悬于南方夜空，《夏小正》所谓五月"初昏大火中"、《尧典》所谓"日永星火，以正仲春"是也；上九"亢龙有悔"，六月末，夏秋之交，黄昏时苍龙西行并掉头下行，《豳风·七月》所谓"七月流火"是也；用九"群龙无首"，秋分之后，黄昏时苍龙之首的角宿隐于西方，《夏小正》所谓九月"内火"。

《乾卦·象传》"六龙"亦即苍龙，指苍龙宿的角、亢、氐、房、心、尾六宿，而还有一宿箕属于龙体之外。《开元占经》引《石氏星经》云："箕星，一名风星，月宿之，必

大风……尾者，苍龙之末也，直寅，主八风之始。"尾宿
就是苍龙之末，没有箕宿，六宿与"六龙"相对应。《乾
卦·象传》道："大哉乾元，万物资始，乃统天。云行雨施，
品物流形。大明终始，六位时成，时乘六龙以御天"说
的是龙星六宿的四时运行："大明"，指璀璨明亮的苍龙群
星，"大明终始"，谓苍龙星象之周天运行与农时岁序相终
始；"六位"，指苍龙周天运行的潜、见、跃、飞、悔、伏
（无首）六个方位，与仲春到仲秋之间六个时令相应，故
曰"六位时成"；苍龙六宿御天而行，标志时序流转，所谓
"时乘六龙以御天"也，群星流转，则季节变换，寒暑推
移，才有所谓"云行雨施，品物流形"。

《系辞传》云："古者包牺氏之王天下也，仰则观象于
天，俯则观法于地，观鸟兽之文，与地之宜，近取诸身，
远取诸物，于是始作八卦，以通神明之德，以类万物之
情。""仰观天象"表明伏羲作八卦与原始天文学之间的关
系，然而，伏羲所仰观为何种天象，《易传》却语焉不详。
《易传》所阙，《左传》言之矣，《左传·昭公十七年》道：
"大皞氏以龙纪，故为龙师而龙名。""大皞"亦即伏羲，正
如所谓"炎帝以火纪"之意当为大火纪时，所谓"大皞以
龙纪"即苍龙纪时。伏羲"仰观于天"而"始作八卦"，八
卦谓八方，方位坐标既定，据以观察龙星的方位就能判断
季节。《周易·说卦传》云："帝出乎震，齐乎巽，相见乎
离，致役乎坤，说言乎兑，战乎乾，劳乎坎，成言乎艮。"

本义亦当指龙星的周天运行，所谓"帝"周流于八卦，即指龙星四时周游于八方，称龙星为"帝"。

伏羲观天察时制八卦是为了求时之确之变。龙星的角宿现于东方，正是二十四节气的"惊蛰"。《夏小正》云："昆小虫抵蚳。昆者，众也，由魂魂也。由魂魂也者，动也，小虫动也。"《逸周书·时训解》云："立春之日，东风解冻，又五日，蛰虫始振，皆谓惊蛰。"《月令》云："仲春之月……雷乃发声，始电，蛰虫咸动，启户始出。"龙星升天即为百虫惊蛰的标志，故名之以"龙"，而络绎腾现的列宿，好像龙变化之象。《说文解字》云："龙，鳞虫之长，能幽能明，能细能巨，能短能长，春分而登天，秋分而潜渊。""鳞虫之长"为地上爬虫，"春分登天，秋分潜渊"，指龙星的出没，天上之龙与地上之龙已浑然不分。龙星周天，"与天地合其德，与日月合其明，与四时合其序，与鬼神合其吉凶"，成为古人了解时间和岁时的主要依据。（刘宗迪，华夏上古龙崇拜的起源，民间文化论坛，2004，4）

**动物起源**

吉成名认为，龙作为文化含义，首先龙是百虫之长，其次是龙作为保护神，再次是龙作为水神，最后是人们自喻为龙。龙作为生命的符号，有马头（驼头）、兔眼、鹿角、蛇颈、鸡爪（鹰爪）、鱼鳞、虎掌、牛耳、蜃腹，是闪电、冬虫、萌草、彩虹之象，被《礼》称为"麟、凤、龟、龙"四灵之一。龙与蛇同属十二生肖，故蛇被称为小龙。龙是百虫之长。

任昉的《述异记》记载："尧使鲧治洪水，不胜其任，遂诛鲧于羽山，化为黄能，入于羽泉。今会稽祭禹庙不用熊。曰黄能，即黄熊也；陆居曰熊，水居曰能。昉按：今江淮中有兽名熊。熊，蚺之精，至冬化为雉，至夏复为蚺，今吴中不食雉，毒故也。"黄熊可水居可陆居，冬为雉，夏为蚺，具有四季变化和水陆两栖的特点，因此，叶舒宪认为龙图腾起源于熊图腾。(杨俊伟，龙崇拜的起源与发展，新乡学院学报（社会科学版），2012，2)

《周礼·夏官·廋人》云："马八尺以上为龙，七尺以上为骒，六尺以上为马。"从体形上龙与马只是尺度的不同，大者为龙，小者为马。《尚书·顾命》孔安国传："伏栖王天下，龙马出河，遂则其文以画八卦，谓之河图。"龙马第一次合称，又与八卦和河图相称，龙图腾融合了马的特征。

龙图腾是从蛇图腾演化而来，更是多图腾的合并与融化。闻一多在《伏羲考》说："它（引者注：龙）是一种图腾，并且是只存在于图腾中而不存在于生物界中的一种虚拟的生物，因为它是由许多不同的图腾糅合成的一种综合体。""龙图腾，不拘它局部的像马也好，像狗也好，或像鱼、像鸟、像鹿都好，它的主干部分和基本形态却是蛇。这表明在当初那众图腾单体林立的时代，其中以蛇图腾最为强大，众图腾的合并与融化，便是这蛇图腾兼并与同化了许多弱小单体的结果。"《楚辞·天问》载"女娲有体，孰制匠之"。王逸注："女娲人头蛇身，一日七十七化。"其子王延寿在《鲁灵光殿赋》中亦云"伏羲鳞生，女娲蛇躯"，将女娲当作象征女阴的蟠蛇图腾。女娲"蛇躯"，伏羲"鳞生"，结合画像石伏羲与女娲蛇体人身交媾，都表明了龙的图腾与蛇的关系。福建简称闽，即门内有虫，百虫以蛇最为普遍，故至今有蛇神庙。赵生军认为，"从蛇到龙的转变过程经历了传统社会、起飞前、起飞、迈向成熟和高度群体消费这五个阶段。也是这五个阶段使得蛇图腾在华夏民族的主流图腾信仰体系中，逐渐被龙图腾所取代，但蛇的形象部分地保留在了'龙'的身上，也就是龙身。同时我们现在看到的'龙'又在蛇的基础上附加了诸多内容，从而丰富了龙的形象和内涵。"

何新先生认为："如果从图腾崇拜的发展形态看，蛇图腾同龙图腾是有渊源关系的，前者为源，后者是流，前者是一种单一的、原始的图腾崇拜形态，而后者是较发展的、综合性的图腾崇拜形态。"另有鳄鱼说、云神说、恐龙说、河马说、晰蜴说、物候组合说、想象说等，都受到诸多质疑。

作为动物百虫之首的龙，是多种动物的化身。山西省吉县柿子滩石崖上有一幅距今达一万年的鱼尾鹿龙岩画，当是龙的最早雏形。新石器时代出土的龙形都是龙物之形。

距今 8000 年前的葫芦岛杨家洼遗址双龙图是蛇形。距今
8000 年前的辽宁阜新查海原始村落遗址出土的龙形堆塑和
两块陶片纹是蛇形。距今 7200 年的内蒙古敖汉旗小山遗
址陶尊龙纹是蛇形。距今 7000 年前陕西宝鸡北首岭遗址
出土的彩陶细颈瓶龙纹为蛇形。距今 6400 年前的河南濮
阳西水坡出土的蚌塑龙纹是马头蛇身。距今 6000 年前的
湖北黄梅县石龙图是牛头蛇身。距今 5000 年前的内蒙古
翁牛特旗三星他拉村红山文化遗址大型玉龙是龙形。从时
间发展可见，龙形的演变过程是从蛇形向猪头蛇形的过程。
查海遗址龙形堆塑和龙纹陶片是蛇形，为原始圆身线体鳞
纹，是原始形态。小山陶尊上的动物头是根据现实生活原
型猪、鹿和鸟头提炼而成，显然非动物实体，而是人工有
意为之，是被人神化了的图腾动物。器身空白处满布勾连
纹，三种动物都头向左侧，绕器一周，有遨游宇宙的形态。
三星他拉玉龙则呈环状，无足，无爪，无角，无鳍，是蛇
的形貌；头带口吻，鼻端前突，排有两个鼻孔，颈背长鬣，
是猪的特征。辽宁喀左县东山嘴出土的双龙首玉璜和建平
县牛河梁出土的兽形玉也是猪头蛇身玉龙。敖汉旗大甸子
陶器龙形纹饰为一首二身龙，龙头侧向，有目，下双身作
"几"字形分开，龙头除眼外，耳口吻鼻已高度抽象化，龙
头加绘四道朱条纹，似鬣鳞。从该地区出现龙的时间跨度
上看，历时五千年而稳定。河南濮阳西水坡发现的三组蚌
塑龙，采用仰、俯、叠、压等技法摆塑而成，与古代传说

之龙基本一致：马头、鹿角、蛇身、鹰爪、鱼尾。它与查海龙和三星他拉龙不同在于动态而非静态，在于对蛇体其他部分进行了艺术加工，成为五种动物之长，尽管距离百虫之长还有一段距离。湖北黄梅焦燉遗址发现的 5000 年前河卵石堆塑的龙，头为牛形，腹下双足带爪，龙身波浪状，龙尾上卷，龙背带鳍，与濮阳蚌塑龙相差 1000 年，却极为相似，形态又有发展。可能因为河南濮阳和湖北黄梅两地也相距不远，存在因袭传承。

同样地，公元前 1 万年至前 5000 年的农业时代，是产生神话人物的时代，神话人物伏羲以龙纪，共工以水纪，炎帝以火纪，传说人物黄帝以云纪，少昊以鸟纪，这也是装饰图案中把龙、水、云、鸟合一的依据。风水四象中的水、龙、鸟种也基本定型。而伏羲、女娲皆人面蛇身（龙身）也是后世以定龙为至尊的依据。

东汉时王充就说："世俗画龙之象，马首蛇尾。"在宋代经过罗愿《尔雅翼》卷二十八《释龙》，达到完善为"三停九似"："龙有三停九似之说，谓自首至膊、膊至腰、腰至尾，皆相停也。九似者，角似鹿，头似驼，眼似鬼，项似蛇，腹似蜃，鳞似鱼，爪似鹰，掌似虎，耳似牛。"其龙身三分说与西方黄金分割一样具有划时代意义。自龙首至前爪占全长的三分之一，自前爪至腰占全长的三分之一，自腰至尾占全长的三分之一。龙的角像鹿角，头似驼，眼似鬼一样晶亮，项似蛇，腹似蜃，鳞似鱼鳞，爪似鹰，掌似虎掌，耳似牛耳。这样的龙是鹿、驼、鬼、蛇、蜃、鱼、鹰、虎、牛等神奇动物的混合体。从此，龙的形态就定形了。

## 雷电起源

初春的第一声雷把冬眠的动物唤醒本身就带有神奇的功效，而雷鸣与电闪结合，威力更大，有时能致人于死地，称为"龙抓人"。同时，雷电带雨给旱地带来甘霖，给洼地带来水灾。这对于农耕社会的先民来说，既是欢喜也是忧愁，符合了图腾与禁忌的双重特点。王充《论衡》卷六《龙虚篇》云："龙闻雷声则起，起而云至，云至而龙乘之。云雨感龙，龙亦起云而升天。天极云高，云消复降，人见其乘云，则谓升天，见天为雷电，则为天取龙。"闪电的曲线而瞬时，令人产生龙御天下的感觉。风、云、雨、雷、电的同时或相继出现更令人浮现四者结合：风的无形和速度，云的载体，雷的声音，电的形体，雨的结果。

王弼在《周易略例》中说"召云者龙"。《洪范·五行纬》说："龙，虫之生于渊，行无形，游于天者也。"《淮南子·天文训》云："龙举而景云属。"《左传·昭公二十九年》曰："龙，水物也。"《说文》说："龙，鳞虫之长。能幽能明，能细能巨，能短能长。春分而登天，秋分而潜渊。"《逸周书·时训解》云："春分，二候，雷乃发声；三候，始电。秋分，初候，雷始收声。"《逸周书》所描述的正是黄河中下游的气候，春分过后开始雷雨，秋分过后雷雨结束。雷雨气候与《周易》乾卦的"见龙在田""飞龙在天"和坤卦的"龙战于野，其血玄黄"十分相像。每当雨后，地上处处黄泥流淌。《说卦》云："尤物出于震，震为雷，为龙。"郑玄注《尚书大传》虽把龙与蛇并称，但"行于无形，游于天者也"和王充的《龙虚篇》"龙闻雷声则起，起而云至，云至而龙乘之"被杨俊伟解读为闪电才有这种特征，闪电才更接近于龙。

然王充亦长篇论述龙的虚幻和变化，故称为《龙虚篇》。《龙虚篇》指出，"夫天之取龙何意邪？如以龙神为天使，犹贤臣为君使也，反报有时，无为取也。""且世谓龙升天者，必谓神龙。不神，不升天；升天，神之效也。""天地之间，恍惚无形，寒暑风雨之气乃为神。今龙有形，有形则行，行则食，食则物之性也。""然则龙之所以为神者，以能屈伸其体，存亡其形。屈伸其体，存亡其形，未足以为神也。"

## 帝王比龙起源

龙崇拜是中国最典型的崇拜特征，岭南、北方和江南及他地也有龙崇拜。图腾首先用于部落和帝王的旗帜和徽章。古代华夏的王者之旗为龙旗。《诗·周颂·载见》云："载见辟王，曰求厥章。龙旂阳阳，和铃央央。"《鲁颂·閟宫》云："周公之孙，庄公之子，龙旂承祀，六辔耳耳。"《商颂·玄鸟》云:"天命玄鸟,降而生商……武丁孙子,武王靡不胜。龙旂十乘,大糦是承。"前两诗为周人祭祖之颂歌,《玄鸟》则为宋人祭祖之颂歌,祭祖而载龙旗,足见龙旗为其民族及其王者权力的象征。龙旗即绣有龙纹的旗帜,《周礼·春官宗伯·司常》云:"交龙为旗是也。"《礼记·乐记》云:"龙旗九旒,天子之旌也。"可见龙旗是天子之旗。天子之旗谓龙旗,天子之服则谓龙衮,《礼记·礼器》云:"天子龙衮。"龙衮则为织有龙纹的祭服,《礼记·玉藻》:"天子玉藻,十有二旒,前后邃延,龙卷以祭。"郑玄注:"画龙于衣,字或作衮。"直到清代,天子之旗仍绘龙章而称龙旗,天子之服亦绣龙纹而称龙袍。这飘扬于王者龙旗、盘桓于王者龙衣之上的龙,就是作为图腾象征的龙。

如果说先秦时代旗章是龙图腾的话,汉代刘邦把自己当成是蛟龙所生,亦是以龙神化且专有的表现。《史记·高祖本纪》记载:"高祖,丰邑中阳里人,姓刘氏,字季。父曰太公,母曰刘媪。其先刘媪尝息大泽之陂,梦与神遇。是时,雷电晦冥,太公往视,则见蛟龙于其上,已而有身,遂产高祖。高祖为人隆准而龙颜,美须髯,左股有七十二黑子。"《史记·高祖本纪》还记载,刘邦年轻时"常从王媪武负贳酒,醉卧。武负、王媪见其上常有龙,怪之。高祖每酤,留饮,酒雠数倍。及见怪,岁竟,此两家常折券弃责"。刘邦斩白蛇也是刘邦自我神化为赤帝之子。《史记·高祖本纪》记载，刘邦刚喝了酒，于是"乃前拔剑击斩蛇。蛇遂分为两，径开。行数里，醉因卧。后人来至蛇所。有一老妪夜哭。人问：'何哭？'妪曰：'人杀吾子，故哭之。'人曰：'妪子何为见杀？'妪曰：'吾子，白帝子也，化为蛇当道，今为赤帝子斩之，故哭。'人乃以妪为不诚，欲笞之。妪因忽不见"。汉刘邦之后历朝历代帝王，都把自己当成是真龙天子，帝王子孙是龙子龙孙，龙成为最尊贵的统治者皇帝的专享图腾。

伴随龙地位的上升，龙与麒麟、凤凰、灵龟、白虎也被称为"五灵之长"，唐代成伯玙《毛诗指说·兴述》云："龙、麟、凤、龟、白虎，为五灵之长，乃圣王之嘉瑞，升平之世，王者有德，应期而至。"五灵共筑盛世辉煌。在宋代五灵又被附会以五行。宋朝罗泌《路史·夏后纪下》曰："汉儒之言，左氏以五灵妃五方，行而为之说。龙为木，凤为火，麟为土，白虎为金，神龟为水。"根据五行学说，青龙在东方，为春天的象征，即左青龙，右白虎，前朱雀，后玄武，居中间者，乃帝王黄龙之位。

史书经常有"黄龙见"的记载。如《史记·封禅书》记载："公孙臣上书曰：'始秦得水德，今汉受之，推终始传，则汉当土德。土德之应，黄龙见。宜改正朔，易服色，色尚黄。'"《后汉书·章帝纪》云："是岁，零陵献芝草，有八黄龙见于泉陵。西域假司马班超击疏勒破之。"《三国志·魏志·明帝》云："景初元年春正月壬辰，山茌县言，黄龙见。于是有司奏以为魏得地统，宜以建丑之月为正，三月定历改年为孟夏四月。"《三国志·吴志·孙休传》云："秋七月，始新言黄龙见。八月壬午大雨震电，水泉涌溢。乙酉立皇后朱氏，戊子立子𩅱为太子，大赦。""黄龙"为瑞兆，预示国家的好事，有时成为改朝换代借口。

## 民间保护神起源

尽管龙被皇家定为尊贵专享，但民间却依然流行祭龙的习俗，如每逢欢庆的节日，老百姓总要舞龙灯，农历二月二祭龙王，吃龙须面，端午节赛龙舟、划龙船。龙是中华民族的保护神，在民间深受百姓的喜爱和尊重。

龙抬头期间，人们在房屋前面或周围撒灰，是为了驱赶各种毒虫。撒灰的形状就是龙蛇的形状，因为龙是百虫之长，蛇是小龙，故以龙蛇之形具有震慑和驱邪的作用。8000 年前在查海遗址发现的在聚落最大房屋前面的长达19.7 米、宽 1.8~2 米的"石龙"（龙头朝西南，龙尾朝东北）与"灶门拦门辟灾"有同功同效。濮阳蚌塑龙在右，蚌塑虎在左，也是为了保护墓主人。民间各地舞龙灯避邪御凶也是同理。

撒灰避虫之说最早在《周礼·秋官·司寇》中有记载。《周礼·秋官·赤犮氏》云："赤犮氏掌除墙屋，以蜃炭攻之，以灰洒毒之，凡隙屋，除其鲤虫。"郑玄注："除墙屋者，除虫豸藏逃其中者。"贾公彦疏："今不指其虫豸之名，直云除墙屋者，以其虫豸自埋藏，人所不见，故不指虫，而以墙屋所藏之处而已。"蜃炭就是蛤蜊壳烧成的灰，与石灰作用相同，可以阻止毒虫。灰就是柴灰了。

各地志书都有撒灰辟灾记载。《仪封县志》和《考城县志》载：二月二日，"煎饼辟蝎，灶灰拦门辟灾。"河南《郑县志》载："二月二日，取皂（灶）灰围屋如龙蛇状，以招福祥。"《贵州通志》载："（二）月二日，取灶灰围屋如龙蛇状，以招祥福。"河南《密县志》载："二月二日，以柴灰围屋避五瘟。"河北《赵州志》载："二月二日，以灶灰围宅墙下，辟除百虫。"山西《沁源县志》载："二月二日，谚云'龙抬头'。以灰围宅舍，避百虫。"河北《赞皇县志》和《元氏县志》均载："二月二日，用灰画屋垣，晨以杖击屋梁，禁五毒虫。"陕西称围屋撒灰为卫庄。《富平悬志》载："二月二日，用灰围庄墙外，曰'卫庄'。"五毒指对人体有害的蛇、蝎、蜈蚣、壁虎和蟾蜍。因蛇也在列，故撒灰之形，就是具蛇形附法力的龙了。

纳西族的泼灰节，又称产节。每年立夏当日，纳西人在屋内撒灰，以防蛇和其他毒虫。云南大理白族除往房屋墙脚撒灶灰外，还在房屋周围插杨柳枝，以驱赶毒虫。

在崇拜中包含两种对立的情感：崇拜和禁忌。前者占主导则产生崇拜习俗，禁忌占主导则产生禁忌习俗。蛇是五毒之一，甚至为五毒之首。《韩非子·五蠹》载："上古之时，人民少而禽兽众，人民不胜禽兽虫蛇。有圣人作，构木为巢以避群害，而民悦之，使王天下。"《说文解字》"它"曰："上古草居患它，故相问'无它乎？'"它就是古体的蛇字。上古时期中原人怕蛇，把它名它，后来加上虫旁才成了蛇。端午节民间用雄黄酒洒房屋周边也是为避蛇蝎等毒虫。雄黄又名石黄、鸡冠石，性温，味苦，有毒，中医用以解毒和杀虫，可治疗癣恶疮和虫蛇叮咬。雄黄酒用雄黄、大蒜、酒和米潲水混合而成。大蒜也具有杀虫灭菌的功效。酒和米潲水亦是味浓刺鼻之物。蛇怕雄黄酒，故《白蛇传》就有以雄黄酒在端午日令蛇现原形之说。由此可见，毒蛇禁忌成为龙崇拜的原因。利用龙避邪御凶是龙神化的开始。随着时间的推移，龙被赋予更多的功能。

## 水神起源

吉成名认为，把龙当成水神，从汲水和晨忌挑水两种民俗可以看出。撒灰至井边，是把龙神从水井中引出，延请入家，祈求龙神保佑风调雨顺、五谷丰登。晨忌挑水是为了避免抵触水中龙头，使龙抬不起头来，招至水旱之灾。这也说明，龙神已成为掌管雨水的水神。4000 多年前山西襄汾陶寺遗址出土的彩陶盘，盘底绘制一条口衔麦穗的蟠龙。《左传·昭公二十九年》曰："龙，水物也。"《淮南子·地形训》道："土龙致雨。"高诱注："汤遭旱，作土龙以象龙。云从龙，故致雨也。"甲骨文辞："其乍（作）龙于凡田，又雨。"《说文解字》的"珑"曰："祷旱玉也，为龙文。从玉从龙。"从各地龙神庙祈雨功能就可看出，龙具行云施雨之能。谚语道："二月二，龙抬头；大仓满，小仓流"；"金豆开花，龙王升天；兴云布雨，五谷丰登。"

# 第2节　龙王庙

龙崇拜到龙王崇拜是对龙的升级。龙的升级是皇家完成的。清同治二年（1863年）又封运河龙神为"延庥显应分水龙王之神"，令河道总督以时致祭。总体看来，龙王是统领水族的王，掌管兴云降雨，因施雨而百姓得以消灾降福，故是祥瑞象征，所以以舞龙的方式来祈求平安和丰收就成为全国民间各地的一种习俗。

## 1. 龙王信仰与佛道融合

龙崇拜本为独立的自然崇拜。东汉末年形成的道教，在吸收了春秋战国时期阴阳五行说和升仙思想时，也吸收了上古的鬼神观念和龙崇拜。上古神话中龙是通天神兽，是升仙的坐骑，道教对此说全盘继承，神仙并以龙为脚力。道教的法术中有一种为"乘蹻"，即乘坐神兽飞行于空中，与神仙往来，所乘的龙称为龙蹻。据道教经典说，乘龙者游洞天福地，一切邪魔精怪都不敢侵犯，无论到哪里，都会有神仙出迎。道教把龙王按地域分为四海龙王，东海敖广、南海敖闰、西海敖钦、北海敖顺，又按五方龙王分为青帝、赤帝、白帝、黑帝、黄帝等数百位龙王。上古原始宗教的龙虽有神性，但并不占地盘，发展到这时候，道教的龙王均有守土之责，诸天有龙，四海有龙，五方有龙，三十八山有龙，二十四向有龙，以至凡是有水的地方，无论湖海河川，还是渊潭池沼以及井、泉之内都有龙王驻在。从此，龙加入道教的仙班序列。

汉代到东晋的龙是充满神秘力量的异兽，仍然是高高翱翔于天域的五色神龙，但在佛教东传之后，道教中的龙发生了翻天覆地的变化。"从魏晋到唐宋，简单地说，龙神不但保持着自己的动物形态，而且拥有了自己的人相形态，龙的这种人格化与中外文化交流的发展和佛教的传入关系密切。"上古龙崇拜和道教"五方龙王"等说法融合佛教的"龙王"后，具有世俗人格化特点。成书于西晋末至南北朝期间的《神咒经·龙王品》就融合了佛教思想，体现了龙王泛神化、属水性、祥瑞、世俗化的特点：一方面，供养龙王方式借鉴佛教书写名称、诵持经书、焚香等；另一方面，佛教也出现莲华龙王、伽罗吞鬼龙王和四海龙王。四海龙王起初与道教无关，早期正一道典籍中就没有四海龙王。"海中有龙宫的观念来自佛教……后来他们被中国人认同，列入了朝廷的祀典，有了封号。通过仪式占有一席之地，当然也就是道教三清四御的属下了。至于各江的水帝龙王，恐怕更多的是民间的创造。"魏晋南北朝时期，佛教所言的"龙王"进入道教，于是海神进入了龙宫。帝王自

369

视为龙之子，于是也把海神规定为"龙王"。从此，水神与龙建立了联系，水神仍未达龙王级别。

而到了唐代，龙神被帝王真正封为"龙王"，此时龙王的封号或多或少都与"仁慈""嘉泽"等有关。唐玄宗时，诏祠龙池，设坛官致祭，以祭雨师之仪祭龙王。宋太祖沿用唐代祭五龙之制。宋徽宗大观二年（1108年）诏天下五龙皆封王爵，青龙神被封为广仁王，赤龙神被封为嘉泽王，黄龙神被封为孚应王，白龙神被封为义济王，黑龙神被封为灵泽王。青赤黄白黑五龙封王，并建立了五龙庙。元明清时期，海神、渎神被封王或被加封，龙王崇拜蓬勃发展。在清代，帝王对龙王的祭祀达到了顶峰，凡是帝王征战、出巡，都会到当地的龙王庙虔诚祭拜。帝王拜龙也相应地促进了民间龙王的信仰，很多道观开设龙王殿，由此，道教中的龙基本固定形象，龙王作为道教的地方俗神越来越受到民众的信奉。

道教对龙的宣传刺激了民间对龙的崇拜，传统的龙也由神兽变成了神。龙王在佛、道二教多成为建筑的装饰或佛仙的坐骑，可在民间却独立建庙，遍布大江南北。

道教《太上洞渊神咒经》给龙王划区定名，划级定品：以方位为区分的"五帝龙王"，以海洋为区分的"四海龙王"，以天地万物为区分的54名龙王名字和62名神龙王名字。"五帝龙王"为东方青帝青龙王、南方赤帝赤龙王、西方白帝白龙王、北方黑帝黑龙王、中央黄帝黄龙王。"四海龙王"为东方东海龙王、南方南海龙王、西方西海龙王、北方北海龙王。《道法会元》卷一又称"东海广德龙王、南海广利龙王、西海广润龙王、北海广泽龙王。54 个龙王名有日月龙王、星宿龙王、天宫龙王、目罗龙王、天人龙王、五岳龙王、山川龙王、井灶龙王、金银龙王、珍宝龙王、衣食龙王、官职龙王、国土龙王、州县龙王等。62 个神龙王名有天神神龙王、地祇神龙王、国邦神龙王、府郡神龙王、宫殿神龙王、屋宅神龙王、天子神龙王、诸侯神龙王、县宰神龙王、家长神龙王、子孙神龙王、仁义神龙王、忠孝神龙王等"。

五行思想也渗透到龙神信仰之中。据《史记·封禅书》记载:"黄帝得土德,黄龙地虫寅见。夏得木德,青龙止于郊……今秦变周,水德之时。昔秦文公出猎,获黑龙,此其水德之瑞。"这里的赤、黄、青、白、黑五色龙与水、金、木、火、土五行相对应,五色龙与统治者是否顺应天命关系密切,被统治者看成是天命之符。"至开元修理五岳、四渎……祭五龙神。"唐朝已开始将五色龙作为龙神祭祀,甚至进入五岳四渎的祭祀。五岳四渎历来是封建统治者祭祀的要所,可见唐朝统治者对龙神非常崇拜。

## 2. 龙王庙的发展与兴盛

唐时就有祭祀龙神的庙宇,据《古今图书集成》记载:"登州广德王庙,在灵祥庙西,贞观年建,中统三十八年修，洪武十八年，指挥谢规监修，学士谢溥记，万历中，参政李本纬、知府徐应元重修。"据《通典》记载："唐明皇赐封号予四海龙王，以东海为广德王，南海为广利王，西海为广润王，北海为广泽王。"由此看来，广德王庙应为龙神庙。

龙王信仰在宋代得以确立。据《宋会要辑稿》载："熙宁十年八月，信州有五龙庙，祷雨有应，赐额曰'会应'，自是五龙庙皆以此名额云。"宋徽宗时又封五龙神为王，"青龙神封广仁王、赤龙神封嘉泽王、白龙神封义济王、黄龙神封孚应王、黑龙神封灵泽王"。由于民间龙神信仰的兴盛及封建上层的日渐推崇，因而，龙神在宋代被统治者正式册封为龙王，从而使龙王信仰得以不断深化。

随着龙王信仰以封建王权册封的形式被进一步确立，全国各地纷纷建起了龙王庙，以供祭祀龙王之用，"钱塘顺济龙王，赐额昭应庙，……惠顺庙在江塘；广顺庙在龙山；顺济龙王庙在杨村顺济宫；南高峰龙王祠，在荣国寺后钵盂潭，等等。"

迄今为止，龙王庙存在于全国各地。为了祈求龙神的护佑，小到村落、大到城市都有不同大小和规格的龙王庙。同时因为不同区域的自然环境不同，有的地方是以江河湖海为主，所以祭祀江河龙王，有的地方则是远居深山，或居高台，或居村庄，不一而足。

以河南林州县为例，龙王庙几乎遍布了每个村庄。其中比较有名的是五龙镇丰（蜂）峪村的五龙洞，石官村涌泉自然村的龙泉寺，阳和村的清泉寺，薛家岗村的二龙神山龙神祠，还有中石阵村的龙王庙，文峪村龙王庙，合脉掌村西白干池上的龙王庙，碾上楼沟村的龙王庙，理峪、贾峪、桑峪、桑峪新庄、河头、荷花、楞石等众多村庄的龙王庙。而这里面的五龙镇有三种不同的龙王庙，其一五龙洞龙王，其二五龙镇阳和村龙王，其三按五行方位划分的五帝龙王。

### 3. 祭祀龙王的目的

#### 降雨

汉代画像石中有神龙降雨的图绘，其上刻有双龙喷雨，龙头下各有一人跪地用器皿接雨。众多文献资料中的"龙"就是降雨的神兽，如《吕氏春秋》中有"龙致雨"之说，《三坟》亦有"龙善变化，能致雷雨，为君物化"的记载。龙王亦是降雨的行家。《洛阳伽蓝记》记载："如来在乌鸡国行化，龙王瞋怒，兴大风雨，佛僧迦梨表里通湿。"再有"固有神龙居止，水府司存。降景佑放生灵，兴旱涸之风雨。"龙王与龙一样，都能兴云致雨。

龙能降雨的本领亦被民间百姓推崇，每逢久旱不雨，百姓便向龙或龙王求雨，祈求普降甘霖，滋养万物。甲骨文卜辞中说："其乍龙于凡田，有雨。"著名学者龚锡圭认为乍龙是作土龙求雨。《山海经·大荒东经》中记载："旱而为应龙之状，乃得大雨。"由此可见，作土龙求雨很早就有。据《太平广记》记载："唐代宗朝，京兆尹黎干以久旱，祈雨于朱雀门街。造土龙，悉召城中巫觋，舞于龙所。"再有："玄宗尝幸东都，大旱。圣善寺竺乾国三藏僧无畏，善召龙致雨术，上遣力士疾召请雨。"奏云："今旱数当然，召龙必兴烈风雷雨，适足暴物，不可为之。"这说明唐时人们不仅作龙求雨，而且开始将龙作为祭祀之神以求降雨。《大云轮请雨经文》中也有记载祭祀龙王求雨的仪式，"从高座东，量三肘外，设青帏、高桌一，桌上设供器及乳糜杂果，供龙王，一身三头，并诸眷属……昼夜严净，虔诚结愿，讽诵经文。至一七日，或二七日，远至三七日，自然感召天和，甘霖应祷矣。"

### 应愿

龙王之所以被人们长期信奉和祭祀，其中一个重要原因便是它能使人得偿所愿。《太上洞渊召诸天龙王微妙上品》中记载："道言：告诸众生，吾所说诸天龙王神呪妙经，皆当三日三夜，烧香诵念，普召天龙，时旱即雨，虽有雷电，终无损害。其龙来降，随意所愿。所求福德长生，男女官职，人民疾病，住宅凶危，一切怨家及诸官事，无有不吉。如有国土、城邑、村乡，频遭天火烧失者，但家家先书四海龙王名字，安著住宅四角，然后焚香受持，水龙来护。"又如《道藏·太上洞渊神咒经》中记载："如有国土、城邑、村乡，频遭天火烧失者，但家家先书四海龙王名字，安著住宅四角，然后焚香受持水龙来护：东方东海龙王，南方南海龙王，西方西海龙王，北方北海龙王。各各浮空而来神通变现，须臾之间，吐水万石。"古代道教文献中不仅认为龙王能显灵，而且认为它能实现人们的愿望。

### 护海

龙王作为海神之一，其重要职责就是保护人们航海出行的安全，海上之人认为龙王通过护海可以使他们免遭海难。曲金良先生指出，渔民们相信海龙王在海中龙宫居住，可以主宰大海，左右海上风浪，保护出海渔民的生命和财产安全。金涛先生也指出，过去人们认为海龙王是海洋天子，掌握着渔民的旦夕祸福，只有向海龙王祈求才能避祸，这成为人们信仰龙王的重要原因。龙王护海之说在一些文献中也有提及。宣和年间，"诏遣给事中路允迪……往高丽……宣祝于显仁助顺渊圣广德王祠，神物出现，状如晰蜴，实东海龙若也，……"路允迪出使高丽时祭祀东海广德王，以求航行顺利，可见人们所信仰的"龙王"是有护海的神力的。无论是渔民还是海上航行者，他们都希望能得到海上神灵的庇佑，以保佑自己免受海上之难。龙王作为海上神灵之一，成为出海人们寻求保佑的一个重要祭祀对象。

## 4. 皇家园林的龙王庙

### 畅春园龙王庙

畅春园是三山五园中最早建设的御园。《日下旧闻考》卷七十六中记载"云涯馆东南角门外转北，过版桥为剑山，山上为苍然亭，下为清远亭，由山东转为龙王庙"，后文又提到"龙王庙额曰甘霖应祷，亦圣祖御书"。庙址在样式雷的畅春园图前湖东岸，近渊鉴斋。未明此庙是新建还是旧有。每逢北京干旱，康熙就会派皇子前往祈雨。康熙四十九年五月十三日"皇三子胤祉等奉旨：在畅春园龙王庙，照皇十二子祈雨例祈雨。自昨日始，胤祉亲自行礼，令太监、道士等诵经七日，勤加祈雨。"雍正即位后，对于畅春园龙王庙也很关注，清宫档案中记载雍正三年"郎中宝德转奉上谕：将圆明园、畅春园两处封赠龙王神文字一事交付礼部，照例选奏"。畅春园附属的西花园中也有一座龙王庙，《日下旧闻考》卷七十八中记载西花园"园西南门内有承露轩，后厦为就松室，东有龙王庙"。

### 圆明园龙王庙

圆明园中有多座龙王庙。最重要的一座是日天琳宇中的瑞应宫。《日下旧闻考》卷八十一记载"又东别院为瑞应宫，前为仁应殿，中为和感殿，后为晏安殿"，按语曰："瑞应宫诸殿皆祀龙神"。圆明园四十景图的瑞应宫为一处完整的院落，有山门、两座旗杆及三座殿宇，旗杆上挂有幡。据《圆明园匾额略节》记载，三座殿宇分别有殿名的匾额，晏安殿内匾曰"用佐为霖"。

四十景中的慈云普护中有龙王殿，祀昭福龙王。《日下旧闻考》卷八十中记载"碧桐书院之西为慈云普护，前殿南邻后湖，三楹，为欢喜佛场。其北楼宇三楹，有慈云普护额，上奉观音大士，下祀关圣帝君，东偏为龙王殿，祀圆明园昭福龙王"。此书后文又提到"龙王殿额曰如祈应祷，关帝殿额曰昭明宇宙，皆世宗御书。又龙王殿额曰功宣普润。联曰：正中德备乾符应，利济恩敷解泽流。皇上御书。"皇上即雍正。该龙王殿应建于雍正时期或更早。

《日下旧闻考》卷八十二记载："北远山村西南有室临河，西向，为西峰秀色，河西松峦峻峙，为小匡庐，后有龙王庙"。清宫档案中还记载："雍正十二年四月初六日宫殿监副侍李英传旨：北门内水关之河北小庙，着供龙王牌位"。

圆明园中的几座龙王庙有着不同的功能。瑞应宫是皇帝例行祭祀龙神的场所。慈云普护龙王殿相当于是圆明园水域的龙王祭祀场所。小匡庐和北门水关的龙王庙都只是祭祀那一区域的龙神。

### 清漪园（颐和园）龙王庙

在皇家园林的颐和园南湖岛，有一座龙王庙。此庙原是瓮山泊东岸的龙神祠。乾隆在建设清漪园扩湖时，把北东两面的陆地挖开，留下一公倾多的陆地，名为南湖岛，通过十七孔桥连接陆地。从万寿山上看此岛，宛如一只伸出东岸的灵龟之头。乾隆重修龙神祠时，因神主为西海龙王，故重新命名为广润祠，以在园中祈雨求安。正殿坐北朝南，院落方正，庙门前广场有南、东、西三面牌坊（图17-1）。

图 17-1  颐和园广润灵雨祠

乾隆六十年（1795年），北京时久旱未雨，乾隆于四月亲临广润祠祈雨，当夜天降甘霖。次日，乾隆拜谢龙王，增号为广润灵雨祠。嘉庆十七年（1812年），北京又久旱未雨，昆明湖干涸。嘉庆皇帝于五月到龙王庙祈雨，当天得雨。从此，礼部官员春秋两次到广润灵雨祠拈香祭拜，成为国家常祀。咸丰十年（1860年）二月，咸丰皇帝到广润祠祭祀后仅几个月，清漪园被英法联军焚毁。直至光绪十六年重建广润祠，恢复祈雨。慈禧由水路入园时，均在祠前码头下船，入祠烧香后再登船去乐寿堂寝宫。

### 静明园龙王庙

玉泉山静明园的龙王庙号称天下第一泉龙王庙。《日下旧闻考》卷八十五记载："虚受堂之西，山畔有泉，为玉泉趵突，其上为龙王庙"。后文又提到"御题龙王庙额曰永泽皇畿。乾隆十六年闰五月二十九日奉上谕：京师玉泉，灵源浚发，为德水之枢纽。畿甸众流环汇，皆从此潆注。朕历品名泉，实为天下第一。其泽流润广，惠济者博而远矣。泉上有龙神祠，已命所司鸠工崇饰，宜列之祀典。其品式一视黑龙潭，该部具仪以闻。"此载表明玉泉山龙神祠是在乾隆十六年才进入到国家祭祀中的。乾隆诗作表明他曾在此祈雨。每年春二月秋八月有正式的祭祀龙神的仪式，朝廷会特派大臣参与。遇到大旱，清廷会派宗室王公前往祈雨。

### 静宜园龙王庙

香山静宜园中也有多座龙王庙。《日下旧闻考》卷八十六中记载："驯鹿坡迤西有龙王庙，下为双井，其上为蟾蜍峰"。二十八景的晞阳阿里有景名朝阳洞，洞中供奉有龙神。《日下旧闻考》记载："朝阳洞深广可丈余，内供龙神"。乾隆五十年皇帝拜后题诗曰："静室据峰顶，斯隩则斯洞。隩乃受曦处，朝阳名久中。洞中塑天龙，雨旸所司统。致拜祈甘泽，继润佑农种。劳躬非所虑，泽物申诚贡。不必更升高，升高恐劳众。朝阳洞作，己巳孟夏中瀚，御笔。"乾隆五十一年皇帝题《朝阳洞》诗曰："象设龙神石洞中，拜祈膏雨尽虔衷。望空恐似去年例，惭愧依然今岁同。"诗后注道："洞中供龙神，祈雨辄应。昨岁于此虔祷，至十六日夜得雨。兹复来祈请，惟期早沛甘霖，毋似去年待至望后也。"重翠庵寿康泉的附近亦有一座龙王庙，庙内有龙王行雨图壁画。此外碧云寺卓锡泉附近也有龙王庙，现保存完好。

承德避暑山庄，也有不止一座龙王庙，分别设于西峪、榛子峪和松云峡口。

### 广润灵雨祠祭典

颐和园研究室的"三山五园地区的龙王庙"明确记载，清代黑龙潭龙王庙、玉泉山龙神祠、昆明湖广润灵雨祠、白龙潭龙神祠先后成为国家祭祀中的群祀。其仪式是官方龙神祭祀的代表，仅以昆明湖龙神祠祭祀为例。此祠之祀属于五礼中的吉礼。光绪《大清会典》卷二十六中记载："凡五礼，一曰吉礼，其目百二十有九"，其中之一"曰昆明湖龙神祠"。《清史稿》卷八十二中记载："凡国家诸祀，皆属于太常、光禄、鸿胪三寺，而综于礼部"，昆明湖龙神祠祭祀也不例外，龙神祠祭祀等级由礼部确定。整个祭祀过程需要确定"祭期、祭品、仪注、祝辞"等四项内容。

《大清会典事例》中规定"广润灵雨祠列入祀典，一体春秋致祭，应由钦天监查照致祭龙神之例。每岁选定春秋致祭日期，汇入祀册，豫行送部，转交太常寺按期题请亲钦派大臣一员承祭，朝服上香读祝三献，行礼如仪。所有应用香帛祭品祭器等项，由太常寺备办。祝文由翰林院撰拟。"

钦天监每年在祭祀之前确定春二月秋八月中的某日为祭祀之日。《朝市丛载》中记载有光绪十三年昆明湖龙神祠的祭期，分别是二月社日和八月二十日。确定祭期之后太常寺拟定一位大臣为主祭官经皇帝批准后前往祭祀，香帛祭品祭器等项则由太常寺备办，主祭大臣的所读祝文则由翰林院官员撰拟。

祝文的格式是一定的，光绪《大清会典事例》中有明确规定昆明湖龙神祠祝文：维光绪某年。岁次干支。二八月干支朔。越若干日干支。皇帝遣某官某致祭于安佑普济沛泽广生龙神曰。惟神德隆润下。秩视升中。周禁籥以潆洄。如临左右。浚神皋而灌注。莫测津涯。灵应常昭。虔忱凤展。凡吁求乎甘澍。皆立需于崇朝。显号优加。明禋特荐。沛然若江河莫御。被泽无疆。广矣言天地之间。资生允赖。或源也。或委也。祭川隆先后之文。有祈焉。有报焉。练日举春秋之典。烟凝栋宇。结彩雾以扬灵。云拥旛幢。御长风而来格。尚其歆享。鉴此苾芬。

### 5. 藩王园林的龙王庙

罗布林卡是西藏的行政领袖达赖所建的藩王园林。18世纪40年代，由七世达赖格桑嘉措创立，初只有贤劫宫，1781年八世达赖强白嘉措受中原一池三山思想影响，把旧水塘开挖成湖，请八龙入驻，命之龙王潭，在湖中构建湖心宫、辩经台、西龙王宫（龙王庙）、持舟殿、宫墙，十三世达赖土登嘉措扩建宠幸宫、贤劫福旋宫，1954—1956年十四世达赖丹增嘉措扩建新宫。此园是历代达赖的避暑之处。

# 第3节　地名和园名龙化现象

### 龙与地名

中华民族自称是龙的传人。以龙为地名非常普遍。省份中有黑龙江，地级市中有福建龙岩市。县级较多，如黑龙江齐齐哈尔市的龙江县和大庆的龙凤区；吉林的龙井市、龙潭区及和龙市；辽宁辽源市的龙山区；河北卢龙县和青龙县；山东烟台的龙口市；河南安阳市的龙安区；湖南的龙川县；四川九龙县、龙马潭区、新龙县；江西龙南县；湖南湘西龙山县；广东河源市的龙川县、惠州市的龙门县、深圳龙岗区；广西龙州县、龙胜县；福建漳州市的龙文区；海南海口市的龙华区；云南的马龙县、龙陵县、云龙县；香港的九龙等。

县级以下的更多，如重庆的迎龙镇；四川的龙日坝；陕西的灵龙；贵州的龙溪；昆明的转龙镇；广西的石龙、龙茗、龙邦；江西的龙岗；黑龙江的二龙山、龙河；吉林的龙潭山；辽宁的五龙；青海的小沙龙；香港的龙船山和川龙；广东的龙岗、龙口和回龙铺。

北京，经统计带龙的地名达 200 多个。北京的龙地名中有龙头（大兴龙头井街）、龙口（门头沟龙口水库）、龙眼（昌平小碾村龙眼泉）、龙须（崇文区龙须沟）、龙骨(房山周口店龙骨山)、龙背（海淀区龙头村）、龙爪（宣武区龙爪槐胡同），恰好构成一条龙。

作为南海宝岛海南岛，"龙"字在海南地名中的频繁出现，凸显出海南先民对"龙"所怀有的深切敬畏、崇拜及喜爱之情。据海南省统计带"龙"字地名竟达 1000 多个，如龙头、龙坡、金龙等。对海南地名深有研究的海南师范大学教授刘剑三认为，海南地名中以"龙"命名的很普遍。据其统计数字显示：海口仅琼山区就有 120 个带有"龙"字的地名，文昌有 122 个，琼海有 62 个，万宁有 40个，儋州有 32 个，屯昌有 10 个。有以龙的栖身地命名的，如龙潭、龙湾、龙江、龙塘、龙池、龙溪、龙湖、龙井、龙窝、龙宅、龙堀；有以龙的形象命名的，如龙头、龙尾、龙舌、龙唇、龙脊坡、龙脉、龙骨；有以与龙有关的处所命名的，如龙坡、龙楼、龙门、龙桥、龙岩、龙塔、龙村、龙树、龙坑、龙堆；还有龙的种类，如金龙、青龙、黄龙，等等。地名大多是自然村名，有些是圩镇名，基本上是老百姓自己命名的。

海南地区有高山、河流、深潭、大洞，又出产蛇，故龙崇拜盛行，以龙命名甚为普遍。定安县定城镇高龙村，因村中有山脉形状似土龙，故名；定安县龙州乡，因境内有条龙州河而命名，而"龙州河"的名字源于河流似巨龙；定安县龙门镇龙拔塘村，村四周皆是火山岩石地，地表岩石裸露，道路崎岖，村落东南面有900多平方米宽的池塘，传说是古代神龙从此拔起升天而成；临高县调楼乡黄龙村，黄姓始祖于元代从福建莆田县甘蔗村迁此，因村边有黄沙滩形似龙，故名；白沙黎族自治县细水乡龙村，村里有个大山洞，相传有龙居住，故名；白沙黎族自治县狮球乡（2002年并入打安镇）龙凤村，相传明初开始有人到此居住，村后有茂密森林草丛，里面有很多蛇和山鸡，由于蛇有"小龙"之说，当地人又把山鸡美称为"凤"，于是把村名取为"龙凤村"。

源于当地人对龙的崇拜，如临高县博厚镇龙富村，刘剑三认为："村人崇拜龙，以龙居之府为村名，府与富谐音，讹为今名。"海口市琼山区甲子镇龙井村，因村附近多产白藤，原村名白藤山，这个村名使用 170 年后，乡亲出于对龙的崇拜，又把村名改为"龙井"。

以"龙"命名的圩镇、村落，都有着比较久远的历史。定安县永丰乡佳龙村，明万历中建村；临高县博厚镇龙富村，村史有 500 多年，新盈镇龙兰村，始建于 1427 年；海口市琼山区甲子镇龙井村，始建于 1600 年。

海口古有"五龙圣地"美称，诸多乡村、街坊、坡、路、井、桥用龙字命名标榜，如义龙乡、龙岐村、龙兴坊、龙华路、白龙路、龙舌坡等。传说古代海口市区处于浅海之中，海口因位于南渡江入海口而得名。今海口府城东门经米铺村至龙岐村、龙舌坡一线有高地，古称卧龙山。卧龙山有五龙隐居，后五龙腾升入海，化作卧龙山北麓的五支小山脉，各支脉之间，有白沙河、美舍溪、东西湖、龙昆渠等水系相隔，形成五龙体态的大陆架，今东西湖、和平路、大同路一带是深而无底的潭洞，而大英山则是五龙弄珠之"珠"。

## 龙崇拜与龙城

中国有七大龙城，分别是濮阳、太原、天水、诸城、常州、柳州、朝阳。濮阳被称为龙城是因为 1987 年在濮阳出土了距今 6400 年前蚌塑龙图案，当时被称为中华第一龙，于是，中华炎黄文化研究会命名濮阳为中华龙乡，并在城市中构筑了茂大的石碑，上题"中国龙乡"。

　　太原是九朝古都，龙兴之地，自建城以来是赵国、前秦、北汉三个政权的都城，是东魏、北齐、唐朝、后唐、后晋、后汉六个政权的陪都。公元565年，北齐武成帝高湛因晋阳城位于龙山之下，改汾西晋阳县为龙山县，隋开皇十年（公元590年）复改龙山县为晋阳县。有2500多年历史的太原是龙潜之地。历史上许多皇帝都与这座城市有过特别密切的关系，因此被称为龙城。故太原龙城一因龙山，二因龙兴。

　　天水被称为龙城是因为"人首龙身"的伏羲出生于天水。《汉书·地理志》载，天水郡有成纪县，为羲皇故里。然而天水之名却是汉武帝三年时，武帝因当地"天河注水"的传说而命名的。

　　诸城被称为龙城是因为它是恐龙化石集中地。市境内埋藏有丰富的恐龙骨骼和恐龙蛋化石，种属繁多，门类复杂，其中有小巧的鹦鹉嘴龙、凶猛的霸王龙、高大的鸭嘴龙、笨重的蜥脚龙、原角龙和兽脚类恐龙蛋等。目前，全市十几个乡镇发现了近二十处恐龙化石点，以市境内西南部的"龙骨涧"最为有名。1964年至1968年，先后在此进行了10次挖掘，共采化石50余吨，至少包括10个鸭嘴龙个体。现已在北京、天津、济南和诸城等地装架起四具恐龙化石骨架，其中位于诸城市恐龙博物馆内的"巨大诸城龙"，是世界上已发现的个体最大的鸭嘴龙化石骨架。

因此，诸城又称龙城，被誉为中国北方的"恐龙之乡"。

　　江苏常州也被称为龙城，是因为城西北有一座九龙山。传说山上寺庙和尚弘智梦见龙王九太子请他协助打退八位兄长。弘智在大殿击鼓撞钟助阵，两恶龙败往宜兴山里，六龙仍在常州，故又请弘智安抚六龙，于是，弘智就散布六龙进城的消息。故常州被称为六龙城或龙城，而常州古城平面如龟形，龟被称为龙子，故百姓创造了此种传说附会此名。

　　柳州市柳江穿城而过，南朝梁代大同年间（公元 535—534 年），当时马平郡（今柳州）有"八龙见于江中"，于是名城为龙城。柳江环绕柳州，此段江就被名为龙江。

　　朝阳被称为龙城始于十六国的北燕。《晋书》及《十六国春秋辑补》记载："晋咸康七年（公元 341 年），燕王慕容皝以柳城之北，龙山之西，所谓福得之地也，使阳裕、唐柱等，可营制规模，筑龙城，构宫室宗庙改柳城为龙城县。"次年即咸康八年（公元 342 年），慕容皝将都城由棘城迁移到了龙城（辽宁朝阳）。文献记载："晋永和元年（公元 345 年）夏四月，一黑龙一白龙见于龙山，皝率群僚观之，去龙二百余步，祭之以太牢。二龙交首嬉翔，解角西去。"历代帝王都自命为真龙天子，黑白二龙现身龙城，正预示着慕容皝也是受命于天，于是在龙山建龙翔佛寺，把新建的宫殿命名为和龙宫。而龙城作为东晋十六国时期，前燕、后燕、北燕的都城和陪都长达百年之久。

以上龙城皆因自然山形、文化出土、历史传说而名。有些城市古代也并非叫龙城，现代才更名龙城，并非按龙的形态进行规划设计。据吴庆洲研究，真正按龙的形状进行规划设计的有武威、大理、韩城。甘肃武威，其前身古凉州城为卧龙城。云南大理，其前身南诏太和城为龙城，并建龙首关（今上关）、龙尾关（今下关）。陕西韩城东西向龙街贯全城。

## 龙与风景区景点

风景名胜之地，以"龙"命名的主要在于景区的主要景点特征为龙形，如龙形的山、龙形的水、龙形的峡谷。山名如龙山、九龙山、蟠龙山、龙骨山等，都是因为山形如蟠龙。北京的龙庆峡以峡谷像龙盘谷地而名；龙门涧以山涧像龙行谷地而名；白龙潭以潭水深似龙潭、水质清澈见底而名；黑龙潭则以水深如龙潭、水质黑色而名；龙眼泉因泉眼不涸、如龙吐涎液而名。大龙河则水面大，水流远。龙潭湖只是一个库区。还有的早年是寺庙宫观后演变成地名，如龙王庙、龙泉寺、回龙观等。

带"龙"字级别最高的景区就是四川的黄龙风景名胜区，它已被列入《世界遗产名录》。国家级重点风景名胜区带"龙"字的有江西龙虎山、河南洛阳龙门、四川黄龙寺九寨沟、贵州龙宫、云南丽江玉龙雪山。国家重点自然保护区带"龙"字的有四川卧龙自然保护区、成都中国卧龙大熊猫保护中心。

省及以下的景区、自然保护区带"龙"字的有：四川黄龙寺自然保护区；陕西山阳白龙洞自然保护区；海南亚龙湾景区；北京龙庆峡景区；江西婺源卧龙谷景区；江西龙虎山景区；辽宁龙首山景区；福建龙岩龙硿洞景区；贵州铜仁九龙洞景区；河北邯郸黑龙潭景区；山东牟平龙泉温泉旅游景区；河南天然森林氧吧龙峪湾景区、洛阳八洞九龙十二岩龙隐景区、焦作青龙峡景区、济源五龙口景区、洛阳龙潭大峡谷、郑州荥阳万山龙泉湖景区和飞龙顶景区等。

各地含龙字的景点就更多了，如：浙江雁荡山的龙溜、大龙湫瀑布、小龙湫瀑布，龙鼻洞、龙岩、黄龙洞；江西庐山的乌龙潭、黄龙潭、龙鱼潭、龙首崖；江西井冈山的白龙瀑、黄龙瀑、老龙潭大瀑布、五龙胜景、龙庆仙、龙潭；湖南衡山的白龙潭、龙舒桥、张家界的独龙戏珠、龙女峰、龙宫舞女；四川黄龙寺的黄龙洞、龙背流金瀑、龙王庙、峨眉山的白龙洞；山西恒山的白龙玉堂；广东鼎湖景区的龙兴寺，跃龙庵、老龙潭、飞鹰台龙床、青龙桥、古龙泉；辽宁千山景区的碧水龙潭、龙泉寺、五龙宫；山东泰山的黑龙潭和龙泉峰，崂山的龙潭瀑；安徽黄山的九龙瀑、九华山的龙池瀑；广西桂林的龙门古榕、龙隐岩；陕西华山的苍龙岭；吉林长白山的聚龙泉、龙门峰；福建武夷山的九龙窠；澳门的龙腾阁。还有吉林市的龙潭公园、吉林辽源市的龙山公园；齐齐哈尔的龙沙公园；徐州市的云龙公园；汕头市的龙湖乐园；南宁市的白龙公园；郑州荥阳市的翔龙湖公园；北京市的龙潭公园；香港的九龙公园；澳门的二龙喉公园；漳州龙文塔公园、九龙公园（图17-2）；广西柳州龙潭公园。

图 17-2　九龙公园九龙戏珠雕塑

　　以龙入地方八景的也众多，龙潭神雨是海南临高八景之一，在临城镇西 10 千米处，俗称龙会潭。据《临高县志》记载，元代文学家范梈《龙潭坛记》云：父老相传在宋仁宗天圣年间，有白龙出潭中，乡人立坛于潭侧。天旱时祈祷有雨，故名龙潭神雨。位于儋州峨蔓镇北部海滨的龙门激浪，是古儋州八景之一。这里大石嶙峋，海岸绵延近十余里。龙门实际是一个海湾的入口，高和宽约 20 多米，形似龙门，人们把它想象为古城拱门。据《儋州志》载，相传昔有蛇伏其间，化龙而去，故日"龙门"。

从拙作《中国园林年表初编》中整理出带龙字的园名有：东汉的濯龙园、曹魏和九龙殿庭园、唐代的游龙宫、唐代的文圃龙池、宋代著名画家李公麟的龙眠山庄、明代的飞龙顶、清代的云龙山行宫、清代的龙潭行宫、晚清的二龙喉公园等。东汉都城在洛阳。在广阳门外西南的濯龙园，为洛阳诸苑之首，前宫后苑式布局，原为皇后养蚕，后增辟为园林游乐之地。园内有濯龙殿、濯龙池、桥梁等景。张衡《东京赋》道："濯龙芳林，九谷八溪，芙蓉覆水，秋兰被涯。渚戏跃鱼，渊游龟携。"桓帝时扩修后，常在此举行音乐会。

李公麟（1049—1106 年）北宋著名画家，字伯时，号龙眠居士，舒州（今安徽桐城）人，晚年归隐龙眠山，仿照王维的辋川别业营建了龙眠山庄，并绘制《龙眠山庄图》。龙眠山庄位于安徽省桐城县城西北 7.5 千米的西龙眠山李家畈（今属龙眠乡双溪村李庄），山庄坐北向南，背高山而面平地，四面绕筑土墙，南有楼门，前有鱼莲池塘，两端有植名木的花园。李公麟选择龙眠山庄及周边的二十胜景，作了《龙眠山庄图》，画尽了龙眠山庄的山水情貌。今天的龙眠山庄遗址，古时的建德馆、芸香阁、雨花崖、玉龙峡等二十胜景皆湮没于风雨中，馆、堂、阁也已不存，仅观音崖仍立于龙眼河畔，璎珞崖还泉涌如璎珞，垂云洋尚留石刻残迹。

虽没有以龙命名，但是园中以龙名景最多的当属唐代李隆基做皇子时的兴庆宫，很多景点也是在他登基第二年（公元714年）扩建为兴庆宫，公元726年扩建施政所，公元728年移居此宫听政，公元732年筑夹城，设复道直入芙蓉园。兴庆宫占地2016亩，为明清紫禁城的一倍，前宫后苑型，宫区有南薰殿、新射殿、金花落、兴庆殿、大同殿。苑区以龙池为中心。该池又名隆庆池、兴庆池、景龙池。池东北筑有山，上建沉香亭，另有五龙坛、龙堂、长庆殿、勤政务本楼、花萼相辉楼。池面积1.8公顷，池中种荷花、菱角、鸡头米、藻类，另外还有牡丹和柳树。广场上举行乐舞、马戏、殿试、接见。唐末受破坏，清代荒为农田，1958年按唐式修建遗址公园，景名因旧，占地743亩，为西安最大公园。湖名更为兴庆湖，面积达150亩。湖中堆湖心岛，南北轴线把宫苑串在一起：通阳门、明兴门、龙堂、五龙坛、龙池、瀛洲门、南薰殿、濯龙门。龙池、龙堂、五龙坛等名依旧。

北宋徽宗所建艮岳是一个道家式皇家园林。里面龙文化亦明显。首先，引水于城北的景龙江，堆山绕园。寿山东南增土为大坡，坡东南柏树茂密，动以万数，枝叶扶苏，如幢盖龙蛇，名为龙柏坡。坡南又有小山，横亘1千米，其景穷极奇妙，称芙蓉城。万岁山西有长岭，自此向南绵亘数千米，与东岭相遥望。山口石间有水喷薄而出，形若兽面，名白龙汧。周围又堆叠濯龙峡、罗汉岩诸胜，间以蟠秀、练光、跨云诸亭点缀。山景龙柏坡，建筑龙吟堂，水景白龙汧，峡景濯龙峡，皆是龙崇拜景物。按照周维权先生复原图，园内山脉四面环绕如龙盘，形成藏风聚气格局。

# 第 4 节　园中龙名建筑

　　建筑作为造园要素，在园林中的数量，在明代以前并不多，只是到了明中后期和清代才越来越成为园中主景。因为建筑是艺术品，体现人的意识形态，故建筑景名的命名就体现了等级制度。只有皇家才能把建筑景观命名为龙。台是春秋战国时期最流行的皇家祭祀园林。赵武灵王在邯郸建一组台，故称丛台，又名龙台，至今犹存。闽越王无诸构闽越王台，其子余善弑兄郢后自立为闽越王，在闽越王台游玩垂钓，公元前 112 年左右，托称钓得白龙，故更此台名为钓龙台。在园中称殿是皇家的专享，如东汉濯龙园的濯龙殿、曹魏九龙殿庭园的九龙殿、北魏西游园的九龙殿、唐代东内苑的龙首殿等。魏文帝曹丕建崇华殿，明帝青龙三年（公元 235 年）七月火灾后重建，八月更名九龙殿，明帝居之，环绕九龙殿建造水景，"蟾蜍含受，神龙吐出"（裴注三国志·魏书三）。

堂是仅次于殿的主体建筑。如南齐兴福寺的龙神堂、唐代李隆基兴庆宫的龙堂、唐代卢师和尚在北京八大处建的龙王堂、辽代大觉寺的龙王堂、清代北京大悲寺西北的龙王堂。园林建筑的亭，如东汉青山寺的石龙亭，唐代潮州西湖的龙珠亭，明代西苑的五龙亭、龙渊亭、龙泽亭、龙湫亭，明代欧冶池的五龙亭，清代南阳武侯祠的龙王亭，清代莲花桥的五龙亭，清末龙沙公园的龙沙万里亭，民国鼓楼公园的龙风亭，民国无锡渔庄的龙风亭。明代上海也是园的榆龙榭。

桥建于水上，故以龙名者多。如南齐兴福寺的龙涧桥，唐代泉州东湖的龙门桥，唐代文圃龙池的跃龙桥、龙浔桥，刘汉华林苑的龙津桥，北宋撷芳园的景龙门桥，清代共怡园的青龙桥，清代李莲英宅园的龙风桥，以及后来修复的郭庄卧龙桥和宝墨园的九龙桥。园中称龙门的亦有，如唐代西内苑的云龙门、兴庆宫的濯龙门、泉州东湖的龙门桥、撷芳园的景龙门等。

阁是通天达神的建筑，沈阳、北京、太原、长沙、南宁、泉州等处相继出现飞龙阁。《清实录》载，崇德元年（1636年）皇太极改元称帝后，在定宫殿名称时，出现了"台东楼为翔凤楼，台西楼为飞龙阁"的称谓。龙凤是汉文化的重要元素，被皇太极欣然接收并建构为建筑。北京飞龙阁就在今龙潭湖公园的岛上。太原晋祠是晋水发源地难老泉所在，故以此疏浚湖池，堆石山，山顶建飞龙阁（图 17-3）。首层题"飞龙阁"，二层题"凌云阁"，三层题"龙汾阁"。江西乐安县南山公园，近年刚落成新地标飞龙阁。

图 17-3　晋祠飞龙阁（苗哺雨绘制）

图中的龙命名的建筑见表 17-1。

表 17-1　园中以龙命名的建筑

（根据拙作《中国园林年表初编》整理）

| 朝代 | 年限 | 建筑 | 人物 | 园名 |
|---|---|---|---|---|
| 吴 | 前 514—前 476 | 青龙舟 | 阖闾、夫差 | 姑苏台 |
| 赵 | 前 325—前 299 | 龙台 | | 丛台 |
| 闽越 | 前 202 | 钓龙台 | 无诸、余善 | 闽越王台 |
| 东汉 | 至迟 58 | 濯龙殿 | | 濯龙园 |

续表

| 朝代 | 年限 | 建筑 | 人物 | 园名 |
|---|---|---|---|---|
| 东汉 | 至迟 58 | 濯龙苑 | | 濯龙园 |
| 东汉 | 58—75 | 龙兴寺 | | 龙兴寺 |
| 东汉 | 184—220 | 石龙亭 | | 青山寺 |
| 曹魏 | 235 | 九龙殿 | 曹丕、曹叡 | 九龙殿庭园 |
| 东晋 | 381 | 龙泉精舍 | 慧远 | 慧远精舍、东林寺 |
| 南齐 | 494—502 | 龙神堂 | 倪德兴、常建等 | 兴福寺园 |
| 南齐 | 494—502 | 龙涧桥 | 倪德兴、常建等 | 兴福寺园 |
| 北魏 | 495 左右 | 九龙殿 | 孝文帝元宏 | 西游园（西林园） |
| 东魏、北齐 | 534—584 | 天龙寺 | 高欢、高洋、杨广、李渊 | 天龙山石窟 |
| 北齐 | 570 | 龙华寺 | | 龙华寺 |
| 隋 | 582 | 青龙寺 | 太平公主 | 灵感寺（青龙寺） |
| 隋 | 601—604 | 龙泉庵 | 卢师和尚 | 八大处 |
| 隋 | 601—604 | 龙王堂 | 卢师和尚 | 八大处 |
| 唐 | 736 | 龙麟宫 | 田仁汪、韦机 | 东都苑（神都苑） |
| 唐 | 618 后 | 飞龙苑 | 韦坚 | 唐禁苑 |
| 唐 | 618 后 | 龙首殿 | | 东内苑 |
| 唐 | 622 | 云龙门 | 李渊、李世民 | 西内苑 |
| 唐 | 713—741 | 龙潭寺 | | 龙潭寺 |
| 唐 | 714 | 五龙坛 | 李隆基 | 兴庆宫 |
| 唐 | 714 | 龙堂 | 李隆基 | 兴庆宫 |
| 唐 | 714 | 濯龙门 | 李隆基 | 兴庆宫 |
| 唐 | 758—759 | 龙珠亭 | 林骠、林光世、洪兆麟 | 潮州西湖 |
| 唐 | 765 前 | 龙兴寺 | 杜甫 | 赖独园 |

续表

| 朝代 | 年限 | 建筑 | 人物 | 园名 |
|------|------|------|------|------|
| 唐 | 766—779 | 龙泉寺 | 唐代宗、明宪宗 | 灵光寺 |
| 唐 | 757—907 | 游龙宫 | | 游龙宫 |
| 唐 | 793 前 | 龙王庙 | | 泉州东湖（东湖公园） |
| 唐 | 793 前 | 龙门桥 | | 泉州东湖（东湖公园） |
| 唐 | 793 前 | 龙浔桥 | | 泉州东湖（东湖公园） |
| 唐 | 805 前 | 东邱（龙兴寺） | | 东邱（龙兴寺） |
| 唐 | 888 | 跃龙桥 | | 文圃龙池 |
| 唐 | 888 | 龙池寺 | 谢修、洪文用、石贲 | 文圃龙池 |
| 吴越 | （948—978） | 龙华寺（空相寺） | | 龙华寺（空相寺） |
| 南汉 | 958—971 | 龙津桥 | 刘鋹 | 华林苑 |
| 北宋 | 969 | 九龙庙 | | 皇帝宫 |
| 北宋 | 1068—1077 | 五龙亭 | 欧冶子 | 欧冶池（剑池） |
| 北宋 | 1113—1126 | 景龙门桥 | 赵佶 | 撷芳园 |
| 北宋 | 1113—1126 | 景龙门 | 赵佶 | 撷芳园 |
| 南宋 | 1237—1240 | 黄龙坊 | 东岩、王大经、清正 | 涌金寺园 |
| 辽 | 1068 | 龙王堂 | | 大觉寺 |
| 明 | 1368 | 龙泽亭 | 朱祁镇、朱厚熜 | 西苑 |
| 明 | 1368 | 五龙亭 | 朱祁镇、朱厚熜 | 西苑 |
| 明 | 1368 | 龙渊亭 | 朱祁镇、朱厚熜 | 西苑 |
| 明 | 1368 | 龙湫亭 | 朱祁镇、朱厚熜 | 西苑 |

| 朝代 | 年限 | 建筑 | 人物 | 园名 |
|------|------|------|------|------|
| 明 | 1403—1424 | 飞龙顶 | | 飞龙顶 |
| 明 | 1420 | 龙德殿 | 朱祁镇 | 东苑 |
| 明 | 1558 | 龙泉寺 | | 龙泉寺 |
| 明 | 1621—1627 | 榆龙榭 | 乔炜、曹垂灿、李心怡 | 渡鹤楼（也是园） |
| 清 | 1662—1722 | 龙王殿 | 康熙、乾隆、样式雷 | 圣化寺 |
| 清 | 1672 | 龙王堂（龙泉庵） | 康熙 | 龙王堂（龙泉庵） |
| 清 | 1711 | 龙王亭 | 元仁宗、明世宗、罗景 | 南阳武侯祠 |
| 清 | 1715 | 龙王庙 | 康熙、乾隆 | 汤泉行宫（汤山行宫、汤泉山行宫） |
| 清 | 1737 | 玉泉龙王庙 | | 黑龙潭（玉泉公园、玉泉龙王庙） |
| 清 | 1740—1750 | 飞龙阁 | 格桑嘉措、强白嘉措、土登嘉措 | 罗布林卡 |
| 清 | 1750 | 青龙桥 | 龙铎 | 共怡园 |
| 清 | 1752 | 龙王庙 | | 仙隐观 |
| 清 | 1753 | 五龙亭 | 高恒 | 五亭桥（莲花桥） |
| 清 | 1764 | 龙王庙 | | 分水口行宫 |
| 清 | | 龙王庙 | | 西花园 |
| 清 | 1796—1850 | 龙王庙 | 苏楞额、溥侗 | 苏大人园（侗将军园、苏园、治贝勒园、侗五园） |

| 朝代 | 年限 | 建筑 | 人物 | 园名 |
|---|---|---|---|---|
| 清 | 1817 | 龙墙 | 李林松 | 易园 |
| 清 | 1820—1850 | 龙凤桥 | 李莲英 | 李莲英宅园（碓房居宅园、大铁门） |
| 清 | 1832 | 护龙 | 林秋华 | 问礼堂 |
| 清 | 1835 | 护龙 | 姜秀銮、林德修、周邦正 | 金广福公馆 |
| 清 | 1836 | 回龙舍 | 康云衢、康有为 | 听松园（云衢书屋） |
| 清 | 1846 | 龙墙 | 张祥河 | 遂养堂 |
| 清 | 1849 | 龙墙 | 秦荷、秦溯萱 | 秦家花园 |
| 清 | 1859 | 龙王堂 | 周木成、沈云川、孙殿亭、王正和、冯文辅、范成轩、刘松泉、刘兰亭、王正光、王敬安、陈云亭、徐口口、贾中访 | 响塘庙园 |
| 清 | 1862—1867 | 龙墙 | 李鸿章、丁香、盛宣怀、罗杰斯 | 丁香花园 |
| 清 | 1868 年建成 | 左右护龙 | 陈家 | 义芳居 |
| 清 | 1873 | 护龙 | 张氏 | 万选居 |
| 清 | 1875 年完成 | 护龙厢房 | 林振芳 | 社口林宅 |
| 清 | 1876 | 榆龙榭 | 乔中炜、曹绿岩、李心怡、陈从周 | 也是园（南园） |

续表

| 朝代 | 年限 | 建筑 | 人物 | 园名 |
|------|------|------|------|------|
| 清 | 1883 | 龙王庙 | 刘锦棠 | 关湖 |
| 清 | 1887 | 护龙 | 林文钦 | 蓉镜斋 |
| 清 | 1890 左右 | 龙王堂 | 何魁 | 何魁山庄 |
| 清 | 1891 | 内外双护龙 | 陈氏 | 余三馆 |
| 清 | 1904 | 龙沙万里亭 | 程全德、张朝墉 | 仓西公园（龙沙公园） |
| 清 | 1906 | 石龙池馆 | 吴荃 | 陆沈园（谪居小筑） |
| 清 | 1907 | 卧龙桥 | 宋端甫、郭士林 | 郭庄（汾阳别墅、端龙别墅、宋庄） |
| 清 | 1910 | 莲池九寸龙 | 唐绍仪 | 共乐园 |
| 清 | | 龙王亭 | | 黑龙潭 |
| 清 | 晚清 | 九龙桥 | | 宝墨园 |
| 民国 | 1914 | 小龙泓洞 | | 题襟馆 |
| 民国 | 1918 | 龙墙 | 鲁迅 | 百草园 |
| 民国 | 1922 | 九龙壁 | 黎元洪 | 北海公园 |
| 民国 | 1922 | 五龙亭 | 黎元洪 | 北海公园 |
| 民国 | 1923 | 龙凤亭 | 王新命 | 鼓楼公园 |
| 民国 | 1930 | 龙凤亭 | 陈梅芳、虞循卿、郑庭真 | 渔庄 |
| 民国 | 1933 | 接龙廊、缚龙廊 | 孙中山、董必武 | 沙市中山公园 |
| 民国 | | 龙龛精舍 | 溥增湘 | 藏园 |

　　"太和殿的龙——没法儿数"是老北京的歇后语。太和殿从室外栏杆、建筑单体到室内家具、陈设、布艺，处

处用龙。据统计，大殿外的三层台阶每层都围有石雕栏板，在龙凤纹饰的望柱下面，伸出排水用的汉白玉螭首（龙头）1142 个，如遇下大雨时龙口会喷水千条，被誉为"千龙吐水"。

太和殿殿顶采用重檐庑殿式大脊一条，重檐间垂脊四条。每条脊的两边都有插着宝剑张口吞脊的鸱吻，连同附在卷起的尾部两侧的行龙及檐角檐下的龙，共计有 28 条。屋脊上琉璃瓦烧制出的团龙行龙的龙纹计有 2604 条。外檐额枋等处彩绘有龙纹 2068 条，门扇裙板上有贴金的团龙 200 条，格扇及窗的鎏金饰件上有龙纹 3440 条。

在面阔 11 间的太和殿殿内，横竖梁枋上共有龙 4307 条。太和殿的藻井为金龙藻井顶，藻井上画有 17 条大龙小龙，那条大龙口衔轩辕镜，16 条小龙口含宝珠。

在皇帝御座的区域，金銮宝座上就雕刻有九条金龙，宝座两侧立有高 12.7 米的蟠龙金柱六根，每根金柱上还另有沥粉金龙 1 条。在蟠龙金漆的平台之上，后部为金漆屏风，从上到下布满了金龙，屏风前面正中是雕龙金漆大椅，它有个"圈椅"式的椅背，四根圆柱上雕有四条长龙圈成弧形，正面高，两头扶手渐低，正面的两立柱各盘一龙，在椅子的背板上也雕有阳纹云龙……在整个金銮宝座区域，雕龙及龙纹共有 420 条。

据不完全统计，整个太和殿内的雕龙龙纹约有 13844

条之多。如果加上太和殿外石雕栏杆上的雕龙龙纹，太和殿内外共计有蟠龙、行龙、团龙及龙纹 14986 条。

# 第 5 节　龙壁和龙墙

影壁又称为照壁。影与照是因阳光而成，可见，它是阻止太阳过强而成的景观构件。也有专家认为，影壁是由"隐避"演变而成。门内为"隐"，门外为"避"，于是惯称为影壁。另一种说法就是堪舆认为影壁是调节气煞的构筑物。龙在园林中最多用于龙壁和龙墙。龙壁中最有特色的是九龙壁了。中国现有 7 座九龙壁：故宫九龙壁、北海九龙壁、大同九龙壁、平遥九龙壁、香炉峰九龙壁、自贡九龙壁、无锡惠山九龙壁。

紫禁城宁寿宫区皇极门外九龙壁，长 29.4 米，高 3.5 米，厚 0.45 米，是一座背倚宫墙而建的单面琉璃影壁，为乾隆三十七年（1772 年）改建宁寿宫时烧造。壁上部为黄琉璃瓦庑殿式顶，檐下为仿木结构的椽、檩、斗拱。壁面以云水为底纹，分饰蓝、绿两色，烘托出水天相连的磅礴气势。下部为汉白玉石须弥座。壁上九龙以高浮雕制成，最处高达 20 厘米，极具立体感。纵贯壁心的山崖奇石将 9 条蟠龙分隔于 5 个空间。黄色正龙居中，前爪作环抱状，后爪分撅海水，龙身环曲，将火焰宝珠托于头下，瞠目张颔，威风凛然。左右两侧各有蓝白两龙，白为升龙，蓝为降龙。左侧两龙龙首相向；右侧两龙背道而驰，四龙各逐火焰宝珠，神动形移，似欲破壁而出。外侧双龙，一黄一紫，左端黄龙挺胸缩颈，上爪分张左右，下肢前突后伸；紫龙左爪下按，右爪上抬，龙尾前甩。二龙动感十足，争夺之势活灵活现。右端黄龙弓身弩背，张弛有度，腾挪跳跃之体态刻画生动；紫龙昂首收腹，前爪击浪，风姿雄健。

阳数之中，九是极数，五则居中。"九五"之制为天子之尊的重要体现。整座影壁的设计，不仅将"九龙"分置于 5 个空间，壁顶正脊亦饰 9 龙，中央坐龙，两侧各 4 条行龙。两端戗脊异于其他庑殿顶，不饰走兽，以行龙直达檐角。檐下斗拱之间用九五 45 块龙纹垫栱板使整座建筑以不同方式蕴含多重九五之数。此外，九龙壁的壁面共用 270 个塑块，也是九五的倍数。

北海的九龙壁位于大园镜智宝殿山门前，是一座双面龙壁（图 17-4）。该壁建于乾隆二十一年（1756 年），高 5.96 米，厚 1.6 米，长 25.52 米。两面有由琉璃砖烧制的红黄蓝白青绿紫七色蟠龙 18 条。九龙壁为五脊四坡顶，正脊上两面各有九条龙，垂脊两侧各一条，正脊两吻身上前后各一条，吞脊兽下，东西各有一块盖筒瓦，上面各有龙一条，五条脊共有龙 32 条。筒瓦、陇陲、斗拱下面的龙砖上都各有一条龙（四周筒瓦 252 块，陇陲 251 块、龙砖 82 块）。如此算来，九龙壁上共计有龙 635 条。

图 17-4　北海九龙壁

　　九龙壁的龙共有九条，正中的为正龙，两侧的分别为升龙和降龙。九龙腾飞，神态各异。正龙威严、尊贵，升龙刚猛而充满力量，降龙则温文尔雅。其总体寓意群贤共济、圆满如意、蒸蒸日上的盛世景象。龙图腾在中国又有消灾弥祸、镇宅、平安、吉祥、财运等含义。

　　正龙黄色，黄色是最高贵的颜色，所以帝王的龙袍都是黄色的。正龙位于正中，不管是从右至左还是从左至右数，都是第五条。这条黄色的正龙象征的就是天子。因为在阳数中，五居正中，所以有"九五至尊"的说法。实际上，九龙壁上并不止两面墙壁上的九龙，正脊和戗脊上的图案也是龙，但在数目上都不脱九五之数。不仅是饰物龙的数目，就连构成九龙壁的材料数也是九五之数。正面九龙，也合理地分布在五个不同的区域，同样也暗合九五之数。

大同九龙壁是明代代王府前的照壁。代王府是朱元璋第十三子朱桂的王府，代王传五世四王，封郡者达二十三人。壁长 45.50 米，高 8 米，厚 2.09 米。与北海九龙壁相比，长度大近一倍，高度大近一倍，厚度厚三分之一。

此壁使用黄、绿、蓝、紫、黑、白等色琉璃构件拼砌而成。壁体分三部分：底部为须弥座，中部为壁身，上部为壁顶。东西两端分别是旭日东升和明月当空的图案，并衬有江崖海水、流云纹饰。须弥座的束腰镶有两层琉璃兽：第一层是麒麟、狮、虎、鹿、飞马等，第二层是小型行龙。须弥座上平托九龙琉璃壁身，由于比例恰到好处，给人以一种稳重雄健的感觉。壁身之上有仿木结构的琉璃斗拱六十二组，承托琉璃瓦壁顶。壁顶为单檐五脊，正脊两侧是高浮雕的多层花瓣的花朵以及游龙等，脊顶龇兽、脊兽、龙兽俱全，两端是雕刻手法细腻的龙吻。壁身下部以青绿色的汹涌波涛、上部以蓝色的云雾和黄色的流云等为衬底。九条龙之间采用云雾、流云、波涛和山崖相隔与相连。壁面，特别是九条龙的龙体全为高浮雕制作，使每条龙一一突兀于壁上，大大增强了立体感。

从九条龙的布局和形态看，正中心一条是坐龙，为正黄色。在明代，正黄色为主色，象征着尊贵，为帝王专用。

此龙正对着王府的中轴线，昂首向前，目光炯炯有神，注视着代王府的端礼门。龙身向上卷曲，龙尾伸向后方，似在端坐静观。中心龙两侧的第一对龙，是两条飞行中的龙，为淡黄色，龙头向东，龙尾伸向中心龙。这组龙神情潇洒，大有怡然自得之态。第二对龙为中黄色，头尾均向西。形态与第一对龙大致相同，形成了基本对称的图案。第三对龙为紫色。这是两条飞舞中的龙，其形态与前者大不相同，其神情凶猛暴怒，大有翻江倒海之势。第四对龙（两端的龙），呈黄绿色，恣态飞扬，气宇轩昂。

壁前建倒影水池，池长 34.9 米，宽 4.38 米，深约 0.8 米。池由石柱围绕，中有一桥相贯，国内罕见。风吹水面，九龙漾动，更有意境。

### 五龙壁

除了九龙壁，还有五龙壁、三龙壁、一龙壁。大同文庙就有五龙壁。此龙壁为单面砖雕，长 28.5 米，高 5.7 米，整个龙壁由壁座、壁身、壁顶三部分构成。中部的壁身由对方青砖镶砌而成，上面是高浮雕的五条砖雕团龙，直径各为 2.20 米。壁顶呈仿木结构的单檐五脊顶，正脊的两端砌有琉璃兽吻。此顶由二十五组砖雕斗拱承托，斗拱下面是一层宽约 0.4 米的廊檐状的砖雕帷幔垂挂于龙壁上方。整个帷幔由八根下垂廊柱将其分为正室五间、耳室两间的型制，垂柱间的帷幔上部分别雕饰有葡萄、莲花、人物等。

壁身五条团龙的中央，一条巨大龙头正对着原县文庙的大门，团龙中心有一颗硕大的火珠。整个龙身时隐时现于云雾与波涛之中，锋利的龙爪突出于壁面之外。从中心向外数的第一对团龙的龙头向西，龙尾卷向中心，都作戏珠状。从形态看，这是一对腾空飞舞状的飞龙。第二对团龙的头向着中心，也作腾飞之状。四条巨龙都张口怒目，像是在吞云吐雾，气宇非凡。此外，这座龙壁两端分立的八字墙上还有两幅巨型砖雕壁画。这两幅壁画画面均宽为2.2 米，高 2.5 米。

砖雕壁画西面的一幅是鱼跃龙门。画面中巍峨突兀的重山峻岭间树立着高入云端的龙门，其间飞流激浪，汹涌澎湃。一条鲤鱼在湍急的激流中逆水奋进，昂首摇尾，凌空腾起，飞跃龙门。东边一幅，是这条鲤鱼已经战胜激流，跃过怪石嶙峋中的高大龙门，在破浪前进。鱼的头部已变成龙头，而鱼身鱼尾尚在变化之中。从鱼身龙头的"怪物"口中，吐出一缕清气，化作六朵祥云，云中承托一面"天鼓"。这两幅砖雕壁画的寓意无疑是鼓励人刻苦读书，专意于科考。一旦金榜题名，就如鱼跃龙门。云中的天鼓，象征一鸣惊人，响彻寰宇。

## 三龙壁

大同三龙壁在辽代始建的观音堂山门前。从建造风格看，为明代遗物。此壁是大同市唯一的一座双面琉璃龙壁。

壁长 12 米,高 6 米,厚 1.2 米。壁座以镌饰花纹的青石为
础,础上筑须弥座,座间束腰有三层琉璃兽,下层是二狮
相争图;中层是奔马、麒麟等,此层中间还有一长约 1 米
的黑色琉璃花卉图案;上层是行龙,呈二龙戏珠状。每层
雕兽间均以竹柱相隔连。龙壁顶部的四周有四十组仿木结
构的琉璃斗拱,承托着五脊琉璃瓦顶、脊兽、龙吻。

壁身两面各有三条高 3 米的黄色琉璃巨龙,邀游在蓝
色的天空和青绿色的江涛海浪之中。龙壁北面的三条龙,
镶有火珠,南面三条则无。南北两面的中心一龙,头皆直
上,呈行龙状,两侧的龙头也置于上部,呈飞腾状。

**一龙壁**

大同的一龙壁共有四座,以两座为一组,分两组按八
字形挺立于原明代大同县文庙的两侧。以龙壁为八字墙,
这在大同市现存诸龙壁之中独此一处。从雕塑风格看,此
壁应为清代遗物。这四座一龙壁皆为单面龙壁,黄色琉璃
龙图案镶于砖壁中央。

第一对一龙壁坐北朝南,分居于庙门两边,各高 2.30
米,长 2 米,下设壁座,中为壁身,上为屋檐式的壁顶。壁
身四角为边长 0.55 米的等边直角三角形的彩云图案。中央
镶嵌着直径约 1 米的黄色琉璃团龙,其形态为云雾中飞腾,
并有一火珠,呈飞龙戏珠状。第二对一龙壁,分别斜砌于第
一对龙壁的东西两侧,长 3.15 米,高 2.3 米。建筑结构与

第一对龙壁相同。这两座龙壁四角呈对称的正黄色琉璃龙直角三角形图案。图案底边均长为 1.55 米，另一直边长 0.90 米。各龙头皆锁于上而尾置下，头尾均向中心。中心团龙直径约为 1.44 米，为淡黄色的琉璃龙。精雕细镂的龙头高昂于上，眼睛下视，似在凝望行人，呈盘龙戏珠状。

文庙四座一龙壁的结构与雕塑，同明代的龙壁相比，显得拘谨而规则。四角出现了规整对称的图案，这也是明代龙壁中所没有的。龙体的雕刻与明代雕龙的粗壮有力相比，已显得消瘦，同时，神态也不如明代那样雄健苍劲。但是，龙体的细部雕饰，较之明代则更加精致而优雅，修长而苗条。特别是龙头的雕饰愈益细腻繁复，入微有致。

此外，兴国寺山门前原有两座"八"字墙式的砖镶一龙琉璃壁，均为明代所建。墙体为出檐式普通砖墙，高约 3 米。墙体中间为黄琉璃团龙，直径为 1.5 米。整个龙体粗壮有力，形态雄健苍劲，张牙舞爪，如飞腾于蓝天碧水之间。可惜已毁。

古代龙壁是皇家专享，中华人民共和国成立后放开龙禁之后，园林、建筑显出处处为龙的景象。佛山祖庙就出现了双龙戏珠的双龙壁。1958 年 9 月 30 日，佛山祖庙首次安置了由石湾陶塑艺人梁华甫、劳直、邓辉、廖坚、吴宝、谭垣等人合作制作的大型陶瓷壁画"双龙壁"，1966 年"文化大革命"期间双龙壁被毁。1981 年 8 月 24 日，陶塑双龙壁在石湾建陶厂重新烧制成功，并安装回原位。顺德凤岭公园也有一个双龙壁亦是中华人民共和国成立后的作品。

无锡锡惠公园九龙壁位于锡山南麓草坪上，由宜兴均陶厂于 1985 年精制而成。壁长 26.71 米，高 4.09 米，由壁座、壁身、琉璃瓦壁顶三部分组成。壁身由 144 块涂釉陶板拼装而成。九龙分红、黄、绿、白、青、紫、蓝、橙等 9 种颜色，奔腾飞舞，神态各异。

### 龙墙：豫园九龙墙、龙廊

在古代，民间不可做龙，只能做蟒。上海豫园的龙墙最多，龙态最生动。五处龙墙，分别为卧龙、穿云、二龙戏珠和睡龙。私做龙墙是僭越之举。为此，潘家险招致杀身之祸。当京城追查人员到豫园时发现，所谓的龙只不过是三爪的蟒。

古人是在观察蛇与蟒的差异后确定了龙图腾的级别。从动物分类上看，蛇目是由早期的蜥蜴目成员进化而来，无可活动的眼睑，无耳孔，无四肢，无前肢带，进化的类型也无后肢带。蟒蛇是蛇目原蛇亚目（蟒蛇亚目）蟒蛇科约 17 属 73 种的统称。其包括现存最大的蛇类，但多数种类没有那样大。蟒蛇科不仅有后肢，呈鳞片状，有些种类还有可以感受红外线的颊窝。蟒蛇科可分为卵生的蟒亚科和主要为卵胎生的蚺亚科，二者既包括巨型蛇类，也包括一些中型蛇类。而龙则是九种动物的象征。

作为图腾的使用，皇家已有明确规定。通常龙和蟒的区别在于龙是五爪，蟒是四爪。贝子、贝勒等的蟒袍上的蟒都是四爪。但是皇太子、皇子、亲王、世子、郡王穿的虽然是蟒袍，长袍上绣的却是五爪蟒。五爪蟒和五爪龙在形状上几乎无法区分，但颜色不同。皇帝和皇后的龙袍是明黄色，皇太子蟒袍只能用杏黄色，皇子蟒袍只能用金黄色，亲王、世子、郡王则只能用蓝色或石青色。

由此看来，连蟒也被皇家垄断了，故现在所称龙墙，在古代只能称为蛇墙。皇家园林北海琼华岛、颐和园的园中园、香山见心斋、避暑山庄等地园中园的龙墙是借山势起伏，红墙压顶用麟片瓦花，宛若游龙。江南园林除了豫园做真龙头外，还有无锡陆子祠的龙墙也是做真龙头和龙麟的，而像拙政园、留园、耦园、怡园、拥翠山庄的"龙墙"只能算是龙形墙。龙墙还与天文四象青龙的位置是一样的，故有左青龙右白虎之说。拙政园的龙墙在远香堂东面的枇杷园，若以坐北朝南论，则恰在喻左青龙之位。留园龙墙在中西部分界的高墙转角处，有十余米长的起伏，因处于涵碧山房北向的左边，也喻"左青龙"。耦园的龙墙在织帘老屋的正前方假山处，随假山起伏，并未做龙头或龙麟。

江南还用长廊喻龙，如拙政园龙墙在中部与西部之间交界处，从远香堂北向而论，也属左青龙。龙头就是倒影楼，龙身就是曲廊，龙尾就藏在宜两亭处的围墙上。怡园的龙廊仿照拙政园，主要在平面蜿蜒起伏上。

## 第6节　龙生九子与建筑构件

龙生九子是在龙文化后期的明代形成的。起源大致有综合图腾说、生物组合说、神话意象说，以及生命符号说。明代中后期一些文人的笔记和杂谈中，履履出现龙生九子之说。陆容（1436—1494年）的《菽园杂记》、李东阳（1447—1516年）的《怀麓堂集·记龙生九子》、杨慎（1488—1559年）的《升庵集·卷八十一龙生九子》、李诩的（1505—1593年）《戒庵老人漫笔》、徐应秋（？—1621年）的《玉芝堂谈荟·龙生九子》以及沈德符（1578—1672年）的《万历野获编·卷七龙子》等，记载不尽相同，以李东阳和杨慎的说法最为普及。

据载李东阳编撰"龙生九子"是因为明孝宗朱祐樘（1470—1505年）的一次"忽下御札，问龙生九子之详"。李东阳的《怀麓堂集·记龙生九子》记载："龙生九子不成龙，各有所好。囚牛，平生好音乐，今胡琴头上刻兽是其遗像。睚眦（yá zì），平生好杀，今刀柄上龙吞口是其遗像。嘲风，平生好险，今殿角走兽是其遗像。蒲牢，生平好鸣，今钟上兽钮是其遗像。狻猊（Suān ní），平生好坐，今佛座狮子是其遗像。霸下，平生好负重，今碑座兽是其遗像。狴犴（bì àn），平生好讼，今狱门上狮子是其遗像。负屃（fùxì），平生好文，今碑两旁文龙是其遗像。螭吻（chī wěn），平生好吞，今殿脊兽是其遗像。"而杨慎《升

庵集·卷八十一龙生九子》有载："俗传龙子九种，各有
所好，一曰赑屃（bì xì），形似龟，好负重，今石碑下龟
趺（赑屃和龟趺不同）是也；二曰螭吻，形似兽，性好望，
今屋上兽头是也；三曰蒲牢，形似龙而小，性好叫吼，今
钟上钮是也；四曰狴犴，似虎有威力，故立于狱门；五曰
饕餮（tāo tiè），好饮食，故立于鼎盖；六曰蚣蝮（gōng
fù），性好水，故立于桥柱；七曰睚眦，性好杀，故立于刀
环；八曰金猊，形似狮，性好烟火，故立于香炉；九曰椒
图，形似螺，性好闭，故立于门铺首。"李东阳和杨慎虽是
师徒，但是龙生九子之说却不相同，导致后世不同的演绎，
以至于有十子、十四子、十九子和二十子之说。刘立欣在
"龙生九子的多角度释义"中对比了各种辞典的说法（表
17-2）。

### 表 17-2  《辞源》《辞海》《词典》龙生九子名称比较

| 《辞源》 | | 《辞海》 | 《词典》 |
|---|---|---|---|
| 蒲宾 | 宪章 | 囚牛 | 囚牛 |
| 囚牛 | 饕餮 | 睚眦 | 睚眦 |
| 睚眦 | 蟋蟀 | 嘲风 | 嘲风 |
| 嘲风 | 蟛蛑 | 蒲牢 | 蒲牢 |
| 狻猊 | 螭虎 | 狻猊 | 狻猊 |
| 霸下 | 金猊 | 霸下 | 霸下 |
| 狴犴 | 椒图 | 狴犴 | 狴犴 |
| 赑屃 | 蚼多 | 屓 | 屓 |
| 蚩吻 | 鳌鱼 | 嗤 | 嗤 |

龙生九子来源有语言文学和建筑学两类，以前者为体，后者为用。建筑家吴庆洲用杨说，徐华铛用李说，楼庆西用综合说。刘立欣认为，从非建筑学角度而言，龙生九子的生并不具生物学意义。《五杂组·卷九》之类有"龙性淫，无所不交，故种独多耳"之说，但不足为据。九亦非确指，应是繁多、尊贵之意。从建筑学角度而言，虽龙为皇家专有，但匠师们借狮子、玄武、麒麟等其他动物加以龙化，于是创造出龙子龙孙，使龙图腾从单一走向多样，并从皇家走向民间。

如赑屃，李东阳谓之霸下，传说为驮着三山五岳在江河湖海中兴风作浪，后被大禹降伏并助其治水成功，大禹担心其野性复发而令其负碑而寸步难行。最早的许慎《说文》都未收录。东汉张衡（公元 78—139 年）的《西京赋·文选》中有载，"缀以二华，巨灵赑屃，高掌远跖，以流河曲，厥迹犹存"，三国时期吴国的薛综（约公元 176—243 年）为其注解，"赑屃，作力之貌也"，这应该是可以考证到的"赑屃"二字的最早出处，之后西晋左思（约公元 250—305 年）的《吴都赋》以及明朝李时珍（1518—1593 年）的《本草纲目》对赑屃均有提及。

从建筑学角度看，赑屃也经历从龟趺到赑屃的发展过程，前者为龟形状玄武，盛行于唐宋之前，而后演化为明清的龙首。南北朝时期，如萧梁临川靖惠王萧宏墓前的石碑下便有龟趺。在宋官方出版的《营造法式·石作制度》赑屃鳌坐碑制式为："其首为赑屃盘龙，下施鳌坐。于土衬之外，自坐至首，共高一丈八尺，其名件广厚。皆以碑身每尺之长，积而为法"，"鳌坐：长倍碑身之广，其高四寸四分；驼峰广三分。余作龟文造"。可见在宋代已曾提及赑屃。清末叶昌炽（1849—1931 年）在其石刻通论性专著《语石·卷三》中写道"柳子厚述唐时葬令云，凡五品以上为碑，龟趺螭首；降五品为碣，方趺圆首"，说明唐五品以上为高官，其墓碑才能用龟趺螭首；五品以下为低官，墓碑只能用方趺圆首。

并不是九子都在建筑和园林方面有用。如囚牛仅用于胡琴之头，睚眦仅用于刀环剑柄之末，蒲牢用于钟钮，狻猊用于香炉之脚。

赑屃（霸下）和负屃配套用于石碑，前者负重在下，称龟趺，后者好文在上，守碑文。狴犴用于狱门上装饰，虎视眈眈，维护公正。饕餮，好食，则立于鼎盖。椒图又名狴犴，形似螺蚌，好闭口，因而雕在大门的铺首上，或刻画在门板上。螺蚌遇到外物侵犯，总是将壳口紧合。以螺口喻门口，以螺蚌的反应喻门辟邪守卫的作用。

螭吻和嘲风都是屋角（正脊或垂脊）装饰构件。前者螭吻好吞，故其以张开大嘴含住屋脊，也有螭吻头朝外者，似吞风雨。《太平御览》载："唐会要目，汉柏梁殿灾后，越巫言，'海中有鱼虬，尾似鸱，激浪即降雨'遂作其像于尾，以厌火祥。"文中所言巫指方士，鱼虬指螭吻的前身。螭吻属水性，原型是深海鲸鱼，故用它作镇邪之物以避火。宋《营造法式》已有龙吻记载；金代鸱吻形象向龙进化，山西朔州崇福寺弥陀殿鸱吻就是一条飞龙。经过明清与九子之说相合后，鸱吻成为镇火龙子，于是更名螭吻。

后者嘲风好望，则是头朝外迎风而立，主要立于垂脊之上。按最高级别的十件垂脊兽标准，分别是：仙人、龙、凤、狮子、天马、海马、嘲风、狎鱼、獬豸、斗牛和行什。其中排列第一件是仙人指路，第二件就是龙，第七件是嘲风。嘲风还居于殿台的角上成为镇邪之用，一避洪水，二避妖魔。龙成为走兽中的领队，龙与凤先后成为龙凤呈祥。狻猊能食虎豹，与狮子合为万兽之五。天马与海马比喻皇家威加海上。狎鱼在海中可兴风作浪，作防火用。獬豸忠直严厉，以示执法公正。斗牛一遇阴雨可布云雾，亦是吉祥雨镇物。行什猴面双翼兽，与雷公和雷震子极像，用以防雷。

几种说法有也有矛盾或重叠。赑屃又名霸下，而蚣蝮古义词为"虫八"和"虫夏"（音译八夏），霸下和八夏音同而字不同。生性好望的嘲风蹲至殿台角，坐姿与犬同，故与别传说动物朝天吼有共同喜好，朝天吼立位望柱之上，故两者位置也极尽相同。其实螭吻也好望，不过，它还有好水好吞的功能，故也是用于建筑的最高处，以水灭火。但另一说法的蚣蝮，好立，故刻于桥头石柱上。蚣蝮作为镇桥灵兽，身躯如豹，有角似龙角又似鹿角，功能是避免水害，故有人认为不能归为龙子之列。（黄磊，龙生九子在古建筑龙形图案的应用，现代园艺，2017年第8期）

螭吻有好水，也使螭首成为皇家大殿的台基上的排水口。在紫禁城中轴线上，所有建筑都建在佛家须弥座上。
须弥座绕以汉白玉栏杆、栏板、望柱头。每个望柱下设有
一个石雕螭首排水口。光是太和殿三层基台的石栏杆，就
雕刻了姿态生动的龙凤柱头 1400 余根，望柱下方也排列
了数目相同的用于排水的石刻螭首。北海的仙人承露台的
汉白玉栏杆下也做螭首排水口（图 17-5）。

图 17-5　北海仙人承露台的螭首

# 第7节 龙柱

以龙饰柱始于何时未有定论，但是，西汉刘向《新序·杂事》中的叶龙好龙故事，是最早的记载："叶公子高好龙，钩以写龙，凿以写龙，屋室雕文以写龙。"即家中器具和建筑都刻龙，包括柱子。根据吴庆洲的研究，龙饰柱最迟在东汉出现。山东微山县两城山桓桑终食堂画像，柱就是以龙纹装饰，时间是汉顺帝永和六年（公元141年）。浙江海宁长安镇画像石墓的墓室北、西、东三壁各以蟠龙饰柱，龙爪为三爪。

《拾遗记》云："赵飞燕女弟居昭阳殿，……椽确俱刻龙蛇形萦绕其间，鳞角分明，见者莫不竞栗。"东汉大将军梁冀和妻孙寿建宅第，"柱壁雕镂，加以铜漆；窗牖皆有绮辣青琐，图以云气仙灵。"（《后汉书·梁冀传》）《后汉纪》则曰："作阴阳殿，……梁柱门户，铜沓纷漆，青琐丹埠，刻镂为青龙白虎，画以丹青云气。"（《后汉纪》卷二十）从记载可知，汉代起龙纹装饰建筑不仅在宫廷流行，也在权贵中流行。

龙柱是建筑柱件，主要用于祠堂寺庙。在曲阜孔庙大成殿大殿四周廊下环立着28根雕龙石柱，均以整石刻成。柱高近6米，直径约1米，原为1500年刻制，后历经清朝火劫而于1724年重刻。在大成殿的两山和后檐，有18根八棱磨浅雕石柱，以云龙为饰，每面浅刻9条团龙，每柱 72 条，细心的工匠在石柱上记下了雕刻的龙的总数，共 1296 条。而前檐的 10 根为深雕浮刻，每柱有两条龙对迎而翔，盘绕升腾，中间刻有宝珠为伴，云烟缭绕，柱脚缀以山石，衬以波涛。其 10 根龙柱两两相对，各具其形，变化多端，无一雷同，造型优美生动，雕刻玲珑剔透，刀法刚劲有力，龙姿栩栩如生。（亦米，孔庙大成殿之龙柱，China Academic Journal Electronic Publishing House，1997—2019）（图 17-6）。

图 17-6 孔庙蟠龙柱

龙柱类型按材料可分为木雕、泥雕、石雕、沥粉金漆、金属和彩毯六类（表17-3）。四川江油云岩寺飞天藏8根缠龙柱为南宋淳熙八年（1182年）作品。据吴庆洲研究，全国各地古建筑龙柱"不下三百根"，以"闽台龙柱尤多"，闽地古属百越，"信鬼神，重淫祀"，具有多神崇拜特征。"闽为山地，多虫蛇之类，故门下增虫字，以示其特性。""虫"字示形，以明闽地多蛇及闽人崇蛇的特性。沿续至今，闽人还有蛇图腾的习俗，不少地方仍然把蛇当成"神明"崇拜而保留着蛇王庙。龙的形象主要来自蛇，故闽地蛇文化与龙文化尤为突出。（金立敏，福建宫庙建筑龙柱艺术初探，理论纵横）

### 表17-3　龙柱一览表

| 类型 | 时间 | 地点 | 形态 |
|---|---|---|---|
| 木雕 | 宋元祐二年（1087） | 山西太原 | 晋祠圣母殿前廊柱的木质八条蟠龙。为太原府吕吉等人集资所雕 |
| | 1636前 | 辽宁沈阳 | 故宫大政殿前檐两根木雕金龙柱。两龙在当心间相对张开左右前爪 |
| | 1632前 | 辽宁沈阳 | 沈阳故宫崇政内宝座神龛前两根木雕蟠龙柱。两龙在当心间相对张开左右前爪 |
| | 清 | 河南登封 | 老君洞无极殿后檐明间，柱高4.2米，长0.4米，径高比1/10，混雕上下两蟠龙。龙体高出柱面4~6厘米 |
| | 清 | 河南郏县 | 文庙大成殿前檐四根木柱。柱高3.63米，径0.51米，透雕云龙，柱头虎首。龙高2.52米，S型盘绕 |

续表

| 类型 | 时间 | 地点 | 形态 |
|------|------|------|------|
| 泥塑 | 宋元 | 四川眉山 | 峨眉山飞来殿明间两柱塑金身泥胎蟠龙,如离柱飞舞 |
| | 明正德十一年(1446年) | 四川平武 | 报恩寺华严殿转轮藏周围四根金柱各泥塑蟠龙一条,金甲耀目,四爪分开,势若腾飞 |
| 石雕 | 未详 | 山东曲阜 | 孔庙大成殿高6.1米,径0.85米,径高比1/7,体量高大,体量最大 |
| | 明威化至正德(1465—1521年) | 山东曲阜 | 颜庙复圣殿,前檐第二次间两侧檐柱,平面八边,每面各二条减地平钑降龙,一柱16条降龙 |
| | 明弘治十七年(1504年) | 山东曲阜 | 孔庙崇圣寺 |
| | 未详 | 山东曲阜 | 孔庙大成门内西侧龙柱,水平最为高妙,蟠龙翻转腾跃,姿态矫捷,毫不刻板。云的形象自由而不程式化 |
| | 未详 | 山东曲阜 | 崇圣祠二柱蟠龙升隆龙身躯曲屈有力,刻画自然,云形活泼 |
| | 未详 | 广东德庆 | 龙母祖庙山门石龙两根,凸雕和透雕并用。柱高4.3米,径0.35米,径高比1/12。龙嘴石珠滚动,龙形生动自然。香亭各有凸雕石龙四根 |
| | 南宋绍兴年间(1131—1162年) | 重庆大足 | 大足北山136窟转经藏石雕八根龙柱,为凸雕精品 |
| | 宋代 | 重庆大足 | 宝顶山毗卢道场四根石柱各雕一圆雕蟠龙,为圆雕代表 |
| | 未详 | 四川安顺 | 文庙大成殿前两根透雕云龙柱,石狮柱承托,柱高6米,径0.8米,径高比1/7.5,玲珑剔透 |

续表

| 类型 | 时间 | 地点 | 形态 |
|---|---|---|---|
| 石雕 | 未详 | 山东曲阜 | 孔庙大成门第一次间和第二次间檐柱为减地平钑。启圣殿和复圣殿也用此法 |
| | 清 | 北京紫禁城 | 太和殿正中两排沥粉金漆蟠龙柱,敷色贴金,龙身翻飞 |
| | 清 | 河北遵化 | 清东陵隆恩殿64根金龙缠柱,鎏金铜片半立体状飞龙,用弹簧控制,龙头龙须可随风摇动,如同真龙凌空 |
| | 未详 | 青海 | 塔尔寺大经堂168根木柱,其中60根在墙内,108根明柱皆围裹蟠龙图案彩色藏毯,五彩缤纷 |
| | 明洪武二十六年(1393年) | 湖北荆州 | 太晖观大殿前廊四根、后廊两根凸雕青石云龙柱,龙头伸出柱面达1尺,势欲飞去 |
| | 清乾隆四十年(1775年) | 湖南零陵 | 文庙大成殿前檐明间两侧两根汉白玉高浮雕蟠龙柱,又有两根青石浮雕飞凤柱,有龙飞凤舞之意 |
| | | 湖南宁远 | 文庙大成殿,前后下檐浮雕蟠龙、飞凤石柱各六根,启圣祠前亦有龙凤石柱 |
| | | 湖南湘潭 | 关圣庙春秋阁前有凸雕汉白玉蟠龙柱一对 |
| | 明清 | 湖南张家界 | 普光寺大雄宝殿前两根蟠龙柱,明代始建,清康熙年间重修 |
| | 元和明 | 山西蒲县 | 东岳庙献亭四角蟠龙石柱,前两条为元代所雕,旋回蜿蜒,后两条为明代作品 |
| | 金大定九至十一年(1718年) | 河北卢龙 | 尊胜陀罗尼经幢第一层有盘龙柱八根 |

| 类型 | 时间 | 地点 | 形态 |
|---|---|---|---|
| 石雕 | 康熙五十七年（1718年） | 山西解州 | 关帝庙崇宁殿周围廊蟠龙柱26根 |
| | 元统二年（1374年） | 浙江舟山 | 普陀山多宝塔第二层蟠龙石柱四根 |
| | 未详 | 云南建水 | 文庙大成殿前廊两根凸雕蟠龙石柱。龙腾祥云状 |
| | 未详 | 广东汕头 | 妈屿岛天后宫两根蟠龙石柱 |
| | 未详 | 四川成都 | 青羊宫八卦亭八根凸雕蟠龙柱 |
| | 未详 | 湖北当阳 | 关陵蟠龙柱 |
| | 宋 | 河南登封 | 少林寺初祖庵大殿16根石柱，金柱有东升龙西降龙之分，又有一龙配两凤，是压地隐起雕云龙柱的代表 |
| | 正德、万历 | 河南济源 | 阳台宫大罗三境殿（万历二十四年）外檐20根蟠龙石柱，柱高3.02~4.63米，径长0.4~0.46米，径高比1:6.7~1:7.55，每柱两龙。玉皇阁（正德十年）亦凸雕石柱。剔地起突蟠龙石柱的代表作 |
| | 万历二年 | 河南许昌 | 清真观祖师殿10根前檐柱、8根前金柱、8根后金柱皆二龙戏珠。减地平钑手法 |
| | 万历二年（1574年） | 河南许昌 | 天宝宫祖师殿，10根石柱雕龙凤对舞，翔云周游。减地平钑手法 |
| | 未详 | 福建泉州 | 天后宫正殿一对青石凸雕蟠龙柱 |

| 类型 | 时间 | 地点 | 形态 |
|---|---|---|---|
| 石雕 | 宋代 | 福建泉州 | 文庙大成殿前廊六根浮雕蟠龙柱，高浮雕 |
| | 乾隆 | 福建福州 | 定光寺法雨堂石雕龙柱，为李周作品。透雕，单龙绕柱，降龙 |
| | 明代后期 | 福建厦门 | 灌口凤山祖庙前一对前檐柱，一柱双龙，雌雄蟠龙 |
| | 明代 | 福建泉州 | 开元寺大雄宝殿为百柱厅，前檐柱四根和外檐柱正中四根为明代浮雕蟠龙柱 |
| | 清 | 福建仙游 | 文庙大成殿前四根龙柱，内侧一对为头上尾下海龙，外侧两龙为头下尾上天龙，即翻天覆地式。中段和龙爪、龙须等已经脱离柱心，显出透雕工艺的精巧。龙柱上还点缀有跳跃的九尾鲤鱼来应和仙游九鲤的传说 |
| | 未详 | 福建晋江 | 龙山寺殿凸雕青石龙柱 |
| | 未详 | 福建永春 | 蓬壶镇普济寺大雄宝殿前4根凸雕蟠龙柱 |
| | 未详 | 福建漳州 | 文庙蟠龙柱 |
| | 未详 | 福建漳州 | 凤霞祖庙，双龙双凤石柱 |

| 类型 | 时间 | 地点 | 形态 |
|---|---|---|---|
| 石雕 | 未详 | 福建龙海 | 白礁村慈济祖宫十根青石蟠龙柱 |
| | 清乾隆和日据 | 台湾北港 | 朝天宫观音殿龙柱是乾隆时代作品，一龙一柱，左公右母，配仙人和水纹。安宫正殿内侧的一对龙柱，是日据时期作品。双龙盘柱，左柱刻有立柱时间，右柱刻有敬献人姓名。每侧龙柱都盘有两条神龙，首尾相接，下面龙头扬起向内，上面龙头俯首向下，上下两龙相望。加人物、瑞兽和勾线点金 |
| | 清乾隆 | 台北 | 保安宫三川殿龙柱为乾隆时期代表作，一柱一龙，两龙相对，降龙。同殿还有民国时期代表作，更加饱满、复杂，加入仙人骑兽和士兵征战、鱼凤、麒麟、蝙蝠等热闹场面 |

注：本表根据吴庆洲"龙柱艺术纵横谈"，陈磊"盘龙：河南文物建筑中的龙柱艺术"，金立敏"福建宫庙建筑龙柱艺术初探"，杨玲"台湾寺庙建筑龙柱装饰艺术探析"整理。

泉州文庙大成殿六根浮雕盘龙白石龙柱为闽地最古。龙剔地起突，龙头高浮雕，龙身龙尾渐隐浅浮雕。泉州开元寺大雄宝殿被称为百柱殿，内前檐柱正中两柱和外檐柱正中四根为明代浮雕蟠龙柱。外檐的四根蟠龙柱和前檐两根柱，龙体简淡盘旋。晋江西资岩寺亦是典型明代"翻天覆地"式龙柱，龙也呈现出矫健硬朗的气势。

福州于山定光寺（白塔寺）法雨堂两根龙柱为南派惠

安石雕的代表，是第一位可查石雕大师李周康乾年间作品。李周运用透雕技法，单龙绕柱，从高处盘绕而下，一爪支地，一爪高举龙珠，仰首嘶鸣。厦门灌口凤山祖庙的前殿蟠龙石柱为乾隆年间高浮雕代表作。一柱双龙，一龙俯首，一龙折首张嘴上举，为雌雄蟠互动式。

仙游文庙大成殿前的四根龙柱是清代龙柱的代表。内侧一对龙柱为头上尾下的"海龙"，柱心为八棱柱；外侧两龙柱则是头下尾上的"天龙"，柱心为圆柱，将"翻天覆地"柱式在一殿廊前做了两两对应。龙体的中段和龙爪、龙须等已经脱离柱心，显出透雕工艺的精巧。龙柱上还点缀有跳跃的九尾鲤鱼来应和仙游九鲤的传说。龙首、龙睛和龙鳞被赋上墨色"更加清晰灵活。

今天的福建龙雕仍是全国之首。云龙仙人是当下流行题材，尤其是莆仙地区。道教宫观和民间信仰宫庙的仙人多以八仙、封神榜和杨家将等为主题。人物环列龙体上，单柱看上去，人物从4人、6人到8人不等，有些更在龙体处8位仙家环列，龙头处有两小仙童手持上书吉祥语横幅，总至10人之多。佛教庙宇则为罗汉分列龙体之上。从龙柱上均可大致辨别庙宇主奉神祇的身份，龙柱与其说是结构柱，更像是一幅立体的宗教画。2005年建成的莆田笏石伍云殿，正殿为玉皇殿，左右偏殿为潘大人府和建象寺。所有殿堂前廊均以龙柱承托。玉皇殿前两龙柱龙身高浮20厘米，一边云龙八仙，龙尾在上，龙头在下，各含

龙珠，可以拨动。中段为仙童捧轴"风调雨顺"和"国泰
民安"。另一柱环列三十六官将中的八大元帅，衬托殿主尊
的玉皇大帝。八仙和三十六官将分列帐下。建象寺前云龙
十八罗汉分列左右两柱。潘大人府前檐柱又是云龙八仙和
云龙八天将。别一偏殿地藏王殿规格降次，分别为云龙四
仙。福建龙柱的普及程度，从泉州东湖公园的蟠龙柱可见
一斑（图 17-7）。

图 17-7 泉州东湖公园蟠龙柱

台湾地区龙柱做法源于福建。台地有一万多座寺庙，八百多座妈祖庙，大部分的妈祖庙有龙柱。最早龙柱为乾隆中期北港朝天宫观音殿龙柱。台北保安宫三川殿龙柱一柱一龙，是典型降龙盘柱式。乾隆时期为左公右母，开口为公，合口为母，龙在柱上部，水纹配龙。日据时代配题款和装饰构件，如旗球戟磬、瑞兽人物，典型代表同样是台北保安宫正殿内侧一对龙柱。除水纹和云纹外，还有各种人物造型和瑞兽，龙身勾勒以白色线条和金色龙鳞装饰，体现了民俗文化中以白为圣、以金为贵的特点。民国时期龙柱造型华丽复杂，双龙盘柱成为主流。柱身变大，半圆雕、透雕和高浮雕表现手法增多。柱头装饰的动物、垂穗、人物、故事，尤以海洋文化的鱼虾蟹纹饰见长。台南三川殿龙柱是民国龙柱代表，双龙盘柱，龙鳞、背鳍、龙爪等处细部层次增多，鼻头、额头、眼睛更加写实。装饰上加入仙人骑兽、士兵征战，配以鱼、凤、麒麟、蝙蝠等。

## 第8节　园中龙山与龙洞

龙脉是山岳崇拜（含昆仑崇拜）、龙崇拜和堪舆文化三种交织的结果（表17-4）。园林龙山的做法通常有两种。首先是选址于龙山建园，如唐代榜眼欧阳鲁的妙峰堂就择址于泉州的龙首山，为欧阳鲁读书的书斋园林。宋代画家李公麟的龙眼山庄择址于龙眼山。南阳武侯祠择址于卧龙岗。民国的红榆山庄是建于云龙山上。围山入园的首推颐和园。它是西山一支，最后一个星峰就是万寿山。

### 表 17-4　历代园林龙山的景点一览表

（根据《中国园林年表初编》整理）

| 朝代 | 年限 | 山 | 人物 | 园名 |
|---|---|---|---|---|
| 越 | 前 490 | 卧龙山 | | 试院双柏园 |
| 北魏 | 491 | 金龙峡 | | 悬空寺 |
| 隋 | 581 | 龙泉洞 | | 千佛山公园 |
| 唐 | 756—800 | 龙首山 | 欧阳詹 | 妙峰堂 |
| 北宋 | 1049—1106 | 玉龙峡 | 李公麟 | 龙眼山庄 |
| 北宋 | 1049—1106 | 龙眼山 | 李公麟 | 龙眼山庄 |
| 清 | 1711 | 卧龙岗、老龙洞 | 元仁宗、明世宗、罗景 | 南阳武侯祠 |
| 清 | 1762 | 云龙山 | | 云龙山行宫 |
| 清 | 1821—1861 | 乌龙冈 | 伍崇曜 | 粤雅堂园 |
| 清 | 1880 | 龙蟠里 | 薛慰农 | 薛庐 |
| 清 | | 九龙冈 | | 碧霞元君庙 |
| 清 | 清末 | 龙洞坡 | 童克明 | 童家花园 |
| 民国 | 1912 | 鸡龙山 | | 孤山公园（杭州中山公园） |
| 民国 | 1915 | 恐龙山 | 耿继茂 | 南公园 |
| 民国 | 1917 | 龙山 | 张勋 | 张勋花园 |
| 民国 | 1918 | 龙虎山 | 尹熊略、周醒南 | 漳州中山公园 |

| 朝代 | 年限 | 山 | 人物 | 园名 |
|------|------|------|------|------|
| 民国 | 1918 | 云龙山 | 段毋息 | 红榆山庄<br>（段家花园） |
| 民国 | 1921 | 龙狮山 | 梁仁庵 | 啬色园 |
| 民国 | 1923 | 玉龙堆 | 袁嘉谷 | 澍园 |
| 民国 | 1925 | 龙尾山 | 杨慕时 | 中山林公园 |
| 民国 | 1927 | 龙岗 | | 锡金公园 |
| 民国 | 1933 | 伏龙山 | 周玳、魏副官 | 在田别墅<br>（周家花园 |
| 民国 | | 显龙山 | 马鸿烈、李子文、<br>李宗镛 | 红叶山庄 |

　　而平地造园中的龙山分两种，有来龙之龙山做法，如恭王府北墙的壁山，以示龙脉来源。宁寿宫花园倦勤斋的西首房是龙山之房，它是全园的西北角，故在西墙上绘制龙山，以像征遥远的昆仑祖山。

　　当然园中龙脉有单脉做法，如建福宫花园和宁寿宫花园。而围山成三合者北海东、西和北三面为龙岗，所有园中园如大西天、小西天、快雪堂、静清斋、先蚕坛、画舫斋和濠濮间都依岗而设，形成明珠串龙格局。朗润园也是三面围龙的岛屿加以环水围龙的格局。四面围龙的如圆明园、恭王府花园和醇亲王府花园。圆明园把环山围龙和环水围龙发挥到极致。

　　山洞的曲折蜿蜒也被赋予了龙的栖息之所，也符合蛇居山洞的自然特征。南阳武侯祠的老龙洞、广西桂林七星公园的龙隐洞、清末童家花园的龙洞坡、山东济南的龙洞风景区、福建龙岩的龙岩洞风景区、江西萍乡的孽龙洞景区、杭州葛岭的黄龙洞、湖南张家界黄龙洞、湖北利川市腾龙洞、湖南娄底梅山龙宫、湖南湘西花垣县大龙洞。其中以喀斯特地貌的溶洞最为神奇，不仅洞的空间奇，如龙身盘曲；洞中石钟乳的形态也奇，如龙涎、龙柱、龙宫、龙床、龙幔、龙伞，张家界黄龙洞、利川腾龙洞、娄底龙宫被网上评为十大奇洞。

　　张家界黄龙洞是世界自然遗产，有十三厅，现已开放龙舞厅、响水河、天仙水、天柱街、龙宫、迷宫、花果山等游览区。景区紧密相连，各有特色。黄龙洞洞中有洞，洞中有河，由石灰质溶液凝结而成的石钟乳、石笋、石柱、石花、石幔、石枝、石管、石珍珠、石珊瑚等各种洞穴景观遍布其中，琳琅满目，无所不奇，无奇不有，仿佛一座神奇的地下"魔宫"。黄龙洞拥有高阔的洞天、幽深的暗河、悬空的瀑布、密集的石笋等特级旅游资源，具有较高的观赏价值和科研价值，因其"规模最大、内容最全、景色最美"而被中外地质界权威人士公认为是世界溶洞的"全能冠军"。最小的洞厅名龙舞厅，面积 6000 平方米，最大的厅名天仙宫，面积约 10000 平方米。石瀑布群落差达 40 米，南北宽 62 米，东西宽 105 米，为国内最大。以神仙体系命名的龙舞厅、龙宫、天仙水、花果山、天柱街都与人间胜景相媲美（图 17-8）。

图 17-8　张家界黄龙洞（苗哺雨绘制）

利川腾龙洞是国家级地质公园和省级风景区。其最大溶洞在世界最长洞穴中排名第七，属世界特级洞穴之一。腾龙洞由水洞、旱洞、鲇鱼洞、凉风洞、独家寨、龙门、化仙坑等景区构成。名之腾龙，概以其洞穴高度为特征。洞口高度达 74 米，宽 64 米，洞内最高达 235 米。水洞长 16.8 千米，旱洞长 16.8 千米。

娄底龙宫是国家级风景区，是一个集溶洞、峡谷、峰林、绝壁、溪河、漏斗、暗河等多种喀斯特地质地貌景观于一体的大型溶洞群，有九层洞穴，探明长度 2870 余米，已开发游览路线 1896 米，其中包括长 466 米世界罕见的神秘地下河。整个洞府分为龙宫迎宾、碧水莲宫、玉皇天宫、龙宫仙苑、龙宫风情、龙凤呈祥六大景区。景点命名更具有神仙思想，玉皇天宫为道教思想，龙宫仙苑、龙宫风情、龙凤呈祥为龙凤崇拜。哪吒出世由古代神话传说人物和道教护法神引入景名。哪吒源于元代《三教搜神大全》，后被小说《西游记》《封神演义》等文学作品利用。为了宣扬地方历史，把黄帝登熊山植入景区来源，演绎黄帝点化九龙峰为九条青龙，九股清泉游入五湖四海的九龙池，于是，九龙久居龙宫不愿离去等。其神秘色彩，皆是今人演绎。

## 第 9 节　龙湖龙江

在自然景区中，以龙为名的江都成为江名或地名，如九龙江、龙江、黑龙江。华山脚下的华清池在唐代被李隆基建为以温泉为主的皇家离宫。离宫内的星辰汤，是唐太宗沐浴的地方，是天星崇拜的景点。莲花汤又名九龙汤，是玄宗皇帝沐浴的地方，是龙崇拜的地方。海棠汤，俗称贵妃池，是供杨贵妃沐浴之处。太子汤是专供太子沐浴的汤池，尚食汤是专供尚食局官员沐浴的汤池。九龙汤也不是一个虚名，而是有九个龙头喷水的装置。

东汉初年建造的皇家园林洛阳濯龙园内，《续汉志》载："祀老子于濯龙宫……，设华盖之坐，用郊大乐。"《后汉书·桓帝纪》："前史称桓帝……，饰芳林而考濯龙之宫。"《洛都赋》："顾濯龙之台观，望永安之园薮。"《后汉书·刘宽传》："灵帝初，侍讲华光殿。"李贤注引《洛阳宫殿薄》：

"华光殿，华林园内。"与后代《汉宫阁名》等书前后参照，可以发现，在汉代濯龙园中，至少有濯龙宫、华光殿、老子祠、织室、华光殿等神仙、道教、象天的建筑物，其中濯龙宫就是龙崇拜的景点。

翟泉，周回三里许，在城东建春门内路附近，春秋时王子虎与晋狐偃会盟于此，东汉时为芳林园，曹魏时还有残迹，西晋时，增葺建筑。翟泉与穀水入城后汇成华林园的天渊池，外与阳渠（漕运水道）相连，补给和调节漕运水位。北魏时，高祖元宏名之为苍龙海，《洛阳伽蓝记》道："水犹澄清，洞底明静，鳞甲潜藏，辨其鱼鳖。"《洛阳伽蓝记》卷一《城内·建春门》所记："泉（翟泉）西有华林园，高祖（元宏）以泉在园东，因名苍龙海。"

龙跃池在成都城南，隋文帝杨坚第四子杨秀督蜀时，为筑子城而于城西城南取土，形成大池，胡僧说池广有龙，因名摩诃池，广五百亩，花木繁盛，水光泛滥，莺鸟唱鸣。五代前蜀主王建将摩诃池改为龙跃池，修建曲廊宫院、水榭亭台。永平五年（公元915年）九月，失火焚毁，同年在旧宫之北建新宫，次年九月完成。乾德元年（公元919年）改龙跃池为宣华苑，环池增建宫殿。明代建蜀王府时填池大半，仍风景优美。曹学佺《蜀府园中看牡丹》载："锦城佳丽蜀王宫，春日游看别苑中；水自龙池分处碧，花从鱼血染来红。"

唐初都城长安内构东内苑，池名龙首池。苑南北二里，东西一坊宽，东内苑有：龙首殿、龙首池、鞠场、灵符应瑞院、承晖殿、看乐殿、小儿坊、内教坊、御马坊、球场亭子等。太和九年（公元 835 年）毁银台门，填龙首池，建鞠场。龙首池因引自龙首渠之水而名。龙首渠是历史上第一条地下水渠，在开发洛河水利的历史上是首创工程，是今洛惠渠的前身。汉武帝元狩到元鼎年间（公元前120—前111 年）根据庄熊罴的建议从陕西澄城县状头村引洛水，可灌溉今陕西蒲城、大荔一带一万多顷田地。渠道经过商颜山，但这里土质疏松，渠岸易于崩毁，汉民发明了井渠法，使龙首渠从地下穿过七里宽的商颜山。龙首渠的终点就是龙首池。先天二年（公元 713 年）三月甲戌，因天旱玄宗亲至龙首池祈雨。元和十三年（公元 818 年）春二月，宪宗诏六军修麟德殿，疏浚龙首池，建承晖殿，移植花木于殿前，宪宗亲自在此祈雨。《唐会要》云，大和九年（公元 835 年）十月，文宗李昂以左军两千人填龙首池以为鞠场。《旧唐书》记载，开成元年（公元 836 年）三月庚申，文宗临龙首池。今之龙首村得名也来源于村子所在地龙首原。

文圃龙池位于福建同安县灌口附近二里山谷中，谷原一里，东西向，谷北为文圃山，谷中有池名龙池，池边有寺名龙池寺，寺南奇石怪异，如兽，如鲸，如蒲团，如垒柏，到处有泉，为潭，为湍，为瀑，西南有亭可望海。晚唐文德元年（公元 888 年）进士谢修偕弟共隐于此，时人名此山为文圃，五代主簿洪文用、北宋处士石赟亦隐于此。宋嘉定年间，郡人筑三贤堂，清代黄涛于三贤堂址建华圃书院，并题十二景：印月池、磊岩、穿云峡、笏拜轩、观海寮、拍门石、蕴玉居、憩亭、名山铎、石屏、跃龙桥、三垒澡。

丽江黑龙潭位于古城北端的象山之麓，其地下泉水自然涌出，汇成面积近 4 万平方米的龙潭景观，泉水清澈如玉，纳西族著名的亭台楼阁点缀其间，风景秀丽，又称其玉泉公园。始建于乾隆二年（1737 年），其后乾隆六十年、光绪十八年均有重修记载。旧名玉泉龙王庙，因获清嘉庆、光绪两朝皇帝敕封"龙神"而得名，后改称黑龙潭。

南京钟山龙蟠里有一乌龙潭，历代多处园林依此潭兴建。如明代金太守与陈守中的别墅，"皆在乌龙潭侧，停画舫于潭中，天然图画也"。明代唐宜之的山水园，"在乌龙潭侧"。"上元唐宜之长史，时弃官归里，临潭筑室，山光水色，远眺高吟。"明代茅止生的元仪园，"在乌龙潭北，旧安茅止生总兵元仪园。轩亭错落散处山坡陀间，又构木蟉石如幔亭，朱栏回互之，浮泊潭中，名曰喻筏"。晚清薛慰农曾在此建薛庐。薛慰农，字时雨，咸丰进士，安徽全椒人，官居杭州守备，曾为杭州崇文书院主讲，1874 年时在南京惜阴书院任院长。于钟山龙蟠里乌龙潭侧建别墅，1880 年 1 月竣工，并退老其中，园中有景：藤香馆、冬荣春妍室、双登瀛堂、吴砖书屋、夕好轩、抱膝室、蛰斋、小方壶亭、仰山楼、半壁池桥、美树轩、杏花湾、半潭秋水、房山、寐园、叟堂等。

黑龙潭全国很多，仅北京就有两处。城南黑龙潭，即今之黑龙潭公园。《宸垣识略》卷十载："在先农坛西偏，有龙王亭，亦为祈祷雨泽之所。乾隆三十六年（1771 年）命工鸠治，修饰整洁。（按）京师有三黑龙潭，一在城西（郊）画眉山，一在房山县，一在南城黑窑厂（即先农坛西偏）。其潭一方池尔，水涸时，中有一井，以石甃。"龙王亭其实是龙王庙，《大清会典事例》载，黑龙潭与玉泉山龙神祠、昆明湖广润灵雨祠、白龙潭龙神祠先后成为国家祭祀中的群祀。龙王庙的祭祀礼节与秋祭都同城隍庙。黑龙潭也是私园荟集之处。明代的刺梅园就在潭边，是明清两代士大夫最喜聚会、宴饮、赋诗联句的地方。《藤荫杂记》一书中记录了不少诗句，仅谭吉璁一人就联句五十韵。《藤阴杂记》载："城南刺梅园，士大夫休沐余霞，往往携壶榼班坐古松下，觞咏其间。"太常高层云还把全园绘制成图。清代江藻的陶然亭也在黑龙潭侧。江藻任黑窑厂汉籍监督时，住在慈悲庵内，并将慈悲庵的土台基用砖包砌，在庵中建三间西厅取名"陶然亭"。江藻是一书法家和诗人，他的《陶然吟》和其族兄江皋的《陶然亭记》至今仍在陶然亭南墙上。《燕都名园录》载："另先农坛西黑龙潭之西有祖园，常误为祝园。"

清代南京的快园"在箍桶巷，江宁徐子仁茂万霖园。

（明）武宗南巡时幸其园，御晚静阁下钓鱼，失足落水中。园内遂筑宸幸堂，浴龙池。今虽废为邱墟，而春水鸭栏，夹以桃柳，人皆呼为小西湖云。"《金陵古迹图考》又云："后园数易主，至清为凌霄所得。"

南京与镇江之间的句容县有龙潭，为康乾两代皇帝的行宫所在。《南巡圣典》载："句容县西北八十里，背倚大江，京口金陵适中之地，圣祖仁皇帝南巡恭建。"龙潭附近有佛教胜地宝华山隆昌寺，康熙、乾隆皇帝南巡自京口往江宁、登宝华山及返程均需驻跸龙潭行宫。行宫背北朝南，共分五进，内设茶膳房、书房、垂花房、止殿、照房、大殿、寝宫、便殿、戏台、厂厅等殿房馆舍，规模宏大。乾隆驻跸龙潭行宫时曾题匾额"胜揽龙蟠""江声潭影"，有联句"冈峦萦绕桑麻富，洲渚参差帆桨通"及"三茅天际青莲声，二水云龙白鹭飞"。

汇龙潭是上海嘉定城横沥河、新渠、野奴泾、唐家浜、南杨树浜五河交汇之处。明代万历十六年（1588 年）建设为园林。应奎山坐落于潭中，绿水环抱，宛如一颗明珠，自古有五龙抢珠之称，汇龙潭因此而得名。园内布局分为南北两大部分。南部是应奎山和汇龙潭组成的自然山水风景。登上应奎山的四宜亭，俯视四周，魁星阁、玉虹桥、碧荷池、打唱台等尽收眼底。民国十七年（1928 年）嘉定县通俗教育馆将汇龙潭、应奎山、魁星阁、龙门桥、孔庙一带风景优美之处改建为公园。潭北孔庙始建于宋嘉定十二年（1219 年），"规制崇宏，甲于他邑"，有吴中第一之称。汇龙潭成为孔庙的朱雀池（图 17-9）。

图 17-9　汇龙潭

历代以龙命名的水景见表 17-5。

表 17-5　历代以龙命名的水景

（根据拙作《中国园林年表初编》整理）

| 年限 | 水景 | 人物 | 园名 |
|---|---|---|---|
| 前 221—前 210 | 九龙汤 | 李隆基 | 华清宫 |
| 至迟 58 | 濯龙池 | | 濯龙园 |
| 266—316 | 苍龙海 | 元宏 | 翟泉 |

续表

| 年限 | 水景 | 人物 | 园名 |
|---|---|---|---|
| 316 | 龙潭 | | 潭柘寺园 |
| 494—502 | 破龙涧 | 倪德兴、常建等 | 兴福寺园 |
| 546 | 龙舟池 | 石史君 | 顶山禅院 |
| 593 | 摩诃池（龙跃池） | 杨秀 | 摩诃池（龙跃池） |
| 618 后 | 龙首池 | | 东内苑 |
| 713—741 | 九龙潭 | | 龙潭寺 |
| 714 | 景龙池 | 李隆基 | 兴庆宫 |
| 736 | 九龙江 | 陈邕 | 陈邕宅园（南山寺园） |
| 888 | 龙池 | 谢修、洪文用、石賁 | 文圃 |
| | 九龙井 | 范良遂 | 墨庄 |
| 1068 | 龙潭 | | 大觉寺 |
| 1572 | 小龙湫 | 王世贞、王世懋 | 弇州园 |
| 1631 | 九龙井 | 陈子履 | 东皋别业 |
| | 浴龙池 | 徐霖 | 快园 |
| 1668 | 龙潭 | | 龙潭行宫 |
| 1706 | 龙浴、龙池 | | 汤泉行宫（汤山行宫、汤泉山行宫） |
| 1710 | 九龙口 | | 巴克什营行宫 |
| 1737 | 龙潭景观 | | 黑龙潭（玉泉公园、玉泉龙王庙） |
| 1769—1843 | 龙溪涌、龙泉涌 | 伍秉鉴 | 万松园（伍家花园） |
| 1772 | 双蟠龙型流杯渠 | 乾隆 | 宁寿宫花园（乾隆花园） |
| 1776 | 龙溪 | 潘振承 | 潘家花园 |
| 1786 | 养龙池 | 萨玉衡、萨琦 | 大梦山房 |

续表

| 年限 | 水景 | 人物 | 园名 |
|------|------|------|------|
| 1906 | 龙泉池 | 方唯一 | 亭林公园（马鞍山公园） |
| 1906 | 石龙塘 | 吴荃 | 陆沈园（谪居小筑） |
| 1911 | 龙潭瀑布 | | 菱湖公园 |
| | 浴龙池 | | 快园 |
| | 龙溪 | 王梁 | 月湖丙舍 |
| 1926 | 龙泉池 | 杨森、王汝梅、潘文华 | 重庆中央公园（中山公园、人民公园） |
| 1927 | 九龙湖 | 荣鸿胪 | 陶然村（荣家花园） |
| 1928 | 汇龙潭 | | 奎山公园 |

# 第 10 节　龙形龙名植物

　　龙的崇拜情结同样影响人们对植物的认知。据李佳宁统计，龙名植物达 100 多种。龙身似蛇，蜿蜒曲长。甲骨文"龙"字有角，有蜿蜒的身体和足、爪。民间龙的塑像常以攀缘在某物之上为造型。攀缘或蔓生植物主干细长，形似龙蛇，故此类植物名之为龙者最多。爬树龙："又名三爪龙、马龙头叶、三叶枫、飞蜈蚣、滇崖爬藤。木质藤本，小枝被短绒毛，有卷须，约有 10 条分枝，分枝螺旋状弯曲。"五层龙："攀缘灌木，长 4 米，小枝具棱角。"穿龙薯蓣："又名穿山龙、穿龙骨、穿地龙、火藤根。多年生缠绕草本。根茎横走，圆柱形，肉质，黄褐色。"青龙藤："别名青龙筋、捆仙丝、青蛇藤。多年生缠绕藤本，茎柔弱。"
九来龙："别名凹脉丁公藤，是一种木质藤本植物，生于低
山路旁、溪畔或海边的疏林中，通常攀缘于大树上。"紫金
龙："多年生草质藤本。茎长，折断有红黄色汁液流出，攀
缘向上，绿色，有时微带紫色。"五爪金龙："别名五爪藤、
五爪龙、小红藤。生长于海拔 900～2600 米的山谷林中
阴湿处，常攀缘于树上或崖壁上。"过山龙："又名蛇葡萄、
羊葡萄蔓。木质藤本。"飞龙掌血："又名见血飞、三叉藤、
小金藤。木质攀缘灌木。"风龙："又名青藤，为多年生木
质大藤本，长可达 10 余米。……喜生于石灰岩、山地岩
石缝中及阳光充足处，常攀缘于大树上或岩石上。"

乔木具有主干，若枝条虬曲苍劲，则以"龙"名之。
如龙棕：地下茎节密集，多须根，向上弯曲，犹如龙状，
故名。龙柏：龙柏长到一定高度，枝条螺旋盘曲向上生长，
好像盘龙姿态，故名。故宫、天坛、东岳庙、西岳庙、南
岳庙、北岳庙等地都是龙柏较多的地方。山西晋城高平
市马村镇成汤庙龙柏高 18 米，胸径 5.65 米，有两千多年
历史。

在水边生长的植物也被冠以龙字。龙能潜渊登天，能
兴云致雨，神出鬼没，变幻无穷。《易·干》云："震为龙，
以动故也。"蔡墨曰："龙，水物也。"在中国人的心里，龙
似乎离不开水，所以，以龙为名的植物许多都生长在水边。
水龙：也叫过塘蛇、过江龙、过龙沟、过江藤。"生于浅水

池中或沟中"。石龙尾："生于池塘、沟渠及潮湿地。"龙舌草：别名龙舌、水白菜、水莴苣。"龙舌生南方池泽湖泊中，……根生水底，抽茎出水，开白花。"龙师草："生于沟、塘边，是水田中较为常见的杂草。"石龙芮："异名水堇、水姜苔。生于平原湿地或河沟边。"

龙是多种动物的化身，故以动物的部位命名植物也成为一种现象。《本草纲目·鳞》云："龙者鳞虫之长。王符言其形有九似：头似驼，角似鹿，眼似兔，耳似牛，项似蛇，腹似蜃，鳞似鲤，爪似鹰，掌似虎，是也。其背有八十一鳞，具九九阳数。其声如戛铜盘。口旁有须髯，颔下有明珠，喉下有逆鳞。头上有博山，又名尺木，龙无尺木不能升天。呵气成云，既能变水，又能变火。"因龙的身体各部分均特点鲜明，易于比较，所以，以龙的各部位命名的植物尤多，且与其有相似之处。

以龙之"头"命植物名者，如龙头草、龙头竹、龙头兰。以龙之"眼"命植物名者，如龙眼。以龙之"须"命植物名者，如龙须菜、龙须藤、龙常草（《名医别录》：生河水旁，状如龙刍。《本草纲目》：按尔雅云鼠莞也。郭璞云：纤细似龙须，可为席，蜀中出者好。恐即比龙常也。盖是龙须小者，故其功用相近。）以龙之"爪"命植物名者，如龙爪枣、龙爪槐、龙爪茅和龙爪榆。以龙之"牙"命植物名者，如龙芽草和龙牙花。以龙之"舌"命植物名者，如龙舌兰、龙脷叶（也叫龙舌叶、龙味叶）。以龙之

"骨"命植物名者，如水龙骨和龙骨马尾杉（别称龙骨石松、龙骨灯笼草）、黑龙骨和龙骨酸藤子。以龙之"珠"命植物名者，如龙珠果（又名龙须果、龙眼果、龙珠草、肉果、天仙果、香花果）、龙珠、龙吐珠等。以龙之"血"命植物名者，如龙血树。以龙之"节"命植物名者，如九节龙。九节龙地下根茎横生，粗硬，生有多数须根。

龙、凤、麒麟和乌龟被称为"四灵"，成为中国人的吉祥的动物。"方术之家，故弄虚言，示其药物之名贵，往往称龙道凤"。如龙脑香，《本草纲目》曰："龙脑者，因其状加贵重之称也。"龙胆则"龙胆的名称，该当也是此类，实即以其根苦如胆，而漫称龙胆耳。"（李佳宁，汉语植物命名中的龙崇拜，百家争鸣，2017）

# 第*18*章　凤崇拜

凤崇拜仅次于龙崇拜，始于与龙崇拜相同的时代，只不过随着部落之间斗争和融合，使得凤崇拜与龙崇拜相互妥协，并和谐地与龙崇拜融合为如今的龙凤文化。

## 第1节　凤崇拜

### 东夷鸟崇拜

凤凰崇拜经历了东夷崇鸟时代、楚国崇凤时代、秦汉时代和宋时代。东夷人把鸟作为本民族的图腾。伏羲和女娲是东夷人的首领。《帝王世纪》："太昊庖牺氏，风姓也。母日华胥，燧人氏之世，有巨人迹出雷泽，华胥以足履之，有娠，生伏（厄）牺……厄牺氏没，女蜗氏立，亦风姓也。女蜗氏没，大庭氏王，有天下。"《左传·左禧公二十一年》："任、宿、须句、颛顼，风姓也。"《左传·传昭公十七年》："太昊伏牺氏，风姓之祖也。"从燧人氏—太昊（风姓庖牺氏）—女娲（风姓）—大庭氏（风姓）。在甲骨文中，风与凤不分，凤是借风而行，故风就写成鸟形的"凤"。风凤同字一直保持到商代。凤图腾保留了风姓生祖的资格，也保持了风神的资格。甲骨文中的通假现象普遍，与本文有关的伏牺也写作伏羲，女蜗也写成女娲。

《左传·昭公十七年记》："秋，郑子来朝，公与之宴。昭子问焉，曰：'少昊氏鸟名官，何故也？'郯子曰：'吾祖也，我知之。……我高祖少昊挚之立也，凤鸟适至，故纪于鸟，为鸟师而鸟名：凤鸟氏，历正也；玄鸟氏，司分者也；伯赵氏，司至者也；青鸟氏，司启者也；丹鸟氏，司闭者也。祝鸠氏，司徒也；鸤鸠氏，司马也；鹀鸠氏，司空也；鹪鸠氏，司寇也；鹘鸠氏，司事也。五鸠，鸠民者也。五雉，为五工正，利器用，正度量，夷民者也。九扈，为九农工，扈民无淫者也。自颛顼以来，不能纪远，乃纪于近。为民师而命以民事，则不能故也。'"郯子是少昊的后裔，他的话中说明少昊时代以鸟名官职，有五鸟、五鸠、五雉、九扈，共二十四鸟则是各个氏族的图腾。少昊时代，又根据鸟的迁徙和作息时间，确定季节和节气，即候鸟纪历。

史前考古发现也证明了东夷人的凤崇拜。嘉祥武梁祠石刻伏羲女娲交尾图中有两个双翼的儿童；沂南画像石的三人合抱图，伏羲、女娲居左右，中间一人背插双翼和双喙大鸟，人背双翼和人背双喙鸟且居中都说明鸟崇拜的主题。中原仰韶文化遗址中鸟图像的彩陶，如河南临汝阎村的鸟衔鱼彩陶瓮；大汶口文化和后来的龙山文化的鸟形陶器和玉器；海岱龙山文化时期鸟纹及鸟形玉饰等，显示了器纹器形与鸟图腾的联系。另外齐家文化、马家窑文化、辛店文化，鸟纹饰也极为普遍。又如"过去称为鬼脸式鼎足的，实则是鹰类鸟头的塑形"。（石兴邦：《山东地区史前考古方面的有关问题》，《山东史前文化论文集》，齐鲁书社1986 年版，第 33 页。）

## 商人鸟崇拜

商朝也是鸟崇拜。《诗经·商颂》中有："天命玄鸟，降而生商，宅殷土芒芒。"《史记·殷本纪》："殷契母曰简狄，有娀氏之女，为帝喾次妃。三人行浴，见玄鸟坠其卵，简狄取而吞之，因孕生契。"契是殷人的始祖，因母亲简狄吞玄鸟坠卵而生。殷墟甲骨文字记载商人先祖王亥的"亥"为亥隹的合文，隹即鸟。《山海经》载王亥"两手操鸟，方食其头"，与甲骨文相合。甲骨文中亦有以商鸟合文以命星名。

《礼记·月令》说仲春之月，"玄鸟至"，仲春时黄河中下游地区的候鸟为黑色的燕子，黑色就是玄。《孔疏》引郑志："焦乔答王权云：'先契之时，……娀简狄吞凤子之后，后王为媒官嘉祥祀之以配帝，谓之高媒'。"郑志把玄鸟改成了凤。屈原的《楚辞·九章·思美人》道："高辛之灵盛兮，遭玄鸟而致诒"，《天问》："简狄在台，喾何宜？玄鸟致诒，女何喜"，而《离骚》则云："凤皇既受诒兮，恐高辛之先我"，帝喾之号高辛。致诒，即送礼。契母受孕的同一事件的多种表达推导了玄鸟与凤凰的关系，也通过实际观测，发现春天的黑鸟就是燕子，而非其他。《太平御览》卷九二二引《说文》道："燕，玄鸟也，齐鲁（注：今本无齐鲁）之凤。作巢避戊巳"，说明汉代齐鲁仍视燕鸟为凤凰。

## 周人凤崇拜

《史记·封禅书》曰："周得火德，有赤乌之符。"赤乌即朱雀，是周人的崇祀对象。《国语·周语上》："周之兴也，鸑鷟，鸣于岐山。"韦昭注："三君云：鸑鷟（yuèzhuò），凤之别名也。"罗愿的《尔雅翼》道，鸑鷟是凤的一种，颜色多紫，故周兴之时，"故神亦往焉"，即后世之凤鸣歧山。

《吕氏春秋·应同》："及文王之时，天先见火，赤乌衔丹书集于周社"，《墨子·非攻下》亦道："赤鸟衔珪降周之岐社，曰：天命周文王伐殷有国"。《太平御览·时序部》引《尚书中候》曰："周文王为西伯，季秋之月甲子赤雀衔丹书入丰，止于昌户。"《史记·周本纪》正义引《尚书帝命验》《宋书·符瑞志》所说亦同。周人伐殷兴国是有赤乌、赤鸟、赤雀三示祥瑞。按《尚书·酒诰》曰："乃穆考文王，肇国在西土。……惟天降命肇我民，惟元祀"，《诗经·大雅·文王有声》：“文王受命，作邑于丰”；康王时大盂鼎铭也说：“王显文王，受天有大命”，两方面证明周初文王是受赤鸟之命而代殷，与东周战国时的赤乌衔丹书传命的符瑞人造有很大区别。武王伐商，朱鸟呈瑞，《春秋繁露·同类相动》引《尚书传》曰：“茂哉，茂哉！天之见此以劝之也，恐悖之。”《太平御览》卷181引《尚书传》亦道：“武王伐纣，观兵于孟津，有火流于王屋，化为赤乌，三足。”此说源于汉真本的《太誓》。《诗经·思文》正义引《太誓》，谓武王代纣时“有火自上复于下，至于王屋，流之为雕，其色赤，其声魄，五至以谷俱来”，《史记·周本纪》说武王进军牧野，赤鸟献瑞，克商后上帝赐武王鸟旗。《墨子·非攻下》道：“武王乃攻狂夫，反商之周，天赐武王黄鸟之旗”，孙诒让曰：黄鸟之旗，疑即《周礼·巾车》之大赤，亦即《司常》之鸟隼为旟 [liú，古同旒]。《考工记·輈人》道：“鸟旟 [yú] 七斿，以象鹑火也”，《国语·吴语》谓赤旟，《曲礼》云：“行，前朱雀而后玄武”，朱雀即鸟旟。言之黄，与朱色近，故赤旟谓之黄鸟之旗。大赤为周正色之旗。孙诒让《墨子间诂·非攻下》所说“黄鸟之旗”即周人以大赤为正色的朱鸟之旗。

周成王时四方献凤。晋王嘉《拾遗记·周》载：“周成王四年，旃涂国献凤雏，载以瑶华之车，饰以五色之玉，至于京师，育于灵禽之苑。”《逸周书》的《王解会》亦载：“西申以凤鸟——凤鸟者，戴仁抱义掖信；氐羌以鸾鸟……

方炀以皇鸟，……方人以孔鸟，……"晋孔晁注："鸾，大于凤，亦归于仁义者也"，"皇鸟，配于凤者也"，"孔（鸟），与鸾相配者"。凤鸟、鸾鸟、皇鸟、孔鸟有大小雌雄之别，同是凤鸟之类。

周人崇拜之鸟皆朱色之鸟。《艺文类聚》卷九十鸟部引《决录注》云："太史令蔡衡对曰：凡象凤者有五，多赤色者凤，多青色者鸾，多黄色者鹓雏，多紫色者鸑鷟，多白色者鹄。"罗愿《尔雅翼》鸟部引蔡衡对汉光武帝之答："凡凤有五：多赤色乃凤，……"说明赤鸟为五鸟之赤凤、赤雀。《法言·问明》吴祕注："朱鸟，凤也。南方朱鸟，羽虫之长。《大戴礼》云：'羽虫三百六十，凤为之长'，是也。"

正是因为凤的赤色，使周人产生尚赤文化。《礼记·明堂位》："周人尚赤"，孔颖达正义引《礼纬·稽命征》道："天命以赤，故周有赤雀衔书"，《吕氏春秋·应同》亦道周人"故其色尚赤，其色则火"。因此，周人的旌旗之色为大赤，祭牲之色亦为赤红。《礼记·檀弓上》谓周人祭祀"牲用骍 [xīng]"，郑注"骍，赤类"；《礼记·明堂位》亦说周人祭牲之色"骍刚"，注："骍刚，赤色"。《尚书·洛诰》说成王在新建的成周洛邑（洛阳）"烝祭岁，文王骍牛一，武王骍牛一"，蔡沈《书集传》道："周尚赤，故用骍"；《诗经·大雅·旱麓》道："清酒既载，骍牡既备；以享以祀，以介景福"；《小雅·信南山》道："祭以清酒，以骍牡"等，亦说明周人周赤。

周人所尚之朱鸟、赤凤、朱雀，并非大鸟，而是小鸟鹌鹑。朱雀是二十八星宿之南方七宿的总称，它的原型是二十八星宿的柳宿，即鹑火、咮 [zhòu]、鹑、鸟，是周人的星空分野。《史记·天官书》和《汉书·天文志》都载："南宫朱鸟"，前者的"南宫朱鸟"正义云"柳八星为朱鸟咮"；《尔雅·释天》"咮谓之柳"，注"朱鸟之口"；《史记·天官书》道："柳为鸟注"。索隐云："《汉书·天文志》注作'喙'。"……孙炎云："喙，朱鸟之口，柳其星聚也。"《左传·襄公九年》疏引宋均语云："柳谓之咮。咮，鸟首也"一说鸟口一说鸟头，可看作总体与局部关系，为天文者的看法不同。先秦文献把象征朱鸟头嘴的柳宿称作"鹑火"：《左传·襄公九年》："古之火正，或食于心，或食于咮，……喙为鹑火，心为大火"；《尔雅·释天》："喙谓之柳。柳，鹑火也"。柳宿鹑火又可泛称为鸟和朱鸟，如《尚书·尧典》"日中星鸟"，《书集传》谓"唐一行推以鹑火为春分昏之中星也"；《礼记·曲礼上》："行，前朱鸟而后玄武"；《考工记·轨人》："鸟旟七斿，以象鹑火"，注谓鹑火即柳宿，贾疏谓鸟旗"画为鹑，画为鸟；火，色朱"。由此可见，周人之"鸟"或"朱鸟"，就是星象之鹑火，用火以示鹑鸟之色。周人通过观察鹑火的升降出没及变化情况来占卜吉凶祸福：《国语·周语下》："昔武王伐殷，岁在鹑火，……岁之所在，则我有周之分野；……王欲合是五位三所而用之。自鹑及驷七列，……然后可同也"；《国语·晋语二》卜偃答晋献公问引童谣曰："鹑之贲贲，天策焞焞，火中成军，虢公其奔"，韦注："鹑，鹑火鸟星也"，"火，鹑火也"。可见周人星空分野的朱鸟柳宿，亦即火色鹑鸟。

汉上前的天文学认为，南宫朱鸟（朱雀）由柳、七星、张、翼四宿构成，总体是象征鸟体。《史记·天官书》载："七星，颈，为员官，主急事。"索隐引宋均云："颈，朱鸟颈也。员官，喉也。"《天官书》又载："张，素"，索隐："素，嗉也。……郭璞云：'嗉，鸟受食之处也。'"《天官书》载："翼为羽翮"，《说文》道："翮，羽茎也。"结合四者，柳为鸟头或鸟嘴，七星为鸟颈，张为鸟胃，翼为鸟翅。汉代天文学用七宿代替四宿，鹑首辖井、鬼，为秦分野，鹑火辖柳、七星、张，为周分野，鹑尾辖翼、轸，为楚分野。实际上井、鬼和轸与鸟无关。

罗愿《尔雅翼》的鸟部引《禽经》云："青凤谓之鹘[hé]，赤凤谓之鹑，黄凤谓之鹓，白凤谓之鹔[sù]，紫凤谓之鸑。"宋陆佃《埤雅·释鸟》引师旷《禽经》亦同。《汉书·天文志》注："师旷《禽经》：'……赤凤谓之鹑，'盖凤生于丹穴，鹑又凤之赤者，故南方取象焉。"说明师旷的《禽经》是源于南方星象。《鹖冠子·度万》亦云："凤凰者，鹑火之禽，阳之精也。"提出凤凰二字，亦明确为南方鹑火。

而鹑鸟是什么？鹑鸟是红色的雉科鹌鹑，又名红面鹌鹑、赤喉鹑，其额、颊、喉均为淡红，背为浅赭色，其他为朱红花斑。王晖认为，周人朱鸟就是星空分野的鹑火，鹑火的原型就是鹑鸟，朱鸟就是凤凰。首先，鹑鸟为群居动物，《说文》鸟部"凤"曰"凤飞群鸟从以万数，故以为明党字"，把鹑鸟的群飞认为具有党性原则。其次，传说凤鸟与鹑鸟的飞行能力差，受惊时方才短距离飞行，而后潜伏为主。《渊鉴类函》卷四一八《鸟部·凤》引汉李陵诗曰："凤凰鸣高冈，有翼不好飞。"《山海经·南山经》道"凤皇""饮食自然，自歌自舞"，《大荒南经》云"爰有歌舞之鸟，鸾鸟自歌，凤鸟自舞"，《山海经·南山经》说："有鸟焉，其状如鸡，……名曰凤皇"，徐整《正历》曰："黄帝之时，以凤为鸡"，《山海经·西山经》谓凤凰之属的鸾鸟"其状如翟"，翟即雉，野鸡，《孝子传》曰："舜父夜卧，梦见一凤皇，自名为鸡"。可见传说的凤凰和天文的鹑鸟，与现实的赤色鹤鹑接近，可以说是原型。

王晖又论证了风与凤的关系。《淮南子·本经训》道："尧之时"，"大风"为害，尧命羿"缴大风于青邱之泽"，郭沫若解释为："大风与封豨 [xī] 修蛇等并则言'缴'，则大风若大鹏矣"。《庄子·逍遥游》道大鹏"海运将徙于南冥"，宋玉称大鹏为"凤皇"；《文选·宋玉对楚王问》道："故鸟有凤而鱼有鲲。凤皇上击九千里，绝云霓，负苍天，翱翔乎杳冥之上。"

契母吞玄鸟的燕雀为凤凰，周人的尊鹑鸟为凤凰，庄子楚人尊大鹏为凤凰,汉人因东西南北中五方之色而提出五色凤凰,正好明说凤崇拜的区域性、集合性、代表性、历时性和归一性。

天象、季节、风、鸟、凤一旦联系起来,就可以发现,天象运动是季节变化的根本,风是地球自转而造成的,而动物中的鸟因季节的变化乘风迁徙,恰好被神化为天的使者凤。殷墟甲骨文的风因方向而名,"帝于北方曰伏,风曰殳","帝于南方曰微,风曰夷","帝于东方曰析,风曰协","帝于西方曰彝,风曰介"(《甲骨文合集》14295片)。《山海经》中的《大荒东经》《大荒西经》《大荒南经》有《尚书·尧典》记载大致相合。《卜辞通纂》398号载:"于帝史(使)凤,二犬",即凤鸟是上帝派往人间的主司,是预报节令的神鸟。《左传·昭公十七年》载的以鸟名官也是根据鸟报季节的属性。凤凰出自风穴,《说文》说凤凰"莫(暮)宿风穴",《文选》注引许慎曰:"风穴,风所从出也。"《文选》卷十三宋玉《风赋》谓"空穴来风"。说明风与凤凰同居空穴并同时行止,即迁徙。据专家考证,我国黄河中下游的鹬鸟就是东北和苏联西伯利亚南部的鹬鸟。春夏秋在北方,九月到中原。《太平御览》卷九二四引《南方草物状》:"短头细黄鱼以九月中因秋风而变成鹬",刘欣期《交州记》载:"武宁县秋九月黄鱼上化为鹬鸟"。文中之"化"其实就是迁徙。扬雄《法言·寡见》:"春木之苫[tún]兮,援我手之鹬兮。"甲骨文和金文的苫与春是异体字。春天草木发芽，手中的鹌鹑被拉走了。同书的《问明》亦云："时来则来，时往则往，能来能往，朱鸟之谓欤？"时来时往的朱鸟也是候鸟。《山海经·西山经》曰："有鸟焉，其名曰鹑鸟，是司帝之百服。"郭璞注"服""或作藏"。汉简帛书"藏"常作"脤"，与汉隶"服"相近。郝懿行《山海经笺疏》云："百藏，言百物之所藏。"鹑鸟"司帝之百藏"，就是说，鹑鸟迁来时，正值农作物收割入仓之时，故《史记·周本纪》正义引《尚书帝命验》云："季秋之月甲子，赤爵（雀）衔丹书入于丰，止于昌户。"两处引用皆在时间上值鹑鸟迁来之时的寒露。这也使周改历，以鹑鸟迁来之月为岁首正月，《墨子·非攻下》及《吕氏春秋·应同》皆有证明。武王征商为一月，克商为二月，与汉本《大誓》的克商时旦晨鹑火西流，即是一月时鹑火旦南中的天象。故王晖根据记载武王克商时西安至潼关一带多雨天气，判断为秋季的寒露才是合理。

《尔雅·释天》的"夏曰岁，商曰祀，周曰年"，注曰："年，取禾一熟。"在甲骨文中也得到证明，年字从禾从仁，在商代还没有年岁之义，在周时，禾仁秀成的年才引申为年岁之义。依《月令》，夏历八月秋收时为周历年终，九月为周历岁首，《诗·蟋蟀》道："蟋蟀在堂，岁聿其莫（暮)"，《诗·小明》载："岁聿云莫，采萧获菽"，周历年终，蟋蟀在并收获菽豆，正是夏历八月。依此推，岁首应为夏历九月。另外，《诗·十月之交》载："十月之交，朔日辛卯，日有食之，亦孔之丑。"正说明周历岁首在寒露才能合理。

东夷鸟崇拜与周人的齐政权对立，姜太公采取"因其俗，简其礼"，齐太公吸收东夷土著和殷商遗民参政，齐文化得以和东夷文化相互交流。但春秋时期，齐桓公雄才大略，在管仲的通商中信仰也被同化。有些对立的部族和顽民被迫迁往西陲或驱入淮泗，南下江南，最终在公元567年使东夷族在鲁东的莱国消失。同时，西周以来受"万世一系皆源于黄帝"的思想影响下，"尊夏卑夷"和"以夏变夷"成为齐国的大政方针，东夷的非主流文化被同化，龙图腾入主，也是大势所趋。《论语·八佾》云："夷狄之有君，不如诸夏之亡也。"《左传·成公二年》云："蛮夷戎狄，不式王命，淫湎毁常，王命伐之。"

### 楚人鸟崇拜到凤崇拜

楚族的渊源有西方说、东夷说、苗蛮说、荆楚土著说等。郭沫若认为楚本来是蛮夷，淮、徐、荆、舒常联言，系同族，为殷人之盟。又考楚为"熊盈族"，先世居淮水下游，与奄人徐人等同属东国。……熊盈当即鬻熊，盈鬻一声之转。熊盈族为周人所压迫，始南下至江，为江所阻，复西上至鄂，即今武汉一带。

张正明在《楚文化志》中说：据《国语·郑语》和《史记·楚世家》的记载，楚人是祝融的后裔。胡厚宣在《楚民族源于东方考》中提出：祝融即陆终……即遂人即黎；

而陆终、遂人及黎皆为东方之民族也。……因周向东压迫，东夷南迁，势力渐强，渐扩至江汉。

楚是尊凤的民族，楚地先民以凤为图腾。楚国的《鸡次之典》亦以"凤"命其名。屈原在其《离骚》中有："凤凰纷其承旂兮，高翱翔之翼翼""魂乎归来，凤凰翔只""众鸟皆有登栖兮，凤独遑遑而无所集""吾令凤鸟飞腾兮，继之以日夜""鸷鸟之不群兮，自前世而固然"以及《九章·怀沙》云："凤凰在兮，鸡鹜翔舞"。《白虎通·五行篇》记"祝融者，其精为鸟，离为鸾"。鸾即为凤。张衡《思玄赋》："前祝融使举麾兮，纚朱鸟以承旗。"李贤等注："朱鸟，凤也。"此外，楚人还好以凤喻人。《史记·楚世家》记楚庄王答进隐者之问说："三年不蜚，蜚将冲天，三年不鸣，鸣将惊人。"

江陵马山 1 号楚墓刺绣品一凤斗二龙的刺绣纹样和凤龙虎纹绣罗禅衣；战国中期湖北江陵望山 1 号墓彩绘木雕座屏有 27 个镂空动物有凤图和虎座凤架鼓，2 号墓有龙凤纹尊；同期的江陵天星观 1 号墓彩绘木雕虎座飞凤。江陵岑河墓的铜尊肩部铸三鸟三牺首；江陵江北农场出土的虎尊脊背盖顶有鸟形钮；曾侯乙墓的马胄绘有怪鸟，内棺绘有神鸟；包山 2 号墓的彩棺有九个单元的龙凤纹样彩绘浮雕龙纹，盖豆有变异凤纹。江陵纪南城的战国彩绘石编磬绘有红、黄、蓝、绿等颜色的凤纹；包山 2 号墓的皮盾正反面用红、黄、金绘四凤卷云；长沙陈家大山的楚墓《人物龙凤帛画》正中翔凤；长沙马王堆汉墓帛画人面蛇身主神周围有几只大鸟。画面中部上天入口处为鹰嘴的怪鸟和两只长尾凤鸟。长沙子弹库1号楚墓的《人物御龙帛画》中龙尾下立鸟（似鹤）。

田冲、陈丽认为，楚人之凤是东夷玄鸟的继承和发展。首先，在图腾上与玄鸟燕子有关。燕子在古山东称为乙。《说文》："乙，玄鸟也。齐、鲁谓之乙，取其鸣自呼。"其字又写作"虱鳦"，《尔雅》也记载"燕燕虱鳦"，注"齐人呼虱鳦"。相传太昊嬴姓，即燕姓，燕、嬴一音之转；又传少昊名挚，实指鸷鸟，也是燕的化身。夷人后裔以偃、晏、奄、郯 [tán]、益、羿、英、殷、应等字为姓氏和国名皆源于"燕"的古音分化。在《诗·商颂·玄鸟》和《史记·殷本纪》中，商民族把自己当作玄鸟之后。从甲骨卜辞来看，商人把玄鸟（凤）当神祭祀，而且直接称之为"凤"。"帝使凤，一牛。"[《殷墟文字续编》，（补 918）] 又，"甲戌贞其宁凤，二羊、三犬、三豕。"（簠·典礼 16）郑玄笺云："天使下而生商者，谓遗卵，娀氏之女简狄吞之而生契。"即燕，契也是商的始祖。少昊部落后裔最强大的鸟崇拜血亲集团是商族，商族的祖先在山东是毋庸置疑的。

其次屈原在《离骚》所说"帝高阳之苗裔兮，朕皇考曰伯庸"的高阳即颛顼帝。颛顼相传是黄帝之后。少昊是东夷族的祖先。史书记载，黄帝生二子少昊和昌意。《帝王世纪》："帝颛顼高阳氏……父昌意，虽黄帝之嫡，以德劣降居弱水为诸侯。"又据文献证实：颛顼在少昊文化哺育下长大，"少昊孺帝颛顼于此，弃其琴瑟"，"颛顼生十年而佐少昊"，"与共工争矣"，并代少昊而治"……承少昊之衰，九黎乱德，乃命重黎讨训服。"祝融与颛顼的关系亦近，"颛顼氏有子曰黎，为祝融"，"颛顼生老童，老童生祝融。"无论祝融是颛顼的儿子还是其孙子，应为血亲。传说祝融成为楚国的始祖，其精为鸟，离为鸾，即凤凰，故楚人以凤凰为图腾。如前述，在楚国文物中，凤的雕像和图画数不胜数。

古东夷族南下西征而成楚的论断也在考古上得到证实。东夷文化标志是新石器时代中、晚期的大汶口文化和龙山文化。被称作"鸡彝"的三足高直流单鋬陶鬶、蛋壳黑陶高柄杯、罐形鼎和白陶鬶器物，在楚国的鄂东涢水流域皖北及皖中的新石器中、晚期考古中亦均有发现。

楚国的鸟图腾为何为转为凤崇拜？其一是周王朝的崇凤文化，如上述，楚只是周王朝的诸侯国，故楚国的发展也伴随着崇凤文化的入侵与同化。其二，在东周春秋战国时期，楚国既是春秋五霸之一，也是战国七雄之一。到战国时代，惟有楚国可与秦国抗衡。随着公元前 223 年楚国被秦国所灭，具有同样鸟崇拜的秦国，以凤崇拜加强了当地的凤化进程。另外，楚国巫信仰对崇鸟变为崇凤也起到巨大推动作用。一旦凤成为吉祥之鸟，凤的崇拜与祖先崇拜一样得到延续和发展。

## 秦凤神化德形

《史记》记载西垂之秦，"秦之先，帝颛顼之苗裔，孙曰女修。女修织，玄鸟陨卵，女修吞之，生子大业。……佐舜调驯鸟兽，鸟兽多驯服，是为柏翳，舜赐姓嬴氏"。秦人认为自己也是玄鸟的后裔。

秦始皇称帝后，以郡县制代替分封制，中央集权强化，诸侯国的地方文化被强制同化。早期凤凰的形貌发生了重大变化，再也不是东周裂国时的和而不同的多样统一，而是杂糅众鸟，兼备五彩的神鸟。《说文》道："凤，神鸟也。天老曰：凤之像也，麟前鹿后，蛇颈鱼尾，龙文龟背，燕颌鸡喙，五色备举。"《广雅·释鸟》道："凤皇，鸡头燕颔，蛇颈鸿身，鱼尾骈翼，五色以文曰德"，凤凰集鸡、麟、鹿、蛇、鱼、龙、龟、燕、蛇、鸿十种动物，除龙为神化动物外，其他九种皆为现实动物。《山海经·南次三经》道："（凤凰）首文曰德，翼文曰义，背文曰礼，膺文曰仁，腹文曰信。是鸟也，饮食自然，自歌自舞，见则天下安宁。"德、义、礼、仁、信是周礼，是儒家思想。《太平御览》卷九一五引《韩诗外传》云："夫唯凤为能究万物，通天地，象百物，达乎道，律五音，成九德，览九州，观八极，则有福，备文武，王下国。""通天地""达乎道"具有道家思想，"成九德""览九州""观八极""备文武""王下国""则有福"为儒家道德观、一统观和福民观。"象百物""律五音"为艺术特点。

## 凤的形态演变

徐华铛在《中国凤凰》把凤概括为:"锦鸡首,鹦鹉嘴,孔雀脖,鸳鸯身,大鹏翅,仙鹤足,孔雀毛,如意胜冠。"钟金贵《中国崇凤习俗初探》认为凤形经历了从简单到复杂的发展过程,"人们在保留鸡形的主要特征的前提下,按照自己的意愿对鸡的各个部位逐步进行了改造,以突出凤的神性。"史前陶罐、象牙雕刻、彩陶等文物鸟图案初具"凤"的雏形:弯嘴(鸡喙)、羽毛、冠、尾翎。商周时期,大量青铜器装饰及甲骨文象形文字者说明"凤"尚未定型,侧面形象、头部羽毛、尾部伸张,线条刚柔并济,有庄重神秘之感,以青铜器"夔凤"为代表。春秋战国时期,"凤"形象细化,在气势和造型上更显奔放洒脱,尾翎长度增加。战国时"凤"与云雾结合,成为祥瑞象征。秦汉时期,随着神仙之说的盛行,凤被普遍地运用到帛画、壁画、砖刻、瓦当、石雕、漆器绘画上,"凤"形融入多种动物特点:鸡(雉)头、鹤足、鳞羽。魏晋南北朝时期,随着佛教的兴起,"凤"形象趋于富丽雍容和多姿多彩。凤纹之外的装饰多为佛教的忍冬草、莲花和各种缠枝花纹等。宋元时期,随着绘画艺术迅猛发展,凤出现于画作,形态细腻写实,凤眼加长,突出"凤眼"。明清时期,"凤"形未变,画凤的口诀:"首如锦鸡,冠似如意,喙似鹦鹉,身似鸳

461

莺，翅似大鹏，足似仙鹤，羽似孔雀，体呈五色"，"凤有
三长：眼长、腿长、尾长。"今日之凤沿袭明清之态。庞进
在其《中国凤文化》把"凤"形演变分为：史前的"原凤
期"、夏商周的"夒凤期"、春秋战国及秦汉的"美凤期"、
魏晋南北朝隋唐时期的"瑞凤期"、宋元明清的"金凤期"、
现当代的"新凤期"。

在名称上，今之"凤"与"凤凰"一义，而在神话传
说中，"凤"和"凰"并非一种，《山海经·大荒西经》载：
"有五彩鸟三名：一曰皇鸟、一曰鸾鸟，一曰凤鸟。"钟金
贵的《中国崇凤习俗初探》指出从《山海经》《尚书》《尔
雅·释鸟》《左传》等文献资料中的"凤"是不断演变的，
"在舜之前原本称为凤鸟，到了有关舜的记载中改称凤皇"
并从出土文物和考古资料分析认为"皇（凰）"和舜的部族
有虞氏头戴的羽毛王冠。有虞氏是长江下游的东夷族，与黄
河下游的东夷族中以"凤"为神鸟的少皞氏融合后，"凤凰"
遂成一词。之后，"凰"又渐失本义直至失语存身。王维堤
在《龙凤文化》中对因原始方言和后代语言等对"凤"义
影响后产生了许多新名："鸑鷟""鹓鸡""皇鸟""鹏""朱
鸟""鹓雏""鸾鸟"等等。（刘祥高深，中国崇凤文化研究
综述，湖南广播电视大学学报，2015 年第 1 期）

**凤凰的文化含义**

社会文明冲淡了先民的原始崇拜，凤崇拜历久弥新，

不断丰富。"凤"的文化内涵的演变是由简单到复杂的积木过程。庞进的《中国凤文化》将崇凤文化内涵称为"凤之魂","凤凰的身上体现着中华民族求明、献身、负任、敬德、尚和、爱美、重情、惜才的精神品格。"其"和美"的精髓本身就是中华文化核心理念之一。王维堤在《龙凤文化》中比较地探讨龙凤文化,认为它非始于图腾,而是源于与天文历法纪时和农业生产目的,"凤"的产生正值图腾制的衰落;当巫术取代图腾制后,"凤"又与巫术交织,吸纳巫术的形法。"龙"巫在"乘","凤"巫在"至"和"来仪";商人崇"凤"令"龙"的神性锐减。周代崇"龙"抑"凤","凤"的神性陡降。春秋战国的龙凤的神性双双消减。人类认识和改造自然能力的提高是造成龙凤走下神坛重要原因。"不语怪力乱神"的儒家学派更不把龙凤当神,只有民间还在迷信。与崇尚理性思考的中原地区不同,楚地的巫风盛行,思想浪漫,"凤"崇拜在荆楚地区得以持续滋长,屈原的楚辞成为典范。随着战国秦汉之际兴起"瑞应之说",凤和龙与"瑞孽之说"关联,在董仲舒的"天人感应"里渐成体系。帝王有德方可致"龙见"和"凤集",是对帝王的德行考量。在春秋战国时期步下神坛的龙凤,汉后龙专享于帝王,皇帝始称真龙天子,龙崇拜与愚弄民众划上等号。凤虽然也为皇帝所用,随着龙凤两性的分化,至宋凤成为皇后的代称。黄能馥《谈龙说凤》道:"凤是后妃政治权势的标记。"《龙凤文化》和《凤的文化内涵》认为凤的雌化使凤的内涵兼蓄了女性的真善美。

龙凤形象在发展中植入了"人中精英"的含义。王维堤认为与春秋战国时期龙凤神性消褪有关，沦为"役于圣人"的"羽虫、鳞虫"，但始终伴随圣人，以至后世自然把龙和凤也比作人中精英。臧振《论凤鸟在周文化中的地位》认为凤鸟不是王权君权的象征，而是贤人君子的象征。凤文化经过神仙家、道教、佛教的加工，内涵日益丰满，尤以佛教为甚，佛经履见凤影，凤凰涅槃最具代表性。

刘洋、高深两位总结诸家，概括为：第一，百鸟之王。凤崇拜产生时形象是朴实的，与雉形似，战国之后，不断兼并其他动物的特征，上升至"百鸟之王"的地位。钟氏认为"只要凤崇拜的观念存在，凤作为百鸟之王的民俗观念就不会改变"。第二，保护神。民俗文化中"凤"的保护神的功能是与生俱来的，具体表现于后世的建筑之上。第三，祥瑞的象征。王氏认为："把凤当作祥瑞的象征，是从把凤当作保护神进行崇拜转化而来的。人们把'凤'当作保护神进行崇拜是为了祈求吉祥幸福，也正因为这样，人们总是直接地把'凤'当作能够带来吉祥幸福的瑞鸟，把'凤'的出现当作昭示吉祥幸福的瑞兆，古代统治者甚至还把'凤'的出现当作国运祚昌的象征。"第四，爱情的象征。凤象征吉祥和幸福的意义自然延伸到爱情，亦是今凤的突出内涵。第五，专制皇权的象征。凤"百鸟之王"演变为皇权专享，随着皇权的消失而结束。第六，民族文化的象征。龙凤艺术的角度可以看出文化的发展轨迹、民族生活方式和审美的内涵变化。"凤的艺术形象给人们以巨大的精神力量。它与龙一样，是中华民族的象征。"庞进在《中国的图章：谈龙说凤话麒麟》认为："凤是中华民族的一个图章、一个徽记、一个象征。"

# 第 2 节　凤凰台

作为鸟类的燕子和鹌鹑，年年都在迁徙，其像凤者应是凤毛麟角，一旦出现，不仅得到当地民众的围观和跪拜，而且要记录下来，上报朝廷。凤凰显集称为符瑞呈祥，史籍多有记载。纪传体史书自班固以来，已立《五行志》专记祥瑞灾异，沈约为了替南朝帝王侈陈符命，又于"五行志"外更立"符瑞志"。上自太昊庖牺氏，下至南朝各代，祥瑞灾异无不备载。其中"凤凰"一目，自西汉昭帝时凤凰集于东海起，迄于刘宋，共记 30 余次，可谓不厌其烦。

## 济宁凤凰台

济宁凤凰台又名风化台，为风姓教化之台，是远古时期先民祭祀太昊伏羲的地方。经近代专家考证，确定为"太昊祭祀台"。伏羲又称太昊，自封为风姓，古代"风""凤"乃同一字，史载："任、宿、须句、颛臾，风姓也，实司太昊有济之祀"。任城是四个风姓古国之首，伏羲作为东方青帝诞生于任城。李白在《任城县厅壁记》中说:"青帝太昊之遗墟,白衣尚书之故里",因此考据任城实为"伏羲圣皇之故里,龙凤图腾之源头",凤凰台也因此得名。凤凰台自宋、元、明、清以来经贸繁华。特别是在明天启年间,由运河总河军门刘东星提倡,并集当地数村之力,在台上创建观音堂,万历年间告成,每年的农历二月十九观音圣诞日,"凤凰台"庙会凭运河水运优势,集商贸文化为一体,南北商贾云集,东西贩运,热闹非凡,一时成为鲁西南春会之首,繁荣景象达数百年不衰,成为当时有名的"济宁八景"之一"凤台夕照"。明代大司马徐标(任城人)赞誉其为"尘世蓬瀛",也就是人间蓬莱的意思。由于时代久远,台体多处塌方,台上建筑也荡然无存。

直至清光绪年间,广兴募化、大兴土木、重筑高台、台基为斗形,高11.5米,底阔65米,顶阔35米。台上殿宇24间,土舍十余间。正殿观音堂形似凤凰身体,以三纲、三光、五行、两仪、四象、八卦为理念。堂内用檀木精雕的凤凰,栩栩如生,振翼欲翔。并以次累计,砌成37级石阶。石阶顶门楼为凤头,左右有两块出水石为凤耳,门楼南3米处,东有鼓楼、西有钟楼为凤眼,大殿为凤背。殿后有一片紫竹林为凤尾,东西两庑为凤翅,远远望去,恰似一只展翅欲飞的祥凤。(汪菊渊《中国古代园林史》)

## 南京凤凰台

沈约《宋书》卷十八"符瑞志中"曰："文帝元嘉十四年三月丙申，大鸟二集秣陵民王顗园中李树上，大如孔雀，头足小高，毛羽鲜明，文采五色，声音谐从，众鸟如山鸡者随之，如行三十步顷，东南飞去。扬州刺史彭城王（刘）义康以闻。改鸟所集永昌里曰凤凰里。"宋后期，周应合等《景定建康志》卷二十二"凤凰台"条考证引述此事并称："乃置凤凰里，起台于山，因以为名。"又按《宫苑记》，凤凰楼在凤台山上，宋元嘉中筑，有凤凰集，以为名。

《景定建康志》所引之《宫苑记》不知所终，然《太平御览》所引的《南朝宫苑记》与之相似，成书亦与沈约《宋书》近。可以推论，"凤凰台"之名在南朝中后期已见于记载。唐宋以来的文献典籍，论及此台典故渊源多取此说。例如，唐玄宗、肃宗间的许嵩所撰《建康实录》卷十二曰："（元嘉）十四年……凤凰二见于京师，有鸟随之，改其地为凤凰里。"

北宋初，乐史《太平寰宇记》卷九十"江南东道二·升州"条曰："凤台山，在县北一里，周回连三井冈，迤逦至死马涧。宋元嘉十六年有三鸟翔集此山，状如孔雀，文彩五色，音声谐和，众鸟群集。仍置凤凰里，起台于山，号为凤台山。"时间和数量都有了变化。

此后又有南宋张敦颐《六朝事迹编类》、祝穆《方舆胜览》等书以及多家方志皆从之。及至晚清，对南京地方历史文化有深入研究的著名学者陈作霖撰《凤麓小志》，以凤台山为中心，历述金陵城之西南隅的众多古迹，其论凤凰台起因亦持宋元嘉说。清两江总督赵宏恩监修的《江南通志》载："凤凰台在江宁府城内之西南隅，犹有陂陀，尚可登览。宋元嘉十六年，有三鸟翔集山间，文彩五色，状如孔雀，音声谐和，众鸟群附，时人谓之凤凰。起台于山，谓之凤凰山，里曰凤凰里。"（邱敏，凤凰台兴废考，文化史论，2004，11）

南朝宋元嘉十四年的这次凤凰祥集，其实就是北方的赤鸟南迁至当时都城建康（今南京），所谓的百鸟朝凤应是二鸟来后，其他鸟类陆续来到。凤凰落脚都城，成为皇家瑞兆，于是，皇帝下令将山名改为凤凰山，在山上瓦官寺的东侧兴建凤凰台，还将里名改为凤凰里，可谓重视之极。南朝寺院众多，寺楼与凤凰台交相辉映，于是，唐代诗人杜牧在诗《江南春》中吟道："南朝四百八十寺，多少楼台烟雨中。"楼不知何楼，可能不止一处，台也不止一处，但名台之中最著名者当为凤凰台。

瓦官寺也履经变迁，在五代十国的吴时列名吴兴寺，在南唐时列名升元寺，在明代更名凤游寺。2003年真慈住持改造南京绝缘厂为瓦官寺。而如今之寺与凤凰台俱失旧址。

瓦官寺和凤凰台俱是刘宋王朝的作品。南朝梁武帝在瓦官寺大肆扩建，代表作就是瓦官阁。该阁号称240尺

（或曰 340 尺）。由于高度超常，有人认为，凤凰台可能与瓦官阁为一体。李白登上了瓦官阁，而发现两者有高差，于是在《登瓦官阁》诗道"白浪高于瓦官阁"。另一唐代诗人罗隐（838—909 年）也有《登瓦官寺阁》诗。（野村卓美，凤凰台遗址之谜，文化长廊，2017 年第 6 期）

凤凰台的起源在南朝，但是其成名却在唐宋。李白在凤凰台写得两首诗:《登金陵凤凰台》和《金陵凤凰台置酒》，另外与之相关的瓦官寺的诗有《登瓦官阁》一首。以第一首最为著名，诗云:

> 凤凰台上凤凰游，凤去台空江自流。
>
> 吴宫花草埋幽径，晋代衣冠成古丘。
>
> 三山半落青天外，二水中分白鹭洲。
>
> 总为浮云能蔽日，长安不见使人愁。

李白在安史之乱后作为永王李璘的幕僚东巡金陵，用永嘉南渡的典故自比谢安，乐观而自信。因句句珠玑而被《唐诗三百首》列第五位。有人认为这首诗堪与《唐诗三百首》第一位的崔颢《黄鹤楼》相媲美。李白的另一首五言诗《金陵凤凰台置酒》道:

> 置酒延落景，金陵凤凰台。
>
> 长波写万古，心与云俱开。
>
> 借问往昔时，凤凰为谁来。
>
> 凤凰去已久，正当今日回。
>
> 明君越羲轩，天老坐三台。

> 豪士无所用，弹弦醉金罍。
>
> 东风吹山花，安可不尽杯。
>
> 六帝没幽草，深宫冥绿苔。
>
> 置酒勿复道，歌钟但相摧。

李白通过置酒表达了在永王李璘失败后的消沉情绪。所谓"豪士无所用"、"安可不尽杯"，正是其失落心态的真实写照。唐诗中以金陵凤凰台为题咏对象的，还有殷尧藩撰七律《登凤凰台二首》，殷氏性简静，美风姿，工诗文，好山水。登凤凰台晚于李白，其诗风颇受李白的影响。其"始信人生如一梦"的感慨，与"壮怀莫使酒杯干"的生活态度，也颇与李白相似：

> 凤凰台上望长安，五色宫袍照水寒。
>
> 彩笔十年留翰墨，银河一夜卧阑干。
>
> 三山飞鸟江天暮，六代离宫草树残。
>
> 始信人生如一梦，壮怀莫使酒杯干。
>
> 梧桐叶落秋风老，人去台空凤不来。
>
> 梁武台成芳草合，吴王宫殿野花开。
>
> 石头城下春生水，燕子堂前雨长苔。
>
> 莫问人间兴废事，百年相遇且衔杯。

唐诗中涉及金陵凤凰台的诗，还有晚唐诗人罗邺的《鸳鸯》一诗。罗邺以鸳鸯类比凤凰，写男女情爱，用凤求凰和鸳鸯戏水相提并论。诗中所写"牛渚"，为牛渚山，又名牛渚圻，在今安徽当涂西北长江边。牛渚离金陵不远，故诗人以"相对若教春女见，便须携向凤凰台"两句，作为全诗结语，写出了一位家长对女儿心想事成、情遂其愿的理解与祝愿：

> 红闲碧霁瑞烟开，锦翅双飞去又回。
>
> 一种鸟怜名字好，尽缘人恨别离来。
>
> 暖依牛渚汀莎媚，夕宿龙池禁漏催。
>
> 相对若教春女见，便须携向凤凰台。

经诗仙李白登台和写诗，凤凰台声名鹊起，名扬天下。建康（南京）的凤凰台也成为南京八景之一。元末明初诗画家史谨所作《金陵八景》诗，依次题名为钟阜朝云、石城霁雪、龙江夜雨、凤台秋月、天印樵歌、秦淮渔笛、乌衣夕照、白鹭春波。其中的凤台秋月就是凤凰台。受其影响，黄克晦的《金陵八景》绢本设色图册，包括《钟阜晴云》《石城霁雪》《凤台夜月》《龙江烟雨》《白鹭春潮》《乌衣夕照》《秦淮渔唱》《天印樵歌》等八景画面，完全因袭史谨之名。

成化丙戌年（1466 年）进士黄仲昭在其为张祖龄《南都壮游诗》所作序中写道："曰石城夜泊，曰钟山晓望，曰龙江潮势，曰凤台山色，曰朱雀停骖，曰玄武观鱼，曰牛首晴岚，曰鸡鸣夕照，曰报恩登塔，曰朝阳谒陵，曰雨花怀古，曰栖霞眺远，凡十有二，各采一题赋诗赠之，装潢成轴，题曰南都壮游。"所题金陵十二景之凤台山色即为凤凰台。

文征明之侄文伯仁（1502—1575 年）是吴门画派的领军人物，其画作"金陵十八景"，即三山、草堂、雨花台、牛首山、长干里、白鹭洲、青溪、燕子矶、莫愁湖、摄山、凤凰台、新亭、石头城、玄武湖、桃叶渡、白门、方山、新林浦。凤凰台依旧在列。

叶向高《金陵雅游编·序》中说："今上御极以来，擢巍科，登鼎甲，以文章德业照耀词林者，如余、焦、朱、顾四君子，并时而起，称极盛已。"四君子指余幼峰、焦竑、朱之蕃和顾起元。其中题有金陵约景（约景是指约定成吉数的景群，如潇湘八景、西湖十景）的是余朱二位。万历年间榜眼余幼峰（1537—1620 年）在《雅游篇》中历数金陵诸名胜二十处："曰钟山，曰牛首山，曰梅花水，曰燕子矶，曰灵谷寺，曰凤凰台，曰桃叶渡，曰雨花台，曰方山，曰落星冈，曰献花岩，曰莫愁湖，曰清凉寺，曰虎洞，曰长干里，曰东山，曰冶城，曰栖霞寺，曰青溪，曰达摩洞。"凤凰台依然在列。状元朱之蕃（1548—1624 年）又题《金陵四十景图像诗咏》，亦有凤凰台。到清初，"金陵八家"之一的高岑又绘过《金陵四十景图》，周亮工为这部图册写了题跋，回顾了"金陵山水，旧传八景、十景、四十景，画家皆图绘"的历程。乾隆年间，金陵四十景发展成为金陵四十八景。宣统二年（1910 年）南京人徐上添为此图绘《金陵四十八景》刊行，凤凰三山位列其一。

## 鄂州凤凰台

《三国志·吴书·吴主传》载："黄龙元年春，公卿百司皆劝权正尊号。夏四月，夏口、武昌并言黄龙、凤皇见。"《宋书·符瑞志中》亦载："孙权黄龙元年四月，夏口、武昌并言凤皇见。"黄龙元年（公元 229 年），是孙权称帝的年份。当时孙吴政权的都城还在武昌（今湖北鄂州），是年秋九月，孙权才迁都建业（今南京）。虽然正史中没有记载筑台之事，但根据当时的风俗，孙权因祥瑞出现，遂筑凤凰台，是可能的。

《宋书·符瑞志》载："升平五年四月己未，凤凰集沔北。"升平（公元 357—361 年）是东晋皇帝晋穆帝司马聃的第二个年号，共计 5 年，五年即 361 年。沔北为今湖北，南朝属荆州。沔北属荆州，而凤凰台属夏口和武昌，故非一地。

清代《嘉庆一统志》卷三三六《武昌府二》记载，在湖北鄂城县（今改为鄂州市）东，也有一座凤凰台。相传三国吴主孙权因凤凰现，遂筑台于此，命周瑜、鲁肃定建都之计。并未具体细述凤凰台的位置、内容、尺度、结构和兴造者。

此后，凤凰台数毁数建。2001 年，重建凤凰广场，再现凤凰台。凤凰台为两层中式古建筑的高台，台中心铜筑三只凤凰，朝三个方向引颈合鸣，翩翩起舞，势欲冲天。

## 咸阳凤凰台

咸阳凤凰台位于仪凤西街北口，原为咸阳北城楼，明洪武四年（1371年）建，台高6.1米，面积约600平方米，台上有大殿4座，台下大殿2座，为明清建筑风格，砖木结构，琉璃彩绘，气势恢宏，是咸阳唯一保留比较完整的一处高台建筑，被列为陕西省重点文物保护单位。

相传，秦迁都于咸阳，秦穆公之女弄玉吹箫，引凤于此。凤凰台建筑别致，当年为全市的制高点，上边有庙宇，廊檐参差，形似一群凤凰聚集一处，故曰凤凰台。《列仙传拾遗》记载："萧史善吹箫，作鸾凤之响。秦穆公有女弄玉，善吹笙，公以妻之，遂教弄玉作凤鸣。局十数年，凤凰来止。公为作凤台，夫妇止其上。数年，弄玉乘凤，萧史乘龙去。"

弄玉公主，是秦穆公的一个女儿。相传她带玉出世，可能是出生后抓周时把玉不放，深得秦穆公喜爱，于是起名弄玉。至于与萧史相恋并赐婚，以至在华山静修也是可能的，而言其奏乐可上达天庭，就多渲染成分。弄玉骑着凤，萧史跨上龙，双双成仙而去，成就"乘龙快婿"的说法，更是仙话。

凤凰台环境优越，周围有安国寺、文庙、北极宫等建筑环绕，曲径通幽。登台眺望，渭水萦绕，南有终南屏障，北有五陵青冢。

台上东、西殿各为三间，中间两座殿前后纵排，前殿略高，台墩两侧有磴道，北面有南海洞，整体建筑形似凤凰。台前有石牌坊及 32 级磴道，磴道两旁有石栏杆、石墁道，以磴道中间两侧有铁铸八棱六屋塔，俗称凤眼。台上中殿前原有洞宇，后殿内供无量佛像，东殿供三太白像，西殿供三大菩萨像，墙壁上布满了佛教故事彩塑立神，山墙外镶有琉璃彩塑神化故事浮雕。东殿山墙处镶嵌琉璃浮雕，主题是弄玉乘凤，萧史骑马，秦穆公乘龙。浮雕工艺精湛，栩栩如生。台上有一钟、一石、一柏，钟声宏亮，可传数十里。乾隆时邑人张大森有诗云："台起凌虚空，丹凤栖云表，磴道挂三峰，首尾俱缭绕。立神擎洞宇，天凤响柏杪，开户能明月，卷帘惊宿鸟。"

1921 年薛笃弼任咸阳县知事时，每晨派人鸣钟报晓，促人黎明即起，台前西南有戏楼，每年有"二月二游百病"，"重阳节登高"的风俗，"凤凰高台城中建"，凤凰台成为咸阳八景之一。清张大森有诗《凤凰台》：

　　台起凌虚空，丹凤栖云表。

　　磴道挂三峰，首尾俱缭绕。

　　立神擎洞宇，千凤响柏杪。

　　开户吞明月，卷帘惊宿鸟。

　　千家树稀密，万里烟昏晓。

　　秋色何处来，不忍肆凭眺。

　　秦宫粉黛假，五陵尽荒渺。

土鼠窜鼯鼪，残碑杂薍葙。

还念尘世间，荣枯徒扰扰。

唯有南山色，亘古青未了。

## 成县凤凰台

甘肃成县，唐武德元年以同谷县置西康州，贞观元年废。城东南五千米飞龙峡中，东河东岸，筑有凤凰台。山腰有进现泉，雨则盈。《方舆胜览》云："天宝间哥舒翰有题刻。"视杜公祠而傍倚"石秀才"，危峰突起，孤视星汉。上有方平之地如台，行云缥缈，常绕台边。《水经注》："凤溪中有二石双高，其形若闭，汉世有凤凰止焉。"故美称之曰"高台鸣凤"或"凤台流云"。

杜甫《凤凰台》诗：

亭亭凤凰台，北对西康州。

西伯今寂寞，凤声亦悠悠。

山峻路绝踪，石林气高浮。

安得万丈梯，为君上上头。

恐有无母雏，饥寒日啾啾。

我能剖心出，饮啄慰孤愁。

心以当竹实，炯然无外求。

血以当醴泉，岂徒比清流。

所贵王者瑞，敢辞微命休。

坐看彩翮长，举意八极周。

　　　　自天衔瑞图，飞下十二楼。

　　　　图以奉至尊，凤以垂鸿猷。

　　　　再光中兴业，一洗苍生忧。

　　　　深衷正为此，群盗何淹留。

　　杜甫此诗开头的"亭亭凤凰台，北对西康州"，其地理位置在今甘肃成县东南凤凰山。北朝郦道元《水经注》卷二十《漾水》："南迳凤溪中，有二石双高，其形如阙。汉有凤皇止焉，故谓之凤凰台。"南宋祝穆撰《方舆胜览》："凤皇台在同谷县东南十里，二石如阙。汉有凤皇来栖，故名。"

　　杜甫在安禄山兵临长安时曾被困城中半年，后逃至陕西凤翔，竭见肃宗，官左拾遗。长安收复后，随肃宗还京，不久出为华州（今渭南市华州区）司功参军。旋弃官居甘肃秦州（今天水），未几，又移家成都。安史之乱后的一段时间，杜甫一直在西安以西至甘肃一带。唐乾元二年（公元 759 年），杜甫从秦州（今甘肃天水）前往同谷县（今甘肃成县）。在这次行程中，杜甫按所经路线写了十二首纪行诗《凤凰台》为其一。

## 郑州凤凰台

　　郑州凤凰台原来是魏晋时仆射陂边的一个高台。现存最早的明嘉靖《郑州志》载："仆射陂，在州东。后魏文帝赐李冲，因名之。唐玄宗更名广仁池。今金水改注城东，

每溢入湖中，渐觉淤浅。""凤凰台，在州东门外二里许，
世传有凤凰集，故名。"至于是何时凤凰云集，没有记载。
明代，永乐进士、卒谥文清公的薛瑄（1389—1464 年），
永乐间郑州乡贡冯振，宣德间河南提学佥事曹琏，河南参
议高信，都曾写诗歌咏仆射陂，那"荷芰分香花有艳，鲸
鳌伴月水无波"的诗句曾经给人以无穷遐想。明万历间，
任户部主事的郑州人阴化阳在仆射陂岸边凤凰台周围购田
建园。凤凰文化成为主题。台上建来仪亭，台南北建牌坊
三座，台东建石淙庄，庄内有鸣凤堂、蘧觉轩、望远亭、
先月楼、栖云坞、茹翠洞等，另建君子亭、知乐亭、猗猗
院等。以君子亭比喻凤凰的精神。阴化阳在《东山胜地记》
中记曰："郑巽隅有凤凰台，遥睎山峦，云翠飞动。""台之
自北而东，绿柳长廊，碧荷水殿，夏秋间，极目注望，荷
香十里。识者拟之为东山胜地。余素有山水之癖，遂竭孚
囊以买山。""至君子亭，则池塘环抱，如坐冰壶中。芰荷
之红白动荡，恍若能解语者。""每携达人着屐登眺，其西
之雉堞，峙在咫尺，而城中塔影，又隐隐云树间。自西而
北望，则太行山、紫荆山若从云际飞来。正西南而望，则
远而嵩少，近而梅泰，足豁双眸。台正南，其山岫又环绕
如屏，与嵩少梅泰若一脉逶迤。"

　　经历明末战乱，阴氏故居已经不存，但凤凰台和君子
亭依旧。顺治进士、曾任陕西省安塞县知县的郑州人张抱，
晚年回乡后也曾写诗歌咏凤凰台："凤凰台上凤凰游，四壁

薰风拂细流。过雨荚荷走珠颗，迎晖山坞疑丹丘。蝉鸣绿树深深地，鸥泛碧波曲曲洲。对此正堪娱永日，肯将盈昃恣闲愁。"康熙二十九年郑州学政徐杜《郑州揽胜赋》曰："东郊有湖，方可十里。澄澈如鉴，一泓清水。""翠鸟翔于波上，锦鳞游于渊底。迎岸弱柳垂丝，满塘鞭藻放蕊。秔稻离离，恍若南国莳种；渔舟泛泛，疑是沧浪停舣。君子亭边，可以乘兴纳凉；东山脊上，得以极目眺视。"表明此处是候鸟停留之处和时人休闲之处。顺治《郑州志》的参修者郑州生员张桱，曾经与友人在东湖赏荷，在君子亭内，用荷叶制碧筒杯，用荷柄作吸管饮酒品茶，别有雅趣。时弘化有诗《东湖》："仆射陂边烟景多，云锦十里翻风荷。面面高岭开帐幕，平湖一望漾碧波。亭名君子邃且阿，几似会稽山阴之换鹅。步苔径兮穿薜萝，更寻小楼直上，窥见轙箕嵩少，远峰环列如青螺。"

乾隆十一年知州张钺主修的《郑州志》卷首刻绘了郑州八景图，并分别赋七言绝句。八景诗是:《圃田春草》《汴河新柳》《凤台荷香》《梅峰远眺》《古塔晴云》《海寺晨钟》《卦台仙景》《龙岗雪霁》；《艺文志》卷十二中，又收录了他的八首五言律诗，诗题与八景同名。其七言诗《凤台荷香》道："台荒不见凤来翔，路转回廊得小凉。十里薰风三尺水，红云擎出翠云乡。"五言诗《凤台荷香》道："仆射陂边水，螺痕镜里青。凤凰难出穴，君子尚余亭。荡桨通花气，搴筒绕鹭汀。避炎应第一，磅礴思沉冥。"接替张钺任郑州知州的何源洙，亦题有《凤台荷香》："仆射陂前路，荷香远引来。绿全侵沼水，红欲上亭台。君子长栖野，伊人合溯洄。玉餐新入贡，努力事栽培。"

清末的仆射陂风光依旧，民国五年的《郑县志》，又收录了光绪年间郑州学政朱炎昭八首七言律诗："凤凰去后剩空台，台下陂塘面面开。乱把秧针将水刺，齐撑荷盖接天来。闲鸥眠处清芬满，孤鹜飞时落照巉。自有舟如莲瓣小，香风摇荡绿云隈。"解放后湖池淹没，构为高楼大厦。

## 潮州凤凰台

凤凰台所在原名老鸦洲，明末潮州知府侯必登曾多次游览沙洲，爱其清静幽雅，同时倍感潮州文风鼎盛，风物非凡，认为这里应是传说中凤凰栖宿之所，绝不是老鸦投林的地方，遂把原名的"老鸦洲"改为"凤凰洲"，并于明隆庆二年（1568 年）在凤凰洲筑建一座十余丈高的石台，命名为"凤凰台"。当地也有传说，凤凰栖于凤凰山，时临江心洲。侯知府所建凤凰台，高十余丈，一时成为潮州八景之一：凤凰时雨。

自明朝建台之后，明清两代历代官吏和地方绅士，先后在此倡建了十相祠、凤台书院、文昌祠、龙神庙、天后宫、镇洪寺、鲁公祠、周公祠及奎阁等十多处景物，但这些景点因年代变迁，多数踪迹全无，惟有凤凰台、奎阁、天后宫等因风景绝妙，屡毁屡建。

1999 年，以凤凰台为中心，扩建为凤凰洲公园。凤凰台由台体和亭阁两部分组成。四柱单檐结构的亭阁端立于高大的石砌台基上，檐牙高筑，峻凌飘逸，额题：凤台时雨、中流砥柱、有凤来仪等牌匾（图 18-1）。每年"九月九"是潮州的风筝节，各地的风筝都聚集在凤凰洲公园中竞相媲美，届时万里晴空中风筝星星点点，实为一景。

图 18-1　潮州凤凰台

天高气爽，凭台眺望，碧空万里，白云悠悠。远观凤凰群峰，绵亘不断，高接云天；近眺金山，葫芦山、笔架山，三山五城；穿桥南来的江水至台边分为二流，与李白在金陵凤凰台的诗"三山半落青天外，二水中分白鹭洲"

完全一样。

　　历代记录山凤凰祥集的很多，并非每地都建凤凰台。《宋书·符瑞志》："晋穆帝升平四年二月辛亥，凤凰将九子见郧乡之丰城。十一月甲子，又见丰城，众鸟随之。"今按丰城属江西，南朝为江州属地，该地就无凤凰台。

　　也有一些古代诗词中的凤凰台，难以一一对应，如唐《凤皇台怪和歌四首》诗云：

> 深闺闲锁难成梦，那得同衾共绣床。
> 一自与郎江上别，霜天更自觉宵长。
> 愁听黄莺唤友声，空闺曙色梦初成。
> 窗间总有花笺纸，难寄妾心字字明。
> 寂静璇闺度岁年，并头莲叶又如钱。
> 愁人独处那堪此，安得君来独枕眠。
> 卧病匡床香屡添，夜深犹有一丝烟。
> 怀君无计能成梦，更恨砧声到枕边。

　　诗前小序云："大历中，有士人独行凤凰台，见一男子与妇人相和而歌，追而观之，乃二兽也。一类豕而高，一类龙而小。"虽大历可知为唐代宗李豫年号，从766年到779年。但凤凰台地处何方，并未得到考证。唐诗中涉及凤凰台的，还有宋之问撰七律《奉和春初幸太平公主南庄应制》：

> 青门路接凤凰台，素浐宸游龙骑来。
> 涧草自迎香辇合，岩花应待御筵开。

文移北斗成天象，酒递南山作寿杯。

此日侍臣将石去，共欢明主赐金回。

宋之问（公元？—710 年），一名少连，字延清。《旧唐书》本传称他为虢州弘农（今河南灵宝）人，《新唐书》本传、《唐才子传》均称他为汾州（治今山西汾阳）人。高宗上元二年（公元 675 年）进士。武后时，官尚方监丞、左奉宸内供奉。此诗标题中之"太平公主"，乃武则天之女。这是一首奉和应制之作。从此诗之开头两句"青门路接凤凰台，素浐宸游龙骑来"，可知此凤凰台建在关中。《三辅黄图》卷六《杂录》："关中八水，皆出入上林苑。霸水出蓝田谷，西北入渭。浐水亦出蓝田谷，北至霸陵入霸。"说明浐水是霸水的支流，而霸水又是渭水的支流。它们都流经汉代的皇家园林上林苑。汉、唐均建都长安，此"凤凰台"当在长安。

# 第 3 节　凤凰楼

凤凰楼是以凤凰为主题的城池的标志建筑。都城中以沈阳故宫为典范，县城中以阆中凤凰楼为典范，现代城市以中广元凤凰楼为典范。古典城池中凤凰楼都居于城市中轴，若以龙主题结合，则东龙楼，西凤楼。

## 沈阳凤凰楼

沈阳在清代称盛京，是大清王朝未入关时的京城。沈阳故宫中轴线由大清门、崇政殿、凤凰楼、清宁宫组成。崇政相当于前朝，前方左右有飞龙阁和翔凤阁。清宁宫前面左右有麟趾宫和关雎宫、永福宫和衍庆宫。从凤凰主题上看，凤凰楼和翔凤阁形成双凤主题。为何一城中会出现双凤，可能不同时期形成。凤凰楼原名"翔凤楼"，与崇政殿同期建成，康熙十二年重修。直到1743年才有"凤凰楼"之称。

凤凰楼高于崇政殿，是以楼为山的做法，且以楼的形式出现，起到屏障作用。4米多高的高台上构筑三层楼宇。重檐三滴水，歇山式，端庄大气。每层深广各三开间，都带周围廊。上层梁架饰红地金龙彩画。中层室内开花为梵文、凤凰及篆书万寿无疆。帝后经常在此读书或小憩。下层为内宫门，是出入宫区的通道。史书中还记载，皇太极曾在这里召集诸王贝勒读书讲史。

凤凰楼前有殿，后有宫，既是后宫的门户，也是皇帝策划军政大事和筵宴的场所。从格局来看，前殿区和后宫区形成两个中轴线串联宫城。凤凰楼既是前殿区的后罩楼，也是后宫区的城楼。一层明间为通过式的门洞，由此进入台上五宫的四合庭院。关上大门，帝后寝宫区域就成为居高临下的城堡，所以凤凰楼的功能相当于后宫禁院的门户。清朝入关后凤凰楼被用作存放重要的宫廷文物，如历代实录、玉蝶、御影以及玉玺。清代皇帝玉玺，原藏于北京交泰殿，乾隆十一年（1746年）奉旨移往盛京凤凰楼，共有

"大清受命之宝"等十颗。乾隆曾亲撰《御制宝谱记》述其事原委。皇帝画像和玉玺，都属于清宫中最重要的文物，其政治意义远胜于飞龙阁、翔凤阁中的古董珍玩，由此可见凤凰楼在清代沈阳故宫的重要地位。

凤凰楼上悬挂乾隆帝御笔亲题的"紫气东来"匾。登上凤凰楼，整个盛京城（沈阳）全景可尽收眼底。当年有盛京八景：天柱排青、辉山晴雪、浑河晚渡、塔湾夕照、柳塘避暑、凤楼晓日、黄寺鸣钟、万泉垂钓。此楼为盛京最高建筑，故被列入盛京八景。传说当年站在凤凰楼上就可以看到抚顺城。清入关后历代皇帝东巡来沈时，都要登楼观景，赋诗咏怀。至今楼内仍然保留着按乾隆题御笔手迹制作的黑漆金字诗匾。凤凰楼正门上"紫气东来"金字横匾就是乾隆皇帝的御笔。"紫气东来"的典故，出自汉朝刘向的《列仙传》老子过函谷关的故事，后世引用为"紫气东来"。乾隆用这四个字来寓意着大清王朝的盛世是源于盛京。从东方兴起，向西入关定鼎中原。

凤凰楼屋脊东端的正吻是由形态优美的螭首和一只昂首的凤头相背组合而成的。背兽被塑造成凤头朝外眺望。屋脊两侧顶端的风火轮上，分别有"日"、"月"两个字。沈阳故宫的正吻是满族人在借鉴不同地区做法的基础上，按照自己的意志建造的。除了剑把部分换成风火轮之外，其余造型及做法，都和北京北海公园明代建筑上的正吻造型类似。这是山西琉璃匠人侯振举烧造沈阳故宫琉璃的有力证据。

## 阆中凤凰楼

阆中古城是四川保存最完整的古城，也被堪舆界认为是风水宝地。古城四面环山，北面座山名蟠龙山，是大巴山余脉，堪舆上认为是发源于昆仑山。中间嘉陵江成"U"形环抱穴场，多个方向的山谷之水汇入古城所在穴场，故素有九龙会聚之说。隔水锦屏山成为案山，黄华山成为朝山，又有白塔山和大像山作为砂山环卫。

古城规划按十字格局，十字交叉点上以一个过街楼作为标志，此楼名中天楼，又名凤凰楼。名中天以象征风水定穴的"十字天心"方法。名凤凰以楼的形态象征城市是一个凤凰城，以此与背面的蟠龙山形成龙凤相对体系。

凤凰楼始建于唐代，民国其间被毁，2006年重建。楼高25米，三层木构建筑。底层通透，是街道的一部分。二、三层可登临，广深各三间，中间大侧间小，周围廊环绕，低矮的木栏杆环绕。

底层楼门四通，东西南北四条街道都可望见此楼。登楼则可环眺古城全景，亦可远眺八方山水。唐代诗人金兆麟曾描绘："冷然蹑级御长风，境判仙凡到半空，十丈栏杆三折上，万家灯火四围中，登临雅与良朋共，呼吸应知帝座通。"因应"天心十道"，故被人们喻为"阆中风水第一楼"。

## 广元凤凰楼

在四川广元城的凤凰山上有一座现代的凤凰楼。凤凰楼始建于 1988 年，次年建成。高 42 米，楼阁 14 层，与凤凰山连成一个整体，远看形似一只凤凰回首。到夜间，楼阁上彩灯通明，又似一只金光闪闪的火凤凰，从此，凤凰楼成为广元市的地标性建筑，被誉为"川北第一楼""川北明楼"。

广元凤凰楼与唐代女皇武则天有关。史载唐武德七年（公元 624 年）武则天出生时，一只凤凰绕房一周，然后向东山飞去。武则天的父亲，时为利州都督，当即便将东山更名为凤凰山。武则天 14 岁被唐太宗选入宫为才人。唐太宗死后，唐高宗继位，武则天执掌朝政 42 年，成为中国历史上第一位真正的女皇。因此凤凰楼的 14 层是纪念武则天入宫的年龄，楼高 42 米是为了纪念她的执政时间，凤头回望南方，象征武则天想念家乡。

在建筑风格上颇见匠心，远眺恰似凤羽，色泽金黄光亮。楼内梯步呈方形，盘旋而上，直至楼顶。楼层分南北错落各半，因此，从楼里下部仰视，凤凰楼则是 25 层。

凤凰山，今名凤凰山公园，自宋代以来就是名胜之处。许多官宦名流在这里辟建私家园林。明清时，柏轩、相轩、会景亭、宝峰夜月等景都是历史名园。1949 年后，山上增添新景，绿树浓荫掩映了楼台亭阁，登楼观城已成一大盛事。

## 上海丹凤楼

明万历年间，邑人秦嘉楫在上海县城万军箭台上重建丹凤楼，仍悬"顺济庙"旧额，附设文昌阁、关侯祠。楼建成后，豪绅钱氏捐田 40 亩，众人又增田数百亩，以田租收入作为该楼修祀之用。清乾隆五十五年（1790 年），李筠嘉增建前殿山门，嘉庆五年（1800 年），住持募建殿旁两庑和桐荫楼，后殿旁增建"绛雪""南阜"两堂和隐商楼。咸丰三年（1853 年），清军镇压小刀会起义，丹凤楼大部分毁于战火。咸丰五年（1855 年），住持凤朝阳募捐修建，经过三年的修缮，略有恢复。咸丰十年，太平军进军上海，丹凤楼再度受创。事后，再次修建，史载前后两次共花费白银 3000 余两。

原丹凤楼共有 3 层，最上一层是魁星阁，祀文昌帝君，二楼关帝祠，祀关羽。楼下雷祖殿，祀雷神，并祀 36 天将。

清宣统年间（1909—1911 年），拆除城墙，修筑福佑路，波及雷祖殿。民国元年（1912 年），丹凤楼改建东明小学校；同年 8 月，上海拆城筑路，拆除万军台，丹凤楼废。

## 潮州凤栖楼

潮州西湖边凤栖楼不在凤凰山，而在潮州城区西湖的葫芦山。主峰原有四望楼，年久失修，又因为潮州被名凤城，1985 年遂将原来主峰上的四望楼改建为凤栖楼。由四望楼和凤座两个部分组成。凤栖楼以仿古城楼（四望楼）

承托凤凰雕像（凤座）为外观，融建筑使用功能与雕塑艺术于一体。凤座长 28 米，高 19 米，宽 3.8 米。内分 3 层，一、二层作为艺术品展览室等场所，第三层是凤背平台，在平台上可观览凤城美景（图 18-2）。

图 18-2 潮州西湖凤栖楼

# 第 4 节 凤凰城

凤作为人工营建城市的平面之形，历来为堪舆家所推崇，据吴庆洲研究，如山西大同、山东聊城、江苏秦州就是凤凰城，甘肃武威，其前身十六国姑臧城为鸟城，隋唐凉州城也为凤城。

### 大同明代凤凰城

山西大同位于山西最北部，是山西省的北面门户和屏障。永乐七年（1409 年）大同置总兵始称镇，次年增修城池。四座城门均设瓮城。四门上均建箭楼，四角各建角楼，另建望楼 54 座。城北、城东、城南三面各建一座小城，以加强防卫。

明城南北窄长，当地人称为"凤凰单展翅"，也称为"凤凰城"。南关为凤头，北关为凤尾，东关为凤翅。清代《大同府志》载"万历二十年南小城北门楼改建文昌楼"，吴庆洲认为，与河南凤城固始县将文昌阁建于凤首有异曲同工之妙，目的都是希望凤城科甲鼎盛，人才辈出。

### 陕西凤翔凤凰城

陕西凤翔这个地名源于《雍胜略》："唐至德初置，取'凤鸣岐山'之义。"凤翔在周朝就是周王的京畿之地，春秋时为秦国都，汉初属雍国，后为右扶风地。三国时改扶风郡，太和十一年兼置岐州。西魏时改郡为岐山。隋开皇三年改扶风郡，唐武德初年复岐州，天宝元年复名扶风郡，至德元年改凤翔郡，次年升为西京凤翔府，上元元年置凤翔节度使。五代曰岐州。宋曰凤翔府扶风郡凤翔节度，属秦凤路。金亦名凤翔府，为凤翔路治。元初仍立凤翔路总管府，至元九年更为散府，属陕西行省。明日凤翔府，属陕西布政使司。清朝因之，领凤翔、岐山、宝鸡、扶风、郿、麟游、汧阳。由这历史变迁可知，其发端就与凤有关，后历代一直在凤凰和岐山两个主题上左右易名。

凤翔府城是唐代李茂贞始筑，明清修缮。四门为：东门迎恩，南门景明，西门金巩，北门宁远，各门建楼。按乾隆《凤凰府志》载："南门迤东，旧有小南门，今塞。又其东有文笔塔一座，西北城上有凤凰楼，内悬大钟一。周城窝铺八处。城外濠深二丈五尺，阔三丈。濠水起自城西北隅凤凰泉，分东西两流，绕城四围，至城东南，流入三岔河，合流入渭。"

凤翔为周地，因"凤鸣岐山"而盛行凤凰崇拜。凤翔城形态也似凤凰，平面布局为"凤凰单展翅"，在局部上有西北的凤凰楼，为凤凰之头，城东南的文笔塔为凤凰之尾，整个凤翔城就是凤凰之身。城西北有泉名凤凰泉，清泉出凤涧分注为二，一向东、一向南绕城形成城河围城，最后汇于东面。东门外的东湖是苏轼为官凤翔时潴积而成，又在湖边构宛在亭、君子亭，以符合凤崇拜的文化实质。

城东南隅的秦穆公墓，亦是前面所述，嫁女于萧史，成就弄玉吹箫引凤传说。乾隆《凤翔县志》载，凤翔有八景：东湖揽胜、凌虚远眺、凤涧分流、凤楼晓钟、回龙烟雨、展诰云霞、文笔朝辉、城鸦晚噪。其中有五景（东湖揽胜、凤涧分流、凤楼晓钟、文笔朝晖和城鸦晚噪）都与凤凰有关，这在国内绝无仅有。凤凰楼内挂一口大钟，晨钟响彻云霄，声震全城。"千熔万冶一铜钟，高居凤楼胸如城"，谓之凤楼晓钟。文笔塔高三丈有余，长约百丈。无奈凤楼晓钟、文笔朝晖和城鸦晚噪三个城墙上的八景，在1969年"破四旧"中被拆毁。

# 第5节　凤凰山

据凤凰山居士在"个人图书馆"的统计：辽宁丹东市凤凰山、辽宁朝阳市凤凰山、浙江乐清市凤凰山、浙江杭州市凤凰山、河北昌黎县凤凰山、江苏江宁县凤凰山、江苏武进市县凤凰山、上海青浦县凤凰山、四川成都凤凰山、四川西充县凤凰山、四川达州市凤凰山、重庆秀山县凤凰山、贵州六盘水市凤凰山、香港凤凰山、福建莆田市凤凰山，但是，这远未统计全面。

## 杭州凤凰山

凤凰山在杭州市主城区的西南面。主峰海拔178米，北近西湖，南接江滨，形若飞凤，故名。南宋定都杭州，在凤凰山西北大兴土木，构建皇城后苑。方圆九里之地，兴建殿堂四、楼七、台六、亭十九，还有人工仿造的小西湖、六桥、飞来峰等景点。皇城后苑分庭院区和苑林区，庭院区被中间长廊分为左右两列，每列十个小院，每院50

间房，各有花园、宫女。长廊 180 余间，直达苑林区小西湖。湖广十亩，湖边筑山植梅，曰梅岗，建冰花亭。临水有水月境界、澄碧。湖边有佑圣祠，内有庆和泗洲、慈济钟吕、得真等景。湖边遍植牡丹、芍药、山茶、鹤丹、桂花、海棠、橘子、木香、竹子等花果。建筑有昭俭亭（茅亭）、天陵偃盖亭（松亭）、观堂（在山顶，祭天所）、芙蓉阁、清涟亭、梅堂（赏梅）、芳春堂（赏杏）、桃源（赏桃）、灿锦堂（赏金林檎）、照妆亭（赏海棠）、兰亭（修褉）、钟美堂（赏大花）、稽古堂（赏琼花）、会瀛堂（赏琼花）、静侣亭（赏紫笑）、净香亭（采兰桃笋）等，盆景有茉莉、素馨、建兰、麋香藤、朱槿、玉桂、红蕉、阇婆、薔葡等。南宋亡后，宫殿改作寺院，元代火灾，成为废墟。现还有报国寺、胜果寺、凤凰池及郭公泉等残迹。

### 丹东凤凰山

丹东凤凰山位于丹东凤凰城。凤凰城坐落于辽东山区毗邻鸭绿江丹东市百余里。古代此地是满、汉、回、锡伯等民族生栖和繁衍之地，夏属青州，商属营州，周属幽州，战国和秦则属辽东郡。公元前 128 年汉武帝设县，南北朝唐设屋城州，筑熊山城，辽设开州，筑山荫城，明设辽右卫。1481 年明修凤凰城，1744 年清设用八旗旗署，1912 年设凤凰县，次年改为凤城县，1985 年成立凤城满族自治县，1994 年 5 月 10 日成立凤城市。

凤凰山位于凤城市郊，南与朝鲜妙香山相望，北与本溪水洞呼应。唐贞观年间，李世民游览此地，有凤凰来朝，赐名凤凰山。"平辽王"薛仁贵为了威慑各附属国，在距凤凰山四十里处的发箭岭，开震天弓，搭穿云箭，对准凤凰山方向震臂一射，神箭穿凤凰山而过，落入鸭绿江中，自此便有"神弓射箭眼，一箭定辽东"之说。

最高峰攒云峰836米，面积182平方千米，被誉为是丹东第一山、国门名山、万里长城第一山、中国历险第一山，现为国家级风景区。它是以自然景观为主，历史文化古迹、边塞田园风光、风俗民情为辅的山岳型风景名胜区，融"泰山之雄伟，华山之险峻，庐山之幽静，黄山之奇特，峨眉之秀美"为一体，素以"雄伟险峻，泉洞清幽，花木奇异，四季景秀"的自然美著称于世。

凤凰山分为西山、东山、庙沟和古城四大景区，有十大美景：石棚避暑、涧水飞涛、斗母圣境、山云铺海、苍松伫月、怪石凌空、松径寻秋、天池在望、垒障留云、东地瀛洲。凤凰山以"绝"惊世，"天下绝""老牛背""百步紧"挺拔险峻，异美无比。"金蟾望月""石壁鹤影""龟猴朝圣"形神兼备，惟妙惟肖。凤凰山又以聚"仙"显名，"仙人座""聚仙台"翠叠丹崖，葱郁流丽；"佛池""丹泉"飞瀑流化，洒脱飘逸；"金龟求凰""罗汉脸"氤氲飘渺，浑然天成。丹东凤凰山得"道"弥彰，明弘治初年以来，紫阳观等道教建筑，依山水走向，方圆数里，道风浓

郁，道境昭然，玄谜隐奥。纵观诸景，并非都依凤凰主题
规划设计，经过历代发展，成为自然风景和人文景点的综
合景区。

### 朝阳凤凰山

在龙崇拜一章已述，晋咸康八年（公元 342 年）慕容
皝在此发现黑白双龙现于龙山，于是决定迁都于此。从此
龙山脚下的龙城成为前燕、后燕和北燕三燕故都，历时近
百年。而当初的龙山直至清初才被更名为凤凰山。

原因有三。一说因山形而得名。《塔子沟纪略》载：
"山顶有小塔一座，小塔左右有两高峰，建塔之峰其形少
伏。数十里之外，望其左右两峰，如凤两翼，中峰微伏，
有塔耸起，如凤昂首者然，故名凤凰山。"《承德府志》亦
载："凤凰山在县属土默特右翼东南二十里，群峰连亘，周
九十余里，山椒一塔耸峙，诸峰抱之，如翠凤昂首张翼形，
故名。"

二说源于朝阳洞。《塔子沟纪略》载，清顺治八年春，
时人偶然发现了卧佛洞，"洞口向西南，面宽两丈，进深一
丈二尺，高一丈二尺，……洞本无名，因其向阳，遂名朝
阳洞"。清代诗人许植椿《游凤凰山》诗中即称"千年石洞
号朝阳，因起山名是凤凰"。这是根据《诗经·大雅·生民
之什·卷阿》中"凤鸣朝阳"之意而得名。

三说源于政治。乾隆认为天下大统，龙自古便是帝王

象征，因而不允许塞外有"龙"，故龙山改凤凰山，龙城更名为朝阳，既吻合"城东一带高山，诸峰连亘，山形如青凤昂首对城长鸣"之说，又避开了帝王隐讳。

凤凰山位于朝阳市城东4千米，占地55平方千米，最高峰海拔660米。凤凰山是辽西第一名山，是朝阳最大的旅游景区。晋永和元年（公元345年）夏，慕容皝在龙山（凤凰山）建造了东北历史上的第一座佛教寺院龙翔佛寺，75年后，龙翔佛寺的高僧释昙无竭又远赴天竺，成为中国历史上仅晚于法显的西行取经僧人，早于唐玄奘207年。在前燕至辽的七百多年里，朝阳一直是东北地区佛教文化传播中心，凤凰山也始终是东北地区最为重要的佛教道场。在凤凰山现存众多佛教建筑中，有始建于前燕的摩崖佛龛，有始建于辽的天庆寺、卧佛古洞、降香十盘、摩云塔和大宝塔，有建于清代的延寿寺、云接寺等。现在的凤凰山古塔与古寺交相辉映，古洞与古佛相得益彰，正所谓雄踞峰脊回转处，遍布山幽林间。

## 潮州凤凰山

潮州凤凰山在潮州北面40千米的凤凰镇。传说有凤凰在山中下两个蛋并孵化成雏凤，得道成人而造福百姓。前半部分应是真实的，后半部分是附会的。实际上，此山也形似凤凰。全山逶迤连绵，绕镇而行，全镇海拔处于300~1497.8米，海拔1000米以上的山峰更多达10多座。

主峰凤鸟髻 1497.8 米，是潮州第一高峰，粤东第二高峰，因山峰矗立，削壁镶嵌，构成形似凤鸟的头冠而得名凤鸟髻。不仅此镇因而成名，就连潮州也被命名为凤城。山上既有巨石岩洞，又有瀑布溪流；既有苍松翠竹，又有奇花异草。第二高峰乌岽山 1391 米，以怪石为名。奇岩怪石，令人浮想联翩。北坡然岩洞，洞口酷似一眼古井，名曰"太子洞"。乌岽山以千亩天然牧场和 76 亩火山天池著名。天池中存有珍稀两栖动物四脚鱼（学名蝾螈），还有软壳石螺及各种蛙类和高山蝶类等昆虫。

潮州因凤凰山而得名的记载始于北宋王存《元丰九域志》卷九"潮州·古迹"载："越王走马埒、古义招县、凤凰山"。元丰是宋神宗的年号，起止在 1078—1084 年。其时凤凰山已被视为古迹，可知其得名甚早。凤城是"以凤凰山得名"，那么元丰年间潮州城自然可称为凤城。南宋王象之的《舆地纪胜》："潮阳、义安、凤城、鳄渚、揭阳、海阳。"祝穆《方舆胜览》卷三十六"潮州·事要"亦说："郡名：潮阳、古瀛、凤城（以凤凰山名）、金城（旧属金氏）、鳄渚（以鳄鱼名）。"《方舆胜览》"形胜"还说："凤凰山，在海阳县，昔有爰居来集，因名之。"《尔雅·释鸟》郝懿行疏："爰居似凤凰"。《方舆胜览·潮州》辑录的骈偶文"四六"曰："演纶鳌禁，剖竹凤城。"《永乐大典·卷5345》引黄补《博陵家塾赋》："凤城，越东之佳地也；林君，凤城之伟人也。"黄补是宋高宗绍兴年间进士，潮州人，在潮州时题有《韩木》诗，把"越（粤）东佳地"潮州称为凤城。《永乐大典》还引录了龚茂良《代潮州林守谢宰执》书："鱼佩虎符，香自凝于燕寝；凤城龙首，患何有于鳄溪？"康熙《潮州府志·城池》谓："明洪武三年（1370年）指挥俞良辅辟其西南，筑砌以石，改门为七，谓之凤城。"而城池并未按凤凰之形规划，只是在城缘西湖葫芦山上构栖凤楼以强化凤凰文化。

## 莆田凤凰山

莆田凤凰山位于城南一千米，因形如凤凰展翅而名，又因在城南而名南山。凤凰山属戴云山余脉，海拔 347 米，山脉自南向北，绵延起伏，方圆 11.4 平方千米。景区内有莆田二十四景中的南山松柏、石室藏烟、智泉珠瀑、钟潭噌响、木兰春涨等五处景点。山上有广化寺，为福建禅林名刹。福祥塔高 35 米，钢筋混凝土结构，平面四方，七层屋檐。又有聚昌阁。山下为 6000 平方米的凤凰湖，两岸石砌，遍植花果，叠石为山，山上构亭。

## 乐至凤凰山

凤凰山位于四川乐至县城南 18 千米的东山镇。乐至凤凰山最著名的是栽植于明清两代的古柏。古柏群共有300 余株，枝粗干壮，虽历经几百年的风霜雨雪，仍旧枝叶繁茂，充满勃勃生机。其中 16 对"夫妻柏"，3 棵"母子树"，1 棵"关公树"，1 对"姊妹柏"，3 根"雷打柏"，仪态万千，叹为观止。地处南国的凤凰山的寄生树亦很普遍，最值得称道的还是山北麓的一株大黄桷树寄生于一株古柏之中，像深情款款的情侣，相依相拥，当地人戏称为"黄相公抱白小姐"。山下东侧的"雷打柏"亦奇。树高13米，树根直径达0.8米，根部需4人牵手才能相围，远观如根雕珍品。

凤凰山上的广林寺始建于明清，毁于文化大革命时期，近年重建。面积只有500平方米的小寺院，有石刻和泥塑佛像200余尊。寺中水杉雕刻的禹王倍受当地百姓的推崇。山西南建有一个2000余亩的水库，名凤凰库。

## 乐清凤凰山

乐清的凤凰山不止一处，有乐成凤凰山、白石凤凰山、柳市凤凰山、海屿凤凰山、天成凤凰山、南塘凤凰山、湖雾凤凰山、南阁凤凰山等，可见凤凰文化在当地的兴盛。其中称为风景区的只有白石凤凰山。凤凰山位于浙江乐清市白石镇西南两千米，是雁荡山的外围景区。两山夹峙，势如凤凰展翅，故名凤凰山。境内岩峦重叠，林壑秀美，以峰岩为主的景点达数十处。鹰眼嘴、板障、穿鼻三岩横空出世，气势磅礴。穿鼻岩凌空拔起五百余米，与雁荡山中峰玉甑峰的道士岩遥相呼应，俗称道士岩影。在山上修筑了木构建筑凤凰台。

### 太谷凤凰山

太谷凤凰山在城南十里。山下有酎 [zhòu] 泉，为太谷第一名胜。泉上有黄色砂岩悬崖，酎泉寺始建于唐朝前，唐时毁，遂为白将军祠，宋政和年间（1111—1115 年）重建为隆道观，金皇统元年（1141 年）凿石为佛，构楼覆之，建凤州亭于泉池上，元延祐五年（1318 年）和明洪武十六年（1383 年）重修，万历时，凤州亭毁，酎泉潴而为塘，邻有莲花池、栲栳池、圣母池，广植荽荷浮萍，明时为太谷县八景之一，清初亦为名景，道光六年（1826 年）重修寺及泉，层峦飞阁，周以垣墙，墙外酎泉，汇为池塘，中起四明亭，南北通石桥，抗日战争始，寺存，1958 年酎泉尚可浇地 30 余亩，1972 年侯城公社为扩大水源毁坏泉眼，1975 年为建化肥厂而拆酎泉寺，今池半涸，亭半倾，崖上"第一山"尚在。

## 第 6 节　园林凤凰景观

园林中的凤崇拜表现在四个方面，第一，选址于凤凰山、凤凰洲、凤凰湖（池），如潮州凤凰洲公园；第二，在园中营造凤凰山、凤凰池、凤凰洲（岛），如苏州凤池园；第三，构筑凤凰台、凤凰楼（阁）、凤凰堂、凤凰亭、凤凰桥；第四，雕刻、灰塑凤凰艺术小品，如长安安德山池的凤台、王石玄昆山颐园的得凤楼、顾豫苏州绿隐园的巢凤堂、李鸿章上海丁香花园的凤亭和泉州东湖凤里桥；第五，命名园名，如南京何参知凤嬉园和顺德凤岭公园。

## 凤凰湖

凤凰湖遍布全国，如广州凤凰湖、成都凤凰湖、威海凤凰湖、南宁凤凰湖、永川凤凰湖、沙县凤凰湖、泸州凤凰湖，很多凤凰湖就是水库。广州凤凰湖位于黄埔区中新知识城，是在平岗河流域的流沙河支流下游的人工湖，占地面积 476.04 亩，其中水面面积 238.77 亩，是集防洪调蓄、生态景观、休闲功能于一体的城市公园。成都凤凰湖位于青白江区，占地 15000 亩。全园以凤凰湖为核心，汇集"林、溪、湖"三大特色，分为凤凰湖生态湿地公园、城市生态商业区、娱乐会所及沙滩休闲区、草业种植区（高尚运动休闲区）、万亩花卉苗木产业基地五大功能区。

永川凤凰洲位于永川新区中心。凤凰洲公园占地 1200 亩，湖面 248 亩，有六个凤凰主题景区。寓意"凤凰涅槃，欲火重生"的凤舞港，在公园的北端，规划有景观树阵、古树恩龄、文化景墙、十八凤柱、凤之舞、时代舞台、音乐喷泉等。寓意"太平盛世，凤呈祥瑞"的凤憩园因地势高低布置有凤憩宾馆、景观广场、文化墙、苏堤杨柳、彩云天池等。寓意"凤舞九天，四海求凰"的凤翔岛以人行小道构成凤凰血脉，以树阵形式形成凤凰羽毛纹理。岛上有会展中心，具有工业展示、会议、商务及餐饮娱乐等综合配套功能，同时还布置了凤凰阁、游凤广场、凤冠平台、凤舞树阵、凤鸣台等。寓意"凤凰彩羽，灼灼其华"的凤鸣街，有餐饮商业街，设有码头、游船等。寓意"凤栖梧桐，灵气自生"的凤栖湾，有生态湿地、芦汀花语、雾花赏虹、虹桥荷花等景观。寓意"萧韶九成，有凤来仪"的凤仪苑。

南宁凤凰湖位于市南 32 千米凤凰山下，是一个库区。湖中有大小岛屿 10 余座，湖泊九弯十八曲，由 48 条河道组成。威海凤凰湖位于石岛开发区中心，水面 2300 亩，将打造成集观光、旅游、度假和居住于一体的综合景区。泸州凤凰湖位于纳溪区大渡口镇，也是一个拥有水域面积 157 公顷的库区，湖中大小岛屿 10 余座，湖泊九弯十八拐，由 48 条汉河密布而成，被誉为"西蜀玉珠"。

### 凤凰洲

凤凰洲有多处，如南昌凤凰洲、枞阳凤凰洲、潮州凤凰洲、安江（黔阳）凤凰洲（蛇口洲）。潮州凤凰洲，自明代侯必登建凤凰台后，一直是个风景名胜之地。明清两代先后建立了十相祠、凤台书院、文昌祠、龙神庙、天后宫、镇洪寺、鲁公祠、周公祠、奎阁等十多处景点。历代屡建屡毁，1999 年重建为公园。南昌凤凰洲在赣江中间，现在已属市区。今凤凰洲市民公园面积达 34.5 公顷。枞阳凤凰洲是全县三个江心洲之一，隔江与贵池市相对。因洲形如凤，故取"凤之仪表"之意，又名凤仪洲。现为一个凤仪乡所在，全域 23.3 平方千米，目前并非风景之地。

## 凤凰岛

三亚凤凰岛是在三亚湾大海礁盘上吹（堆）出的人工岛。2000 年开始的一期工程，2014 年开始的二期工程，今已基本建成。四面环海，全长 1250 米，宽约 350 米，占地 548 亩。凤凰岛主要包括七大项目，超星级酒店（包含酒店及国际会议中心）、国际养生度假中心、别墅商务会所、热带风情商业街、国际游艇会、奥运主题公园和凤凰岛国际邮轮港。凤凰岛的综合发展目标是成为三亚市、海南省乃至全中国首屈一指的豪华度假胜地，建设三亚凤凰岛为媲美美国迈阿密的邮轮之都、海港之城，比肩迪拜的梦幻之岛。

歙县凤凰岛坐落于山清水秀的新安江山水画廊精华地段上。全岛占地面积 200 余亩，主岛陆地面积 40 余亩，内外侧各两个湖泊面积约 60 余亩，外侧拥有一片 100 余亩的沙滩。项目有：射箭场、斗鸡场、斗马场、水上高尔夫球、水上游乐、日本风情度假区、凤园等。

青岛凤凰岛，形状确如飞凤，故名。明代永乐年间骠骑将军薛禄跟随朱棣，屡立战功，后封为阳武侯，死后葬于此，故此岛成今名薛家岛。该岛东、南、北三面环海，海岸线长达54千米，有金沙滩、银沙滩。金沙滩全长3千米，呈月牙形南北展开，滩平沙细，风小浪静，水色透明，堪称岛城第一。

### 凤池园

泰伯十六世孙武真宅园，在钮家巷，周宣王时有凤集其园，故名凤池。经查为公元前514—前426年，当为苏州最早私园。宋朝为顾氏宅，明为袁氏宅和钮氏宅，入清，顾氏族人月隐君在此筑自耕园，康熙年间（1662—1722年）河南巡抚顾汧去官归田，园已易姓，乃购之重筑为凤池园。从园林景点名上看，以道家文化为主。但是园中一直保留凤池一景，在顾汧的凤池园广植梧桐作为凤凰的栖息之树。清末分为三部分。园东归陈大业，陈氏购东邻扩建省园，其中构凤池阁。中部归王资敬。西部归潘世恩，仍名凤池园，其孙又在对岸构养心园，园内仍沿续凤文化，构有凤池亭。

### 凤凰别馆

凤凰别馆在泉州南安云台山（今霞美镇澳柄村），是云台别馆的园中园。五代十国时，泉州刺史王延彬在南安云台山建云台别馆。园依双象山麓，山麓有小丘数座，一曰凤凰山，一曰凉风（峰）山。丘上有歌台舞榭。凤凰台高数层，一台一院，院外为随从宿舍。种十里梅林，凿一池三岛，沿溪杨柳，跨以拱桥。山坡植荔枝、橙子、朱槿、芭蕉，庭院植牡丹、绣球，又辟荷池、菊圃、兰桂飘香，西坡植梅林。王延彬别号云台侍中，在别馆中以文聚友，歌舞娱乐，蓄养北方伶人伎工，成为南音的始祖。王在部下怂恿下想自立，被闽王王审知执归闽都。唐同光三年（公元925年），王审知殁，次年王延彬官复原职，四年后（公元930年）郁郁而终，葬于凤凰山麓，俗称云台侍中墓。其妻徐氏以别馆舍为云台寺，时建有凤凰院。

## 凤谷行窝

凤谷行窝坐落于无锡市西郊东侧的惠山东麓，惠山横街的锡惠公园内，毗邻惠山寺。园址原为惠山寺沤寓房等二僧舍，明正德六年（1511年）曾任南京兵部尚书秦金（号凤山）得之，辟为园，因秦金号凤山，故名凤谷山庄，也与龙山相对。秦金殁，园归族侄秦瀚及其子江西布政使秦梁。嘉靖三十九年（1560年），秦瀚修葺园居，凿池、叠山，亦称"凤谷山庄"。秦梁卒，园改属秦梁之侄都察院右副都御使、湖广巡抚秦燿。万历十九年（1591年），秦燿因座师张居正被追查而解职。回无锡后，寄抑郁之情于山水之间，疏浚池塘，改筑园居，构园景二十，每景题诗一首。取王羲之《答许椽》诗："取欢仁智乐，寄畅山水阴"句中的"寄畅"两字名园。从园景上看，已无一处凤凰主题。

### 凤树园

在南市区天灯弄南药局弄之间，乾隆年间乔光烈所创私园。乔光烈（？－1765年），字敬亭，号润斋，上海人。乾隆丁巳进士，官至湖南巡抚，罢再起，授甘肃布政使。有《最乐堂集》。他为官清廉，做官30多年，仍然两袖清风。在任知县时，他亲自教农民种桑养蚕，被人称为乔公桑。

### 凤基园

都昌知县杨彝在常熟东唐市建园居，名凤基园。杨彝（1583—1661年），字子常，号谷园，别号万松老人，常州人。明万历天启年间，他与太仓名士顾梦麟等文友组成应社。在凤基园内辟有应亭，成为"应社"名流的会集场所。弟子追随者三百余人。入清，隐居于园，教授生徒，有《谷园集》。园内筑有藏书楼，名凤基楼，时与汲古阁和绛云楼并称。

### 园中凤景

杭州凤凰山的形态如凤凰展翅，故北宋徽宗在都城汴梁建艮岳时，全园的山体就是杭州凤凰山，建成后更名艮岳。西北水池名为凤池。在园中构筑巢凤阁，阁前置石太湖石，名仪凤和巢凤。南宋的皇城后苑就建在凤凰山上。

园林中以凤名山亦多。北宋开封的景初园，《汴京遗志》道，园位于城南凤城冈。明代顾起元的南京的遯园在凤凰山依凤凰台而建。与遯园相邻的何参知的宅园则继承凤凰主题，名凤嬉园。四川乐山的凌云寺依山傍水而建。寺内园林景观以龙凤为主题，如龙湫石洞、龙潭，又有集凤峰等。黄日纪辞官后在厦门城南门外凤凰山，构园十亩。因有六株古榕而名榕林别墅，有景：仙人池、百人台、踏云径、披襟台、钓鳌亭、半笠亭、果蔬圃等景。明代广东第一个状元黄仕俊在顺德凤山下构园，入清，被龙家购得，建为清晖园，园中主体假山就名凤来峰。厦门中山公园和顺德凤岭公园都是建于当地的凤凰山上。

## 新绛陈园

在新绛县朝殿坡高崖上，园主陈其五，为民初国民党军官。园未建成，陈即离山西，后散作民居。因形制似凤凰又有图纸而被传诵。园占地三亩，园内建筑布局呈凤凰展翅形，由凤凰眼、凤凰头、凤凰翅、凤凰身及凤凰脚八个单体建筑组成。凤凰头即最南端正中的玩月亭。玩月亭平面半圆半方，筑于砖台，居全园制高，可登以东望市肆，南眺清渠流水和峨嵋岭，北眺龙兴寺古塔。凤凰眼就是在土坯墙装饰凤眼。凤凰韬是呈两翼展开的两个砖木建筑，一位于北偏东 45 度角处，一位于北偏西 45 度角处，平面近方形，但柱廊为扇形。北端建筑为凤尾，结构上土券圆顶土窑的厅堂，功能上作为迎宾会客之所。至于凤凰脚，因未及建，无从推测。

　　中国园林要素的特征是山水骨架。园林选址于凤凰山和凤凰池是主要手法。依凤凰山造园如南京凤凰山凤凰台周围，权贵争相建园，如王阎园、顾起元遯园、徐三锦衣凤台，泉州王延彬依凤凰山建凤凰别馆，详见表18-1。依凤凰池造园者如苏州孙武真依凤池构园、福州许将依凤池建园。在园中构凤凰池者如苏轼在凤翔东湖凿引凤池。

## 表18-1　园林凤凰山一览表

| 朝代 | 建园时间 | 园名 | 人物 | 凤凰山 |
|---|---|---|---|---|
| 唐 | | 南山寺庭园 | 陈邕 | 园依丹凤山而建 |
| 闽 | 904—930 | 云台别馆 | 王延彬 | 园在云台山，中有凤凰别馆，构于凤凰山麓。山上构凤凰台 |
| 刘宋 | 439后 | 凤凰台 | | 凤凰三只栖于此，故名凤凰山，并构凤凰台 |
| 北宋 | | 景初园 | | 择址于凤城冈 |
| 北宋 | | 艮岳 | 赵佶 | 仿杭州凤凰山展翅飞翔的姿态而建，园中有凤池。构巢凤阁，阁内置太湖石，如巢凤和仪凤 |
| 南宋 | | 皇城后苑 | | 在杭州市西南，因山形若凤凰面名。南宋建皇城后苑于此 |
| 明 | 1573—1619 | 遯园 | 顾起元 | 顾起元构园于南京凤凰台边 |

续表

| 朝代 | 建园时间 | 园名 | 人物 | 凤凰山 |
|---|---|---|---|---|
| 明 | 1621 | 黄士俊宅园 | 黄士俊、龙应时、龙廷槐、龙廷梓 | 状元黄士俊于天启元年（1621 年）在凤山下修黄家祠、天章阁、灵阿之阁，环祠阁造园，乾隆年间，售与进士龙应时，其子龙廷槐和龙廷梓分别改建为清晖园、龙太常园和楚芗园 |
| 明 | | 凤嬉园 | | 西北枕凤凰台，亭馆池树，参差多致。旧为哈公所创，后为方士醒神子馆。参知得之，小为拓润而更名凤嬉园 |
| 清 | 1667 | 凌云寺 | | 又名大佛寺，环寺皆景：凌云山楼、山阴道、龙湫石洞、回头是岸、龙潭、耳声目色、弥勒殿、雨花台、载酒亭、集凤峰、山门等 |
| 清 | 1767 前 | 榕林别墅 | 黄日纪 | 厦门城南门外凤凰山下筑园十亩 |
| 清 | 1800– 1846 | 清晖园 | 龙廷槐、龙廷梓 | 龙廷槐和龙廷梓把宅园改造为清晖园，园中堆假山，名凤来峰 |
| 民国 | 1927 | 厦门中山公园 | 周醒南、林荣庭 | 厦门中山公园依凤凰山而建 |
| 民国 | 1929— 1931 | 凤山公园 | | 位于铜梁县巴川镇西门飞凤山 |

　　建筑主题为凤凰者除了台、楼、阁外，还有门、堂、桥、亭、坊等。名门者，如邺城的凤阳门。《邺中记》载：

"邺宫南面三门。西凤阳门，高二十五丈，上六层，反宇向阳，下开二门。又安大铜凤于其端，举头一丈六尺。门窗户，朱柱白壁。未到邺城七八里，遥望此门。"宋少帝刘义符于景平元年（公元423年）第一次修缮华林园，园东门名东合，北门名北上合，南门名凤妆门。

唐代李渊的仁智宫，后为李世民玉华宫，位于西安北铜川市玉华乡子午岭南端凤凰谷。园内内有玉华河，夏有寒泉，地无酷暑，虽然天宝年间毁，宋人张岷《游玉华山记》载有六景：玉华殿、排云殿、庆云殿、南凤门、晖和殿、嘉礼门（太子居），又有金飙门、珊瑚谷、兰芝谷等。南凤门为凤凰谷的南入口。除南凤门瓦葺建筑外，其余皆为茅顶，意取简素和清凉。大明宫本李世民为李渊建的皇家园林，十一门中有一门名丹凤门李世民在太原的晋阳宫寝殿西亦有威凤门。

在太原，唐代晋阳宫寝殿有威凤门。鸾与凤本为一系。与紫宸殿、太液池、蓬莱岛、玄武门、重玄门、蓬莱殿、仙居殿、太和殿、清思殿、望仙台、麟德殿、九仙门、三清殿、大福殿、银台门、凌霄门等为神仙和道家思想的景点。南宋杭州宫城依凤凰山脚下，故设有凤山门。

凤最美的姿态是飞翔，故各地以凤凰楼或凤凰阁命名的景点很多。不仅建在城池之上，有时也在城池之内，亦有在城内城外的山上，更有在园林之内者。皇家园林建凤凰楼或凤凰阁最多。因为皇家园林面积大，水池大，常有候鸟来栖，凤凰楼和凤凰台一为纪念，二为招引。皇宫多建有凤凰楼，如唐代大明宫是一个大型园林，其内就有栖凤阁。王府亦构凤凰楼，如武则天的女儿太平公主在长安城南乐游原建造南庄，园中也起凤凰楼。乾隆年间德沛袭爵亲王时就用府银数万建惠园，园中构筑雏凤楼，楼前有池，楼后有瀑，成为京城胜景。

在有凤栖之处或凤形山地构凤凰楼阁一直延续至今。唐代会昌三年（公元843年）广西桂林御史中丞、桂管观察使元晦在叠彩山构建景凤阁。直至今日，龙岩登高山顶建龙凤阁，澄海金砂公园建凤楼，顺德凤岭公园建凤楼，都是大众崇凤心理的集中体现。

白居易在长安新安里构筑宅园，说园后借长安的景丹凤楼。明代中丞王澄川在昆山构筑颐园，康熙（1662—1722年）初，王石玄更名为三笏堂，在园中再建大宗享祠、大耒居、止止航、易居本无轩、欣欣草堂，还起一座楼，名得凤楼。苏州陈大业得顾沂的凤池园，更名省园，构有凤池阁，但是否为原来岫云阁更名不得而知。

园林之堂是全园的主体建筑，也是主题思想的所在。明嘉靖万历年间云南布政司参政顾豫在苏州建绿荫园，园中东有巢凤堂，园西有介寿堂。清中期顾嗣芳在苏州初构试饮草庐，玄孙顾培业重筑为园，主堂名来凤堂。而称凤凰堂最著名的当为日本平安时代的寺院园林平等院。院中主体建筑名凤凰堂，本为贵族府邸中的佛堂。此堂三面环水，坐西朝东。平面形似凤凰展翅，故名凤凰堂。正殿为凤身，左右廊为凤翅，后廊为凤尾。凤凰堂是中国凤文化东渡的见证。

在公共园林中构建凤凰主题建筑以亭最多。如北宋太谷酽泉的凤州亭，清代苏州凤池园分为三部分，西部潘世恩部分就新构凤池亭。晚清重臣李鸿章在上海为小妾丁香构建中西合璧的园林，建筑是美式，园林一半为中式一半为西式。中式部分有水池，池中筑岛，岛上构亭，亭顶金铸凤凰，名凤亭（图18-3）。池边院墙顶筑百米长龙，成为龙凤双奇。

图18-3　丁香花园凤亭

大凡凤凰台在公共园林的湖边，而有园中建凤凰台的当属唐代杨师道的园林。杨师道娶桂阳公主，封安德公。园中以水池名为，故名安德山池，池边筑台名凤台。杨师道清警有才思，常于园中宴集。贞观十四年（公元 640 年）三月，杨师道效王羲之兰亭雅集，邀请岑文本、刘洎、褚遂良、杨续、许敬宗、上官仪、李百药等到园中做客，各赋诗一首，集为《安德山池宴集》。

### 凤池书院

凤文化中凤凰被当成精英和才子的代称，书院的教育像孵雏，毕业相当于飞凤，名师荟集和才俊云集有如凤集湖池，故以凤池名书院。当然，书院中凿池构园，引得年年候鸟来栖，文人雅士以鸟比凤，成就众多诗篇。

福州的圣功书院所在地的凤池里，本是宋代状元许将的宅园，故道光年间因此更名为凤池书院，成为省城四大书院之一。清杨平叔所书楹联：池浴文禽，从罗舍梦里飞来，览凭苑林翔吉宇；凤鸣翙凤，向刘勰笔端流书，迁乔阿阁听和声。

南京的凤池书院是从乾隆年间改建忠义祠后的文会楼，后来陈桂生建承训楼，道光年间俞德渊改建书院于旧王府东北角的绣春园，于是凤池书院就有池馆亭阁之胜。《金陵待征录》言"本在学内，后移王府之绣春园地，则俞太守德渊为之"，《白下琐言》中描绘说"号舍、讲堂规模井井，原为童生肄业而设。讲堂之后，池塘亭榭花木蓊然，犹是孙氏五亩园之旧，过其地者流连不忍去"。

贵州水城在清雍正十二年（1734 年）通判孟金章建义学于城北，后更名水城书院。道光七年（1827 年）通判袁汝相迁建于城南凤翔街，于是易名凤池书院。

云南昭通凤池书院原名昭通书院，又名昭阳书院，清雍正八年（1730 年）始建于城东南八仙海畔，总兵徐成贞撰有记。乾隆四十九年（1784 年）知府孙思庭移建于学宫东，改名凤池书院。嘉庆二十年（1815 年）知府张润、教授李上桃重修，官绅捐增束修膏火。光绪二十六年（1900年）乡绅谢崇基等重修，并建藏书楼，后改为省立学校。

### 凤阙

阙是战国到汉代的重要礼制建筑，经常置于宫门前。西汉建章宫是汉武帝于太初元年（公元前 104 年）建造的园林式宫苑，规模宠大，有"千门万户"之称。建章宫东门外构筑双阙，阙顶置鎏金铜凤凰，故名凤阙。东汉繁钦为此专门题《建章凤阙赋》，可见建章宫双凤阙在东汉仍存，其序道："秦汉规模，廓然泯毁，惟建章凤阙，耸然独存，虽非象魏之制，变一代之巨观。"至今仍有两个高大土堆，村民称为双凤台，村庄因名南双凤村和北双凤村，可知凤阙之高大。

《史记·孝武本纪》载："其东则凤阙，高二十馀丈。"

司马贞索隐引《三辅故事》："北有圆阙，高二十丈，上有铜凤皇，故曰凤阙也。"按此计算，凤阙高达约合 58.75 米，相当于现代的高层建筑，如按办公楼层高三米计，则近二十层。《汉书·东方朔传》："陛下以城中为小，图起建章（指建章宫），左凤阙，右神明（指神明台），号称千门万户。"颜师古注："凤阙，阙名。"《艺文类聚》卷六二引晋潘岳《关中记》："建章宫圆阙，临北道，凤在上，故曰凤阙也。"

按礼制只有帝王，才能起凤阙，故后来凤阙被引申为皇宫和朝廷。晋王嘉《拾遗记·魏》："青槐夹道多尘埃，龙楼凤阙望崔嵬。"唐杨炯《从军行》："牙璋辞凤阙，铁骑绕龙城。"清陈维崧《南柯子·蝶庵花下送苏生仲补游京师》词："挟瑟龙池上，鸣鞭凤阙前。"

凤主题园林建筑一览表见表 18-2。

表 18-2　凤主题园林建筑一览表

| 朝代 | 建园时间 | 园名 | 人物 | 建筑 |
|------|---------|------|------|------|
| 春秋 | 前 770—前 222 | 邺城宫城 | | 凤阳门 |
| 东晋 | 326—342 | 华林园 | | 凤妆门 |
| 刘宋 | 437 前 | 王阆园 | 王阆 | 邻近凤凰台 |
| 唐 | 624 | 玉华宫 | 李渊、李世民 | 南凤门 |
| 唐 | 627—635 | 大明宫 | 李世民 | 丹凤门、栖凤阁 |
| 唐 | 至迟 640 | 杨师道山池 | 杨师道 | 凤台 |
| 唐 | ？—713 | 南庄 | 太平公主 | 园中起凤凰楼 |

续表

| 朝代 | 建园时间 | 园名 | 人物 | 建筑 |
|---|---|---|---|---|
| 唐 | 723 | 晋阳宫 | 唐玄宗 | 寝殿西门曰威凤门 |
| 唐 | 758—759 | 潮州西湖 | | 改葫芦山顶四望楼为栖凤楼 |
| 唐 | 772—846 | 新昌宅园 | 白居易 | 借景长安城内丹凤楼 |
| 唐 | 793 前 | 泉州东湖 | | 凤里桥 |
| 唐 | 843 | 叠彩山 | 元晦 | 景凤阁 |
| 北宋 | 北宋初 | 东京后苑 | | 仪凤阁 |
| 北宋 | 1111—1115 | 酎泉 | | 凤州亭 |
| 北宋 | 1115 | 艮岳 | 赵佶、孟揆、梁师成、朱勔 | 巢凤阁 |
| 南宋 | | 宫城 | | 凤山门 |
| 明 | 1522—1566 | 青山庄 | 吴襄、徐氏、张玉书 | 凤嘴桥 |
| 明 | | 绿荫园 | 顾豫 | 园内东部有巢凤堂，西部有介寿堂 |
| 清 | 1644—1661 | 省园 | 陈大业 | 得顾汧凤池园东部构凤池阁 |
| 清 | 1644—1661 | 凤池园 | 潘世恩 | 得顾汧凤池园西部构仍名凤池园，构凤池亭 |
| 清 | 1644—1796 | 惠园 | 德沛 | 为郑亲王府花园，园中构雏凤楼 |
| 清 | 1687 | 文园 | 汪潆庵 | 园中有凤楼山馆 |
| 清 | 1706 | 汤泉行宫 | 乾隆 | 乾隆扩建时筑飞凤亭 |
| 清 | 1736—1795 | 盛京皇宫 | 康熙、乾隆 | 宫有翔凤阁和凤凰楼 |

续表

| 朝代 | 建园时间 | 园名 | 人物 | 建筑 |
|------|----------|------|------|------|
| 清 | 1824 前 | 小辟疆园 | 顾培业 | 顾嗣芳在初构试饮草庐，玄孙顾培业重筑为园，有来凤堂，培业孙顾震涛列名小辟疆园 |
| 清 | 1870—1895 | 丁香花园 | 李鸿章、丁香 | 凤亭与龙墙相对 |

岭南凤崇拜雕塑小品较多，如深圳洪湖公园中三拱桥的凤凰影雕、兴宁明星公园双凤朝阳正脊（图 18-4）、佛山中山公园双凤灰塑（图 18-5）等。

图 18-4　明星公园双凤朝阳正脊

图 18-5　佛山公园双凤灰塑

## 第7节　龙凤合一

在龙凤文化合为组合主题之后，龙凤作为建筑可以成对出现，如李渊的大明宫中翔鸾阁和栖凤阁相对，沈阳故宫的飞龙阁和翔凤阁形成鸾凤姐妹楼的关系。龙凤门是清代皇陵的牌坊门，其型制特殊，其实是庙宇棂星门的一种，在清东陵的孝陵、清西陵的泰陵、昌陵、慕陵中出现。文庙的棂星门是四柱三门，而皇陵的棂星门是六柱三门，即二柱一门，三门之间用影壁连接，相当于四壁连三门。称为龙凤门，是因为每座影壁中心菱形琉璃花内饰有龙、凤、花、鸟图案。照壁左右两侧还连接着一段稍低的青砖下肩，上面砌有黄瓦顶的红墙。因为三门四壁的型制使得原本单调的门变得丰富起来，原本只能向上发展的门向两侧发展。三门既分出了主次尊卑，也从中门突出了石像生的序列以及底景的主山和朝山案山，成为框景的佳作。龙凤门因为横梁上有火焰宝珠，故又名火焰门。因每柱都有日月板、冲天吼，故又有华表的特征（图 18-6）。

图 18-6　清东陵龙凤门

石雕龙凤作品最多的就是太和殿三层基台的龙凤柱头，数量多达 1460 根（图 18-7）。内廷后三宫是帝后内寝之地，因此从乾清门至乾清宫的月台周围都是雕龙凤望柱头。而御花园中的钦安殿是明代皇帝做道场之处，故其周围栏板雕刻百花穿龙图案，望柱头的龙，卷舒于云朵之中，与三大殿望柱相比，显得形体更精巧玲珑；其雕凤，双翅舒展、劲羽飞动，显得怡静雅致。宁寿宫花园等处的望柱及柱头雕饰，亦各有特色。

图 18-7　太和殿龙凤望柱

清东陵的慈禧陵是汉白玉石雕中的绝品，龙凤中的特例。隆恩殿前的凤龙丹陛石凤在上，龙在下。翔凤如天降，吐出宝珠，升龙仰头承接宝珠。并且采用了高浮雕加透雕的手法，在龙嘴、龙尾、龙须、凤嘴、凤冠等部位有10

处透雕，立体感极强，形象更为逼真，令人叹为观止（图18-8）。隆恩殿的汉白玉石栏板上，都用浮雕技法刻成前飞凤、后追龙图案。69块汉白玉石栏板上凸雕的138组凤引龙追的图案，前面的凤雕刻得丰满，姿态是顾盼回首，后面的龙雕得体形瘦小，俯首追赶。76根望柱柱头全部雕刻着翔凤，凤的下面是雕在柱身里、外侧的两条龙，形成"一凤压两龙"态势。

图 18-8　慈禧陵龙凤丹陛

建筑龙凤柱也是比比皆是。漳州凤霞祖庙有双龙双凤柱，零陵文庙大成殿有汉白玉蟠龙柱和青石飞凤柱，宁远文庙大成殿前后蟠龙石柱和飞凤石柱各六根。2008年重建的厦门仙岳山土地公庙，其前殿前廊有两对龙柱，正中两根为双龙柱，外侧一对龙柱则为龙凤柱。龙上凤下，龙凤之间百花盛开，龙凤之下柱础之上也增加了瑞象以承托龙柱。

铜雕中龙凤作品最杰出的作品就是故宫太和殿月台上，左龙右凤。在颐和园仁寿殿前左龙右凤（图18-9）。现代龙凤组题中可见厦门白鹭洲公园门中的石雕中看到一边为龙雕，一边为凤雕，它们与中国脸谱结合在一起表现阴阳刚柔的相对概念。厦门南普陀有龙凤脊饰，佛山中山公园建筑的山花用了灰塑蟠龙戏凤。

宁夏的临夏清真北寺龙凤影壁始建于清乾隆辛酉年间（1741年）。其顶为仿木式结构，中为"墨龙三显"，两侧为"丹凤朝阳""彩凤望月"，整体寓意为"龙凤呈祥"，是幸存最古老的地面大型砖雕照壁。龙凤影壁长达12.3米，高6.6米，厚0.8~1.0米，全部青砖垒彻，墙体历久弥坚，砖缝致密紧凑。影壁中间有一帧大小双龙的图案，大龙在上，小龙在下。大龙恰似父亲在上方云端显瑞，龙身在祥瑞的云朵之间显示为三段，而一小龙子在下方探出龙首来应圣，其余隐藏于水波雾霭之中，故墨龙三显或真龙交子。蟠龙的左右两侧各雕刻有对称的"丹凤朝阳"和"彩凤昭

图 18-9　颐和园铜凤

月"图案，也称作"背仰凤凰"和"腹仰凤凰"。"背仰凤凰"在右，图案凝重端庄，婉仪有淑，图案里刻有梧桐、牡丹、青松，下端有表示山河社稷图像的水波和山石。"腹仰凤凰"在左，则配有梧桐、幽兰、山石，左上方还有一块红月祥云，底下又为象征山河社稷祥和的水波和灵芝山石。左右两壁的凤凰雕刻，均见梧桐，凤凰姿态俊俏，栩栩毕肖（图 18-10）。

图 18-10　临夏清真北寺龙凤壁

# 第*19*章 壶中天地

## 第1节 典故

《后汉书·方术下》载：

费长房，汝南人，曾为市掾。有老翁卖药于市，悬一壶于肆头，及市罢辄跳入壶中。市人莫之见，惟长房于楼上睹之，异焉。因往再拜，奉酒脯。翁知长房之意其神也，翁曰："子明日更来。"长房旦日果往，翁乃与俱入壶中。但见玉堂广丽，旨酒甘肴，盈衍其中。共饮毕而出，翁嘱不可与人言。后乃就长房楼上曰："我仙人也。以过见责，今事毕，当去。子宁能相随乎？楼下有少酒与卿为别。"长房使十人扛之，犹不能举。翁笑而以一指提上。视器如有一升许，而二人饮之，终日不尽。长房心欲求道，而念家人为忧。翁知，乃断一青竹，使悬之舍后。家人见之，长房也。以为缢死，大小惊号，遂殡殓之。长房立其傍，而众莫之见。于是随翁入山，践荆棘。于群虎之中，留使独处，长房亦不恐。又卧长房于空室，以朽索悬万斤石于其上，众蛇竞来啮索，欲断，长房亦不移。翁还抚之曰："子可教也。"复使食粪，粪中有三虫，臭秽特甚。长房意恶之。翁曰："子几得道，恨于此不成奈何？"长房辞归，翁与一竹杖曰："骑此任所之，顷刻至矣。至当以杖投葛陂中。"长房乘杖须臾来归。自谓去家适经旬日，而已十余年矣。即以杖投陂，顾视则龙也。家人谓其死久，惊讶不信。长房曰："往日所葬竹杖耳。"乃发冢剖杖棺，犹存焉。遂能医疗众病，鞭笞百鬼。又尝食客，而使使至宋市鲊（zhà），须臾还，乃饭。桓景尝学于长房。一日谓景曰："九月九日汝家有大灾，可作绛囊盛茱萸系臂上，登高山，饮菊花酒，祸可消。"景如其言，举家登山。夕还，见牛羊鸡犬皆暴。

东汉时汝南有个市长管理员叫费长房。一日，他在酒楼上，偶见街上卖药的老翁，悬挂着一个药葫芦卖药。待市集散后，老翁跳入壶中。他惊异不已，遂前往拜见。老翁说明日再来。次日，他随老翁进入壶中，只见玉堂广丽，美酒佳肴，无所不有。老翁告诉长房自己是仙人，因犯错而受罚将止，若能跟上来，就到楼下饮酒作别。费长房让十人扛不动的酒器，而老翁一指提着就走，而酒器就像只有一升左右。每天两人喝酒都喝不完。长房心想求道，但顾虑家人。只见老翁折断一段青竹，挂在费家屋后，家人一见，以为长房自缢而亡，哭罢收殓埋葬之。于是，费长房就没有牵挂地跟随老翁入山修道。费长房独处于一群老虎之中，一点也不害怕。又让费长房躺在房间里，空中用朽绳悬挂万斤石头，一群蛇在咬绳索，眼看绳要断了，人犹纹丝不动。老翁表扬说："孺子可教。"再让费长房吃粪便，粪便中有三只蛆虫，长房感到有点恶心。老翁说："你眼看就要得到了，但是，这一关过不了，怎么办呢？"费长房只有告别辞行。老翁给他一根竹杖，说："骑着它想去哪都行，马上就可到达。到了后，把竹杖投入葛陂之中就行。"费长房就这样骑着竹杖回到了家。自以为离家只有十多天，实际已经十余年了。于是，马上投杖于陂，发现竹杖竟是一条龙。家人都不信，他就说："当年你们葬的只不过是一根竹杖。"大家刨开坟地一看，果真是一根竹杖。从此，他开始每天给百姓治病，有时还驱除魔鬼。有一次他寄食于一户人家，主人叫他去很远的宋地买腌鱼，他居然一会就买回来，于是给他吃饭。桓景曾经向费长房学习道术。一日，他对桓景说："九月初九，你家有大灾，可在臂上系一个装着茱萸的香囊，登上高山，饮菊花酒，灾祸就可消除。"桓景按师父的话，举家登山。晚上回家，发现家中牛羊全都死了。

　　与壶公故事同时代的道教创始人张陵的弟子也被称为壶公，于是给壶公与道教拉上关系。张陵在成都附近的云台山修行，创立五斗米教，人称张天师。其弟子张申受命为云台道观住持。百姓把张申奉为神仙壶公，说他有一把酒壶，只要念动咒语，壶中会展现日月星辰，蓝天大地，亭台楼阁等奇景，更令人惊奇的是他晚上钻进壶中睡觉。于是，壶中天地的故事变成了壶中日月。

以此故事连北魏的水利学家郦道元的《水经注·汝水》记载："昔费长房为市吏，见王壶公悬壶於市，长房从之，因而自远，同入此壶，隐沦仙路。"唐代王悬河《三洞珠囊》也记载："壶公谢元，历阳人。卖药於市，不二价，治病皆愈。"北宋《云笈七签》卷二八引《云台治中录》载："施存，鲁人。夫子弟子，学大丹道……常悬一壶如五升器大，变化为天地，中有日月，如世间，夜宿其内，自号'壶天'，人谓曰'壶公'。"明高启《鹤瓢》诗："壶公本解飞腾术，丁令宁为濩落材！"清杨守知《咂嘛酒歌》："刘伶大笑阮籍哭，直欲跃入壶公壶。"

《九域志》载，福建莆田县南有一座壶公山，高达711米。昔有人隐此，遇一老人引于绝顶，见宫阙台殿，曰"此壶中日月也"，因名。唐黄滔《莆山灵岩寺碑铭》："左漱寒泉，右拥迭巘，危楼豁壶公之翠，上方视鳀海之波。"清顾祖禹《读史方舆纪要·福建二·兴化府》："壶公山……顶有泉，出石穴中，其盈缩应海潮。中有双蟹，名曰蟹井泉。有真净岩，登之可遍眺郡境。又有灵云、虎邱、盘陀诸岩。泉石罗列，名胜不一。"壶公山主峰位于木兰溪下游，鹤立于兴化南北洋平原之上，故格外高大，因此，"壶山兰水"自古就成为莆田的标志，"壶公致雨"也成为莆田二十四景之一。

费长房求仙未果反成医的故事，既是中医悬壶济世的出典，也是园林壶中天地和壶中日月的出典。于是，历代文人以壶公、壶天、壶中天地、壶天日月、悬壶、玉壶、小壶天、匏壶、方壶、圜壶来表明示空间虽小，却别有洞天。也引申为外面虽纷杂，壶内却清静悠闲。

李白《下途归石门旧居》道："何当脱屦谢时去，壶中别有日月天。"李中《赠重安寂道者》道："壶中日月存心近，岛外烟霞入梦清。"元刘秉忠《永遇乐》词道："壶中天地，目前今古，今日还明日。"曹唐《小游仙诗》道："骑龙重过玉溪头，红叶还春碧水流。省得壶中见天地，壶中天地不曾秋。"元稹《幽栖》道："野人自爱幽栖所，近对长松远是山。尽日望云心不系，有时看月夜方闲。壶中天地乾坤外，梦里身名旦暮间。辽海若思千岁鹤，且留城市会飞还。"宋先生《丑奴儿·因师传说朝元理》道："因师传说朝元理，昼夜功勤。炼煅成真。偷得阴阳共半斤。壶中天地何曾夜，四季长春。洞里光阴。交我如何与世论。"

## 第 2 节　壶中天地与壶园

壶中天地，作为小型园林的代称，历代主要出现在有道家情怀和道教园林之中。壶中天地，也作为一种设计手法，表示园林的小型、封闭、幽奥。唐代尉迟长史草堂就是这种类型。李翰《尉迟长史草堂记》："吾友晋陵郡丞河南尉迟绪，……大历四年夏，乃以俸钱构草堂於郡城之南，求其志也。材不斩，全其朴；墙不雕，分其素。然而规制宏敞，清泠含风，可以却暑而生白矣。后有小山曲池，窈窕幽径，枕倚于高墉。前有芳树珍卉，婵娟修竹，隔阂于中屏。由外而入，宛若壶中；由内而出，始若人间：其幽邃有如此者。……其岁秋八月乙丑朔记。"园名用壶者，表示园小，但是内容很多。而实际上，许多园林并非园小。

第一个以壶名园者是南宋名将刘锜的玉壶园，园内有玉壶轩。死后园没归皇家御苑。刘锜是抗金名将，大败金兀术，却受秦桧和张浚排挤，郁郁寡欢，把园名为玉壶园，把轩名为玉壶轩，亦表明自己的心如玉壶一样清纯。

玉壶的首义是指道教费长房随老翁入壶的典故。壶内"玉堂广丽，旨酒甘肴"，后遂用以指玉壶指仙境，如唐陈子昂《感遇》诗之五："曷见玄真子，观世玉壶中。"宋王沂孙《无闷·雪景》词："待翠管吹破苍茫，看取玉壶天地。"清孔尚任《桃花扇·入道》："玉壶琼岛，万古愁人少。"

冰壶、玉壶冰、冰玉壶等词，儒家亦用玉和冰的透明比喻君子品德清正廉洁。《文选·鲍照〈白头吟〉》："直如朱丝绳，清如玉壶冰。"李周翰注："玉壶冰，取其洁净也。"

唐姚崇《冰壶诫序》："冰壶者。清洁之至也。君子对之。示不忘乎清也。夫洞澈无瑕。澄空见底。当官明白者。有类是乎。故内怀冰清。外涵玉润。此君子冰壶之德也。"明孙梅锡《琴心记·王孙作醵》："官况托冰壶，友谊敦芳醑，数载梦中孤，今日樽前聚。"清陈梦雷《赠秘书觉道弘五十韵》："霜锷扬辉耀，冰壶濯晶莹。"

其二，玉壶指盛水的玉壶，常用以此喻品德清白廉洁。唐元稹《献荥阳公》诗："冰壶通皓雪，绮树眇晴烟。"宋杨万里《中秋前二夕钓雪舟中静坐》诗："人间何处冰壶是，身在冰壶却道非。"意是人间何处有像冰壶这样清正廉洁的环境？我身清正廉洁，世道却不是这样。唐王昌龄《芙蓉楼送辛渐》："洛阳亲友如相问，一片冰心在玉壶。"明孙梅锡《琴心记·王孙作醵》："官况托冰壶，友谊敦芳醑，数载梦中孤，今日樽前聚。"当官要如冰壶般清正廉洁，友谊当如美酒般清纯，多年梦见有德人，今日樽前始相聚。

其三，玉壶，指皇帝颁发的壶形佩饰，寓敬老和表功。《后汉书·杨赐传》："诏赐御府衣一袭，自所服冠帻绶，玉壶革带，金错钩佩。"唐陈子昂《为建安王谢借马表》："玉壶遂临，叨得骏之赐。"

其四，玉壶借指月亮或月光。唐元稹《献荥阳公》诗："冰壶通皓雪，绮树眇晴烟。"元马致远《青山泪》第三折："正夕阳天阔暮江迷，倚晴空楚山叠翠，冰壶天上下，云锦树高低。"明陈所闻《浪淘沙·中秋同皮元素泛月》曲："秋色老梧桐，月满遥空。画桥百尺似飞虹。人向冰壶同载酒，细浪轻风。"清李基和《戊寅中秋初度月下作》诗："谁画雁门今夜里，山川别样贮冰壶。"

玉在老庄看来，并非有如上透明之义。《老子》三处用玉，第九章道："金玉满堂，莫之能守。"第三十九章道："是故不欲琭琭如玉，珞珞如石。"第七十章道："是以圣人被褐而怀玉。"《庄子·马蹄》："白玉不毁，孰为珪璋"，"掷玉毁珠，小盗不起"。《庄子·寓言》："大王亶父居邠，狄人攻之；事之以皮帛而不受，事之以犬马而不受，事之以珠玉而不受，狄人之所求者土地也。"

第二个以壶命名的园林名壶春园。南宋《宝祐志》道，壶春园在江都，园内有佳丽楼，为该郡名胜。

第三个以壶命名的园林名壶隐园。明朝尚书陈必谦在虞山镇西门内西仓桥建宅邸，嘉庆年间（1796—1820 年）吴峻基在故址构亭台，后又得明代钱氏的南泉别业故址，扩建为壶隐园，有阁名"不碍山云阁"，后归丁氏，增湘素楼为藏书处，后废，现为中学宿舍。

第四个以壶命名的园林叫水壶园。此园原是明代钱岱于万历年间在家乡常熟建的小辋川，仿的是王维的辋川别业。清代一部分遗址被吴峻基购得，建为水壶园，又名水吾园或吴园，一改儒佛理念，变成以壶中天地为核心的道家道教理念。同治、光绪年间（1862—1908 年）被阳湖人赵烈文得园，依然为道家思想，突出道家静字，更名静园。民国后，园归常州人盛宣怀（1844—1916 年）。盛宣怀是近代买办官僚，字杏荪，号愚斋，此号就是出自老庄以愚为美的理念。盛宣怀是李鸿章的幕僚，任轮船招商避会办、工部左侍郎、会办商约大臣、邮传部尚书，开办许多任务商业，是晚清的官僚资本家。盛宣怀仍以静为题，更名宁静莲社，在园中著书立说，名《愚斋存稿》)。园林以水取胜，园中有：能静居（三进院落）、先春廊、殿春廊、经堂、八角榭、方形榭、柳堤、柳风桥、静溪、天放楼、小假山、石梁、九曲桥、石台、似舫、舫栖浪、水涧、湖石假山、黄石假山、梅泉亭等。其中，能静居、经堂、静溪、天放楼都典出老庄。解放后，赵家水壶园与曾家虚霩园（庄子虚霩典故）并为常熟师范学校，后为常熟专科学校，后学校迁址，1995 年修复开放。无论水壶园还是虚霩园，都流露出道家和道教的气息。

小辋川另一半在光绪七年（1881 年）刑部郎中曾之撰建为虚霩居，俗称曾家花园，时有荷花池（四亩）、虚霩村居、君子长生室、寿尔康室、归耕课读庐、莲花世界、邀月轩、水天闲冶、黄石假山、山亭、盘矶（刻虚霩子濯足处）等，1904 年，文学家曾朴改编《孽海花》成名，1930年居此园。解放后曾为常熟师范学校、常熟高等专科学校所在，学校搬迁后，破坏十分严重，1995 年修复后开放，现有景：照壁、方亭、雪台、邀月轩、桃花坞、水天闲话、虚廓村居、琼玉楼、归耕课读庐、小有天、不倚亭、啸台等。诸景全是道家和魏晋风骨景观。

第五个以壶名园的是北京的壶园。《顺天府志》和《京师坊巷志稿》载，壶园位于米市胡同，清道光初年徐宝善居住，后由许宗衡用。许宗衡题有《壶园诗》："朱坊紫陌宣南路，旧井秋槐尚夕阳。当日园林盛宾客，一时文宴有沧桑。"徐宝善（1790—1838年），字廉峰，歙县人，嘉庆庚辰（1820年）进士，改庶吉士，授编修，历官御史，他在园中居住时把文集名为《壶园诗钞》。许宗衡（1811—1869年），原名鲲，字海秋，原籍山西，随外祖父孙松溪官淮南批验大使客居江苏南京上元，道光十二年（1832年）补博士弟子员，道光十四年（1834年）中举，咸丰二年（1852年）进士，选庶吉士，改宫中书，咸丰八年（1858年）起居注馆主事，工诗文，把自己的所有文集合刊为《玉井山馆集》。其名鲲典出庄子《逍遥游》大鸟鲲鹏。

第六个以壶名园的是咸丰（1851—1861年）初年的壶春草堂，在上海闵行区诸翟镇，侯孔释于咸丰初年或以前所建，后毁。

第七个以壶名园的是民初苏州的壶园。壶园在苏州庙堂巷，民国期间潘氏所建，清末词人郑文焯曾寓居此园。园广300平方米，平地筑园，中为一池，周以曲廊、半亭、船厅、石桥和景石。《江南园林志》称"（苏州）城中有小园，以畅园、壶园为最"，园广300平方米，不足半亩地。郑文焯（1856—1918年），近代词人，字俊臣，号小坡、叔问、大鹤山人，奉天铁岭人，属汉军正黄旗，光绪举人，官内阁中书，能词、金石、书画、医学等。其书名《大鹤山房全集》之大鹤就为仙家所喜爱之物，是长寿的象征（图 19-1）。

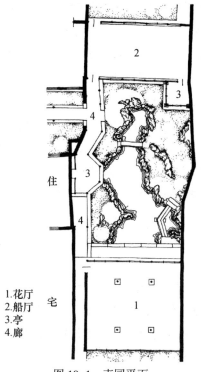

图 19-1　壶园平面

（资料来源：刘敦桢《苏州古典园林》）

# 第 3 节　从壶景到壶中天地

　　其实，园中景名壶者，概此景为园中园，别有洞天。第一个以壶名景者为南宋杨玉和在杭州的云洞园。园内构有主景是云洞、金粟洞和方壶。除此桂亭、五色云、天砌台都有道教倾向。金粟洞在晋江紫帽山，相传为唐朝道士郑文叔修炼之地。《晋江县志》载：唐元德真人郑文叔道术甚高。有客过洛阳，顺便带书与文叔。书到，文叔取粟半升以酬客。客还家发现粟已成金。

　　第二个以壶名景者为元代大都（今北京）的万安宫。辽代万宁宫被蒙古石抹明攻克后，铁木真赐给全真教丘处机，丘死后改为万安宫，忽必烈登基后改建，以海上仙山为意象，时琼华岛合万寿山（亦称万岁山），上构方壶殿和方壶亭、瀛洲亭。

　　第三个以壶名景者为保定莲花池。园内有景小方壶和小蓬莱。

　　第四个以壶名景者为明代陈汪在太仓建的丹山，园林以道教为主题，竹桥、芝屋、幽轩、壶岛。

　　第五个以壶名景者为南宋苏州的吴郡郡圃，筑假山名"壶中林壑"，构亭名玉壶轩。

　　第六个以壶名景者为南宋范成大在苏州建的范村。园内有荼蘼洞名方壶。

　　第七个以壶名景者为南宋苏州状元黄由在苏州吴江建

的盘野，内有三清阁和如壶中天。南宋淳熙八年（1181 年）苏州状元黄由在苏州吴江区东门外学宫旁所建园林，宋宁宗赵扩专门赐名为盘野。这个面积达百亩的园林是儒道两教的综合，园内既有儒家的共乐堂、联德堂和拥书楼，也有道教的道院、三清阁、壶中天、苃堂、墨庄等建筑，还有花卉、竹林、桧柏等植物景观，名胜著于当时，黄由有多篇诗咏之，清代徐菘亦有诗咏之。

　　第八个以壶名景者为明代王世贞的离薋园和弇山园。王世贞既是文学家，也是造园家，他不仅著有《游金陵诸园记》，还在老家太仓造园两个园林。他早期建的离薋园内就有壶隐亭。弇山园，又名弇洲园、祇园、琅琊别墅，写有《弇山园记》和《弇园八记后》等。弇山园面积 70 余亩，土石十之四，水十之一，室庐十之二，竹树十之一，中有三山（西弇、东弇、中弇）、一岭、三佛阁、五楼、三堂、四书室、一轩、十亭、一修廊、二石桥、六木桥、五石梁、四洞、四滩、二流杯渠等。诸多景点中不仅体现有儒家、佛家，还有大量的道家道教景点，分述如下。

　　弇兹，中国神话中西方之神，归属于道教的原始神话体系。弇州，即今兖州。今市西 30 里有山名嵫山，大概因有奄国在附近，所以嵫山又名崦嵫山、奄山，为神话中日之所入。其上有神称弇兹，《山海经·大荒西经》云：西海诸中有神，人面鸟身，珥两青蛇，践两赤蛇，名曰弇兹。西海即古之大野泽，在嵫山之西。黄帝谕弇兹为西海神。王世贞自号弇州山人，著有《弇州山人四部稿续稿》。弇州园中堆中弇、东弇、西弇三座山，以象弇兹神山。又构有琼瑶坞、弇山堂、小有天、眦虞榭、超然台、萃胜桥、得胜亭、息岩、率然洞、潜虬洞、大观台、白云门、隔凡（洞）、丛桂亭、绾奇台、指迷石、壶公楼、荣芝所。

小有天是道家所传洞府名。《太平御览》卷四十引《太素真人王君内传》："王屋山有小天，号曰小有天，周回一万里，三十六洞天之第一焉。"唐杜甫《秦州杂诗》之十四："万古仇池穴，潜通小有天。"《太平广记》卷五十八《魏夫人》："使夫人于王屋小有天中，更斋戒二月毕，九微元君、龟山王母、三元夫人众诸真仙，并降于小有清虚上"宋赵师侠《阳华岩》诗："萦回栈道泉湍响，疑是仙家小有天。"《太平御览》卷四十引《茅君内传》："王屋山之洞，周回万里，名曰小有清虚之天。"宋辛弃疾《菩萨蛮·题云岩》："今古几千年。西乡小有天。"

眦虞榭是指虞帝重瞳的异相，虞帝亦指舜帝。《唐虞之道》赞扬尧舜的禅让，着重叙述舜知命修身及具有的仁、义、孝、悌的品德。唐虞之道是老庄推崇的禅让时代，但学术界有争议属儒、墨和纵横者，难以界定。

超然台的超然，典出于老子。《老子》："虽有荣观，燕处超然。"晋陶潜《劝农》诗："若能超然，投迹高轨，敢不敛衽，敬赞德美。"唐李德裕《鲊艋舟》诗："永日歌濯缨，超然谢尘滓。"《西游记》第九十三回："无爱无思自清净，管教解脱得超然。"明冯梦龙《东周列国志》第四十七回："穆公自是厌言兵革，遂超然有世外之想。"清田兰芳《皇清太学生信菴袁公（袁可立孙）墓志铭》："君既超然与世以相远，又何庸□廛阓之显晦。"北宋熙宁七年（1074年），东坡由杭州调任密州，次年，命人修葺杭州城北的旧台，其弟苏辙题名"超然"。

萃胜和得胜之胜义不同。得胜一指王世贞告状成功之胜。萃胜指胜景荟萃，同时暗指萃卦。萃卦指群英荟萃，但人众多相互斗争，危机必四伏，务必顺天任贤，未雨绸缪，柔顺而又和悦，彼此相得益彰，安居乐业。

息岩的息是庄子的重要论点，老子未有一处谈息。一指停止，如"鹏之徙于南冥也，水击三千里，抟扶摇而上者九万里，去以六月息者也。""日月得之，终古不息。""吾固不辞远道而来愿见，百舍重趼 [jiǎn] 而不敢息。"

二指气息。如"野马也，尘埃也，生物之以息相吹也。""兽死不择音，气息勃然于是并生心厉。""古之真人，其寝不梦，其觉无忧，其食不甘，其息深深。真人之息以踵，众人之息以喉。""南海之帝为儵，北海之帝为忽，中央之帝为浑沌。儵与忽时相与遇于浑沌之地，浑沌待之甚善。儵与忽谋报浑沌之德，曰：'人皆有七窍以视听食息，此独无有，尝试凿之。'日凿一窍，七日而浑沌死。""物之有知者恃息。其不殷，非天之罪。"

三指熄灭。"日月出矣，而爝火不息，其于光也，不亦难乎？"息指熄灭。"夫大块载我以形，劳我以生，佚我以老，息我以死。""彼近吾死而我不听，我则悍矣，彼何罪焉，夫大块以载我以形，劳我以生，佚我以老，息我以死。""庸讵知夫造物者之不息我，黬而补我劂，使我乘成以随先生邪？""不知处阴以休影，处静以息迹，愚亦甚矣。"

四指叹息。"夫德遗尧、舜而不为也，利泽施于万世，天下莫知也，岂直大（太）息而言仁孝乎哉。""公子牟隐机大息，仰天而笑曰……"

五指滋息和生长。"消息盈虚，终则有始。""消息满虚，一晦一明，日改月化，日有所为而莫见其功。""日出而作，日入而息，逍遥于天地之间而心意自得。""面观四方，与时消息。""以天为宗，以德为本，以道为门，兆于变化，谓之圣人；以仁为恩，以义为理，以礼为行，以乐为和，熏然慈仁，谓之君子；以法为分，以名为表，以参为验，以稽为决，其数一二三四是也，百官以此相齿；以事为常，以衣食为主，蕃息畜藏，老弱孤寡为意，皆有以养，民之理也。"

率然洞之率然，其一指洒脱，飘逸貌。《文选·东方朔》："今先生率然高举，远集吴地。"李善注："率然，轻举之皃。"《晋书·嵇康传》："康善谈理，又能属文，其高情远趣，率然玄远。"《梁书·任昉传》："在郡不事边幅，率然曳杖，徒行邑郭。民通辞讼者，就路决焉。"其二指轻快貌。唐畅当《南充谢郡客游沣州留赠宇文中丞》诗："车服率然来，涔阳作游子。"其三指轻率貌。明唐顺之《赠李司训迁官临安序》："今则不然，不量其人之能与不能也，率然而授之为师。"其四指急遽貌。《后汉书·贾复传》："复率然对曰：臣请击郾。"隋王通《中说·天道》："今之好异轻进者，率然而作，无所取焉。"《庄子》之率有三意，一指率先："治、乱之率也，北面之祸也，南面之贼也。"二指率真："'汝戒之哉？形莫若缘，情莫若率。'缘则不离，率则不劳。不离不劳，则不求文以待形。不求文以待形，固不待物。"形态不如和顺，情感不如率真。和顺就不会离失，率真就不会费神。不离失不费神，就不求虚文来装饰形态。率然用此义。三指率领："勇悍果敢，聚众率兵，此下德也。"

潜虬，亦作"潜虯"。犹潜龙。喻有才德而未为世重用之人。乾卦道，潜龙勿用。

白云门的"白云"源自《易经·观卦》《象》曰："大观在上，顺而巽，中正以观天下。观，盥而不荐，有孚颙若，下观而化也。观天之神道，而四时不忒；圣人以神道设教，而天下服矣。""白"指的是白虎，也就是坤卦，"云"指的是巽卦，下巽上坤就是观卦。道观既指道家的道，也指《周易》的观卦。司马承祯（公元 639—735 年），字子微，法号道隐，自号白云子，人称白云先生，河内温县人，今属河南温县。晋宣帝司马懿之弟司马馗的后人。道教上清派第十二代宗师。少时笃学好道，无心做官。拜师嵩山道士潘师正，得受上清经法、符箓、导引、服饵等道术，隐居天台山玉霄峰。因个人文学修养极深，司马承祯与陈子昂、卢藏用、宋之问、王适、毕构、李白、孟浩然、王维、贺知章称为仙宗十友。白云观是当今中国道教协会的所在地，全国名白云观者亦不止一处。

大观台，不仅源于观卦，其一指为人所瞻仰。《易·观》："大观在上，顺而巽。中正以观天下。"孔颖达疏："谓大为在下所观，唯在于上。由在上既贵，故在下大观。"其二指宏远之观察。汉贾谊《鵩鸟赋》："小智自私兮，贱彼贵我；达人大观兮，物无不可。"明李东阳《送杨应宁提学之陕西》诗之二："达能洞大观，孝足慰昭考。"其三指对全貌的观察。其四指盛大壮观的景象。范仲淹《岳阳楼记》："予观夫巴陵胜状，在洞庭一湖。衔远山，吞长江，浩浩汤汤，横无际涯，朝晖夕阴，气象万千，此则岳阳楼之大观也。"清沈复《浮生六记·浪游记快》："余适恭逢南巡盛典，各工告竣，敬演接驾点缀，因得畅其大观。"其五形容事物的美好繁多。清梁章钜《归田琐记·陈省斋》："《古今图书集成》一书，皆皇考指示训诲钦定条例，费数十年圣心，故能贯穿古今，汇合经史。天文地理，皆有图记。下至山川草木，百工制造，海西秘法，靡不备具，洵为典籍之大观。"其六指南朝梁沈约的《大观舞歌》。

隔凡（洞）指隔绝凡尘，暗指弃世隐居。在无锡惠山寺的云起楼，清康熙年间，知县吴兴祚撤旧改建。他所以叫"云起"，是"山取其腾踔如龙，楼取其变化如云"。曲廊如龙，廊中有额曰：隔红尘。

丛桂亭典出《楚辞》淮南小山《招隐士》："桂树丛生兮山之幽，偃蹇连蜷兮枝相缭。"汉王逸序曰："《招隐士》者，淮南小山之所作也。昔淮南王（刘）安，博雅好古，招怀天下俊伟之士。……著作篇章，分造辞赋，以类相从，故或称小山，或称大山。……小山之徒，闵（悯）伤屈原，……虽身沉没，名德显闻，与隐处山泽无异，故作《招隐士》之赋，以章其志也。"后以此典形容退隐山林，洁身避俗。变形词语有：丛桂、丛桂留人、桂树游、桂叶伤、淮南桂树、淮阳桂、留人桂、攀桂枝、山中桂树、小山丛桂、小山桂、小山招、小山招隐、小山志、招隐赋、丛桂幽人、淮南招桂隐、淮南旧桂丛、桂枝小山传、山中有桂枝、桂树留人、山能招隐、小山高赋、小山桂枝、桂自荣、招隐篇、守桂丛。〔丛桂〕元萨都拉《宿玄洲精舍芒菌阁》："他年丛桂结招隐，野服愿随麋鹿游。"〔丛桂留人〕北周庾信《枯树赋》："小山则丛桂留人，扶风则长松系马。"〔桂树游〕唐陈子昂《入峭峡安居溪伐木溪源幽邃》："誓息兰台策，将从桂树游。"〔桂叶伤〕南朝梁江淹《侍始安王石头》："山中如未夕，无使桂叶伤。"〔淮南桂树〕唐王勃《益州绵竹县武都山净惠寺碑》："岂直淮南桂树，暂得仙家，江左桃源，终迷故老而已？"〔淮阳桂〕宋刘筠《清风》："夕劲淮阳桂，晨凄越鄂衾。"〔留人桂〕清丘逢甲《叠前韵》："山中小有留人桂，海上虚无泛月槎。"〔攀桂枝〕北周庾信《入道士馆》："何必淮南馆，淹留攀桂枝。"〔山中桂树〕唐李商隐《为张周封上杨相公启》："山中桂树，远愧于幽人；日暮柴车，莫追于傲吏。"〔小山丛桂〕清丘逢甲《次韵和兰史论诗》："故国芙蓉频入梦，小山丛桂倘相招。"〔小山桂〕唐杨炯《游废观》："犹知小山桂，尚识大罗天。"〔小山招〕清王夫之《和白沙》之五："空林桂花发，何有小山招。"〔小山志〕唐骆宾王《久戍边城有怀京邑》："弱龄小山志，宁期大丈夫。"〔招隐赋〕元萨都拉《寄野堂》："高士已裁招隐赋，行人未办买山钱。"

绾 [wǎn] 奇指联系、总管奇术。奇泛指奇门遁甲术，由"奇"、"门"、"遁甲"三部分组成。"奇"即是乙、丙、丁；"门"就是休、生、伤、杜、景、死、惊、开八门；"遁"是隐藏的意思，"遁甲"就是九遁，九遁包括：天遁、地遁、人遁、风遁、云遁、龙遁、虎遁、神遁、鬼遁。

指迷石之指迷是指指点迷津，包括儒道佛诸家之要。

荣芝所即种植灵芝的地方，应是仙境。灵芝最早见于《山海经》，为炎帝的女儿死后所化，名为"瑶草"，但《山海经·中山经》却道："其叶胥茂，其华黄，其实如菟丘。"菟丘即草药菟丝子。李时珍认为，"芝本作之，篆文象草生地上之形"。《尔雅》道："茵，芝也。"后人注解为百年难遇的瑞草。灵芝一词最早出现于东汉张衡的《西京赋》："浸

石菌于重涯，濯灵芝以朱柯。"三国东吴人薛综注："朱柯，
芝草茎赤色也。"《西京赋》是描写长安的奢华无度，灵芝
出现在这里是作为观赏植物营造"海外仙山"的景观。这
就是灵芝与仙境联想的起因。东汉末年，随着道教的兴起，
炼制和服食丹药成为一种时尚。灵芝作为仙药中的上品，
出现在道家典籍之中。东晋葛洪在《抱朴子内篇·仙药》
里说："五芝者，有石芝，有木芝，有草芝，有肉芝，有菌
芝，各有百许种也。"道教服用灵芝，可令人轻身长生不
老。隋唐年间的《太上灵宝芝草品》展出的服食方法，被
道教典籍总集《道藏》收录。宋王安石在《芝阁赋》中记
述了朝廷诏令军民共寻灵芝，其中官兵达数万之众。

　　第九个以壶名景者是上海的也是园。也是园在上海县
城南凝和路和乔家路口，明天启年间礼部朗中乔炜所建，
因在城南，故名南园，园中叠石凿池，池水与黄浦江通，
古木层峦，有景：明志堂、锦石亭、息机山房、珠来阁等，
其明志、息机和珠来就可知是道家情怀。清初先后为曹垂
灿和李心怡所得。李更名为也是园，1890 年改蕊珠宫，供
道教三清，变成纯粹的道教园林。嘉庆年间（1796—1820
年）初建斗姆阁，礼道教斗母，此后设祀吕祖纯阳殿，道
光八年（1828 年）设蕊珠书院，后历次修建，在咸丰年间
（1851—1861 年）初除神殿外还有湛华堂、园峤、方壶一
角、海上钓鳌处、榆龙樾、蓬山不运、太乙莲舟、育德堂、
致道堂、芹香仙馆、珠来阁等。园池数亩，植荷。上海除

豫园外，此园最胜，咸丰十年（1860年）太平军围攻上海，园中成为外国兵营，建筑物及花木毁半，战后十多年重建珠来阁等，光绪年间（1875—1908年）在西北增建水阁廊榭，改建湛华堂前厅，改纯阳殿为楼，民国以后，香火渐消，成为民居和军政粉公场所，抗日战争时毁。

第十个以壶名景的园林是自耕园。自耕园在苏州銮驾巷，传为周代泰伯十六世孙吴武真宅，有凤集于家中，故名凤池。宋朝为顾氏宅，明为袁氏宅和钮氏宅，入清，顾氏族人月隐君在此筑自耕园，康熙年间（1662—1722年）河南巡抚顾汧去官归田，园已易姓，乃购之重筑为凤池园。园广数十亩，前临清流钮家巷河，后通古萧家巷，园内有：日涉门、回廊、见南山（屋）、撷香榭、岫云阁、石径、梧桐、梅花、亭子、赐书楼、洗心斋、康洽亭、抱朴轩、石桥、寒塘、石台、石壁、爽垲、浸玉、山岭、洞壑、菊畦、药圃、虹梁、鹤浦等。抱朴、洗心、鹤浦、药洲等是典出老庄，赐书楼典出道家黄石公赐书张良的典故，其他都是陶渊明的隐居思想。清末，园林一分为三。园东归陈大业，陈氏又购东邻扩建为省园，园内有：水池、爱莲舟、春华堂、飞云楼、修廊、曲径、楼下宿（屋）、知鱼轩、引仙桥、浣香洞、接翠亭、凤池阁、鹤坡、筠青榭、梅山墅等，其中知鱼轩是庄子濠上问对的典故，引仙桥、浣香洞、鹤坡等都是道教练长生之道。园中部归王资敬，西部归大学士潘世恩，仍名凤池园，其孙又在对岸筑养心园，园内有：

凤池亭、虬翠居、梅花楼、粉墙、修廊、凝香径、芳堤、平桥、瀑布声（飞泉）、蓬壶小隐、玉泉、先得月处（兰寮）、烟波画船、绿荫榭等。其中蓬壶小隐就是道家海上仙山思想。太平军入苏，英王陈玉成入主该园仅三日即离去，人称英王行馆，后来园毁为民居，只存纱帽厅，1982 年重修英王行馆。

第十一个以壶名景的园林是清代的北海。北海总面积约 68 公顷，其中水面 39 公顷。北海是清代西苑主要苑林区，乾隆七年至乾隆三十九年（1742—1774 年），在琼华岛顶建成善因殿，岛南坡建悦心殿、庆霄楼、静憩轩、蓬壶挹胜、撷秀亭，并扩建白塔寺易名永安寺；西坡建一山房、蟠青室、琳光殿、甘露殿、水精域、阅古楼、宙鉴室、烟云尽态、挹山鬟云峰、邀山亭；北坡建漪澜堂、道宁斋、碧照楼、远帆阁、晴栏花韵、紫翠房、莲花室、写妙石室、环碧楼、嵌岩室、盘岚精舍、真如洞、交翠庭、一壶天地、小昆邱亭、倚晴楼、分凉阁及长廊，还有仙人承露盘；东坡建智珠殿及牌坊、古遗堂、慧日、振芳、峦影、见春亭。其中佛道各半，儒家仅点极少部分。

第十二个以壶名景的园林是净香园。净香园在扬州虹桥东，与西园门衡宇相望，原名江园，为江春别墅，乾隆二十二年（1757 年）改为江园。乾隆三十七年（1772 年）南巡时赐名净香园。《画舫录》云："荷浦薰风在虹桥东岸，一名江园。乾隆三十七年（1772 年），皇上赐名净香园，御制诗二首。"又云:"园门在虹桥东,竹树夹道,竹中筑小屋,称为水亭。亭外清华堂、青琅玕馆,其外为浮梅屿。竹竟为春雨廊、杏花春雨之堂,堂后为习射圃,圃外为绿杨湾。"水中建亭,额曰"春禊射圃"。前建敞厅五楹,上赐名"怡性堂"。堂左构子舍,仿泰西营造法,中筑翠玲珑馆,出为蓬壶影。

第十三个以壶名景者是扬州水竹居。水竹居是盐商徐赞侯别墅,就是"瘦西湖二十四景"之一"石壁流淙"。水经山涧石隙之间迸流而下,喷泻入湖,湖水为之流动。乾隆三十年(1768年),赐名"水竹居"。《平山堂图志》云:"水竹居,奉宸苑徐士业园"。其地在莲花埂新河北岸,白塔晴云之右。园有二景,一为小方壶,一为石壁流淙。由西爽阁前池内夹河入小方壶,中筑厅事,额曰花潭竹屿。中建静香书屋,汲水护苔,选树编篱,自成院落,如隔人境。静香书屋之左,土径如线,怪石路齿,建半山亭。山下牡丹成畦,围以矮垣,垣门临水,为水码头,称如意门。门内构清妍室,室右环以流水,跨木为渡,名天然桥。室后危崖绝壁,壁中有瀑,入内夹河。过天然桥,出湖口,壁中有观音洞,小廊嵌石隙,如草蛇云龙,忽现忽隐,莳玉居藏其中。壁将竟,至阆苏风堂。堂后种竹十余顷,构小屋三四间,为丛碧山房扬。其下山路,尽为藤花占断。藤花既尽,土阜复起,州阜上筑霞外亭。土阜西南,危楼切云,广十余间。水槛风棂,若连舻縻舰,署曰碧云楼。

楼北小室，为静徐照轩。轩后复构套房，规制奇特，为水竹居。阶下小赞池半亩，泉如溅珠，高可逾屋。由半山亭曲径透迤至此候，忽森然突怒而出，平如刀削，峭如剑利，崖上飞泉。其小方壶、静香书屋、清妍室、天然桥、蒋玉居、静徐照轩都为道家思想。

第十四个以壶名景的是一榭园。原为邑人薛雪在苏州虎丘北部斟酌桥所建别业，有景：水榭、池沼、竹木、石峰等。嘉庆三年（1798 年），苏州知府任兆炯从薛雪之子薛六郎购得薛文清公祠废址改建为园，次年完成，嘉庆七年（1802 年）任离任，观察孙星衍购得，忆祖孙登长啸典故而改名忆啸园、隐啸园，有景：授书堂、假山、谷壑、石峰、疏泉，嘉庆十一年（1806 年），孙改园为孙武子祠。嘉庆十四年（1809 年）孙星衍仍有宴集一榭园诗，嘉庆二十年（1815 年）石韫玉《独学庐三稿》卷六有《春日重过一榭园》诗。2013 年四月复建，当年十月竣工，面积 2.84 公顷，由东西两组建筑组成，计 2200 平方米，水池 4550 平方米，黄石假山 3000 吨。东部有水榭、壶天小阁、东轩庭院、亭、廊，水榭处可眺虎丘塔景和倒影塔影；西部由授书堂、宝顺斋、亭轩、连廊组成。因孙登为老庄隐居人物，以长啸闻名，忆啸园、隐啸园、授书堂、壶天小阁都是道家道教景点。

第十五个以壶名景的园林是水塔花园，也称观颐山墅。在京西白家疃村西城子山处，原为辽代辽王行宫，元代忽必烈的女儿在此削发入道，为紫宸宫下院。清中叶，为王公显贵游览避暑胜地。《鸿雪姻缘图记》载，过白家滩，望城子山，沿溪西南行，清池曲径之中有一园，名观颐山墅，道光年间为侍郎英瑞所有，1836年其师英和流放归来探访水塔园未遇，英瑞感而赠园予师。道光年间，观颐山墅主人把园献给朝廷，后归治贝勒载治，载治得园后，略加修葺，每年来此消夏，载治死前传次子溥侗，溥侗扩建园中景物，布局亭台堂馆，又派人从各地搜集名贵花木，建成山庄水园，成为京西名园。园门题：水塔花园，进园门见寺峰耸翠，山势陡峭，奇石各异，形成天然屏障，沿翠壁向北，有粉墙月门，内置假山，成为障景，进园门，过小山，向北有木瓜树，过林荫道稍东有小门卧狮，沿石蹬折北上山，有养春堂，堂外月台可见山下群山。出堂向北有人工假山，为晚清叠山名师所作佳品。过山往北在主峰下为小厅，向西可见池塘。两松夹槭室，室北为北厅五间，厅西有爬山廊通山上，出北厅西廊门折北可达后堂三间，堂东有稍间三间，后为竹石小院，院北粉墙月洞，出门往西为小山，山构揽翠亭。正厅前为京西最老玉兰树，为元末明初建水塔寺时所植。树下有琴台，琴台南为池沼，池边立青石碑，两面刻有陶渊明像和《桃花源记》。沿北厅爬山廊西折南走为正堂，溥仪题：延清堂。堂前后阶为日月二池。二堂南经游廊向南为五间厅，廊北有池，池西南构小方壶亭，池中构方壶亭，喻意三山。

第十六个以壶名景者为上海的双清别墅。在闸北西唐家弄（今天潼路 814 弄 35 支弄），占地 3 亩，初为徐鸿逵自用，1887 年对外开放，1895 年租给经纶丝厂，丝厂当月退回，次年整修后开放，其子徐冠云、徐凌云在 1909 年在康脑脱路 5 号（今康定路昌化路东）重建双清别墅，保留旧园全部景点，扩园至 10 亩，有景：鸿印轩、竹林、东墅、兰言室、烟波画舫、鉴亭、回廊、假山、又一村、十二楼、孔雀亭、桐韵旧馆、梅花仙馆、玉壶春、妍行、纪其楼等。从梅花仙馆、玉壶春、又一村、鸿印轩可见为道教理念和隐居思想。

第十七个以壶名景者为上海的哈同花园。哈同是犹太富商，因妻名俪穗，故名爱俪园。设计师为乌目山僧人黄宗仰，300 亩，有 80 楼、16 阁、48 亭、4 台榭、7 桥、8 池、10 院、9 路，共 83 景，时人称为海上大观园。全园中西风格，内园 20 余景：欧风东渐阁、黄海涛声楼（听涛钟楼）、红叶村、俟秋吟馆（广仓学窘）、待雨楼、椒亭、风来啸亭、仙药阿、戬寿堂、天演界剧场、环翠亭、驾鹤亭（半面亭）、文海阁、西爽阁、涌泉小筑。外园有景 60 余，分大好河山景区、渭川百亩景区、水心草庐景区。大好河山景区：爱夏湖、观鱼亭、拨云亭、扪碧亭、蝶隐廊、岁寒亭、绿天澄抱、冬桂轩、诗瓢、昆仑源、串月廊、引泉桥、九思顾、延秋小榭、飞流界、挹翠亭、水芝洞、小瀛洲、方壶、堆碧、北洞天（舍利石塔）、慢舸（载我舟）、太华仙掌、云林画本、迎仙桥、饮蕙崖、铃语阁、涵虚楼、六鳌远驾、平波廊、苍髯上寿、藏机洞、石坪台、山外山、逃秦处、万生圃、赊月亭、小苍莨亭（锦秋亭）、题扇亭、肄藐等；渭川百亩景区：横云桥、笋蕨乡、千花结顶、石笏嶙峋、卍字亭、松筠绿荫、梅墅、绛雪海、望云楼等；园西南及西部水心草庐景区：湖心亭、九曲桥、兰亭修禊、柳堤试马、阿耨池、阿耨北舍（曼陀罗华室）、藏经阁、崇礼堂、燕誉堂、肄成茅藐、芬若椒兰、慈淑楼、迎旭楼、卷影楼、一带春、淡池、思潜亭、淡圃、泻春潭（涉否）、万花坞、渡月桥、烟水湾等。另外大门处有景：海棠艇、看竹笼鹅、莒兰室、黄蘖山房、接叶亭、柳湾、舞絮桥、森立垒来坊；外园东南有景：玉蝶桥、养生池、频伽精舍、家祠、鉴泓亭、春晖楼；园后东西有仓圣明智大学和仓圣女学等。1931—1941年间，哈同夫妇相继逝世，日军进驻，后遭大火，园毁，1953年在此建中苏友好大厦，今为上海展览中心。其中，椒园、风来啸亭、仙药阿、戬寿堂、驾鹤亭、蝶隐廊、小瀛洲、方壶、太华仙掌、迎仙桥、六鳌远驾、苍髯上寿、藏机洞、逃秦处等都是表达老庄思想和道教求仙求寿思想。

第十八个以壶名景者为扬州个园的壶天自春。个园是一处小型的私家园林，由清代嘉庆年间两淮盐业总商黄至筠在明代"寿芝园"的旧址上扩建而成。园虽不大，但处处体现出造园者的匠心独具。值得一提的是个园的叠石艺术，采用分峰用石的手法，运用不同石料堆叠而成"春、夏、秋、冬"四景。四季假山各具特色，表达出"春景艳冶而如笑，夏山苍翠而如滴，秋山明净而如妆，冬景惨淡而如睡"和"春山宜游，夏山宜看，秋山宜登，冬山宜居"的诗情画意。壶天自春典出壶中天地，《个园记》道："以其目营心构之所得，不出户而壶天自春，尘马皆息"，其意是个园空间虽不及名山大川，但其景为世外桃源。壶天自春联：淮左古名都，记十里珠帘二分明月；园林今胜地，看千竿寒翠四面烟岚。此联出自扬州当代著名女书画家、诗人李圣和之手。上联追摹历史，连用"十里珠帘"、"二分明月"两个最具代表性的园景，将古扬州的繁华淋漓再现；下联状写当前，不忘紧扣个园竹景观特色，只用"千竿寒竹""四面烟岚"，把新扬州的风物尽收囊中（图 19-2）。

图 19-2　个园壶天自春

# 第4节　壶园尺度

壶中天地用具有浪漫主义色彩的道家故事，展现了一个有限空间的无限美景即意境。"壶中"反映了在壶外现实世界的无形压力下，士人仅能偏居一隅，隔绝外界，固守弹丸之地。居于壶中是一种无奈之举。"天地"表明内在有限空间中可以有另一个维度的自由，可以抛却烦恼和束缚，成全心中的"内圣"的执着。

壶中与天地是一对尺度、内容、数量强烈冲突和对比的两个世界。中国传统宅园的选址和营建，都体现出壶中天地的哲学理念。日本从中国的曹魏时期就派人来华学习，壶中天地的故事也传到日本，日本园林把庭院都称为壶，以院中植物命名庭院，如平安时代皇家园林中就有藤壶、萩壶等。庭院围墙就是壶的边界，壶内与壶外通过两个气口联系，上口通天地日月，侧口通人情世故。

如果把城市当成费长房所处的市肆，把宅园当成壶，宅园的宅和园是由不同的院构成，故就是由不同大小尺度的壶并列而成。壶中天地就是院中天地，壶中日月就是院中日月。庭院代表现实的有限围合，天地代表自然的近距离空间，日月代表自然的远距离空间。庭院用山水代表地，用天井代表天，有时用院中水面既代表地也代表天。虽然中国园林以园著名，因为园的面积大，可以发挥的空间大，但是，在民居中，大量的宅与园结合的是庭院，远远超过园林数量，是在有限的空间内发挥艺术创作能力。

如何选择园林的位置选址？《园冶》把选址称为卜筑、相地。计成把用地根据要素和区位分成山林地、城市地、村庄地、郊野地、傍宅地、江湖地六类。山林是庄子最为推崇的自然空间，也是最易修炼得道之所。故《园冶》中把"山林地"当成六类用地之首，"园地惟山林最胜，有高有凹，有曲有深，有峻而悬，有平而坦，自成天然之趣，不烦人事之工。"山林是与城市相对的一个修道空间，它远离城市。《园冶》又在第二类用地"城市地"首句就否定城市造园，道："市井不可园也；如园之，必向幽偏可筑，邻虽近俗，门掩无哗。"市井最是繁华，难得自在清静。如果要在此造园，则"必向幽偏"选址，邻居虽然俗气，却门掩无喧哗。这种壶中天地距离人间天地多远？陶渊明在《饮酒》中回答了这个问题。他的家园也是设在"人境"之中，并非完全地与世隔绝，"结庐在人境，而无车马喧"。没有宽阔的马路，于是就没有了车马的喧哗。因此，门庭若市并非《园冶》的上选。陶渊明在诗中又说："问君何能尔？心远地自偏。"虽然"结庐在人境"，但是，"心远"了，感觉"地自偏"，可见，远近也与心理感觉有关。

陶渊明在《归田园居》中说，"暖暖远人村，依依墟里烟。狗吠深巷中，鸡鸣桑树颠。"从此可知，这是一个距离村庄有一定路程的地方，可以看到"依依的墟里烟"，可以听到"狗吠深巷中，鸡鸣桑树颠"。这里的烟是墟里的烟，狗吠是在深巷之中，只不过鸡鸣是在自家的树颠，因为鸡叫声不可能传远。"野外罕人事，穷巷寡轮鞅。白日掩荆扉，虚室绝尘想。"说明地偏则人间纷扰之事罕见，穷巷则也就车轧马嘶之声罕见。白天关上荆条做的院门，就可以在"虚室"中驰骋隔绝尘世的想法。计成《园冶》在"郊野地"中也说，"去城不数里，而往来可以任意，若为快也"，不是太远的郊野之地。可见，计成的园林选址在于偏僻，但不远离城市。

壶的尺度如何？白居易的履道里的宅园说出了壶中天地的大小。《池上篇并序》道："十亩之宅，五亩之园。有水一池，有竹千竿。勿谓土狭，勿谓地偏。足以容膝，足以息肩。有堂有庭，有桥有船。有书有酒，有歌有弦。有叟在中，白须飘然。识分知足，外无求焉。如鸟择木，姑务巢安。如龟居坎，不知海宽。灵鹤怪石，紫菱白莲。皆吾所好，尽在吾前。时饮一杯，或吟一篇。妻孥熙熙，鸡犬闲闲。优哉游哉，吾将终老乎其间。"陶渊明的家园"方宅十余亩，草屋八九间"，白居易的宅园"十亩之宅，五亩之园"，与《园冶》"村庄地"的"约十亩之基，须开池者三，曲折有情，疏源正可；余七分之地，为垒土者四，高卑无论，栽竹相宜"，有天然的接近。

《园冶》自序中道："适晋陵方伯吴又于公闻而招之。""公得基于城东，乃元朝温相故园，仅十五亩。"公示予曰："斯十亩为宅，余五亩，可效司马温公'独乐'制。"

于是《园冶》以"十亩"为宅，"五亩"为园，以此比例计，则可以理解"傍宅地"说的"五亩"："五亩何拘，且效温公之独乐"。温公就是北宋司马光，他的园林称为独乐园，在洛阳城里。独乐园却不是如计成所说的小园，按他自己写的《独乐园记》说，"买田二十亩于尊贤坊北关，以为园。"正好是陶园、白园、计园的两倍（以毛面积计，因为《独乐园记》中未明确宅园比例）。

《园冶》对于园林的尺度和景物的尺度都以小为宜，以巧为上，以精为上，其标准是"巧于因借，精在体宜"，并不认为大园大景、雄传壮丽是造园的理想，故有关大、雄、壮、伟、巨等词没有在书中出现，而"小"字在书中屡屡出现，有时一段中多次出现。全书用小字 31 次之多。小还常与大相对出现，体现小中见大，小中能大，小中有大。如"小筑"与"大观"相对，"咫尺"与"多方"相对，"成峰峦"与"置几案"相对。大和小在于艺术设计之中，在于文化审美之中。小园设计难以体现出大的空间，小景没有文化底蕴"看"（审美）不出大。

"自序"道："别有小筑，片山斗室，予胸中所蕴奇，亦觉发抒略尽，益复自喜。"虽"小筑"、"片山"和"斗室"，却"蕴奇"。"园说"道："刹宇隐环窗，彷佛片图小李；岩峦堆劈石，参差半壁大痴。"唐代画家"小李"的李昭道和元代画家"大痴"黄子久相对比，都是说明小景可如大家之画。"园说"道："制式新番，裁除旧套；大观不足，小筑允宜。""江湖地"道："江干湖畔，深柳疏芦之际，略成小筑，足征大观也。""小筑"可以"大观"。"郊野地"道："谅地势之崎岖，得基局之大小"，"基局之大小"是根据"地势之崎岖"，因地制宜地考量和确定。"傍宅地"道："四时不谢，宜偕小玉以同游。"

"假山基"道："长廊一带回旋，在竖柱之初，妙于变幻；小屋数椽委曲，究安门之当，理及精微。"廊"一带""妙于变幻"，"小屋数椽"，"理及精微"。"卷"道："或小室欲异人字，亦为斯式。惟四角亭及轩可并之。""五架梁"道："如欲宽展，前再添一廊。""一廊"可以"宽展"主屋的空间。"五架梁"又道："又小五架梁，亭、榭、书房可构。"大梁架不宜做亭榭和书房的结构，于是出现小梁架之说，按比例缩小比例。

"磨砖墙"道："如隐门照墙、厅堂面墙，皆可用磨成方砖吊角，或方砖裁成八角嵌小方；或小砖一块间半块，破花砌如锦样。封顶用磨挂方飞檐砖几层，雕镂花、鸟、仙、兽不可用，入画意者少。"磨砖的图样就是小活和巧活，妙在"一块""半块""几层"和"八角""吊角"。

"乱石墙"道："大小相间，宜杂假山之间，乱青石版用油灰抿缝，斯名'冰裂'也。""铺地"道："大凡砌地铺街，小异花园住宅。""乱石路"道："园林砌路，做小乱石砌如榴子者，坚固而雅致，曲折高卑，从山摄壑，惟斯如一。""鹅子地"道："鹅子石，宜铺于不常走处，大小间砌者佳；恐匠之不能也。”

《园冶》之"掇山"道："蹊径盘且长，峰峦秀而古。多方景胜，咫尺山林，妙在得乎一人，雅从兼于半土。假如一块中竖而为主石，两条傍插而呼劈峰，独立端严，次相辅弼，势如排列，状若趋承。""咫尺山林"却可"多方景胜"。"掇山"又道："小藉金鱼之缸，大若鄷都之境。"金鱼缸与阴间的鄷都城之比肩。"书房山"道："凡掇小山，或依嘉树卉木，聚散而理。""小山"掇法，"聚散"二字最为重要，聚而成大，散而成小，聚散组合，大小对比。"池山"道："若大若小，更有妙境。""峰"道："峰石一块者，相形何状，选合峰纹石，令匠凿笋眼为座，理宜上大下小，立之可观。或峰石两三块拼掇，亦宜上大下小，似有飞舞势。""岩"道："如理悬岩，起脚宜小，渐理渐大，及高，使其后坚能悬。"

"金鱼缸"道："如法养鱼，胜缸中小山。"认为缸中养鱼比缸中堆山好。"瀑布"道："先观有高楼檐水，可涧至墙顶作天沟，行壁山顶，留小坑，突出石口，泛漫而下，才如瀑布。"这种引山涧之水上"墙顶"，"行壁山顶"，再"留小坑"，出"石口"的做法，与白居易贬居江西在庐山上建草堂引瀑布的做法如出一辙，《庐山草堂记》道："堂东有瀑布，水悬三尺，泻阶隅，落石渠，昏晓如练色，夜中如环佩琴筑声。堂西倚北崖右趾，以剖竹架空，引崖上泉，脉分线悬，自檐注砌，累累如贯珠，霏微如雨露，滴沥飘洒，随风远去。"

"选石"道："小仿云林，大宗子久。"倪云林擅画小景，他参与狮子林规划，专门绘有狮子林组景图。黄子久擅画大景，有"富春山居图"。所谓山居，就是隐居在山林的园林。"昆山石"道："其色洁白，或植小木，或种溪荪于奇巧处，或置器中，宜点盆景，不成大用也。"昆山石可与"小木"、"盆景"结合，组成"奇巧"之景。"灵璧石"道："石在土中，随其大小具体而生，或成物状，或成峰峦，嵯岩透空，其眼少有宛转之势，须借斧凿，修治磨砻，以全其美。""有得四面者，择其奇巧处镌治，取其底平，可以顿置几案，亦可以掇小景。"灵璧石"随其大小"，大可"成峰峦"，掇大景，小可"置几案"，"掇小景"。"岘山石"道："小者全质，大者镌取相连处，奇怪万状。""湖口石"道："东坡称赏，目之为'壶中九华'，有'百金归买小玲珑'之语。"借苏东坡之口，说出"壶中九华"的原理。"英石"道："可置几案，亦可点盆，亦可掇小景。""散兵石"道："其地在巢湖之南，其石若大若小，形状百类，浮露于山。"

《园冶》的"傍宅地"道："宅傍与后有隙地可葺园，不第便于乐闲，斯谓护宅之佳境也。"那他的"隙地"多大？我们看看苏州园林的小园尺度。苏州庙堂巷的壶园，就是以壶中天地为典故而营造的园林。它的面积只有300平方米，相当于半亩地。而更小的园林残粒园，宅与园合计五亩，而园仅 140 平方米，不到三分地。

说到三分地，中国又有一亩三分地之说，典出明朝皇帝观耕的礼制。在京城祭拜农神的先农坛有一个观耕台，台南是大臣耕作的土地。按规定，每个大臣耕作的农田面积一律是一亩三分地。皇帝春季要在此检阅大臣们在"一亩三分地"的农耕情况，以此了解当年的农时、气候和收成。清朝时，政府还在皇家园林南海中把园林空地开辟为耕地，皇帝自己"演试亲耕"，世代沿袭，不得改用。这块地的面积也是一亩三分地。从此，一亩三分地就成为百姓形容自己的权力范围的俗语。

以面积单位亩命名显示了园林的农耕性。数亩之园成为文人流行的壶中天地。最小的称为半亩园，如明代太原李成名的半亩园、北京贾汉复和麟庆的半亩园、南京画家龚贤的半亩园、上海崇明的半亩园、江苏常熟赵奎昌的半亩园。再大一点的称为一亩园，如清代北京刘印诚一亩园，在海淀圆明园正大光明门东南，即西扇子河岸边。实际上全园有三十余亩，包括了家庙、宅院、花园、果园组成。概园林式宅院仅有一亩之地。另外，《天咫偶闻》卷五载，城中还有一个一亩园，"在大丞相胡同，先师荣吉甫先生棣曾居之"。天津张霖在天津构有多处园林，其中一处名一亩园。

三亩之园，如清代邵鏊在常熟尚湖东渚建五湖三亩堂，借景尚湖。五亩之园，以汉代张长史在苏州构五亩园最早。北宋时梅宣义得之，直至建炎兵火时毁后，陆续复建有香庵、菜圃、叶氏园、潘氏园。清末叶昌炽重筑园亭时景名多为五亩园旧有，人称叶氏五亩园，后被谢家福购得，建为望炊楼。五亩也被造园家计成所看重，他在《园冶》自序中说，他给吴方伯所建的园林就是五亩。清代上海的南市五亩园为曹炳曾所筑。吴江黎里的五亩园是工部尚书周元理的宅园，邱章和陈燮有诗赞此园。南京也有五亩园，原为明朝吴王府。嘉庆间孙渊扩构为五亩园。因有五松，故又名五松园。江宁《张侯府园》："其他如邢氏园、孙渊如观察所构之五松园，皆有可观。邢氏园以水胜，孙氏园以石胜也。"《履园丛话》载五松园的假山为江南造园名家戈裕良所构。孙星衍（字渊如，号伯渊）《亩园落成口占十二首》载十二个景：小芍坡、蒹葭亭、留余春馆、廉卉堂、枕流轩、窥园阁、蔬香舍、绿斐茨、晚雪亭、欧波舫、奥室、啸台等。啸台为其特征景观。

十亩之园，如民国间苏州东美巷宣统时驻奥使馆参赞汪甘卿所建的十亩园，亦如安徽翕县阮溪之侧的十亩园。过十亩之园，已属大园，就不以面积名园，否则为人所不耻。

《园冶》为何推崇小园，原因是老子"广德若不足""大智若愚"的思想，当然，他也是根据百姓实际的家居情况，重点突出艺术的创造力。因此，"小"字并没有确切的数字，只是一个宽泛的概念。小园经常不以面积来命名，而以小园、小筑、小圃名之，显示园主谦谨。如北魏庾信的小园、北宋苏州叶清臣的小隐堂、明代苏州顾贞孝淡园和小园、明末顾氏的小园和庞氏小园、明吴县的俞氏小园、清代常熟的庞氏小园、清代太谷的孟宪晴的孟氏小园。

　　清乾隆年间宋宗元在苏州购南宋隐园，重建为网师小筑，同治年间李鸿裔购后重建，因园处于苏舜钦的沧浪亭之东而名苏邻小筑。明代的留园在乾隆年间被刘蓉峰购得之后，改造为寒碧山房，同时又名花步小筑，又慕南宋词人石林居士叶梦得独辟小院名石林小院。明代时淮在常熟建构晚香小筑，首辅王锡爵题为菊隐。明代汪起凤在吴县光福构真如小筑。真如二字，实为道家和道教宗义。清代隐士吴时雅在吴县洞庭东山依武山构建艻畦小筑，又名南村草堂。园中假山为迭山名家张南垣之子张陶庵所构，清初画家王石谷为之绘图。乾隆年间查日乾在天津构的水西庄，其子查为仁在其晚年时构娱所屋南小筑（园中园）。袁枚《随园诗话》把水西庄与扬州马秋玉之小玲珑山馆和杭州赵昱之小山堂并称为三大名园。三园虽以小字为名，却博大字名声。清代秦氏在吴县宗祠边构芥舟园，有景名微云小筑。清代颜时瑛在广州扩建其父之磊园，时有十八景，其一为桃花小筑。艺圃在嘉庆年间被王有经购得，重建有虚中小筑。南京的甘福在宅东南请戈裕良造园，嘉庆年间在藏书楼侧新建桐阴小筑。张嘉贞在道光年间在上海金山建有西林小筑，后更名养真园，突出道家之真。道光年间顾沅在苏州建有辟疆小筑，有啸轩、不系舟等景。光绪年间吴文涛在上海曹家渡建有九果园，园中有景萝补小筑。苏州在清代还有粉妆巷的刘氏小筑，扬州还有李氏小筑，上海哈同花园有涌泉小筑，清末吴荃在佛山建有谪居小筑。上海嘉定的叶如山建有兰陔小筑，钱大昕还为之作《兰陵小筑记》。东莞张敬修的可园有擘手小榭、问花小院。

民国时扬州汪竹铭构有汪氏小筑。陈桂春在浦东构有颍川小筑，中西合璧，人称绞圈房子，至今仍存于陆家嘴中心绿地。吴锡扬翰西在鼋头渚建有横云小筑，又名横云山庄，在园中构有涧阿小筑。苏州范烟桥筑有邻雅小筑，又名向庐。著名的鸳鸯蝴蝶派作家和盆景艺术家周瘦鹃在苏州构园，以其初恋情人周吟萍英文名紫罗兰而名罗兰小筑，名扬海内外。虞山公园有环翠小筑。苏州席启荪在东山镇老家建有园，园中有如意小筑，在苏州市里还建有天香小筑。扬州风箱巷还有一个杨氏小筑。

以花为主的称为花圃，但文人园中常称为小圃。如在苏州的吴郡衙署园林中，在南襟绍熙年间就筑有花石小圃。明代王世贞的离薋园就有小圃，上海朱长世之子构筑耕云小圃，常熟王维宁构有松梅小圃，顾予咸与顾嗣立在苏州建有秀野园，园中有间丘小圃。乾隆年间王庭魁在江村桥建有渔隐小圃。孝子李时在常熟建有语溪小圃。南京愚园中有容安小舍。

为了形容小，私家园林常用形容小的空间名词来命名，

如巢，本为飞禽所居，人类也有巢居历史，西南的干栏式
建筑就是巢居的发展。道家和道教以修炼场所小型化、绝
尘化为时尚，巢居就是其中的一种。古代巢父是唐尧时的
道家隐士。他是阳城（今山西洪洞）的大贤，山居不营世
利，在树上筑巢而居，时人号曰巢父。上古时禽兽多而人
民少，于是人民就在树上筑巢居住以避野兽。传说帝尧以
天下让给巢父，巢父不肯受，又让给许由，许由亦不肯受。
巢父是传说中的高士，也是道家的先驱。

　　隋漳州潜翁在云岩洞有石巢，北宋艮岳有石名巢凤，
有阁名巢凤阁，苏州王份曛庵有龟巢，苏州张廷杰的就隐
（园）有龟巢石，南宋江西波阳洪适的盘洲有巢云轩和龟
巢亭，南宋上海淞江钱良臣的云间洞天有龟巢，南宋陆大
猷的桃园有翡翠巢，元初上海的曹知白宅园中有且堂、息
影亭、遂生亭、雪舟、巢云楼、乾坤一草亭、素轩、元虚
宅等，元末昆山顾德辉的玉山草堂有雪巢，明代周在于太
仓建有松巢，明代郭允厚在荷泽建有巢云园，明末顾起元
在南京建遁园后被阮大铖得后改名石巢园，并在园中著有
《石巢传奇四种》；明代赵义在漳浦辑卿小院题有云巢，明
代顾代顾豫在苏州的绿荫园有巢凤堂，明代顾震寰在昆山
构附巢山园，明代张灏在太仓的学山园有云巢。

　　在清代，许鼎在石林园修有云巢，明珠的自怡园有巢
山亭，天津张霖的帆斋里有蝶巢，北京图翰布构有枝巢，
并题有《枝巢》诗。上海李应增的丛桂园有吟巢，邢昆的

缘园有蓉叶巢。《南巡盛典》的泰山行宫，乾隆题有云巢一景。潘有为在广州花埭头建有南雪巢，著有《南雪巢诗钞》。上海李筠嘉的吾园有鹤巢。澄海洪源记花园（西塘）有鹤巢洞。江苏扬州徐氏有倦巢。上海浦东康建鼎建有螟巢园，倪斗南题有《螟巢园》诗。上海南翔朱家禄辟有巢寄园，后吴永生得后更名为古巢寄园。洪鹭汀在苏州鹤园有鹤巢书屋。常熟有虞山脚下有花圃丰巢居，民国改为虞山公园。广东可园内有息巢。

形容小的尺度还用上朝的笏板为参照，如山东潍坊的十笏园。十笏园在今潍坊市胡家牌坊街，原为清朝咸丰、光绪年间本城乡绅丁善宝的宅园。丁善宝字黻臣，号六斋，咸丰时输巨款捐得举人和内阁中书衔，能诗文，著有《耕云囊霞》等文集刊行于世。丁家的邸宅规模很大，北面靠近旧城的北城墙，南临胡家牌坊街，东为梁家巷，西界郭家巷，共有二十多个院落，近三百多间房舍。从建筑平面布局看，参差不齐，显然是逐渐拓展扩充起来而构成的。邸宅内有两座宅园，北面的后花园面积较大，现已完全夷为平地；西南面有座小花园即十笏园，于光绪十一年（1885年）建成。据丁善宝自撰《十笏园记》，这里原来是明朝刑部郎中胡邦佐的故居，清初归陈姓，又归郭姓，后为丁善宝购得。当时的房舍已大半倾圮，故仅保留了北部较完整的一座三开间的楼房，其余均"汰其废厅为池"，改造成小型宅园，"以其小而易就也，署其名曰十笏园"。笏是封建社会大官上朝叩拜皇帝时手里捧的笏板。十笏只是自谦，而实际面积则有五亩余，建有亭台楼榭二十四处，房屋六十七间，园池部分有水池、小岛、曲桥、假山、游廊，布置紧凑，不显拥塞，小巧隽永，各得其妙，是潍县城内诸园之冠，鲁中一处具有晚清特色的名园。

形容园面积小的比拟空间有蜗庐、容膝园和安乐窝等。蜗庐是北宋中书舍人程致道在苏州建的园林，内有蜗庐、常寂光室、胜义斋等。程自赋诗七首以赞之："有舍仅容膝，有门不容车。"南宋洪适在江西波阳建的盘洲中有容膝斋、聚萤斋、舣斋、龟巢亭，皆是以小而中见大，目的是修心取道，故又有洗心阁。

文征明五十七岁卸下待诏之职，回到苏州构筑玉磬山房，文嘉在《先君行略》中说："到家，筑室于舍东，名玉磬山房，树两桐于庭，日徘徊啸咏其中，人望之若神仙焉。""盖如是者三十余年，年九十而卒。"玉磬山房亦狭小而简陋，文征明有诗为证："横窗偃曲带修垣，一室都来斗样宽。谁言曲肱能自乐，我知容膝亦为安。春风蔓草通幽径，夜雨编篱护药栏。笑煞杜凌常寄泊，却思广厦庇人寒。"

清初葛芝（字龙仙）的祖父在昆山西门内建有读书处，命为从吾馆，葛芝也曾一度避居山中，后归从吾馆，亦在馆中读书。从吾馆面积窄小，仅约一亩，然内有水池、容膝居、莲舫、长廊等景。容膝居一语道破空间天机。

沧州运河边上的泊头镇有个行宫，名红杏园，乾隆《红杏园诗》诗道："渤海经古邑，芳园驻翠辇。徘徊寻古迹，云昔日华宫。三雍曾著称，五经亦赖显。崇构早倾颓，土阶新拓展。池台取略具，琴书供静遣。物力毋殚劳，容膝斯亦善。"虽然行宫面积小，但是，新构池台略有园亭之意，故最后一句称"容膝斯亦善"。

常州的近园，以"近"形容面积小且简陋。实际面积达七亩多，但是，园主杨兆鲁在其《近园记》中还是自谦园子"近似乎园"，故名"近园"。杨还请王石谷绘《近园图》。园中以道家理论造园，主体建筑西野堂取老庄之野意，见一亭为道家"一"的追求，虚舟是对老庄"虚"的崇敬，秋水亭为庄子之"秋水"篇。虽然小，但是，还有一个"安乐窝"表明其内心是安乐知足，取道家"至乐"之意。

《扬州品赏录》记载扬州小规模园林占据大多数。金鱼巷有个园林叫容膝园，被称为扬州历史上最小的园林，意为只可容一人两膝。载曰："是园纵深，不过三十步，宽仅十步余，而有山石、花木、房廊，咸备其中。虽说园小仅够'容膝'，但可聚三四宾朋。"1997年出版的《扬州自助旅游手册》道："园内东北隅有山石一组，覆以花木少许，园西贴墙筑半廊，与半亭相接。有斋堂3间，斋南面存留隙地，可容三五友朋置身园林内，促膝谈心。系扬州园林中的袖珍型佳作。"近又在毓贤街上又发现"容膝居"石匾，为阮元弟子何绍基题款（是否为同一园，未得考证）。

宋代吴江叶茵在同里建有水竹墅，内有安乐窝等十景。狮子林在元末有禅窝等十二景。元代上海王逢在青浦构建最闲园，园中有卧雪窝、先民一邱、先民一壑、林屋余清洞。卧雪窝一表明园小，二表明居于新朝如卧雪。自称先民，表明是宋朝遗民，一邱、一壑、余清既有道家丘壑精神，亦有清心遗志。明代许庄在张家港的沧江别墅有香雪窝。明代正德年间兵部尚书秦金在无锡惠山下构园，初名凤谷行窝，后被其族侄秦燿罢归后重建为寄畅园。丹邱小隐、鹤步滩、含贞斋、凌虚阁，都是《周易》、道家和道教的景点。苏州被贬官员姜采购得颐圃后，其子姜安更名为艺圃，构有爱莲窝。虽爱莲为儒家周敦颐，然其小至窝名，亦有儒家陋巷和道教壶园双重渊源。明末吴江高士徐白在上沙村建潭上书屋，后归陆稹，康熙年间朱彝尊应邀游园，作《水木明瑟图赋》，从此更为水木明瑟园。园中有蛰窝，蛰为冬眠之意，蛰窝表明蛰伏于小园。明代顾昶在吴江同里建有盘窝，内有池、涧、溪、堂、斋、阁、榭等景，姚明有《题盘窝》诗赞之。明代翁天章在太仓建有翁家窝，以采集名花异卉而称道于当地。清代常州的近园的安乐窝和苏州南半园的安乐窝，都表明小园安乐之意。

清朝蒋重光在苏州虎丘购得程氏别业而构为蒋园，内有邃窝。乾隆年间阳曲县的桂子园内有懒云窝、丹药院和超然亭等道教景点。东莞张敬修的可园有诗窝。在南京愚园中有岩窝和啸台。常州赵怀玉的意园中建有云窝。四川古常道观亦有饴乐仙窝。晚清陶湘在南京建湘园，内有冰封窝。王咸中在苏州的石坞山房内有真山堂、鱼乐轩、快惬窝等，皆是道家景致。

壶中天地的小亦如大，还用可、近、且、未、暂等命名。称可园的亦多，如苏州朱珲的可园、榆次常家大院的可园、永康的王崇的百可园、漳州郑云麓的可园、东莞张敬修的可园、北京文煜的可园、北京动物园的可园、广州廖仲恺的可园、湖州钱庄会馆的可园。南京陈作霖不仅建可园，还自号可园，人称可园先生，著有《可园文存》《可园诗话》。

小园更有以片、半、只等名景名园，如扬州片石山房，清上海邹延壁后圃之片玉山、扬州九峰园之"一片南湖"、扬州徐园之羊公片石、北京绮春之青云片。也有以咫名园之小者，如苏州韩葵的有怀堂有归愚咫和闻斗室、常熟冲天庙前的咫园。

不足为美就是老子"广德若不足"的真意，不足是广德的换词说法。广德是上古贤者至人的标准。而知足常乐是自然小得的另一种心态，也是庄子所提倡的。所有园主的虽居小园观，却足以观天地。这种知足的心态，虽不至广德，亦可称为得道。《园冶》中用"足"七次，大多是说明虽然园小景小，却足以证明天地之变化之广博。"园说"道："制式新番，裁除旧套；大观不足，小筑允宜。"虽然

"不足"，但是"允宜"。"城市地"道："片山多致，寸石生情；窗虚蕉影玲珑，岩曲松根盘礴。足征市隐，犹胜巢居，能为闹处寻幽，胡舍近方图远；得闲即诣，随兴携游。""市隐"属于大隐，但是，人事纷繁，难以调频。"巢居"属于小隐，小隐隐于野，生活太艰难。白居易《中隐》诗说："大隐住朝市，小隐入丘樊。丘樊太冷落，朝市太嚣喧。不如作中隐，隐在留司官。似出复似处，非忙亦非闲。不劳心与力，又免饥与寒。终岁无公事，随月有俸钱。"中隐就是介于大隐和小隐之间的中庸之道。白居易又说："唯此中隐士，致身吉且安。穷通与丰约，正在四者间。"

　　《园冶》的"傍宅地"又道："固作千年事，宁知百岁人。足矣乐闲，悠然护宅。""乐闲"是道家闲乐。庄子把养闲称为一类人。在《庄子》中大谈闲修："大知闲闲，小知间间。""阴阳之气有沴，其心闲而无事。"黄帝问道广成子后回去"捐天下，筑特室，席白茅，闲居三月，复往邀之。""天下有道，则与物皆昌；天下无道，则修德就闲。""以此退居而闲游，江海山林之士服；以此进为而抚世，则功大名显而天下一也。""就薮泽，处闲旷，钓鱼闲处，无为而已矣。此江海之士，避世之人，闲暇者之所好也。吹呴呼吸，吐故纳新，熊经鸟申，为寿而已矣。此道引之士，养形之人，彭祖寿考者之所好也。若夫不刻意而高，无仁义而修，无功名而治，无江海而闲，不道引而寿，无不忘也，无不有也。淡然无极而众美从之。此天地

之道，圣人之德也。"孔子问于老聃曰："今日晏闲，敢问
至道。""无所终穷乎？尝相与无为乎？澹澹而静乎？漠而
清乎？调而闲乎？""彼其乎归居，而一闲其所施。""向
者弟子欲请夫子，夫子行不闲，是以不敢；今闲矣，请问
其故。"

《园冶》的"江湖地"道："江干湖畔，深柳疏芦之际，
略成小筑，足征大观也。"虽名"小筑"，但是，其内容实
景以及外延借景足以证道家之"大观"。"亭榭基"道："花
间隐榭，水际安亭，斯园林而得致者。惟榭只隐花间，亭
胡拘水际。通泉竹里，按景山颠。或翠筠茂密之阿，苍松
蟠郁之麓；或借濠濮之上，入想观鱼；倘支沧浪之中，非
歌濯足。亭安有式，基立无凭。"此足为真足，可见沧浪
之歌出自庄子，但是，被儒家所用。"掇山"道："岩、峦、
洞、穴之莫穷，涧、壑、坡、矶之俨是；信足疑无别境，
举头自有深情。"园中岩峦洞穴和涧壑坡矶虽由人作，但
与自然之景相较，巧夺天工，足以自信别有洞天。"借景"
中道："嫣红艳紫，欣逢花里神仙；乐圣称贤，足并山中宰
相。"花开时如花里神仙，快乐时如山中宰相（陶弘景）。

# 第 5 节　庾信的心思与《小园赋》的园景

南北朝著名诗人庾信，在晚年羁留北周、思念故国，
于是在北周都城购地造园，《小园赋》中道："余有数亩敝

庐，寂寞人外，聊以拟伏腊，聊以避风霜。"其园广"数亩"。在其赋的首句，就引用壶中天地的典故："若夫一枝之上，巢父得安巢之所；一壶之中，壶公有容身之地。"其地在城市之中，故用"虽复晏婴近市，不求朝夕之利；潘岳面城，且适闲居之乐。"春秋齐国大夫晏婴住宅近市，狭窄低湿，齐景公知道后几次想给他换个好地方，被晏婴拒绝了："小人近市，朝夕得所求，小人之利也。"意思是，自己的家虽在市场边上，却不求早晚的便利。辑录《小园赋》如下：

若夫一枝之上，巢夫得安巢之所；一壶之中，壶公有容身之地。况乎管宁藜床，虽穿而可座；嵇康锻灶，既烟而堪眠。岂必连洞房，南阳樊重之第；绿墀青锁，西汉王根之宅。余有数亩敝庐，寂寞人外，聊以拟伏腊，聊以避风霜。虽复晏婴近市，不求朝夕之利；潘岳面城，且适闲居之乐。况乃黄鹤戒露，非有意于轮轩；爰居避风，本无情于钟鼓。陆机则兄弟同居，韩康则舅甥不别，蜗角蚊睫，又足相容者也。

尔乃窟室徘徊，聊同凿坯。桐间露落，柳下风来。琴号珠柱，书名玉杯。有棠梨而无馆，足酸枣而无台。犹得敧侧八九丈，纵横数十步，榆柳三两行，梨桃百余树。拔蒙密兮见窗，行敧斜兮得路。蝉有翳兮不惊，雉无箩兮何惧！草树混淆，枝格相交。山为篑覆，地有堂坳。藏狸并窟，乳鹊重巢。连珠细菌，长柄寒匏。可以疗饥，可以栖迟，崎岖兮狭室，穿漏兮茅茨。檐直倚而妨帽，户平行而碍眉。坐帐无鹤，支床有龟。鸟多闲暇，花随四时。心则历陵枯木，发则睢阳乱丝。非夏日而可畏，异秋天而可悲。

一寸二寸之鱼，三竿两竿之竹。云气荫于丛著，金精养于秋菊。枣酸梨酢，桃榹李薁。落叶半床，狂花满屋。名为野人之家，是谓愚公之谷。试偃息于茂林，乃久美于抽簪。虽有门而长闭，实无水而恒沉。三春负锄相识，五月披裘见寻。问葛洪之药性，访京房之卜林。草无忘忧之意，花无长乐之心。鸟何事而逐酒？鱼何情而听琴？

加以寒暑异令，乖违德性。崔骃以不乐损年，吴质以长愁养病。镇宅神以霾石，厌山精而照镜。屡动庄舄之吟，几行魏颗之命。薄晚闲闺，老幼相携；蓬头王霸之子，椎髻梁鸿之妻。燋麦两瓮，寒菜一畦。风骚骚而树急，天惨惨而云低。聚空仓而雀噪，惊懒妇而蝉嘶。

昔草滥于吹嘘，藉文言之庆余。门有通德，家承赐书。或陪玄武之观，时参凤凰之墟。观受釐于宣室，赋《长杨》于直庐。遂乃山崩川竭，冰碎瓦裂，大盗潜移，长离永灭。摧直辔于三危，碎平途于九折。荆轲有寒水之悲，苏武有秋风之别。关山则风月凄怆，陇水则肝肠寸断。龟言此地之寒，鹤讶今年之雪。百灵兮倏忽，光华兮已晚。不雪雁门之踦，先念鸿陆之远。非淮海兮可变，非金丹兮能转。不暴骨于龙门，终低头于马坂。谅天造兮昧昧，嗟生民兮浑浑！

许逸民在《古代文史名著选译丛书庚信诗文选择（修订版）》中译文是：

在一枝树枝上，巢父就获得了安家的处所；在一把葫芦里，壶公就找到了容身的地方。何况管宁的粗劣床榻，破成洞也还可以坐；嵇康的打铁炉边，既暖和又可以安眠。为什么一定要高阁重楼，像是南阳樊重的宅第；画栋雕窗，像是西汉王根的王府？我只有几亩大的一处房舍，在这里听不到车马的喧嚣，权且用来随俗度日，遮挡风雨严寒。我的住所即使靠近集市，也不会像晏婴那样追逐需求的便利；即使坐落在京城，也只希望像潘岳那样享受闲居的安乐。再说黄鹤自警是为了逃离人们的危害，决不会自愿去乘坐华贵的马车；爰居迁徙是为了回避海上的灾害，并不是想要谋求人们的祭拜。在流寓生活中，如能像陆机兄弟有个栖身之地，像韩伯舅甥不计利害得失，那么就算是蜗角蚊睫一般的狭小空间，我觉得已经足够安居乐业的了。

于是我从官场逃出来，在小园中自得其乐。正当新桐发芽，清露晨流，柳枝摇曳，惠风和畅的季节。在园中弹弹琴，读读书，也是让人惬意的。园中有棠梨、酸枣树，但没有楼台馆阁。斜着看有八九丈长，横着看有几十步宽。园中栽有两三行榆树柳树，又有百余棵梨树桃树。拨开茂密的枝条才能见到窗子，横竖走去都可以成为道路。鸣蝉有密叶遮蔽而不受惊扰，野雉不必担心罗网陷阱而自由自在。青草和绿树混为一片，长短枝桠交互伸展。有山不过像一筐土堆成，有水不过是个小土坑。水下的龟鳖因为地盘小不得不窝连着窝，孵雏的乌鹊也因为可作巢的树少不得不巢叠着巢。园中的草地上拥挤着串串的果实，架上的葫芦累累沉重而拉长了脖颈。园子里可以找到充饥的食物，也可以嬉游歇息。有几间高矮不一的房屋，草做的屋顶已经透风漏雨。屋檐低矮得碰到帽子，门框狭窄得侧身碰到眉毛。帐幔朴素引不来白鹤，床榻陈旧垫脚的只能是神龟。鸟儿幽闲自得，随意鸣啼；花儿自开自落，四季随心。唯独我心如历陵久枯的大树，发如睢阳待染的一团素丝。虽然不是夏日，也有所畏惧；虽然不见秋风，也有所悲伤。

园中有一寸二寸的小鱼，有三竿两竿翠竹。云气覆荫着丛生的蓍草，金精滋养着秋天的菊花。酸枣酸梨，山桃山李，枯叶布满床头，落花堆遍屋地。我称这里是山野人家，也就是齐国愚公的山谷。让我尝试一下隐居在园林，因为很久以来就曾向往退出官场的生活。园门虽有却常关闭着，我的心已经与外世隔绝。偶尔有些来往的，不是荷锄丈人那样的隐者，就是披裘公那样的高士。空闲的时间，我或是阅读葛洪的医书，或是研究京房的卦辞。但是看到忘忧草不能使我忘忧，见到长乐花不能让我长乐。鸟儿不能饮酒而偏让它饮酒，鱼儿不愿听琴而偏让它听琴，究竟是为了什么而这样违背它们的本心呢？

再加上南北方气候寒热不同，我感到不能适应，肯定会因为抑郁不乐而折损寿命，因为长年愁苦而积成疾病。在住宅四角埋上大石以镇鬼怪，挂上明镜以照精灵。我如同庄舄一样因思乡而病倒，又如同魏颗的老父一般病到昏乱欲死。暮色笼罩了空荡荡的房屋，我看着全家老老少少，真感到对不起受苦的儿子，也对不起勤俭的妻子。家里只有两瓮麦子，一畦秋菜。风吹得大树不停地摇动，低沉的云层使天空变得一片昏暗。空空的粮仓上聚集着吵闹的麻雀，懒妇们的耳边响起了秋蝉的悲鸣。

当年我托先辈的福荫，在梁朝的宫廷里滥竽充数。我的祖父可以和建有通德门的郑玄媲美，我的父亲和伯父也和读过王室赐书的班彪、班嗣同样博学。我有时在玄武阙陪坐，有时到凤凰殿听讲。曾经像贾谊在宣室受到召见，又曾像扬雄待命赋写诗文。

不料山崩地裂，河流枯竭，冰消雪散，石碎瓦解，大盗侯景篡权作乱，江南故国陷于灭顶之灾。我回国的平坦大道一下子就被摧毁，变得像三危山、九折坂一样的艰险难行。如同燕太子为荆轲在易水饯行，又如同李陵在匈奴为苏武送别，我从此有去无回，只能长留在异国他乡。关中的山川风月使我满怀凄怆，陇头流水一类的歌曲更让人痛彻肝肠。这里严寒多雪，完全不同于故国江南。人的一生很快要过去了，我已开始进入晚年。虽然不想洗雪以往遭遇的不幸，但还是丢不开南归故乡这个意念。可怜我既不能像雀雉入淮海而发生变化，又不能像金丹在土釜中一连九转。我如果无法如愿回到南方，最后也只好在北朝忍辱负重地活下去了。看来昏暗的天意就是这样的，对纷乱的人生我只有叹息而已。

# 第 20 章  炼丹制药与药洲

## 第 1 节  炼丹

壶公的另一个工作是炼丹养生和悬壶济世。把园林当成一个炼丹制药的工厂和基地，这是历代道教园林的共同特点。炼丹也是古代的化学、药学技术，只有掌握较高科学文化知识的文人才具备这个条件。道士群体是探索人与自然的群体。道士屡屡出现于帝王和藩王花园，在园中设坛炼丹，历代有之。在民间，亦有一般学道之士，亦炼丹制药，以求长生不老。这种园景常称为药洲。

葛洪（公元 284—364 年），东晋道教理论家、医学家、炼丹术家，字稚川，自号抱朴子，丹阳句容人，葛玄从孙，少好神仙导养之法，司马睿为丞相，用为掾，后任咨议、参军，封关内侯，闻交趾出丹砂，求为广西勾漏令，携子至广州，止于罗浮山炼丹。《抱朴子》为其坚持名教纲常和隐居炼丹的理论。《乾隆绍兴府志》卷五道，葛洪在余姚太平山筑石室，室广数丈，高丈余，为葛炼丹之处，环石室为山居，概以山林野趣为主景。北宋徽宗的艮岳也是一个道教园林，园中有炼丹亭和药寮，还有妙虚斋等道家景观。

至正（1341—1370 年）末年，浙江天台人陈基在江苏苏州为官，因张士诚起义定都苏州而欲归不能，于是在苏州天心里兴建宅园，名小丹丘。元诗人戴良（1317—1383 年），字叔能，号九灵山人，浙江浦江人，曾任淮南江北等地行中书省儒学提举，后至吴中仕张士诚，元亡，隐于四明山，诗多怀忆故国）专为此园写《小丹丘记》。无锡寄畅园在明代时亦构有丹丘小隐一景。嘉靖年间，太仓人陈汪在家乡建有私园，名丹山，园中有竹桥、芝屋、幽轩、壶岛、两山、水池、歌馆、桃花、桂花、竹林等。周锡有诗咏此园。清代乾隆年间查日乾和查为仁父子的水西庄有小丹梯、小旸谷和来蝶亭都与道家和道教有关。

清代刘春池在南京建的半野园，就是以道家和道教思想为主导的园林。在台城西，刘春池所创宅园，广数亩，园内有：秋水堂、青松白石房、菜圃、庭榭、篱笆等。刘春池善唱，深得袁枚赏识，刘林芳有诗赞园："结庐在幽僻，及在台城西；后有数亩地，诸翠横檐低；为园虽不广，亦足成幽栖；所喜在半野，门外无轮蹄；路接鸡鸣埭，地复通青溪；萧寺峙古塔，楼阁悬丹梯；时发钟磬响，能开心境迷；既无市喧到，而多山鸟啼；触目饶野趣，随步可攀跻；因以半亩名，用待高人题。"因与袁枚同时代，故约在袁建随园之后。诗中"结庐在幽僻"典出陶渊明"结庐在人境"，"楼阁悬丹梯"指寻仙访道之路。网师园的梯云室也是源于此典。宋之问《发端州初入西江》有"金陵有仙馆，即事寻丹梯"，杜甫《赠特进汝阳王》有"鸿宝宁全秘，丹梯庶可凌"。《旧唐书·武宗纪》道："志欲矫步丹梯，求珠赤水。"徐渭《蜡屐》道："万钱收锦屦，五岳遍丹梯。"

清代天津的萧闲园，是山西武举人杨秉钺于乾隆二十七年（1762 年）在县城东门内的私家园林。园林以道家和道教为主题，有景：倚云廊、澄怀堂、入室峰、种芝渠、观鱼池、暖翠岩、幽兰谷、蹑丹坪、抱膝石、寄旷亭、紫筠径、宿云洞等。同治间华鼎元诗《萧闲园》："老翁意趣本消闲，结构名园近市阛；偶向曲廊寻石刻，重刊阁贴读回怀。"杨爱好金石书画，有勒石图刻。清末渐毁，后归问津书院，成为往来天津讲学学者的下榻之处，光绪五年（1879 年）在此设立天津南北洋电报总局。

武昌刘姓居士所建的霭园，占地约十亩，周围建有虎皮围墙，其间以竹篱分隔之。园以山林野趣为胜，分南、中、北三园。南部花园，门首建花园以点"花园山"之趣，门西向，有祀花祠对之，供有花神以佑百花，北有"来鹤"茶室，为待客品茗之处。园内奇花异卉，蔚为壮观。中园为全园最高处，从南门东北角北进，在青石蹬道进"梅苔

荷篠山房"，向上登达"佳山草堂"，堂建于清乾隆五十八
年（1793年），落成之日刘纯斋、吴白华应邀出席庆贺。
佳山草堂地处高爽，坐堂中放眼开去，江城景色尽收眼底：
北有凤凰山，南有胭脂山、蛇山，东有花园山，大树参天，
西有龟蛇夹江。堂后有"丹梯百级"上"小天台"，登台更
上一层楼，"凭高四望，疏畅洞达"。近则大江之环流；如
带，芳草如袍；远则七泽三湘，当日群雄角逐之场，译客
行吟之地，英伟奇杰犹恍惚于茸目之前，从小天台西去，
为"白华亭"。北园自成幽邃静稚之所。入门有小径曲折，
尽端为"一池秋水半山房"，堂东有一泓清水，池周林木茂
密，俨然尘外。堂西依山建有吸江亭和春草亭，林荫深处，
凉意袭人，实为避暑佳处，光绪中期霭园渐荒，独"蘧园"
二字门额犹存，光绪末年，对居士后人刘宝臣供职学部，
绘制有"霭园画"。园之来鹤室、丹梯、小天台、"一池秋
水半房山"都典出老庄和道教故事。

　　把园林作为炼丹之处，命名为药园，历代有之。第一
个在园中设药洲者是汉初南越国赵佗在广州番禺王城所创藩
王园林。城内有三山两湖，三山指番山、禺山和坡山，湖中
岛屿名药洲。洲上有道人奉命炼长生不老药。唐末南汉国王
刘龑又在此创立藩王园林，在城内西湖南越王药洲的基础上
建立新园，开莲池，命为仙湖，建宫殿，炼丹药，命罪犯从
太湖、灵璧、三江长途运来九个景石，以喻天上九曜星宿，
人称九曜石，故此园又称九曜园。仙湖北面为玉液池，以水

道相连，池畔建有含珠亭和紫霞阁，水道边列置景石，行植杨柳，人称明月峡。在通往仙桥的水渠口以砺石砌桥，名宝石桥。因洲上石多，故又名石洲。此园至今仍存，名药洲，九曜石依旧。从景名玉液池、含珠亭、紫霞阁、九曜石来看，都为道教象天星、象天宫的景点（图 20-1）。

图 20-1　药洲

　　第二个是明代北京皇家园林琼华岛上的药栏。第三个是清代苏州凤池园（原自耕园）的药圃。第四个是南宋廖药洲园，也称世彩堂。在杭州葛岭路履泰山西，为贾似道的门生廖莹中的别墅，园内有花香亭、竹色亭、心太平亭、相在亭、世彩亭、苏爱亭、君子亭、习说亭等。廖莹中，字群玉，号药洲，福建邵武人，进士出身，依附贾似道，主张与忽必烈纳币乞和。贾似道之园在西湖，他的园林也在西湖。园有中世彩堂，刊刻历代名书，成为南宋七大刻书家。在园中炼丹修道。德祐元年，贾似道被革职之夜，与之相对悲歌，回至家中，命爱妾煎服冰脑自杀而亡。但必须明确，历代很多牡丹园和芍药园也称药园。虽两花都可入药，也称药园，如明代苏州的金粟园，内有药圃，广植牡丹和芍药，但非道教思想。

## 第 2 节　悬壶济世与杏林庄

虽然典出壶中天地，但是，壶中天地常指小园而丰富，得道家清修场所。但是，真正能做到把自身炼丹制药，用于治病救人，就是广州的杏林庄。

在广州花埭的杏林庄是晚清广州著名私家园林。杏林庄与张维屏的听松园只一河之隔，画家邓大林（？—1857年）于道光二十六年（1846 年）创建，园本无杏，邓大林在园中炼药，"丹药济人有如董奉，此庄所在名杏林也"，清镇国公奕湘题"岭南亦有杏林庄"，后来何灵生和陈澧从外地携杏植于园中以应庄名。园基狭长，约十亩，不设墙垣，旁有小河，环植竹柳，前有柳、蕉、水松，入门为荷池、亭子、楼阁、奇石（太湖石和英石）、花木、小桥、流水、盆景，约有八景：竹亭烟雨、通津晓道、蕉林夜雨、荷池赏夏、板桥风柳、隔岸钟声、桂林通潮、梅窗咏雪，邓大林绘有《杏林庄八景图》，并集有《杏庄题咏》二集，新会萧耀祖题有《乙巳夏至后三日杏林雅集口占廿六韵》：

"……我来荡桨过芳村，一望花环兼水复。板桥横处泊扁舟，三径新开茂松菊。马目篱疏露石苔，羊肠路曲通林腹。涉趣园中别有天，杏林庄即诗人屋。池塘半亩护朱栏，菡萏风回气芬馥。堂临水镇照仙心，绿水溶溶如绮縠。怪石奇葩夹砌旁，障木迎凉树乔木。小亭三两无俗尘，索笑巡檐倚修竹。向东构阁号藏春，八景丹青悬幅幅"，张维屏诗道："结构无多妙到宜，要从雅淡见清奇"，南海女诗人李兰娇道："花埭园林都看遍，依心独爱杏庄幽。欲将八景描归去，披向妆台作卧游"，陈澧《杏林庄老人蜂歌》云："杏林老人爱奇石，远取太湖近英德。"民国间转售与东莞画家李凤公，解放后，李移居香港，代管人捐出建为化工厂，太湖石被移至广州品石轩。邓大林，广东香山人，字卓茂，号荫泉、长眉道人，父卖药为生，在广州开有佐寿堂，专治外伤。邓为道光间进士，初为山东某地知县，是诗人、画家，监生，官国子监典籍，工山水，兼花卉，与苏六朋、梁琛、袁杲、郑绩为画友，与陈璞和黄香石等结为诗画社，有《种玉山房诗钞》，退隐之后，继承祖业，成为中医，自炼药于园内，悬壶卖药于市，年 90 而卒。

杏林本与孔子杏林讲学不同，前者是道家，后者是儒家。

# 第 *21* 章　祖先崇拜

祖先崇拜是原始宗教信仰，在几千年的历史进程中，不断地与其他文化融合，形成不同的文化形式，其中与道教文化融合发展影响深远，形成了诸如宗庙、祠堂、祭坛、陵园等建筑艺术形式，以及各种不同的文化活动和文化氛围。祖先崇拜分为血亲崇拜、英雄崇拜、死者崇拜。血亲崇拜如家祠、太庙和陵墓，英雄崇拜如泰伯祠、武侯祠、冼夫人庙和陆子祠等，逝者崇拜如明十三陵、清东陵、清西陵、清北陵。

## 第 1 节　血祖崇拜与宗祠、家庙和太庙

先秦时期的祖先崇拜，已经形成相当成熟的祭祀理论。《国语·鲁语上》载春秋时鲁国大夫展禽说："夫圣王之制祀也，法施于民则祀之，以死勤事则祀之，以劳定国则祀

之，能御大灾则祀之，能捍大患则祀之。"这就是华夏先民祖先崇拜的祭祀五原则。

血祖崇拜是祖先崇拜的基本类型，是原始社会"万物有灵"思想的延续。人们把逝去的祖辈和先人视为可以庇佑后人的神灵。尊崇、敬奉、祭祀祖先神灵，是在一定的时间和空间中开展各种仪式活动，来祈求祖先保佑现世子孙，达成某种目的和祈愿的一种民间信仰类型。无论社会生产力的高低，人类为了家族的稳定和繁荣，以血亲为纽带的祖先崇拜成为聚落生活的常态。祖先崇拜的信仰习惯一直延续成为精神信仰的重要部分。

遍布南方（包括华东、华中、华南）各地的宗祠是民众祖先崇拜最直接的体现。受封建宗法文明和儒家文化双重的熏染，重视家族礼教、尊宗敬祖。歙县《潭渡孝里黄氏族谱·潭渡黄氏享姊专祠记》记载："报本之礼，祠祀为大，为之寝庙以安之立之，祐主以依之陈之，笾豆以奉之佐之，钟鼓以饷之飨之。登降拜跪，罔敢不虔，春雨秋霜，无有或怠。一世营之，百世守之，可云报也。"祭祖居于信仰中不可撼动的地位。祖先的福泽不仅仅关系到现世，还有后世的子子孙孙。所有祈愿落脚点是对祖先的虔诚的最大化。参与祭祀对任何一个家庭或个体来说都是一种不可懈怠的责任。

祭祖活动贯穿于岁时节日、自然节律与人生仪礼的各个节点。徽州地区"冬至祭始祖、立春祭先祖、季秋祭祢、四时祭各支曾高祖考、忌日祭、墓祭外，其他清明、寒食、端午、中元、重阳之类的岁时节日也要祭祖。"岁时节日是传统社会的时间刻度，被赋予生态、生产、生活庄重的仪式感。祭祖时间的偏好，是对自然和祖先神灵的隆重和敬畏。"立祠堂一所，以奉先世神主，出入必告，至正朔望，必参俗节，必荐时物，四时祭祀，其仪式并遵文公《家礼》。"把自然节律的祭祖与生产协同，是由传统农耕业态决定的。人生重要节点如出生礼、成人礼、婚礼、葬礼这四大过渡仪礼更是与祠堂祭祀紧密相连。

宗祠是乡土社会联系血亲的空间纽带，有着强烈的血亲表征。集体认同又促使宗祠的泛化。从最开始作为超验的原始社会的精神信仰，到逐渐被传统封建社会合法化，又不断发展成完善的社会礼俗制度。宗祠涵化了祖先崇拜，糅合了儒家宗法文化，成为宗族社会的权力中心。在不同层级的祠堂中，有着相似的权力结构。同一姓氏中的老人或者能人作为族长和宗祠中的最高决策者，统领整个宗族的日常秩序。宗祠的伦理性表现为与血缘的关系上。始祖神圣化、男性主导化和血缘树枝化发展为夫妇之伦、父子之伦、兄弟之伦、长幼之伦。

宗祠是血缘关系的空间载体和精神形象。山水龙脉与人类血脉的高度相似，使堪舆理论被广泛应用并神圣化。事死与事生的等同，也使宗祠走向园林化。龙脉、坐朝、藏风、围合、喝形、四象（神）、借景、因景、对景、框景、漏景等都被应用于宗祠及其环境的建设之中。

徽州新叶村所处的金衢盆地位于浙西北的仙霞岭，龙门山以东南，广义层面也属于天目山系余脉。将天目山系作为村子的少祖山之前行龙脉的支龙，仙霞岭为龙形之势，过龙门山后，在村西北形成穴场。筑村于道峰山之南，玉华山之东，以道峰山为村子的朝山，玉华山为祖山，从而定下了新叶村的位置和朝向。新叶村现一姓却有22座祠堂。南宋祠堂总祠一座（西山祠堂），下一级在元代发展出有序堂和雍睦堂，再下一级在明代发展出崇智、崇礼、崇义、崇仁四堂，再下一级在明清之际衍生出荣寿堂、永锡堂、存心堂、余庆堂、施庆堂、由义堂、积庆堂、石六堂，再下一级在清代新建有启佑堂、友竹堂、瑞芝堂和常竹堂，最后一级也在清代，亲殷墟字真美堂和狮子堂。这些祠堂最大的特色就是因就山水环境。坐西朝东是主要朝向，西面玉华山最高，是来龙，东面唱歌山，是朝山，如有序堂、崇仁堂、荣寿堂、常竹堂、存心堂和西山祠堂（图21-1）（资料来源：《玉华叶氏宗谱》）。

其它还有坐南朝北，也是坐玉华山朝向道峰山，也有因水系而定向的。除了因借山水的坐朝，也有人工创作，最大的景观特色是祠堂前的水塘。这些水池面积也不小，可见其在堪舆、消防、排水、景观等多方面的重要性，几个重要祠堂水面统计见表21-1。

图 21-1　新叶村祠堂群山水环境

表 21-1　新叶村水塘统计

| 祠堂名 | 水塘位置 | 形状 | 面积 |
|---|---|---|---|
| 有序堂 | 祠堂北侧 | 月牙形 | 8 亩 |
| 崇仁堂 | 祠堂北侧 | 月牙形 | 1.5 亩 |
| 荣寿堂 | 祠堂东南侧 | 圆形 | 0.5 亩 |
| 常竹堂 | 祠堂西北侧 | 圆形 | 1 亩 |
| 存心堂 | 祠堂北侧 | 月牙形 | 1 亩 |
| 西山祠堂 | 祠堂东南侧 | 椭圆形 | 2 亩 |

如果说新叶村祠堂的环境是因借的典范的话，广东番禺邬家祠堂东西两侧的园林就是人工园林的典范。祠堂周边并没有自然的山水可以资借，于是在祠堂正前方营造一个水塘。这个水塘已远非一般家族祠堂的朱雀池，水中有龟蛇石雕，岸边有假山花木，完全是园林化的水景园。在祠堂右边是园居结合的余荫山房。园内凿方池，堆石山，砌花坛，构亭榭，筑楼阁，架石桥，通廊道，是广东保存最完整的古典园林。祠堂左面又构建了一个以水池为中心的园林。深柳堂、临池别馆、玲珑水榭、南薰亭、船厅、小姐楼、书房、廊桥，曲径通幽，别有洞天。而在祠左面2006 年又新辟 1000 余平方米园林区，以水池为中心，在北面建文昌阁，周以堂、廊、亭、榭，虽带有政府行为，但是，也是对祠堂园林的进一步演绎。从此，形成祠前、左、右三面环园的构架（图 21-2）。

文献记载，古代宗庙，是每庙一主：唐夏五庙，商七庙，周亦七庙；汉代则不仅京城立庙，各郡国同时立庙，于是其数达一百七十六所，这是和后来天子宗庙仅太庙一处的制度很不相同的。太庙是帝王的家族祠堂，是祠堂中级别最高的。把帝王的祖先祠堂与国家象征的社稷坛置于都城左右的理念，充分显示祖先宗拜的地位。左祖右社观念主要来源于古代的阴阳五行理论。《周礼·春官·小宗伯》："小宗伯之职，掌建国之神位，右社稷，左宗庙。"《礼记·祭义》："建国之神位，右社稷而左宗庙。"

图 21-2　番禺邬家祠堂与余荫山房鸟瞰图

　　八卦所配属的东方震卦代表五行中的"木"，也是指成年男子。巽方指生气方位。因此，皇宫里面的太上皇、皇子、皇孙一定居住在紫禁城的东侧；而太后、公主等女眷居住在紫禁城的西侧。同样，祖先的灵魂能够长生就必须依托于木，而不能依附于其他东西，因此，神主牌位都是木制的。木兴旺的标志就是东南方（相对于太和殿），建筑中的木也用黑色，也因水生木；能用绿色，绿色是木的本色；能用红色，表示木生火，具有兴旺的意义。

　　《周礼·天官序》贾公彦曾注："宗庙是阳，故在左，社稷是阴，故在右。"清人金鄂也说过："宗庙属阳，故在左，左为阳也；社稷属阴，故在右，右为阴也。"按"左阳右阴"的观念形成了左宗庙而右社稷的都城布局模式。根据后天八卦所配置的关系可知，西南方为坤卦，代表五行中的"土"，坤属母，而相对于父，母为阴。故按照"左阳右阴"观念，社稷坛属阴，因此在右方。

《白虎通·宗庙》载："王者所以立宗庙何？曰：生死殊路，故敬鬼神而远之。缘生以事死，敬亡若事存，故欲立宗庙而祭之。""宗庙"一词随着古代祖先崇拜观念而产生，北京太庙是现存唯一的中国古代皇家祭祖建筑群，是古代皇家祭祖建筑、祭祖制度和文化的重要承载。太庙将古人的祖先崇拜文化展现得淋漓尽致。

北京明清太庙建筑群的中轴线组织和中国传统建筑群，诸如故宫等处理手法一致，采用了院落式的空间处理手法，在中轴线上布置了四个门和前、中、后三座殿，划分成三个独立的院落，轴线两侧的每个院落又配置独立的辅助性建筑。院内三大殿构成一个平面"土"字。院前有从紫禁城中流出的河水，在院前绕成腰带形，称玉带河，河上跨金水桥。院门称为戟门，门前原有 120 根旗杆。东西各有一座六角井亭。桥南面为神厨和神库。太庙建筑群周边种植高大郁密的古柏群，烘托庄重肃穆的气氛，而庙宇内却不种植一棵树，形成院内外空间的强烈对比（图21-3）。

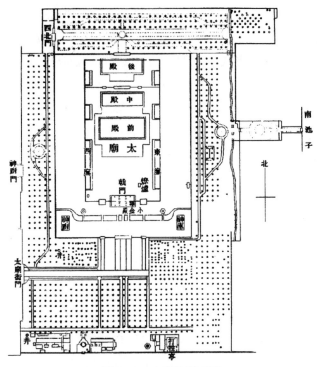

图 21-3　太庙总平面图

（图片来源：闫凯《北京太庙建筑研究》，2004）

　　太庙园林环境最大特色为古柏。全园 14 公顷，三重围墙，在最外一层院墙内全是古柏。据统计有古柏 800 余株。古木参天，形态各异，多为侧柏和桧柏，多为明代太庙初建时所植，少数为清代补植。树龄高者达 500 年以上，低者也在 300 年以上。除了神柏、树上柏和鹿形柏之外，还有一株朱棣手植柏。

　　成书于东汉中晚期的道教经典《太平经》道："太上中古以来，人益愚，日多财，为其邪行，反自言有功于天地君父师，此即大逆不达理之人也"，在其中《上善臣子弟子为君父师得仙方诀》中构成了后世敬奉的"天地君亲师"牌位的雏形，其中以"天地"为祖，是为敬天；"亲"为父，为母，祖先也，是为法祖。

　　所谓祖先崇拜，不同于儒家的"无鬼而学祭礼"，把祖先崇拜由鬼神崇拜的层次转化为伦理化的祭祀，将孝德和祖先崇拜建立起关联性，盼借此宗教活动而达伦理教化之目的。道教是把祖先视为具有超自然力的精神存在，活着的后人通过祭祀活动与祖先进行灵魂交流，追思承志、表达感恩之情，并期望获得护佑与恩泽的一种精神信仰活动。它是建立在原始宗教灵魂不灭和鬼神敬畏观念的基础上，通过一系列丧祭活动来实现的。

　　祭祀祖先是孝道延续的直接表现。道教虽然讲"长生""内外双修"等"玄之又玄"的命题，它同时也强调孝道，父母健在时须行孝，父母过世后仍然要行孝，而更重要的是不忘根本。晋朝道士葛洪则在其名著《抱朴子·内篇》中则说："欲求仙者，要当以忠孝和顺仁信为本。"《云笈七签》"说十戒"引《玉清经·本起品》云："第一戒者，不得违戾父母师长，反逆不孝。"《太上灵宝净明洞神上品经》卷上《入道真品篇》说："唯知忠孝，可以学道"；"人之初生，父母遗体，知其所养，知其所贵，知其所事。父母之身，天尊之身，能事父母，天尊降灵。"《净明正印篇》亦说："真人非难学，学之先以孝。孝弟非难行，顺事父母心，父母本天尊，汝其悟于心。"因此道教强调的是"入吾忠孝大道之门者，皆以祝国寿、报亲恩为第一事。次愿雨旸顺序，年谷丰登，普天率土，咸庆升平"（《净明忠孝全书》卷五）。道教素有"敬天（神）祀祖"的习俗。从轩辕黄帝起，敬天祀祖一直就是华夏族的重要礼仪。

# 第2节　英雄崇拜与泰伯祠、陆子祠、晋祠、武侯祠

英雄崇拜是超越血缘的祖先人物崇拜。古代常以祠和庙的形式出现，如泰伯祠、武侯祠，也有以庙的形式出现，如张飞庙。宗祠祭祀的对象是历代多神主，而英雄祠庙则主享者为英雄个人，配享者还有其身边重要人物或其家人，有的就只供一人。无锡惠山脚下的祠堂群就是以英雄崇为主，神主都是历代开疆始祖、传教文臣、孝子贤达。无锡祠堂也是高度园林化的祠堂。

泰伯祠又名至德祠，其神主是泰伯。至德祠典出《论语·泰伯》中对泰伯的赞语："其可谓至德矣，三以让天下，民无德而称焉。"泰伯是古吴国的创立者，也是吴文化的创始人。祠内"断发纹身""荆蛮义归""泰伯建城""开发江

南"是对泰伯一生功绩的总结。泰伯从中原来到吴地，主动"断发纹身"，入水捕鱼，带领百姓把沼泽泥涂改造成良田，把中原先进的农耕技术传播到当地，"荆蛮义之，从而归之千余家，立为吴太伯"。泰伯又在无锡梅里筑吴城，"周三里二百步，外郭三百余里"。在吴国大兴农桑，开凿泰伯渎，解决了灌溉、排涝和运输的问题。在治理百姓上用周礼治国，使荒蛮之地成为文明之乡。王充《论衡·恢国篇》云："夏禹俾入吴国，太伯采药，断发文身。唐虞国界，吴为荒服……今皆夏服、褒衣履舄。"元明间文人姜渐《吴县修学记》说："自泰伯以天下让，而吴为礼仪之邦，自言堰北学于圣人，而吴知有圣贤之教。由周而降，天下未尝无乱也，惟吴无悖义之民；由汉以来，天下未尝无才也，惟吴多名世之士。虽阅千数百载而泰伯、言堰之风至于今不泯。噫，教化之感人心而善民俗也如此。"现祠内有"至德无上"匾，联曰："草昧造三吴，自南河阳城箕山以来，天锡（通赐）此土；豆登延百世，立君臣父子兄弟之极，民无能名。"（华枫，论惠山祠堂的吴文化底蕴）

对泰伯的祭祀与崇拜源远流长。最古的梅里泰伯庙建于东汉永兴二年（公元 154 年），是民间原始的祖先崇拜。到了北宋元祐年间，朝廷赐泰伯庙"至德"额，表彰他礼让天下，于是，祭祀也上升到国家层面。明清以后，泰伯作为儒家圣贤得到进一步巩固，在苏州无锡等地得到官府的重视屡有记载。明洪武年间，无锡城中大娄巷另建泰伯祠，供当地吴姓祭祀，后年久失修废圮。乾隆十三年（1765年），知县吴钺暨裔孙吴培源等购惠山愚公谷炼石阁基址和绳河馆旧址，奉檄特建至德祠，祠内至德殿上供奉泰伯、仲雍、季札之像，供后人世代祭瞻。八十年后的道光甲辰，无锡知县吴时行见廊庑楼台损坏，于是重修。咸丰年间受太平军影响，门楼倒塌，知县吴政祥于同治乙丑与族人吴匄捐修，建来雨亭。辛亥革命后，无锡西河支裔孙吴佐璜（字叔渭）、吴广文与吴方之倡议14次修葺大统宗谱，于民国五年裔孙叔渭利用修谱余款修葺宗祠，保留鍊石阁和来雨亭，修复廊涧，堆掇文石，疏浚池沼；整修滤泉，品茗不亚于二泉；垫池拓建阁三楹，阁旁又筑怀德阁。时观园林胜景之祠宇，峦影波光，气象万千，披览摄影，不禁为之神往，故人称惠麓吴园也。民国九年在池西隅建停云馆。民国十三年遭江浙军阀齐卢混战破坏严重。十七年祠董少之等筹款，重新修葺，璀璨依然。抗日战争时，至德祠内鍊石阁及阁南还读楼被炸倾圮，幸殿庑克保。光复后15次大统宗谱时筹款不利而未修复。1959年在锡惠公园建设中保留了原来的享堂大厅，作为"至德祠"，将其与荷轩等景分离，单独开放。从泰伯祠的修建可见，是英雄崇拜的象征，同时也是儒家文化的宣扬，同时，也是建筑室内场所的配享，亦是室外景物的配享（图21-4）。（吴志田，泰伯的故事.无锡至德祠，至德文化博览）

图 21-4　泰伯祠

（图片来源：http://blog.sina.com.cn/s/blog_5ea337590102x949.html）

　　无锡陆羽祠在惠山脚下，纪念唐代茶圣陆羽。陆羽在唐代安史之乱避居吴地，隐居山间，采茶评茶，觅泉品水。无锡宜兴的阳羡茶是他说"芬芳冠世"，可以贡献给皇帝。其后半生都在江南，多次到惠山察茶事、品水质，结识了时任无锡尉的皇甫冉。皇甫冉有《送陆鸿归惠山采茶》和《送陆鸿渐栖霞寺采茶》等诗。惠山的"天下第二泉"也是他评定的。惠山泉眼众多，除二泉外，还有松泉、罗汉泉、龙眼泉、遂初泉、龙缝泉、碧露泉、滤泉、双龙泉、逊名泉、听松泉、松苓泉、蟹眼泉等，这些泉水被统称为九龙十三泉。"天下第二泉"的成名经过据明代王永积《锡山景物略》记载："泉之得名自唐代李绅始，经品题自陆羽始，奔走天下自李德裕始。"二泉旁的"挑水弄"就是唐代以后二泉水扬名天下后各地争相来此挑水的写照。宋代徽宗将二泉水列为贡品，苏东坡"独携天上小团月，来试人间第二泉"就是咏此。同时根据"近泉得水者则为至上"的祠堂选址原则，惠山众泉都为祠堂所踞。

陆羽对茶文化的推广使无锡饮茶之风日盛，进而形成清明节惠山二泉的茶会。以二泉水煮茶、斗茶、品茗成为一年一度的雅集。文征明的《惠山茶会图》就是王与蔡羽、汤珍、王守、王宠等人于暮春时节在二泉汲泉品茗赋诗的情景，堪与兰亭雅集相比。明洪武二十八年（1395 年），惠山寺僧人普珍请湖州竹工编制烹泉煮茶的竹炉，里面填土，炉心装铜栅，用松树煮二泉水泡茶，招待前来二泉游赏的文人雅士。无锡籍的画家王绂为此绘《竹炉煮茶图》，大学士王达撰《竹炉记》，又遍请名流题咏。乾隆下江南过无锡，最爱在竹炉山房中品茶，后被他带回宫中。

宋代在华孝子祠遗址建陆子祠。杨万里《题陆子桌上祠堂》诗云："先生吃茶不吃肉，先生饮泉不饮酒。"祠堂由惠山寺僧管理，内有陆羽画像，故杨诗又云："一瓣佛香炷遗像，几多衲子拜茶仙。"元代，陆祠改为"三贤祠"。《无锡县志》载："三贤祠，在惠山寺内泉亭上。三贤为晋长史湛茂之、唐相李绅、桑苎翁陆羽也。"元进士、永嘉人高明《华孝子故址记》载："惠山寺之东偏，当泉水之上，有三贤祠，按志书，今祠址，华孝子所居宅也。初，祠久废，吴人王彬，始复创建，既成，则以三贤事刻诸石，且曰：初址实孝子故居。"明正德八年（1513 年），邵宝在祠中增祀焦千之、钱颖、秦观、尤袤、张翼等，改称"十贤祠"。到了清康熙年间，祀主最多，包括湛挺、李绅、陆羽、焦千之、秦观、倪瓒、张翼、王绂、秦旭、邵宝等，称"尊贤祠"。嗣后，知县吴兴祚将祠迁走。于此建云起楼。乾隆年间改作皇亭，供奉康熙、乾隆所赐的御书。咸丰十年，毁于兵火。1929 年，于此废址建景徽堂，有廊轩点缀，成为园林景点。1983 年的半山亭阁，1991 年于此辟茶寮。1993 年，景徽堂改称陆子祠。室内布置巨幅《陆子品泉图》漆屏，再现"茶圣"风采。现在，陆子祠已辟为茶座，祠前有棋盘石，经磴道可至惠山头茅峰的老君庙。庙旁，惠山山脊上的古山道，蜿蜒于松林间，使人联想起苏轼"石路萦回九龙脊"和"半岭松风万壑传"的诗句。如今陆子祠，祠味不浓，茶味孰浓，处处茶座，熙熙茶客，日日茶会。

惠山二泉书院与其说是书院，更像祠堂园林，因为建筑内都供有祠主邵宝，故二泉书院也称邵宝祠。明代礼部尚书邵宝于 1516 年在此创二泉书院，讲学十一年。邵宝为官清廉而被称为"千金不受先生"，教育"道德至上，功名次之"，反对死读书，注重领会主旨和应用，东林领袖顾宪成和高攀龙尊其为师，二泉书院也被后人认为是"东林先声"。顾宪成的名联"风声雨声读书声声声入耳，家事国事天下事事事关心"，也是在"二泉书院"里写的。

　　二泉边的二泉书院占泉占山，加上亭廊点缀，成为不可多得的山地园林。入门之后正面君子堂，左右厢房各三间。再上为易情轩，轩后为方形泉池，上加石桥，再入为邵宝的享堂。堂后依山设蹬道，直到最高处的点易台。点易台下筑石为山，涌泉流瀑，层层跌流，一边爬山廊依水而行。又有知雨堂和超然堂等建筑景观。

　　顾宪成和高攀龙在无锡主持明代东林书院，是对儒家理学传统的继承，是二程的正宗，被称为"东南夫子"。顾高在东林讲学十八年，主张关心民生、国事，将学术与政治、道德与实践一以贯之，将学术从务虚走向务实，开启了清代实学的先声。东林书院在明代是士子的众望所归，"上自名公卿，下迨布衣，莫不虚己悚神，执经以听，东南讲学之盛遂甲天下"。在顾宪成去逝第二年，后人就在二泉书院南侧择址建顾端文公祠。在惠山下河 8 号，坐落着祭祀另一位明东林党领袖高攀龙的"高忠宪公祠"。这两祠也是园林祠堂。

　　南阳武侯祠和成都武侯祠，分别是诸葛亮隐居隆中和为官蜀国的纪念园林。诸葛亮（公元 181—234 年），字孔明，号卧龙，徐州琅琊阳都（今山东临沂市沂南县）人，三国时期蜀国丞相，杰出的政治家、军事家、外交家、文学家、书法家、发明家。早年随叔父诸葛玄到荆州，诸葛玄死后，诸葛亮就在襄阳隆中隐居。后刘备三顾茅庐请出诸葛亮，联孙抗曹，于赤壁之战大败曹军，形成三国鼎足之势，又夺占荆州。建安十六年（211 年），攻取益州。继又击败曹军，夺得汉中。蜀章武元年（221 年），刘备在成都建立蜀汉政权，诸葛亮被任命为丞相，主持朝政。蜀后主刘禅继位，诸葛亮被封为武乡侯，领益州牧。勤勉谨慎，大小政事必亲自处理，赏罚严明；与东吴联盟，改善和西南各族的关系；实行屯田政策，加强战备。前后六次北伐中原，多以粮尽无功。终因积劳成疾，于蜀建兴十二年（234 年）病逝于五丈原（今陕西宝鸡岐山境内），享年54 岁。刘禅追封其为忠武侯，后世常以武侯尊称诸葛亮。东晋政权因其军事才能特追封他为武兴王。诸葛亮散文代表作有《出师表》《诫子书》等。曾发明木牛流马、孔明灯等，并改造连弩，叫作诸葛连弩，可一弩十矢俱发。诸葛亮一生"鞠躬尽瘁、死而后已"，是中国传统文化中忠臣与智者的代表人物。

南阳武侯祠位于南阳市城西卧龙岗上，是诸葛亮隐居躬耕之处，也是刘备三顾茅庐之处。诸葛亮五丈原殒后，故将黄权率族人在南阳卧龙岗建庵祭祀，时称诸葛庵。晋永兴年间镇南将军充弘立碣表闾，唐代李白、刘禹锡、许浑发帖金额诗赞。宋岳飞在祠内挥泪书写前后《出师表》。元南阳监郡马哈马修祠并割二百亩田为岁时香火之具。元河南平章政事何玮扩建，元仁宗赐名"武侯祠"。明世宗赐"南阳卧龙岗武侯祠"并颁祭文，明定官员春秋二祭。康熙年间知府罗景大修武侯祠，增建庙堂，新辟廊庑和台榭，积土为山，垒石成峰，按诸葛躬耕的"龙岗全图"石刻复原卧龙岗十景，植修竹花卉。武侯祠是集祠、园于一体的景区。康熙年间曾有十景。新中国成立后重修增建景区颇多。中轴线上依次为千古人龙坊、大门、汉昭烈皇帝三顾处石坊、诸葛井、石桥、山门、三代遗才坊、大拜殿、诸葛草庐、小虹桥、宁远楼。西轴线有野云庵、半月台和诸葛花园。东轴线有三顾祠、出师表碑廊、关张殿、三顾堂。另有古柏亭、躬耕亭、汉碑亭、东汉历史陈列馆、汉代文化苑、诸葛亮雕塑园、卧龙湖、小岛、龙角塔等。

武侯祠最初是由西晋末年十六国之一的成汉国国主李雄建成。原在城内，后迁于南郊与刘备昭烈庙合祀。历代重修，今局为康熙年间巡抚张德地所建。武侯祠是前庙、后祠、西墓、侧园格局。祠庙有大门、二门、刘备殿、诸葛亮殿。东园部分有三顾园、听鹂苑、爱树山房、荷花池，西园有香叶轩、芝圃、荷花池、观星楼、水榭、桂荷楼、琴台、船舫。刘备墓园有享堂和陵园。另有三国文化陈列馆。

山西太原晋源区的晋祠，是为了纪念晋国的开国诸侯唐叔虞及其母后邑姜。西周（公元前 11 世纪—前 771 年）周成王姬诵封胞弟姬虞于唐，称唐叔虞。其封地在今山西翼城，后来叔虞宗族的一支迁至晋阳，在悬瓮山麓晋水发源处建祠宇，称唐叔虞祠。虞的儿子燮因境内有晋水，改国号晋。东汉时就有载因地震波及晋祠。南北朝天保年间，文宣帝高洋扩建晋祠，"大起楼观，穿筑池塘"。读书台、望川亭、流杯亭、涌雪亭、仁智轩、均福堂、难老泉亭、善利泉亭等都始建于这个时期。自高洋以下皆续有修缮。隋开皇六年（公元 581—586 年），在祠区西南方增建舍利生生塔引晋水灌溉稻田，周回 41 里。唐朝就是从晋阳起家，贞观二十年（公元 646 年），太宗李世民来到晋祠，撰写碑文《晋祠之铭并序》，并又一次进行扩建。

北宋太平兴国年间（公元 976—983 年），宋太宗赵光义在晋祠大兴土木，修缮竣工时还刻碑记事。天圣年间（1023—1032 年），宋仁宗赵祯于追封唐叔虞为汾东王，并为唐叔虞之母邑姜修建了规模宏大的圣母殿。宋哲宗元祐、绍圣年间（1086—1098 年），铸造铁人、筑莲花台以壮威仪。元祐二年（1087 年），太原府社头吕吉等人献圣母殿檐柱木雕盘龙六条和圣母座物。元祐四年（1089 年），铸金人台东南隅铁人一尊［现存铁人系民国十五年（1926 年）补铸］。绍圣四年（1097 年），铸金人台西南隅铁人一尊。绍圣五年（1098 年），铸金人台西北隅铁人一尊。东北隅铁人早毁，于民国二年（1913 年）补铸。宋徽宗崇宁中（1102—1106 年），重修圣母殿，赐号"慈庙"。政和元年（1111 年），重修苗裔堂。政和八年（1118 年），铸鱼沼飞梁铁狮子一对。

金大定八年（1168 年），更在飞梁大东，增建献殿，专为圣母子贡献祭品。面宽 3 间，深 2 间。元世祖至元四年（1267 年），重修唐叔虞祠内建筑，勘定晋祠四周地界。

弋殷撰《重修汾东王庙记》。元仁宗皇庆二年（1313年），僧洪治禅师重修奉圣寺。元泰定帝致和元年（1328年），重修苗裔堂。元顺帝至正元年（1341年），王思诚任河东山西道（宣慰司），整修晋祠。次年，太原地震，波及晋祠，乃重修圣母殿。至正三年（1343年），石刻《孔子步趋图》，置于清华堂。

明洪武元年（1368年），重修雨花寺，正殿三间，左右配殿各三间。洪武二年（1369年），加封圣母为"广惠显灵昭济圣母"。洪武三年（1370年），创建仙翁阁，又称红阁。明永乐十年（1412年），僧圆觉禅师来奉圣寺，增建观音堂，铸圣母殿左钟。十四年（1416年），建上生寺，正殿三楹，东西配殿各三阁。永乐二十一年（1423年），补铸莲花台西北隅铁人头部。明天顺元年（1457年），圣母殿右侧铸造大钟一口。天顺五年（1461年），山西巡抚茂彪修葺晋祠，刻《重修晋祠碑记》。明成化二十三年（1487年），圣母殿立《御制祭文》碑。明正德六年（1511年），重修苗裔堂。正德八年（1513年）补铸西北隅铁人胫部。正德十五年（1520年），铸昊天神祠钟。明嘉靖中期，建白鹤亭。嘉靖十一年（1532年），王朝立在晋祠庙内东南角创晋溪书院。嘉靖二十七年（1548年），建读书台，修望川亭、唐叔虞祠、善利亭、难老亭。嘉靖四十年至四十一年（1561—1562年），宁化王府修圣母殿、鱼沼飞梁。嘉靖四十二年（1563年），创建水母楼。明隆庆元年（1567 年），高汝行撰《重修晋祠庙记》，重修东岳祠。明万历年间（1573—1620 年），在献殿前增建对越坊和钟鼓楼。接着又在会仙桥的东面，重修了华丽的水镜台供演戏之用。

清康熙元年（1662 年），重建望川亭。康熙二十五年（1686 年），太原知县周在浚重修唐叔虞祠，并撰文记之。康熙三十八年（1699 年），建吕祖阁。康熙四十八年（1709 年），再修唐叔虞祠。康熙五十七年（1718 年），整修奉圣寺，创建待凤轩。雍正八年（1730 年），高氏重修台骀庙。乾隆元年（1736 年），建钧天乐台。乾隆二年（1737 年），改建三圣祠、同乐亭。乾隆十二年（1747 年），重修舍利生生塔。乾隆十六年（1751 年），翰林杨二酉致仕回晋祠，致力于晋祠修缮。乾隆二十五年（1760 年），重修公输子祠。乾隆三十六年（1771 年），山西巡抚朱珪、太原令周宽重建唐叔虞祠。乾隆三十八年（1773 年），扩建文昌宫、晋水七贤祠、锁虹桥。乾隆三十九年（1774 年），修鱼沼飞梁。乾隆四十三年（1778 年），建白鹤亭。乾隆五十年（1785 年），建朝阳洞及读书台。乾隆六十年（1795 年），扩建昊天神祠、重修读书台。嘉庆六年（1801 年），修玉皇阁、三清洞，关帝庙落成。嘉庆十四年（1809 年），全面修葺晋祠，包括莲池、水榭、飞梁、台骀庙、公输子祠、三圣祠等。嘉庆二十三年（1818 年），修雨花寺。道光五年（1825 年），重修东岳庙。道光二十四年（1844 年），修葺晋祠部分建筑。咸丰五年（1855年），重建清华堂。同治二年（1863年），重修奉圣寺。光绪元年（1875年），光绪题"三晋遗封"匾额。光绪二十八年（1902年），邑人刘大鹏完成《晋祠志》稿。光绪三十年（1904年），修晋祠待凤轩。

中华民国六年（1917年），建洗耳洞和真趣亭。民国十五年（1926年），补铸晋祠金人台东南隅铁人头。民国十六年（1927年），荣鸿肪筑陶然村别墅（荣家花园）。民国十九年（1930年），建石舫"不系舟"。

1954年，修智伯渠，重建锁虹桥。1960年，重建望川亭，重修苗裔堂，扩建文昌宫。1964年，新建晋祠大门和望川亭，整修陆堡河及三台阁。同年拆除同乐亭，改建山西历代书画室。1965年，扩建难老泉水堰，兴建晋祠公园南湖大厅、船码头。1975年，全面整修文昌宫。1977年，省干部疗养院归还奉圣寺遗址房屋120间。1978年，全面整修晋祠，平整土地47845平方米，迁出文物区内住户22家，王琼祠南山建成六角亭一座，整修智伯渠，重砌善利泉水渠，修缮关帝庙、唐叔祠、三台阁、晋溪书院。1980年，在奉圣寺原址重建新迁建筑。1980—1981年，在晋祠王郭村附近发掘的北齐东安王娄睿墓葬，墓中保存近200平方米的壁画，为中国保存最早、艺术价值很高的历史珍品。1981年，扩建唐碑亭。同年维修雨花寺、老君洞、瑞云阁、陶然村别墅等主要建筑。改造晋祠公园饮马泉景区，建造御井亭、藕香榭、长廊及牌坊等工程，至1989年全部竣工。1991年，董寿平美术纪念馆在晋祠博物馆落成开馆。刻制晋祠内外八景碑碣，并建碑廊。恢复晋溪书院。建太原王氏始祖王子乔祠。

从最早的个人专祠，再增加佛教寺院和道教宫观，又扩晋源水母崇拜的水母殿，再到书院文昌宫，以至于公输子祠、三圣祠、王琼祠，成为祖先崇拜、圣贤崇拜、山水崇拜、神仙崇拜、佛祖崇拜、道教崇拜的多崇拜综合体。融合多种功能的是自然山水，以至于后来历代增建园林景观建筑，在民国更有荣鸿舫构陶然别墅亦是依附山水和依附名胜、依附圣贤所致。

# 第 3 节　逝者崇拜与秦陵、明陵、清陵、孔林、关林、张飞庙

古人认为，死者要入土为安，故通过埋葬的形式把遗体安放于地下。所谓地下，有各种方式。一般百姓入殓棺材，帝王加椁一层。又有凿石为穴者，如徐州汉墓。古人认为，祖先死后灵魂不灭。常年祭祀，招魂受享于墓，可得世代永恒，并可庇佑后代，造福子孙。可见坟墓制度既有灵魂不灭之说，又有福荫功利之说。

为了标识地面，故有植万年长寿树如松、柏、槐、银杏等于葬区。孔子葬地称孔林，关羽葬区称关林，就是秉

承植树为表、简朴营造之意。"墓古千年在，林深五月寒"，孔林内现已有树 10 万多株。相传孔子死后，"弟子各以四方奇木来植，故多异树，鲁人世世代代无能名者"，时至今日孔林内的一些树株人们仍叫不出它们的名字。其中柏、桧、柞、榆、槐、楷、朴、枫、杨、柳、女贞、樱花等各类大树，野菊、半夏、柴胡、太子参、灵芝等数百种草本植物，使孔林成为名符其实的植物园。

公元 219 年冬，孙权偷袭荆州，关羽退走麦城，大义归天。220 年春正月，孙权害怕刘备起兵报复，把关羽首级送到洛阳曹操处，但被曹操识破，曹操敬慕关羽为人，将计就计追赠关羽为荆王，刻沉香木为躯，以王侯之礼葬于洛阳城南十五里，并建庙祭祀，即今关林，明朝万历二十年（1592 年）在汉代关庙的原址上，扩建关林庙，扩建成占地 200 余亩、院落四进、殿宇廊庑 150 余间、规模宏远的朝拜关公圣域。万历三十三年（1605 年）年敕封关羽"三界伏魔大帝神威远镇关圣帝君"，关羽始封"圣"。清朝，顺治五年敕封关羽"忠义神武关圣大帝"，康熙五年敕封洛阳关帝陵为"忠义神武关圣大帝林"，始称"关林"，成为与山东曲阜"孔林"并肩而立的两大圣域。雍正八年（1730 年）诏改武庙。清乾隆年间加以修建，形成现今占地 180 亩的规模。关林是明清时期皇帝遣官致祭、地方官吏和百姓朝拜关公的场所。关林翠柏是洛阳八小景的第七景，主角是洛阳关林的 800 余株柏树，胸径在 20 厘米以上者达 400 余株。

道教以信仰黄老之道而著称。道教推崇黄帝是得道的神仙，在斋醮科仪文书中黄帝有灵宝黄帝先生、中岳嵩山黄帝真君、黄帝中主君、黄帝解厄神君、黄帝土真神王、玄清洞元黄帝玉司道君等名号。早在道家庄子的学说中，就视黄帝为得道者。《庄子·大宗师》宣称大道"黄帝得之，以登云天"。宋张君房《云笈七籖》卷七十《内丹诀法》引陶植《还金术三篇并序》说：若天地在乎手，造化由乎身，自凡跻圣，名列金簿，与黄帝、老子为先后，所以顾兹门而无别径也。宋邓牧《洞霄图志》卷六《洞霄宫碑》说：而道为天地万物之宗，幽明巨细之统。此虑羲、黄帝、老子所以握乾坤，司变化也。早期道教在创立过程中，汲取了黄老之学的思想元素，用以建构道教的神仙学说与神学理论。

道教仙传中黄帝得道、鼎湖上升的传说，是道教仙话中脍炙人口的故事。道教历代宗师对此黄帝神话有新的诠释。东晋葛洪《抱朴子内篇·微旨》："黄帝于荆山之下，鼎湖之上，飞九丹成，乃乘龙登天也。"

《史记·五帝本纪》："黄帝崩、葬桥山"。黄帝乘龙归天后，其衣冠冢葬于陕西黄陵县桥山龙脉之上，后世千百年香火不断。黄帝陵以万山之祖昆仑山为太祖山。南临拘水，把天地之灵气聚集中灵山前方。拘水之南是印台山，是案山；山的左右共有九条沟渠向拘河，仿佛九天龙朝拜黄帝。印台山与西边的南城塔在一起，背靠南山，并与西边的南城塔一起，构成了一只虎头。陵东有凤凰山，山的形状就像一只凤凰。陵西有玉仙山，其形似龟。黄帝的陵墓，龙、龟、虎、凤四灵俱全，呈现出一派祥和的景象。

《黄帝内经》不知真假，但是，黄帝提出病分阴阳，人可调理阴阳而长生，因此黄帝又称医神。道教奉承的黄老学说，老指老子，而黄则指黄帝。在战国中期到秦汉之际，黄老道家思想极为流行，其既有丰富的理论性，又有强烈的现实感。作为一种哲学思想，黄老之术形成于东周战国时代。但是，作为广为流传的社会思潮，则是在齐国稷下与魏国时期。代表人物尊崇黄帝和老子的思想，以道家思想为主并且采纳了阴阳、儒、法、墨等学派的观点。黄老学派思想发展主要分为两大主题：技术发明和政治思想，以形而上的道作为依据，结合形而下的养生、方技、数术、兵法、谋略等，具有极强目的性、操作性。从内容上看，黄老之术继承、发展了黄帝、老子关于"道"的思想，他们认为"道"是作为客观必然性而存在的，指出"虚同为一，恒一而止""人皆用之，莫见其形"。在社会政治领域，黄老之术强调"道生法"。认为君主应"无为而治"，"省苛事，薄赋敛，毋夺民时"，"公正无私"，"恭俭朴素"，"贵柔守雌"，通过"无为"而达到"有为"。黄帝陵自然得到历代帝王的追封而日益隆宠，成为华夏第一陵、天下第一陵和中华第一陵。历史上最早举行黄帝祭祀始于秦灵公三年（前 422 年），秦灵公"作吴阳上畤，专祭黄帝"。自汉武帝元封元年（前 110 年）亲率十八万大军祭祀黄帝陵以来，桥山一直是历代王朝举行国家大祭之地。如今，黄帝陵已成为集陵冢、庙宇、山水、亭台于一体的山水园。2018 年又拆迁山下 1200 余亩村庄，拟构为帝林之区。黄帝陵古柏群，是中国最古老、覆盖面积最大、保存最完整的古柏群，共 8 万余株，千年以上 3 万余株。"黄帝手植柏"距今五千余年，相传为黄帝亲手所植，是世界上最古老的柏树，被誉为"世界柏树之父"和"世界柏树之冠"。

　　为加强葬地标识，故堆土者称坟称冢。百姓坟头很小，高不过半人高或一人高，而帝王或王后之冢则数人之高，如刘备的惠陵冢封土高达 12 米，周边陵区成园。内蒙古的王昭君的青冢，高达 33 米，底面积达 13000 平方米。现在发展成为 684 亩，除呼韩单于与王昭君铜像和昭君石像外，还有兰亭、石碑、石像生、匈奴博物馆、水池、奇石、石幢等。秦始皇陵建于公元前 247 年，是中国历史上第一座皇帝陵园，征用百万能工巧匠，历时 39 年。光封土垒丘就使用了四十多万名民夫，前后达两年。刚开始秦始皇要求陵丘达到 999 尺，合今之 230 米左右，取九重天之意，希望死后与玉皇平身。《史记》说："坟高五十余丈"，合今之 115 米。20 世纪 80 年代重测为 55.05 米。今西安附近的几大陵区，可见处处土丘突起，高达几十米。封土的形式称为覆斗方土，就是在地宫上方用黄土堆成三阶渐收的方形夯土台，形似倒扣的斗。此制从周至隋一直沿用，后又被宋朝所用，以平原地区为多。

到了唐代，为了显示封土的高度，因借自然山体，而把墓穴修在山体之中，以山为冢，更显高大，又合自然。此制也经历了不封不树、又封又树到大封大树的三个阶段。宝城宝顶是中国古代帝王陵墓封土形制的一种形制，是在地宫上方，用砖砌成圆形（或椭圆形）围墙，内填黄土，夯实，顶部做成穹隆状。圆形围墙称宝城，穹隆顶称宝顶。这种形制用于明清两朝，清朝的宝城宝顶多为椭圆形。陵，从阜从夌。阜，大土山；夌，攀越。合起来是"攀越大土山"的意思，引申为"登上、升"之义，后被皇家专称为"帝王的坟墓"，有其"专用的升天通道"之意。故陵是比冢更高大的意思，冢本义于突起，而陵有凌天之意。

《荀子·礼论》："丧礼者，以生者饰死者也，大象其生，以送其死，事死如生，事亡如存。"这句话被后人总结为"事死如事生"，即死后也要和生前一样。堪舆把墓地称为阴宅与活之聚落之阳宅相对。以此强化阴宅的重要性。建阴宅有条件的主要是帝王。因而陵墓的地上、地下建筑和随葬生活用品均应仿照世间。陪葬之人从奴仆到嫔妃，以至车马。秦始皇陵的兵马俑就是以俑代人，减少活人陪葬。文献记载，秦汉时代陵区内设殿堂收藏已故帝王的衣冠、用具，置宫人献食，犹如生时状况。生前的场所称为宫殿，死后场所则称为陵寝，陵指封土之丘，寝指宫殿建筑。称寝更接近于长眠。地下宫殿为寝宫，地面建筑为享殿。

秦始皇陵地下寝宫内"上具天文，下具地理"，"以水银为百川江河大海"，以车马为戍卫，并用金银珍宝雕刻鸟兽树木，完全是人间世界的写照。地面建筑依皇宫之制，有宫门、殿门、享殿，方城、明楼、月牙城、宝城、宝顶、红墙，明代南京的朱元璋的孝陵就是如此。明代北京昌平区天寿山的十三陵，占地 120 平方千米，群山环抱，其间 230 多年，先后有十三位皇帝、二十三位皇后、两位太子、三十余名妃嫔埋葬于此，可谓是一个大型山水宫殿区。与市区一个皇宫不同的是，一帝一陵。各陵因山为陵，前有小河。永乐皇帝朱棣的长陵是首陵，也是规模最大者。陵前有大牌坊，第一进院有陵门、月台、神厨、神库，第二进院有祾恩门和祾恩殿。祾恩殿为享殿。明神宗发展到三进院。

清陵有多处，其中清东陵和清西陵为葬者最多。清东陵在唐山遵化县，占地 80 平方千米。清东陵于顺治十八年（1661 年）开始修建，历时 247 年，陆续建成 217 座宫殿牌楼，组成大小 15 座陵园。陵区南北长 12.5 千米、宽 20 千米，埋葬着 5 位皇帝、15 位皇后、136 位妃嫔、3 位阿哥、2 位公主共 161 人。清朝入关以后营建的陵寝，因袭了明陵规制。清东陵各座陵寝的序列组织都严格地遵照"陵制与山水相称"的原则，既要"遵照典礼之规制"，又要"配合山川之胜势"，使得整个园区更像是一座山水宫殿或山水园。

自顺治皇帝的孝陵在昌瑞山下落成以后，清代皇帝陵的规制就已基本形成。其布局可分为三个区，即神路区、宫殿区和神厨库区。孝陵的神路区建筑配置最为丰富，自南至北依次为石牌坊、东西下马牌、大红门、具服殿（供谒陵者更换衣服、临时休息的殿宇）、圣德神功碑亭、石像生、龙凤门、一孔桥、七孔桥、五孔桥、东西下马牌、三路三孔桥及平桥。宫殿区按照前朝后寝的格局营建，自南至北依次为：神道碑亭、东西朝房、隆恩门、东西燎炉（焚烧纸、锞的场所）、东西配殿、隆恩殿、陵寝门、二柱门、石五供、方城、明楼、琉璃影壁及月芽城、宝城、宝顶，宝顶下是地宫。宫门以北部分环以围墙，前后三进院落。神厨库区位于宫殿区前左侧，其建筑有：神厨（做祭品的厨房）、南北神库（储存物品的库房）、省牲亭（宰杀牛羊的场所），环以围墙，坐东朝西。围墙外建井亭。三个区的所有带屋顶的建筑（包括墙垣）除班房覆以布瓦外，全部以黄琉璃瓦覆顶（包括墙顶）。其中大红门为单檐庑殿顶建筑；圣德神功碑亭、神道碑亭、隆恩殿、明楼和省牲亭为重檐歇山顶建筑；具服殿、隆恩门、配殿、燎炉为单檐歇山顶建筑；朝房为单檐硬山顶建筑；神厨、神库为单檐悬山顶建筑；陵寝门为琉璃花门；井亭为盝顶建筑；班房为单檐卷棚顶建筑。

清西陵面积更大，达到 800 余平方千米，共有 14 座陵寝，帝陵 4 座：泰陵（雍正皇帝）、昌陵（嘉庆皇帝）、慕陵（道光皇帝）、崇陵（光绪皇帝）；后陵 3 座：泰东陵、昌西陵、慕东陵；妃陵 3 座，其他陵寝 4 座（怀王陵、公主陵、阿哥陵、王爷陵等）。共葬有 4 个皇帝、9 个皇后、56 个妃嫔以及王公、公主等 70 多人。从建陵开始，清朝就在永宁山下、易水河畔、陵寝内外栽植了数以万计的松树。陵区古松达 1.5 万株，总计松柏约有 20 余万株。陵区内千余间宫殿建筑和百余座古建筑、古雕刻。每座陵寝严格遵循清代皇室建陵制度，皇帝陵、皇后陵、王爷陵均采用黄色琉璃瓦盖顶，妃、公主、阿哥园寝均为绿色琉璃瓦盖顶。不同的建筑形制，展现出不同的景观特点。

墓是坟的民间豪华模式。而民间的阴宅远没有帝王那么奢华，罕见有墓亭者。平原之地，除封土成丘外，还在坟丘前立墓碑，构牌坊，建墓亭，墓边草构墓庐，以为守墓之用。按儒家之说，官员应官辞守墓，称为丁忧，满期后官复原职。在山区则因山为陵，砌筑墓地，刻石为碑，立石为表。

也有墓转化为祠者，如阆中张桓侯祠，俗称张飞庙，原为祭祀三国名将张飞墓，后扩建为祠堂。刘备平定益州后任张飞为巴西太守，镇守阆中七年。章武元年（公元 221 年），部将范疆和张达杀张飞于阆中。阆中人敬其忠勇，在墓址立庙祠祭祀，至今已 1700 余年。今之张桓侯祠占地十亩，是清代格局。张桓侯祠主体建筑均沿中轴线布局，由南向北主要由山门，敌万楼、左右牌坊、大殿、后殿、墓亭及张飞墓和墓后园林组成。大殿后有廊道与后殿，与墓亭相连，两侧百年丹桂、鱼池与后殿室内书画相映，墓亭前两根浮雕云龙石柱，亭内石券，塑张飞武官像。像后有桓侯神道碑与张飞墓相接，墓坐北朝南，呈椭圆形，东西宽25米，南北长42米，封土堆高8米，冢上林木葱茏，古树参天，墓左后侧为两千多平方米的园林，园内花草繁盛，竹木成荫。

为纪念各个时代英烈而建立的烈士陵园，是国家投资建设，并主管运营的祭奠场所。为纪念黄花岗烈士，而在广州建黄花岗烈士陵园。为纪念孙中山，在南京紫金山建中山陵。为纪念抗战烈士而在衡山建忠烈祠。为纪念为新旧民主革命而牺牲的烈士而在北京建天安门广场和纪念碑。全国各地的烈士陵园举不胜举。陵与园的结合，强化了中国人死者殡天，回归自然的天人合一思想，也寄托了后人感恩的情怀，更以此作为教育基地，通过缅怀传承了逝者的精神。不灭者，精神也。

# 第22章　花神崇拜

## 第1节　月令花神

中华民族的华字就是花的体现。《康熙字典》释义:"按花字,自南北朝以上不见于书,晋以下书中间用花字,或是后人改易……而五经、诸子、楚辞、先秦、两汉之书,皆古文相传,凡华字未有改为花者。考太武帝始光二年三月初造新字千馀,颁之远近,以为楷式,如花字之比,得非造于魏晋以下之新字乎。"可见,花与华同义却用于不同时间,南北朝之前用华,之后用花。《说文解字》释义:"华,荣也。凡华之属皆从华。"而"夏,中国之人也。"又有华夏是华族和夏族的融合之说。华夏民族可以说一半是花族的儿女。

《诗经》305篇有7篇出现华字,"桃之夭夭,灼灼其华"就是其经典名句。此书提及植物种类有150种(潘富俊,吕胜由.诗经植物图鉴[M].上海:世纪出版集团,上海书店出版社，2003.)，属于花卉者达132种（赵丽霞. 花卉文化与唐宋时代的审美意识 [D]. 武汉：中南民族大学，2005.)。

李菁、许兴、程炜《花神文化和花朝节传统的兴衰与保护》将人类对花卉的认知过程分为三个层次：敬畏与崇拜，建立花神庙朝拜、许愿、酬神、节庆；利用与开发，如药用、饮食、配饰、花香，以及在园中应用；审美与象征，由欣赏花色花貌开始，融入人类情感，赋予精神、气质和品德，即移情，如梅之傲骨贞姿、兰之静雅慎独、莲之清廉不染、菊之孤禀劲节等。宋代张翊著《花经》中提出品花的九品九命之论，认为梅兰牡丹为最高的一品九命。宋代邵雍《善赏花吟》提出赏花貌妙二境说："人不善赏花，只爱花之貌。人或善赏花，只爱花之妙。花貌在颜色，颜色人可效。花妙在精神，精神人莫造。"

花神司掌众花的天和。最早记载此事的文献是《淮南子·天文训》："女夷鼓歌以司天和，以长百谷、禽鸟、草木。"佛教传入中国后，迦叶被封为总领百花的男性花神（何小颜. 花与中国文化 [M]. 北京：人民出版社，1999.)。本土道教上清派开派祖师魏夫人及弟子花姑也被民间土封为花神（王蕾. 唐宋时期的花朝节 [J]. 现代企业教育，2006（20）：194-195.)。《花木录》称："魏夫人弟子善种花，号花神。"而清李汝珍在《镜花缘》中则说："蓬莱山有个薄命岩，岩上有个红颜洞，洞内有位仙姑总司天下名花，乃群芳之主，名百花仙子。"传说和文学也提出众多的花神花仙，把历史人物与花神对应起来，如杨贵妃被封为杏花神，西施被封为荷花神，李白被封为牡丹花神，陶渊明被封为菊花神。明末黄周星在《将就园记》中道："有花神，主祀百花之神，而以历代才子、美人配享焉。"

花神很多，如何配对？中国人依月令配花神。月令指农历十二月的气候和时令。天象和物候的自然变化和循环，中国先人按月、候、日的节点进行农业生产和生活起居，为了强化规律性，则加以崇祀，国家则把民间的习俗加以封典，以利合天意顺民意。最早的月令是夏代的《夏小正》十月历，运用最广的月令是《礼记·月令》十二月历。汉代蔡邕的《月令篇名》道："因天时，制人事，天子发号施令，祀神受职，每月异礼，故谓之月令。"

花卉的重要特征是开花，于是，民间把花卉开花的时间逐一统计，以诗歌或者经文的形式记录，因意境优美和朗朗上口而便于记忆，利于花事和农事，称之为花月令。每月有一种花卉代表此月，每月又有一位人物被封为花神。故《夏小正》就记载了少量的花月令："正月……梅、杏、杝桃则华。杝桃，山桃也。"《礼记·月令》记载了更多的花月令："仲春之月……始雨水，桃始华；季春之月……桐始华；季秋之月……鞠有黄华。"所载二月桃花、三月梧桐花、九月菊花的物候现象恰恰反映了中原地区的农历物候规律。有时一月开花的植物众多，只能以一种花卉代表，而因地区的差异人物也不同，最大的区别在于男女之别。
李菁博等整理了十二月令的花神，见表22-1。

**表22-1 十二月花神汇总表** [①]

| 月份 | 花卉 | 朝代 | 女性花神 | 朝代 | 男性花神 |
|---|---|---|---|---|---|
| 正月 | 梅花 | 南北朝 | 寿阳公主 | 北宋 | 林逋、柳梦梅 |
| | | 唐 | 江采苹（又称梅妃） | | |
| 二月 | 杏花 | 唐 | 杨贵妃 | 上古 | 燧人氏 |
| | | | | 东汉 | 董奉 |
| | 兰花 | 南北朝 | 苏小小 | 战国 | 屈原 |
| 三月 | 桃花 | 春秋 | 息侯夫人妫氏 | 唐 | 皮日休、崔护 |
| | | 元 | 戈小娥 | 北宋 | 杨延昭 |
| 四月 | 牡丹 | 西汉 | 丽娟 | 唐 | 李白 |
| | | 东汉 | 貂婵 | 北宋 | 欧阳修 |
| | | 唐 | 杨贵妃 | | |
| | 蔷薇 | 西汉 | 丽娟 | 西汉 | 汉武帝 |
| | | 南北朝 | 张丽华 | | |
| 五月 | 石榴 | 西汉 | 卫子夫 | 西汉 | 张春 |
| | | | | 南北朝 | 江淹 |
| | | | | 唐 | 孔绍安 |
| | 芍药 | — | — | 北宋 | 苏轼 |
| 六月 | 荷花 | 春秋 | 西施 | 南北朝 | 王俭 |
| | | 唐 | 晁采 | 北宋 | 周敦颐 |
| 七月 | 秋葵 | 西汉 | 李夫人 | 东晋 | 谢灵运 |
| | | | | 南北朝 | 鲍明远 |
| | 玉簪 | 西汉 | 李夫人 | — | |
| | 凤仙花 | — | — | 西晋 | 石崇 |
| | 鸡冠花 | — | — | 南北朝 | 陈后主陈叔宝 |

---

[①] 根据李菁、许兴、程炜"民间流传的十二花神版本汇总表"改编。

续表

| 月份 | 花卉 | 朝代 | 女性花神 | 朝代 | 男性花神 |
|---|---|---|---|---|---|
| 八月 | 桂花 | 西晋 | 绿珠 | 五代 | 窦禹钧（也称窦燕山） |
| | | 唐 | 徐贤妃（徐惠） | 南宋 | 洪适 |
| 九月 | 菊花 | 西晋 | 左贵嫔（左芬） | 东晋 | 陶渊明 |
| 十月 | 芙蓉花 | 五代 | 花蕊夫人 | 北宋 | 石曼卿 |
| | | 北宋 | 谢素秋 | | |
| 十一月 | 山茶花 | 西汉 | 王昭君 | 唐 | 白居易 |
| 十二月 | 水仙 | 上古 | 娥皇、女英 | 春秋 | 俞伯牙 |
| | | 东汉 | 洛神、凌波仙子 | 北宋 | 苏东坡、黄庭坚 |
| | 蜡梅 | 北宋 | 佘太君 | | |

　　从表中可知，每月的值令花卉不只一种，二月、四月、五月、七月、十二月都超过两种，其中七月最多，达四种。男女花神也不止一位，常有一花多位现象。有些花卉有女神而无男神，如玉簪是李夫人，有些花卉有男神而无女神，如芍药是苏轼。表中柳梦梅出自《牡丹亭》，但水仙花神凌波仙子，无朝代可考。兰花四季均开放，在不同版本的十二花神中，出现在正月、二月、七月和十月，而本表只放在二月。

　　十二月花神系统来源于自元代至明代逐步形成的传统名花，包括兰花、海棠、月季、牡丹、芍药、荷花、桂花、石榴、菊花、梅花、山茶、水仙。十大名花为中华人民共和国成立后评出，包括梅花、牡丹、菊花、兰花、月季、杜鹃、茶花、荷花、桂花、水仙等。这两个系统的差异，源于花卉文化及花卉产业的历史变迁。

　　传统文化以红花代表女性，以绿叶代表男性，但花神中却既有女性也有男性，因为花也有雄花和雌花。四大美人的杨贵妃、西施、王昭君、貂蝉入先。杨贵妃在安史之乱中死于马嵬坡，正值二月杏花盛开，故成为杏花女神。三月桃花花神妫氏是战国息侯的夫人，因为面如桃花而被赞为桃花夫人，晚唐时期的杜牧作《题桃花夫人庙》以凭吊她："细腰宫里露桃新，脉脉无言度几春。毕竟息亡缘底事，可怜金谷坠楼人。"可见唐代以前就有花神庙了。六月荷花女神西施是吴越时美人，因浣纱和采莲而闻名。汉武帝的宠妃李夫人倾国倾城却如秋葵一样红颜早逝，于是被封为七月秋葵女神。舜帝二妃娥皇和女英因舜帝南巡驾崩后双双殉情于湘江，而被封为水仙女神。

　　男性花神以才子文人为主，也有风流帝王。李白是诗仙，曾写下"云想衣裳花想容，春风拂槛露华浓"等赞美牡丹的诗，故被封为牡丹花男神。欧阳修也因《洛阳牡丹记》而成为牡丹花男神。周敦颐因为《爱莲说》而被封为荷花男神。屈原因为"滋兰九畹，树蕙百亩"而被封为兰花男神。陶渊明因为"采菊东篱下，悠悠见南山"而被封为菊花男神。皮日休因为《桃花赋》而被封为桃花男神。唐代崔护因"去年今日此门中，人面桃花相映红；人面不知何处去？桃花依旧笑春风"也被封为桃花男神。林逋在西湖孤山造园植梅，并"以梅为妻"，故被封为梅花男神。王俭因爱荷花，在建康府内造园，构荷花池，被封为荷花男神。东汉候官（福州）名医董奉行医不取费，要求重者植五杏，轻者植一杏，数年后杏林万株，郁然成林，又于林中构建草仓储存杏子，需杏之人可自行以谷换杏，再将谷子赈济贫民，供给行旅，被人称为"杏林春暖"，于是成为杏花男神。而杨家将的杨延昭精忠报国，镇守边关数十年，与桃花驱邪镇妖的作用一样，于是被封为桃花男神。

## 第 2 节 花朝节与花夕节

花神生日庆典称为花朝节，花神闭谢庆典称为花夕节。清代秦味芸著《月令粹编》卷五载："《陶朱公书》云：'二月十二日为百花生日。无雨，百花熟。'"陶朱公为春秋末期政治家范蠡，其书虽佚，可百花节是庆祝百花生日的记载则得以探知。因它早于《淮南子·天文训》，故专家推断花朝节的萌芽早于花神的萌芽。真正的花朝节记载于晋代的浙江一带，时间是二月十五，周处的《风土记》载："浙江风俗言春序正中，百花竞放，乃游尚之时，花朝月夕，世所常言。"南北朝时期江南诗歌出现"花朝"，例如南朝梁元帝的《春别应令诗》有云："花朝月夜动春心，谁忍相思不相见。"花朝初次在诗歌出现，说明此节在南朝已盛行。

花朝节时间因朝代不同而略有不同。唐代明确以二月十五为花朝节，与八月十五中秋节相对，称为"花朝月夕"。《旧唐书·罗威传》载:"每花朝月夕,与宾佐赋咏,甚有情致。"花朝节与正月十五上元节、五月五端午节、八月十五中秋节、九月九重阳节等并称为民间岁时八节。唐太宗在花朝节亲自在御花园中主持"挑菜御宴",故花朝节也称"挑菜节"。明代彭大翼《山堂肆考》卷一九四载,武则天嗜花成癖,每至花朝节,在上林苑赏花时令宫女采百花和米制糕,以赐群臣。《唐文拾遗》卷三十七《唐韦君靖碑》描绘了花朝节欢聚饮宴,满堂宾客觥筹交错的情景:"……每遇良辰美景,月夕花朝,张弦管以追欢,启盘筵而召侣,周旋有礼,揖让无哗,樽酒不空,座客常满,王衍之冰壶转莹,嵇康之玉岫宁颓,其礼让谦恭,又如此也……"。李菁等统计《全唐诗》中载"花朝"词十五篇。例如,"春江花朝秋月夜,往往取酒还独倾"(白居易《琵琶行》),"伤怀同客处,病眼却花朝"(司空图《早春》),"虚空闻偈夜,清净雨花朝"(卢纶《题念济寺晕上人院》)。白居易《祭崔相公文》:"南宫多暇,屡接游邀。竹寺雪夜,杏园花朝。杜曲春晚,潘亭月高。前对青山,后携浊醪。"可见花朝节不仅是百姓祭祀花神、踏青赏花的活动,更成为文人雅士赋诗咏吟、聚宴饮酒、挑菜酬往的活动。

因物候和传统的原因,宋代各地花朝节时间不同。《翰墨记》载:"洛阳风俗,以二月二日为花朝节,士庶游玩,又为桃叶节。"(倪世俊.民间赏花习俗——花朝节[J].中国园艺花卉,2002(5):45)东京汴梁(开封)以农历二月十二为花朝节，《诚斋诗语》载："东京二月十二曰花朝，为扑蝶会。"（王蕾 . 唐宋时期的花朝节［J］. 现代企业教育，2006（20）：194-195.）江南仍以二月十五为传统，南宋吴自牧所著《梦梁录》载："二月望，仲春十五日为花朝节，浙间风俗，是以为春序正中，百花争放之时，最堪游赏。"《全宋诗》中载花朝词 26 篇，如"每相逢月夕花朝，自有怜才深意"（柳永《尉迟杯》），"尊中绿醑意中人，花朝月夜长相见"（晏殊《踏莎行》）。宋词亦大量出现"花朝"二字，如"月夕花朝，不成虚过，芳年嫁君徒甚"（欧阳修《夜行船》）。宋代花朝节还增加扑蝶会、挂"花神灯"、"赏红"（花卉系红）、栽植、嫁接花木等活动。

明代汤显祖《牡丹亭》中柳梦梅被民间封为梅花男神。由此改编的昆曲《游园惊梦》也有花神场面。明代冯梦龙《醒世恒言》的"卖油郎独占花魁"中亦有花神出场。元杂剧、话本、明清小说把前朝故事演绎后，花神文化进一步在民间得到普及，如杨贵妃是因《长生殿》的流传而被封神的。

清初期蒲松龄的《聊斋志异》的神鬼体系中，花神是最美最令人遐想的，如《绛香》《葛巾》《香玉》《黄英》《荷花三娘子》。乾隆年间的《帝京时岁纪盛》载二月习俗："十二日传为花王诞日，曰花朝。"同时代曹雪芹撰《红楼梦》时更是把林黛玉生日定在花朝节二月十二。北大校园现存的"莳花记事碑"记载了乾隆时期皇家在花朝节祭祀花神的隆重场面。据《清稗类钞·时令类》记载："……孝钦后宫中之花朝，整理二月十二日为花朝，孝钦后至颐和园观剪裁……演花神庆寿事，树为男仙，花为女仙，凡扮某树某花之神者，衣即肖其色而制之……"慈禧太后于二月十二花朝节在颐和园内"赏红"，演"花神庆寿事"。随着清帝的退位，花朝节也在否定传统文化的呼声中结束了它的生命。改革开放后，随着传统文化的复兴，花朝节恢复，花神庙恢复，展示了大国文化强大的文化底蕴。（此节主要参考李菁、许兴、程炜"花神文化和花朝节传统的兴衰与保护"。）

# 第3节　皇家花神庙

## 圆明园花神庙

圆明园的花神庙名汇万总春之庙。"香远益清"诗注，圆明园的花神庙不是雍正时期创建的，而是乾隆三十年（1765年）年乾隆第四次下江南后，仿杭州金沙港花神庙，建于乾隆三十四年（1769年）。当时，画工还绘制了图纸，"摹影图形"带回京城，《南巡盛典》有载。圆明园的花神庙位于濂溪乐处之南，隔湖相望。空地之中，一庙为中心，书楼、书斋相映衬，形成一个建筑组群。楼名披襟楼。花神庙正殿题：蕃育群芳。屋面用布泥瓦。

圆明园被英法联军焚毁后，两块花神庙的石碑流落到燕京大学（今北京大学）。陆波在腾讯大家中发文考证了慈济寺非花神庙，而在燕南园北口的道路两旁石碑，虽说的是花朝之事，但是，它们来自圆明园，记载的是乾隆时期圆明园花圃园艺的繁盛景象。

石碑一，碑额正书：万古流芳。碑文内容：

洪惟我皇上德溥生成，麻微蕃庇。万几清暇之馀，览庶汇之欣荣，煦群生于咸若，对时育厥功茂焉。王进忠、陈九卿、胡国泰，近侍披庭，典司艺花之事，于内苑拓地数百弓，结篱为圃，奇葩异卉，杂莳其间。每当露蕊晨开，香苞午绽，嫣红姹紫，如锦如霞。虽洛下之名园，河阳之花县不是过也。伏念天地间一草一木，胥出神功。况于密迩宸居，邀天子之品题，供圣人之吟赏者哉！爰引列像以祀司花诸神，岁时祷赛，必戒必虔。从此寒暑益适其宜，阴阳各遂其性，不必催花之鼓，护花之铃，而吐艳扬芬，四时不绝。于以娱睿览，养天和，与物同春，后天不老，化工之锡福岂有量乎？若夫灌溉以时，培护维谨，此小臣之职，何敢贪天之功以为己力也。乾隆十年花朝后二日圆明园总管王进忠、陈九卿、胡国泰恭记。

石碑二，碑额正书：万古流芳。碑文内容：

钦惟我皇上德被阳和，幸万几之多暇，休徵时若，睹百卉之舒荣，撷瑞草于尧阶。春生蔥英，艺仙葩于阆苑，岁献蟠桃，允矣鸿禧，夐哉上界。彭文昌、刘玉、李裕，职在司花。识渐学圃，辟町畦于禁近；插棘编篱，罗花药于庭墀。锄云种月，檀苞粉蕊，烂比霞蒸，姹紫嫣红，纷如锦折。虽有河阳之树，逊此秾华；宁容洛下之园，方兹清丽。伏念群芳开谢，胥有神功。小草生成，咸资帝力。荷荣光于上苑，倍著芬菲；邀宠眒于天颜，益增猗旎。爰事神而列像，时崇报以明禋。必戒必虔，以妥以侑，从此阴阳和协。二十四番风信咸宜，寒燠均调；三百六日花期竞放，何烦羯鼓。连夜催开，岂必金铃？长春永护，于以养天和之煦妪，供清燕之优游，则草秀三芝，并向长生之馆，花开四照，纷来延寿之宫矣。乾隆十二年中秋后三日圆明园总管彭开昌、刘玉、李平恭记。

两通石碑落款都是圆明园总管，文中"于内苑拓地数百弓，结篱为圃"及"识渐学圃，辟町畦于禁近；插棘编篱，罗花药于庭墀"，说明花圃离皇帝住所很近，而绝非是圆明园的附属园林淑春园。石碑分别于乾隆十年（1745 年）、乾隆十二年（1747 年），由两拨不同的圆明园总管刻记。

石碑一是为纪念花朝节而记。石碑一详述了花匠们精心耕植花圃以至繁花满园景象："从此寒暑益适其宜，阴阳各遂其性，不必催花之鼓，护花之铃，而吐艳扬芬，四时不绝。"但他们敬畏"司花诸神"，虔诚祈祷，繁花似锦的景象只是顺应天时浇水侍弄的结果，"何敢贪天之功以为己力也"。石碑二记述乾隆皇帝中秋节花夕节游园之后，"锄云种月，檀苞粉蕊，烂比霞蒸，姹紫嫣红，纷如锦折"。花圃美景亦是花神与帝王双重神功所致，"伏念群芳开谢，胥有神功。小草生成，咸资帝力"。

据陆波考，圆明园的附园长春园也有花神庙。长春园始建约为乾隆十年，第一通石碑很可能就是立于花圃之畔，并非"汇万总春之庙"所属。而第二通石碑倒是有可能立于长春园内花神庙内。

## 避暑山庄汇万总春之庙

在康乾所题七十二景中，与植物花卉有关的景点达十八处。《热河志》载："热河人泉饶沃嘉，植茂生，自建山庄以来，……芳菲特盛，每逢銮辂驻临，夏卉秋英，烂然盈目，爰于御园内建庙以妥花神。"避暑山庄的花神庙是仿照北京圆明园内的花神庙而建的，名汇万总春之庙。

汇万总春之庙的山水格局，与圆明园花神庙极为接近，由正殿一院和东北偏院两部分构成。基地北、东、南三面环水，西侧堆山，庙门坐北朝南，前临湖面，前有月台及码头。门殿五间，题：汇万总春之庙。院内正殿题：品汇群芳。屋面用黄色琉瓦，五彩卷花脊饰。东北偏院是园林小院，院中堆假山、构方亭，正房是三间书斋，单檐歇山布瓦顶，名敷华坞。内檐额题：瑞光涌现，中间供无量寿佛，与圆明园花神庙"乐安和"相近。院东厢为藏书楼，坐东朝西，额题：峻秀楼，仿于圆明园花神庙的披襟楼。一层明间穿堂门，东出为临水月台栏杆码头。院内假山与蹬道结合，可至二楼，山中卧有一亭，虽无名，却似圆明园之雪浪堆。峻秀楼西假山深处为值房五间，回廊抄手，廊柱间设槛室分隔院内外，不另设围墙而形成外敞内幽的空间意境。此庙于1913年被姜桂题军队拆毁，至今未得到恢复。遗址只存假山和方亭（图22-1、图22-2）。

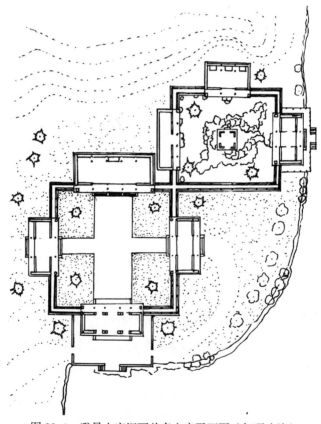

图22-1　避暑山庄汇万总春之庙平面图（年玥改绘）

图 22-2　避暑山庄汇万总春之庙鸟瞰图（年玥绘制）

避暑山庄花神庙由花房掌房官主持祭典，每年两次。春天农历二月十五为花王诞日（花朝节），祈求与朝阳同辉。秋天农历八月十五花夕节，大部分花卉花谢果成，祈求来年芳菲。[王福山，汇万总春之庙的复建与利用，中国园林 13 卷（3）1997]

**颐和园花神庙**

颐和园里花神庙，坐落于苏州街北侧的小山岗上，妙觉寺的东侧，是目前北京唯一保存完整的专供花神的庙宇，也是颐和园内最小的一座寺庙。花神庙只有一间房子，单开间，四扇门，没有门楼，只设不到三尺高的院墙围合，可谓袖珍小庙（图 22-3）。此庙并非乾隆创建，而是慈禧太后重建颐和园时，在光绪十四年时添建的。寺庙坐东面西，供奉花神、土地和山神。虽言是花神庙，应是三神合一之庙。1900 年，花神庙被八国联军破坏，1990 年复建，重塑神像。

图 22-3　颐和园花神庙

# 第 4 节　民间花神庙

因为花神是自然崇拜，故花神庙遍布全国各地。几乎所有的花神庙地区，都是古代花卉生产基地，解放后，许多花神庙作为封建残余而被拆除，改革开放后，许多地方恢复了旧景。

## 北京民间花神庙

陶然亭附近有座花神庙，原址位于陶然亭公园湖心岛上的锦秋墩顶上，现已无存，原址现为锦秋亭。花神庙又称花仙祠，是一座"里面有十二仙女像"的三楹小房，四周"绕以短垣"。清朝道光年间，诗人何兆瀛在《上巳邀同人宴集自作》诗道："花仙祠畔吹琼管，尚有何人靡指听。"据《北京寺庙历史资料》记载，该庙"建于清康熙三十四年，属募建。本庙面积一亩一分四厘七毫五丝，共房五间。管理及使用状况为自行管理，出租得价僧人用度。庙内法物有花神泥像十三尊，泥站童两尊，砖供桌一座，铁磬口。"

丰台区花乡的西花神庙和东花神庙是北京地区最著名的花神庙。丰台自元代始就成了北京最大的花卉种植园区。《析津志》说："京师丰台芍药连畦接畛，荷担市者日万余。"日交易量达万担，显示了元代北京花卉生产的商业供求关系的兴旺。据《春明梦余录》记载："今右安门外西南，泉源涌出，为草桥河，接连丰台，为京师养花之所。"草桥、黄土、樊家村、纪家庙、刘家村一带地势平坦，土壤疏松，水源充足，排水良好，交通便利，对栽花卉极为有利。《日下旧闻考》云："草桥众水所归，种水田者资以为利。十里居民皆花为业。有莲池，香闻数里。牡丹、芍药，栽如稻麻。"此地不仅建有亭馆，而且花卉栽培兴盛。以种植花卉为生的花农们，为了祈求鲜花产销双丰收，明代就有东、西两座花神庙在此兴建。

花乡夏家胡同的花神庙，俗称西庙，建于明代万历年间，清道光二十三年重修。该庙南北长约 22 丈，东西宽约 10 丈，前殿 3 间，后殿 3 间，东西配殿各有 14 间。后殿供奉真武像，前殿供奉 13 位花神像及牌位，表明闰月也有花神执事。在庙门题额：古迹花神庙。花神庙既是祭祀花神的场所，也是花行同业公会的会址和会馆所在。每年旧历二月十二花神诞辰之日，花农都到此进香献花许愿。三月廿九，百花盛开，于是，附近各档花会照例到此献艺，谓之"谢神"。清末民初时该庙的香火不再旺盛，庙会也逐渐消失了。

草桥东南镇国寺村的花神庙，俗称东庙，建于明代，占地约 3 亩，寺内曾有 5 间大殿和东西配殿，大殿中有三位花神的塑像，侧墙上还绘有各种花神像。每逢节日，花农来这里祈求花木丰收，销路旺盛，香火曾盛极一时。在英法联军入侵北京时，花神庙被烧毁。（祁健，老北京的花神庙，京郊邮报）

## 杭州湖山春社

湖山春社是清代西湖十八景之一。雍正年间，李卫在杭州任总督，认为西湖每月有花开一定是得到上天的庇佑，于是在今"曲院荷风"（西湖十景之一）兴建湖山神庙祭祀湖山正神，旁列十三花神（含闰月神）。湖山春神由湖山神庙和竹素园两部分组成。竹素园是神社园林，竹素意为浩瀚典籍。咸丰年间，湖山春神毁于兵火，光绪年间改建为蚕学馆，1991 年园文局重建修复了竹素园，1996 年建成开放，而神庙部分未予恢复。据《杭州十二令花神赋》整理，得知湖山春社中供奉花神见表 22-2。

表 22-2　杭州十二令花神

| 月份 | 一月 | 二月 | 三月 | 四月 | 五月 | 六月 | 七月 | 八月 | 九月 | 十月 | 十一月 | 十二月 |
|---|---|---|---|---|---|---|---|---|---|---|---|---|
| 令花 | 梅花 | 兰花 | 桃花 | 牡丹 | 石榴 | 荷花 | 蜀葵 | 桂花 | 菊花 | 芙蓉 | 茶花 | 水仙 |
| 花神 | 林逋 | 屈原 | 唐寅 | 杨玉环 | 王昭君 | 白居易 | 李夫人 | 苏轼 | 陶渊明 | 洛神 | 西施 | 娥皇女英 |

《西湖志》和《西湖志纂》两书皆有湖山春社的界画，清晰地反映了清代湖山春社的盛貌（图 22-4）。《西湖志》说："湖山神庙在岳鄂王祠西南"，祭祀空间在东部，三进院。院最后一进为湖山正殿，庭院左右为十二花神殿。庙门正对西湖，风景殊佳。竹素园为人工园林。院内有陆地中间堆三处太湖石假山，西、南两面廊堤结合，围水成曲水。沿水面构有水月亭、流觞亭、临花舫、泉香室等，园林北部为竹素园御书（室）、观瀑轩和聚景楼。聚景楼前空地为活动区，可赏红簪花和游春扑蝶，水边流觞亭可供文人举行曲水流觞活动。

图 22-4 《西湖志纂》中的湖山春社

　　《西湖志》载:"花枝入户水浸阶, 人称湖上流泉之胜, 此最为者",《湖山便览》评道:"湖上泉流之胜, 以此为著, 乃素竹园也"。庙北水景是引北面栖霞山之桃溪水入园, 经石阶成跌水, 部分汇入西侧大水面, 部分形成蜿蜒曲水, 转折入西湖, 于是形成观瀑轩的观瀑景观、流觞亭的曲水流觞景观、水月亭的夜观水月景观。(李秋明、麻欣瑶、陈波, 杭州湖山春社园林营造研究, 浙江农业科学, 2018 年第 59 卷第 8 期) 如今, 湖山春社恢复了竹素园部分, 聚景楼、水月亭、临花舫等得以复建(图 22-5)。

图 22-5　复建的湖山春社聚景楼

## 苏州花神庙

清朝时期，仅虎丘山塘地区就有 4 座花神庙，为桐桥花神浜花神庙、虎丘试剑石左花神庙、西山庙桥南花神庙、定园花神庙，集中程度，全国少见。桐桥花神浜花神庙始建于明洪武中期，乾隆时重修，为山塘一带最早，雍正朝苏州状元彭启丰书匾"泽润春回"。嘉庆十四年（1809 年）种植鲜花各园户、商号、行庄等 240 余户，捐银洋 180 元再次重建。道光十八年（1838 年）园户 65 户、茶叶庄 7 户和兰花客 20 户捐款重建大门正殿和内房。20 世纪 60 年代尚有占地两亩的三间二进房屋六间，后被拆除。虎丘花神庙是乾隆四十九年（1784年）苏州织造四德、知府胡世铨所建，位于试剑石左，门朝憨憨泉，原为元代名筑梅花楼，题有楹联"一百八记钟声唤起万家春梦，二十四番花信吹香七里山塘"。西山庙桥花神庙位于虎丘山西南麓西山庙桥南，与西山庙隔河相望，是在乾隆朝的地灵庙上改建的。庙二间二进，庙堂中央原有一尊塑像，墙上绘十二花神。

定园花神庙为虎丘四座花神庙中唯一遗存者，位于虎丘定园内，庙门上方呈拱形，屋檐饰刻"风调雨顺"四字。庙的正门外立十二花神图像碑，阴刻十二花神。每年二月十二日，庙前热闹非凡。地方志载："是日虎丘花农争集于花神庙，贡牲献乐，庆贺花神仙诞，祈祷春来花盛，称作'花朝'。"男女手捧鲜花为花神庆贺。女子头插蓬叶，缘于"蓬开先百草，戴了春不老"的俗谚。未嫁闺女会剪五色彩缯封贴于各种花木茎杆上，或制红纸小尖角旗插于花盆中，谓之"赏红"。花农们在花神庙供上寿桃寿糕、三果三牲，点起香烛，叩头祈福。晚上，花农们还会抬着花神像，提着花灯，四处游行，并请戏班子演戏酬神，直至次日拂晓。

苏州花朝节期间，各类小吃、玩具古董、茶摊酒铺，甚至说书演剧、唱戏杂耍，应有尽有。待字闺中的姑娘纷纷参加"扑蝶会"，结伴赴花神庙周围踏青游春。虎丘花神庙会和山塘花市人山人海，花朝节成为"春日狂欢节"。袁学澜《百花生日赋》所称："颂冈陵于芳圃，峰涌螺青；设帨佩于璇闱，怀投燕紫。于是祝花长寿，庆日如年……亭台则暖集笙簧，林樾则灿成罗绮。采得梅调汤饼，依然饼赠兰房……客有闲游花市，喜值芳辰……衍蓬壶之甲子，嘏祝花神。"

苏州的花神在乾隆年间发生了变化。清代虎丘试剑石左《花神庙记》记载："乾隆庚子春高宗南巡，台使者檄取'唐花'备进，吴市莫测其术。郡人陈维秀善植花木，得众卉性，乃仿燕京窨窖熏花法为之，花乃大盛。甲辰岁翠华六幸江南，进唐花如前例。繁葩异艳，四时花果，靡不争奇吐馥。群效灵于一月之前，以奉宸游。郡人神之，乃度地立庙，连楹曲廊，有庭有堂，并莳杂花，荫以秀石。"陈维秀以窨熏的方法，解决了冬天开花的难题，被苏州花农奉为花神，并建庙祀之。（龚汕，苏州的花神信仰，中国道教，2014.2.28）

### 南京花神湖和花神庙

南京的宁南新区花神湖，为明代初年的花神庙所在。朱元璋见此山清水秀，林木葱郁，便调集全国花匠在此种植花草以供皇家御用。郑和数次下西洋，带回热带植物，更丰富了此地的品种。花匠们自发地在此修建了花神庙。康熙、乾隆时期是花神庙的鼎盛时期。花神庙向以培植白兰、茉莉、珠兰、栀子和代代五种香花著称，还出了芮、徐、翟、毛、尹、夏、王、李八大花农世家。"十里栽花当种田"，除了五种香花外，还种月季、茶花，苗木有扁柏、圆柏、女贞、海棠等。

《江宁县志》载，花神庙建于清乾隆年间，占地约五亩，庙内有一间大殿和十多间配殿，供奉花神百余尊。庙门外广场上建有城南最气派的"凤凰大戏楼"，每年农历二月十二百花生日，唱戏酬神三日。九月十六日菊花神生日，花农和市民亦在此敬香祈福。清人蔡云《咏花朝》载："百花生日是良辰，未到花朝一半春。万紫千红披锦绣，尚劳点缀贺花神"，这是百花生日风俗盛况的写照。每值芳菲盛开、绿枝红葩的时节，花神庙乡的花农花贩，率于此日会聚集于花神庙内设供，以祝神禧；杀牲供果，以祝神诞。庙前有花市，所售花上，均用红布条或红纸束缚花枝，谓之"赏红"或"护花"。

民国初年花神庙处设乡称花神庙乡，花农占百分之七十。花业以徐姓家族最大，兄弟几人都有十亩花圃。芮、毛、翟、尹、夏、王、李依然为花农世家。花神庙在解放后还存在，此处成为花神庙村，又在花神庙边兴建小学。

在花神庙附近，有一个雨花台区唯一的大型湖泊，被命名为花神湖。湖面面积 5.6 公顷，平均宽度 200 米，最深处 20 米，水草繁生，一幅自然景象。1983 年，南京市园林局联合南京多家媒体共同举行了一次大投票，选出了"新金陵四十八景"，花神庙以"花神竞艳"被列为其中一景。

# 后 记

## 一个放牛娃的文化之旅

  我对中国园林的研究主要集中在历史和文化两个方面。无论从哪个方面，最后都要走到同一个终点，那就是哲学。我是农民的儿子，是一个不折不扣的放牛娃。但是，耕读文化伴随着我的童年。我家阁楼是我父亲用生命换来的。当时还不到二十岁的他，在老宅上搭起阁楼，当年因村民出事而在族亲大会上被吊打。执行家族之法的是叔公。现在回想起来，我家阁楼正是整个古厝的西北位，即乾位，可能是族长听信了某地师的一面之词。这件事触发我更加努力地学习，以揭开文化的奥秘。

  也就是这个阁楼，堆放了我家最宝贵的财产：书。我父亲虽不是官员也不是秀才，但是当地出了名的好读和好写的农民，似乎在村里显得尤为另类。他常常因为看书而误了农活，因为谈古而误了放鸭。鸭子跑到人家农田偷食而被当众指责，而他却笑笑赔礼，似乎有点孔乙己的劲儿。父亲的好学触使我家兄弟五人都好学习，大哥是第一批"文化大革命"后考上大学的村民。他对中国传统文化的热爱，使之被称为闽西才子。因为爱好发明而拥有二十余项专利，是当地有名的民间发明家。阁楼上的书有父亲买的，也有大哥和二哥买的。时龄尚小的我，在阁楼中如饥似渴地阅读传统文化，徜徉在历史的天空。也跟随着父亲每年大年二十九写对联，大年三十贴春联。我把这个传统也教给我女儿，希望她能秉承中国传统的文化精髓。

我对中国传统文化的热爱从高中就开始了。《诗经》被我整本抄下来从头到尾地背诵，大哥自制的二胡被我在乡野天空里拉出生命的乐章。在焚书祷告后背水一战，我这个放牛娃如愿地跳出农门，考上大学，成为当时人们心目中的天之骄子。父亲在简陋的老宅里宴请了全村所有的男女老少。很长时间他和母亲走路带风，脑门带光，兴奋得差点摔倒。父亲卖了一头猪给我凑足了路费和学费，我背着行装，在邻居堂兄的护送下前往高校在福建的接站点漳州。

上大学前一天，大哥郑重地送给我三样东西：一只手表，希望我珍惜光阴；两本《古文观止》，要求我在大学四年内抄完，每月三篇，一篇给十元作为生活费；一套《辞源》，凡遇字难，打开它云雾自开。在大学四年的每个中午都是同学们呼呼午睡的时间，却是我用毛笔抄写《古文观止》的时间。课余，我常常去图书馆阅读古今中外的名著，图书馆管理员成了我的至交。用现代诗写日记是我的习惯，当我读完诗词格律和抄写《古文观止》后，写律诗和写杂文成了我的爱好。我的杂文和诗词在校报崭露头角，渐成校报明星。三年级时我当选为绿苑文学社社长。

随着对传统文化的深入了解，《唐诗三百首》《宋诗三百首》《元曲一百首》被我整本背完。与我大哥开始谈词诗，大哥又送给我一本《词综》。因文字隽永而成了我的新爱，我开始整首整首背诵。其时，全国流行硬笔书法，于是，我又天天练习硬笔书法，尤爱行草。绿苑文学社还适时举办书法比赛。

我对音乐的爱好也没有停止步伐，带着初中就买的口琴天天在橡胶林中训练，同时，20世纪80年代流行的吉他打破了这一进程。新迷吉他的我，每晚熄灯时，还在走廊中弹奏古典乐章《阿尔罕不拉宫的回忆》。在博士阶段，音乐的崇洋被传统文化彻底打败，一次国乐会令我大开眼界。我开始向同班笛子高手崔勇博士学习吹箫。虽然功力不深，但许多经典名曲在学习的过程中渐渐被体悟。到天津大学头几年，我常常在晚上九点钟左右，沿着敬业湖畔吹箫。在北京宋庄设计建造的"一亩园"中就设有吹台，是专为音乐和舞蹈留下的空间。崔勇教授成为第一个在"一亩园"举办个人笛子独奏的音乐家。

在音乐声中，我陆续背完《三字经》《百家姓》《千字文》《龙文鞭影》《声律启蒙》《老子》，开始阅读《庄子》和《论语》，背诵《大学》和《中庸》，精读《文选》。在我读研究生的 20 世纪 90 年代初，全国流行易学、风水和建筑哲学，在图书馆借阅，在书摊抢购，成为国学的弄潮儿。父亲带着我拜访他的老朋友李日和先生。李是当地有名的地理先生，也是我父亲的至交。他把家传的手抄本秘籍展示给我。对易经有了初步了解后，我主动向硕士导师邓述平先生提出：毕业论文以堪舆为题，被经历过文字风雨的导师断然拒绝。倒是研究古建筑的路秉杰先生对我偏爱有加。记得博士入学考试中有一门考试课程就是"古代建筑文献"，我用文言文洋洋洒洒地写下一篇"论典雅"。之后四书五经二十四史《佛家十三经》系统地进入我的视野。

路秉杰先生的《日本园林》和《日本建筑》的课程，让我倍感中国文化的伟大。因迷恋日本枯山水而选择了日语二外。当我拜入路门时，我潜藏的传统文化基因，从小鹿乱撞，慢慢变成如鱼得水。在与崔勇、朱宇晖、周学鹰、文一峰等同学日常交流中，屡屡碰撞出灿烂的火花。博士论文《中日古典园林比较》是我第一次运用文化视角探索园林问题。我用一年时间研究日本地理、军事、政治，一年时间研究日本建筑，一年时间研究日本园林。三年就完成博士学论文并通过答辩，在九八届博士班中首开吉祥。在毕业论文中，我总结了中日园林的文化差异，中国园林重儒性、重互动、重欣欣向荣，从而园林成为凡地，而日本园林重佛性、重静赏、重和寂清静，从而园林成为圣地。

　　"仁山智水"是一个学者对中日园林关系的儒学论断。对日本园林儒家文化、道家文化和佛家文化的系统研究，让我学会用文化视野关照园林的方法。陈从周师祖的《说园》、王毅先生的《园林与文化》最先映入我的眼帘，而后是杨鸿勋、萧默、曹汛、曹林娣等名家的著作。文化大家的理论和方法如春风化雨，无声地为我的学术大厦添砖加瓦。当我来到天津大学后，王其亨教授的儒家文化研究进入我的视野。王教授对学术的执着也令人敬佩。他带领的团队引领了考据派的潮流。在认真阅读王老师指导的研究生论文之后，我从历代园林史的角度，总结了一篇论文《儒家眼中的园林》，全面阐述了园林与儒家理念的对应关系。

　　然而，学术界有些学者对道家文化的贬低，迫使我再次翻开《老子》和《庄子》，字斟句酌地研读。从原文入手的研究成果初次在《蓝天园林》上连载：老庄的生死观与园林、生死观与园林、朴素观与园林、旅游观与园林。在寻找历经八年研究《画论》美学技法时发现宗炳说的"山水以形媚道"正是中国山水园的道家依据。再深入研究，发现道家的天地人合一的世界观，就是中国人独特的人境图式。中国人从道家发展出来观道自然的方式，如澄怀观道，于是有了清漪园的澄观堂；如坐驰坐忘，于是有了忘飞亭、忘机亭；如心斋持戒，于是有了见心斋；如超越现实，于是有了梦蝶园、梦溪园。老子的尚阴图虚的观念，使得中国人把园林当成林中之谷，追求退思、愚谷。老子的见朴抱素的观念，使历代草堂成为文人竞相呈现的逆儒行为。道家追求养生长寿的目的，又把隐逸、无争、逍遥当成寻乐至乐的方式。在《蓝天园林》的道家文章发表之后，《中国园林》连载了我的两篇老庄园林观的文章。

在道家研究之后，道教园林进入我的视野。从道教协会的白云观开始，再到青城山、三清山、龙虎山等地，我发现这些道观都是借得天地山水间，营造五行八卦台。道教宫观园林充分利用老庄的天地人合一的哲学思想、阴阳五行八卦的易学思想、五花八门的神仙思想，在自然崇拜之上建构了以三清为主的神仙体系。青云圃、老君台、列子御风台、昆明黑龙潭成为道教最杰出的宫观园林。由道教求仙思想发育的仙台、仙楼、仙阁、仙洞、仙桥不仅在皇家园林，在私家园林中也比比皆是。仙人长生的追求，以在洞穴修炼为特征。这一修炼方式，在道教场所称为洞天福地，在园林场所则是岩山洞穴，对道家和道教的研究，总难避开自然崇拜。自然崇拜与三清体系的道教系统有天壤之别，与追求天地自然的道家也有显著的不同。身为闽西人，我对闽粤盛行的自然崇拜从小就有见识。我的第一个见解"岭南园林的龙凤崇拜"发表于《中国园林》上时，我还没有意识到它的系统性。直到进入北方，比照皇家园林的龙凤崇拜，曾经的龙凤观更上一层楼。之后对于各地龙柱龙头、龙生九子、鸱吻哺鸡、龙庙凤台的研究，发现龙文化和凤文化在全国的普遍性和在历史上的渊远性，远超我的想象，九龙壁、龙王庙、凤凰山、凤凰台不过是龙凤文化的缩影。土地庙、花神庙、城隍庙、汇万总春之庙，从民间走进皇家禁苑。再说一池三山，它在本质上是神仙文化，称为蓬莱神话。悬圃也是神仙文化，称为昆仑神话。两种文化在中原汇合。尽管道教宫观也开辟了东海蓬莱神话与西天昆仑神话与园林的对话舞台，皇家园林和私家园林也不失时机地兼并了瑶池、天庭、悬圃的概念。最后壶中天地以麻雀虽小，五脏俱全的系统思维，发展出的壶天思想，在园林中占有一席之地，壶园、壶天、藤壶、萩壶等成为园林庭院的代称。

　　跟随母亲烧香拜佛，是我与众不同的童年生活。几乎每周一至两次的祭拜体验，使宗教思想在我幼小的心灵中生根发芽。在研究儒道之后，我的视野回望佛家。须弥山、坛城、禅宗、律宗等门派之别，以及它们与园林的结合，其方式法门是如此地百花齐放。有依坛城理论构建的须弥灵境，也有按禅宗理论构建的狮子林，更有按放生理论构建的放生池，还有按圣地圣迹模样命名的飞来峰、竹林精舍、祇园等。到了日本，各门派都趋向于在枯山水中得到统一和升华。

　　如此有趣的风景画面，一卷卷都令我大开眼界。在《儒家眼中的园林》之后，我整理了《道家眼中的园林》和

《儒家眼中的园林》，发展成为我的研究生课程《中西园林历史与文化》的"三驾马车"。驾驶着这三驾马车，我在全国各地讲学，也不断地充实着儒道佛的文化内涵和园林案例。

园林易学的研究从个人层面来讲，从读研究生的1992年开始。从八卦六十四卦的背诵到建筑易学的认识是第一个阶段。我发现易学界亢亮、于希贤、刘大钧、王其亨、汉宝德等堪舆大牛们对园林易学是零提及，园林界陈从周、刘敦桢、杨鸿勋、汪菊渊、周维权等对园林易学也是零提及。直至今日，风景园林界依然认为"园林只有美学，没有易学"的也大有人在。易学雷区的危险性是客观存在的，但正是研究的盲区激起了我的全身心投入，凭借着初生牛犊不怕虎的放牛娃精神，深入虎穴。不入虎穴，焉得虎子？

抛开前人的转译论著，我认为应从历代堪舆名著开始。面对一本本玄奥理论和生疏的语汇，我想，与研究生们一起研究，花十年二十年在所不惜。从《葬书》中我发现了"得水为上，藏风次之""百尺为形，千尺为势"的原理；从《水龙经》中发现了五百多幅水系图典；从《地理五诀》中悟到堆山、理水、植栽、建筑、置石与龙、砂、穴、水、向的对应关系；从《地理人子须知》发现了历代名家评点。据此，我基本确立形势论在园林中广泛应用，具有不可忽视的科学性。

而最难的向法，也在我进入狮子林时，突然顿悟。我惊奇地发现，以穴位太极点为中心，所有景点都是向心布置。各门理论，不过是功能方位之法。研究生们投入研究后，皇家园林的格局迷团被破解，《易经》体系和象天法地的手法，是其普遍的表达。对私家园林的研究是从江南名园开始的，第一篇江南名园硕士论文"拙政园格局合局研究"刚刚落下帷幕，其格局不仅有形势派的四象和五诀，更有理气派的玄空飞星考量，最近发现艺圃园主姜采明确记载运用八宅法，与《园冶》所载契合，真是令人兴奋不已。于是，我的《园林五要》和《中国古典园林格局分析》相继完稿，从形势角度解开景观遗产的奥秘。我还将撰写一部有关园林向法的著作，解开方位学之谜。古人思维，叹为观止！虽有偏颇，仍不失深邃。

随着园林易学体系的形成，一副儒、道、佛、易的四足宝鼎业已形成。十年前的园林儒道佛三足体系，被完善为四足体系，我鲜明地提出"园林哲学"之说。承蒙中国建材工业出版社编辑老师的关注，在"园冶杯"国际论坛之后来到天津大学，与我签订了《园林儒道佛》和《园林人物传》两书。去年，《园林儒道佛》更名为"苑圃哲思"系列丛书，由《园儒》《园道》《园易》《园释》四本书构成。在更名之前我结识吴祖光新凤霞之子吴欢先生，承其厚爱，得赐《园林儒道佛》墨宝，而今更名，重题书名。2019年5月在北京林业大学参加"中国风景园林史"研讨会，又得孟先生题词：苑圃哲思。近日，向彭先生汇报我的园林哲学体系之后，老先生大加赞赏，欣然提笔为本书写下序言。此书能得诸位先生的赞扬，得益于传统园林文化本身的魅力。能走到哲学层面，触及园林哲学的根本，是一名学者文化苦旅后的幸运。不避主流意识之嫌，不偏袒一方一面之词，坚持不懈，终成正果，有一种醍醐灌顶的快感和畅然。我也希望这一正果能尽快进入本科或研究生教材，让更多的年轻学子能够感受到中华文化的深厚底蕴。

在本书即将出版之际，我首先要感谢我的父亲和大哥，是他们给了我童年的方向启蒙，是他们给了我传统文化的行囊。其次，我要感谢我的夫人，是她承担了家庭的重担，给了我夜以继日的平和环境和无微不至的诸多关怀。最后，我也要感谢与我朝夕相伴的研究生们，是他们坚定不移地跟随着我虎穴探险。大家的努力必将结出金灿灿的果实。这片苑囿，海阔凭鱼跃，天高任鸟飞。

刘庭风

2019 年 6 月 6 日于天津大学

# 作者简介

刘庭风，1967年生，福建龙岩市人，本科毕业于华南热带作物学院，硕士、博士毕业于同济大学，博士后完成于天津大学。师从规划名师邓述平、古建专家路秉杰和建筑学院士彭一刚。现为天津大学建筑学院教授、博导，天津大学地相研究所所长，天津大学设计总院风景园林分院（前）副院长。2009—2011年受中组部委派挂职担任内蒙古乌海市市长助理和规划局副局长。在天津大学建筑学院历任本、硕、博九门专业课主讲，主要从事古建筑、古园林研究，经常受邀在各大高校讲学。

主持过一百余项建筑、规划、园林项目，主要涉及乡镇规划、城市设计、古建筑及其保护、园林景观等，荣获一个国际奖项和八个省部级奖项。指导学生参加各种竞赛获奖，在"园冶杯"国际大学生设计竞赛中年年获奖，被评为优秀指导教师。

在社会团体兼职方面，兼任中国风景园林理论历史专委会副主任、教育部基金评审专家、天津市市政规划建筑项目评审专家、内蒙古乌海市规委会专家、中国风景园林学会"园冶杯"评委，同时任《中国园林》《园林》《人文园林》《建筑与文化》等杂志编委。

2014 年被住房城乡建设部"艾景奖"组委会评为全国资深风景园林师，被亚洲城市建设学会评为十大杰出贡献人物。著作分为地域园林、古典园林、园林易学、画论园林观、园林哲学等五大系列，已出版《中日古典园林比较》《日本小庭园》《日本园林教程》《广东园林》《广州园林》《香港澳门海南广西园林》《福建台湾园林》《天津五大道洋房花园》《中国古园林之旅》《鹰眼胡杨心》《中国古典园林设计施工与移建》《中国园林年表初编》《内蒙古西部地区发展研究》（参编）《园释》《园儒》《园易》《园道》；另有《画论·景观·语言》《画论景观美学》即将出版。